建筑与市政工程施工现场专业人员职业标准培训教材

质量员岗位知识与专业技能（土建方向）

（第三版）

中国建设教育协会　组织编写

张悠荣　主　编

中国建筑工业出版社

图书在版编目（CIP）数据

质量员岗位知识与专业技能. 土建方向 / 中国建设
教育协会组织编写；张悠荣主编. — 3 版. — 北京：
中国建筑工业出版社，2023.3
建筑与市政工程施工现场专业人员职业标准培训教材
ISBN 978-7-112-28333-0

Ⅰ. ①质… Ⅱ. ①中… ②张… Ⅲ. ①土木工程—质
量管理—职业培训—教材 Ⅳ. ①TU712

中国国家版本馆 CIP 数据核字(2023)第 017619 号

　　本书为第三版，主要依据现行最新法律法规、标准规范和《建筑与市政工程施工现场
专业人员考核评价大纲》修订而成。
　　全书包括十章：建设工程质量相关法律法规与验收规范，建筑工程质量管理，建筑工
程施工质量计划，建筑工程施工质量控制，建筑工程施工试验，建筑工程质量问题，建筑
工程质量检查、验收、评定，建筑工程质量事故处理，建筑工程质量资料，建筑结构施工
图识读。
　　本书可以作为质量员（土建方向）的考试培训教材，也可供大中专院校、建筑施工企
业技术管理人员、质量检验人员以及监理人员参考。

　　　责任编辑：葛又畅　李　明　李　杰
　　　责任校对：党　蕾

建筑与市政工程施工现场专业人员职业标准培训教材
质量员岗位知识与专业技能（土建方向）
（第三版）
中国建设教育协会　组织编写
张悠荣　主　编

*

中国建筑工业出版社出版、发行（北京海淀三里河路 9 号）
各地新华书店、建筑书店经销
北京红光制版公司制版
天津安泰印刷有限公司印刷

*

开本：787 毫米×1092 毫米　1/16　印张：21　字数：523 千字
2023 年 3 月第三版　　2023 年 3 月第一次印刷
定价：**59.00** 元
ISBN 978 - 7 - 112 - 28333 - 0
（40289）

建筑与市政工程施工现场专业人员职业标准培训教材

编 审 委 员 会

　　建筑与市政工程施工现场专业人员队伍素质是影响工程质量和安全生产的关键因素。我国从 20 世纪 80 年代开始，在建设行业开展关键岗位培训考核和持证上岗工作。对于提高建设行业从业人员的素质起到了积极的作用。进入 21 世纪，在改革行政审批制度和转变政府职能的背景下，建设行业教育主管部门转变行业人才工作思路，积极规划和组织职业标准的研发。在住房和城乡建设部人事司的主持下，由中国建设教育协会、苏州二建建筑集团有限公司等单位主编了建设行业的第一部职业标准——《建筑与市政工程施工现场专业人员职业标准》，已由住房和城乡建设部发布，作为行业标准于 2012 年 1 月 1 日起实施。为推动该标准的贯彻落实，进一步编写了配套的 14 个考核评价大纲。

　　该职业标准及考核评价大纲有以下特点：（1）系统分析各类建筑施工企业现场专业人员岗位设置情况，总结归纳了 8 个岗位专业人员核心工作职责，这些职业分类和岗位职责具有普遍性、通用性。（2）突出职业能力本位原则，工作岗位职责与专业技能相互对应，通过技能训练能够提高专业人员的岗位履职能力。（3）注重专业知识的完整性、系统性，基本覆盖各岗位专业人员的知识要求，通用知识具有各岗位的一致性，基础知识、岗位知识能够体现本岗位的知识结构要求。（4）适应行业发展和行业管理的现实需要，岗位设置、专业技能和专业知识要求具有一定的前瞻性、引导性，能够满足专业人员提高综合素质和适应岗位变化的需要。

　　为落实职业标准，规范建设行业现场专业人员岗位培训工作，我们依据与职业标准相配套的考核评价大纲，组织编写了《建筑与市政工程施工现场专业人员职业标准培训教材》。

　　本套教材覆盖《建筑与市政工程施工现场专业人员职业标准》涉及的施工员、质量员、安全员、标准员、材料员、机械员、劳务员、资料员 8 个岗位 14 个考核评价大纲。每个岗位、专业，根据其职业工作的需要，注意精选教学内容、优化知识结构、突出能力要求，对知识、技能经过合理归纳，编写为《通用与基础知识》和《岗位知识与专业技能》两本，供培训配套使用。本套教材共 28 本，作者基本都参与了《建筑与市政工程施工现场专业人员职业标准》的编写，使本套教材的内容能充分体现《建筑与市政工程施工现场专业人员职业标准》的要求，促进现场专业人员专业学习和能力的提高。

　　第三版教材在上版教材的基础上，依据考核评价大纲，总结使用过程中发现的不足之处，参照最新法律法规及现行标准规范，结合"四新"内容，对教材内容进行了调整、修改、补充，使之更加贴近学员需求，方便学员顺利通过培训测试。

　　我们的编写工作难免存在不足，因此，我们恳请使用本套教材的培训机构、教师和广大学员多提宝贵意见，以便进一步的修订，使其不断完善。

建筑与市政工程施工现场专业人员职业标准培训教材编审委员会

因标准规范不断更新，为更好贯彻落实《建筑与市政工程施工现场专业人员职业标准》JGJ/T 250—2011，保证本书更加贴近《建筑与市政工程施工现场专业人员考核评价大纲》的要求，笔者在本书第二版的基础上进行了全面修订。

本书以现行的法律法规和建筑行业新标准、新规范为依据，体现了科学性、实用性、系统性和可操作性的特点，内容既全面，又重点突出，做到了理论联系实际。

全书包括十章：建设工程质量相关法律法规与验收规范，建筑工程质量管理，建筑工程施工质量计划，建筑工程施工质量控制，建筑工程施工试验，建筑工程质量问题，建筑工程质量检查、验收、评定，建筑工程质量事故处理，建筑工程质量资料，建筑结构施工图识读。重点介绍了质量管理的基本理论和建筑工程的分部分项工程施工质量控制要点。

本次修订第三、六章由张悠荣修订，其他章节由第一版参编人员对各自编写的部分进行修订，主编张悠荣对全书进行校核。

本书可以作为质量员（土建方向）的考试培训教材，也可供大中专院校、建筑施工企业技术管理人员、质量检验人员以及监理人员参考。

在修订过程中，笔者参阅并吸收了大量的文献，在此对这些文献的作者表示深深的谢意，并对为本书付出辛勤劳动的中国建设教育协会、中国建筑工业出版社编辑同志表示衷心的感谢！

由于编者水平有限，修订后书中疏漏、错误在所难免，恳请使用本书的读者不吝指正。

因标准规范不断更新，为更好贯彻落实《建筑与市政工程施工现场专业人员职业标准》JGJ/T 250—2011，保证本书更加贴近《建筑与市政工程施工专业人员考核评价大纲》的要求，笔者在本书第一版的基础上进行了全面修订。

本书以现行的法律法规和建筑行业新标准、新规范为依据，体现了科学性、实用性、系统性和可操作性的特点，内容既全面，又重点突出，做到了理论联系实际。

全书包括十章：建设工程质量相关法律法规与验收规范，建筑工程质量管理，建筑工程施工质量计划，建筑工程施工质量控制，建筑工程施工试验，建筑工程质量问题，建筑工程质量检查、验收、评定，建筑工程质量事故处理，建筑工程质量资料，识读建筑结构施工图。重点介绍了质量管理的基本理论和建筑工程的分部分项工程施工质量控制要点。

本次修订基本上由第一版作者完成的，在此基础上，主编张悠荣对第三章和第七章进行了补充。

本书可以作为质量员（土建方向）的考试培训教材，也可供大中专院校、建筑施工企业技术管理人员、质量检验人员以及监理人员参考。

在修订过程中，笔者参阅并吸收了大量的文献，在此对这些文献的作者表示深深的谢意，并对为本书付出辛勤劳动的中国建设教育协会、中国建筑工业出版社编辑同志表示衷心的感谢！

由于编者水平有限，修订后书中疏漏、错误在所难免，恳请使用本书的读者不吝指正。

第一版前言

随着建筑业的发展，对建筑施工企业岗位人员的要求越来越高，为了满足施工项目管理的需求，在广泛征求意见的基础上，本书以新颁发的法律法规和建筑行业新标准、新规范为依据，体现了科学性、实用性、系统性、和可操作性的特点，既注重了内容的全面性，又突出了重点，做到了理论联系实际。

本书是依据住房和城乡建设部颁布的《建筑与市政工程施工现场专业人员职业标准》JGJ/T 250—2011和质量员培训考试大纲编写而成的，可以作为建筑工程质量员的考试培训教材，也可供大中专院校、建筑施工企业技术管理人员、质量检验人员以及监理人员参考。

全书包括十章：建筑工程质量相关法律法规与验收规范，建筑工程质量管理，建筑工程施工质量计划，建筑工程施工质量控制，建筑工程施工试验，建筑施工质量问题，建筑工程质量检查、验收、评定，建筑工程质量事故处理，建筑工程质量资料，识读建筑结构施工图。主要介绍了质量管理的基本理论和建筑工程的分部分项工程施工质量控制要点。

本书由张悠荣任主编，杨建华、杨建林任副主编。具体编写分工为：第一、二章由杨建华编写，第三章由张瑞生编写，第四章由赵越编写，第五章由马瑞强编写，第六章由张悠荣编写，第七章由杨建林编写，第八章由朱平编写，第九章由殷昌永编写，第十章由徐海晔编写。本书由中建八局邓明胜高级工程师主审。

在编写过程中参阅并吸收了大量的文献，在此对这些文献的作者表示深深的谢意，并对为本书付出辛勤劳动的中国建设教育协会、中国建筑工业出版社编辑同志表示衷心的感谢！

由于编者水平有限，书中疏漏、错误在所难免，恳请使用本书教材的师生和读者不吝指正。

目 录

一、建设工程质量相关法律法规与验收规范

（一）建设工程质量管理法规、规定

1. 实施工程建设强制性标准的规定

为加强工程建设强制性标准实施的监督工作，保证建设工程质量，保障人民的生命、财产安全，维护社会公共利益，根据《中华人民共和国标准化法》《中华人民共和国标准化法实施条例》和《建设工程质量管理条例》等法律法规，住房和城乡建设部于 2000 年 8 月 21 日通过了《实施工程建设强制性标准监督规定》，于 2000 年 8 月 25 日实施。依据 2015 年 1 月 22 日《住房和城乡建设部关于修改〈市政公用设施抗灾设防管理规定〉等部门规章的决定》（住房和城乡建设部令第 23 号）进行了第一次修改；经 2021 年 3 月 30 日《住房和城乡建设部关于修改〈建筑工程施工许可管理办法〉等三部规章的决定》（住房和城乡建设部令第 52 号）进行了第二次修改。

在中华人民共和国境内从事新建、扩建、改建等工程建设活动，必须执行工程建设强制性标准。工程建设强制性标准是指直接涉及工程质量、安全、卫生及环境保护等方面的工程建设标准强制性条文。

（1）强制性标准监督检查的内容

1）有关工程技术人员是否熟悉、掌握强制性标准。

2）工程项目的规划、勘察、设计、施工、验收等是否符合强制性标准的规定。

3）工程项目采用的材料、设备是否符合强制性标准的规定。

4）工程项目的安全、质量是否符合强制性标准的规定。

5）工程中采用的导则、指南、手册、计算机软件的内容是否符合强制性标准的规定。

（2）强制性标准监督检查的方式

1）建设项目规划审查机构应当对工程建设规划阶段执行强制性标准的情况实施监督。

2）施工图设计文件审查单位应当对工程建设勘察、设计阶段执行强制性标准的情况实施监督。

3）建筑安全监督管理机构应当对工程建设施工阶段执行施工安全强制性标准的情况实施监督。

4）工程质量监督机构应当对工程建设施工、监理、验收等阶段执行强制性标准的情况实施监督。

5）建设项目规划审查机关、施工设计图设计文件审查单位、建筑安全监督管理机构、工程质量监督机构的技术人员必须熟悉、掌握工程建设强制性标准。

6）工程建设标准批准部门应当定期对建设项目规划审查机关、施工图设计文件审查单位、建筑安全监督管理机构、工程质量监督机构实施强制性标准的监督进行检查，对监

督不力的单位和个人，给予通报批评，建议有关部门处理。

（3）强制性标准监督检查违规处罚的规定

1）任何单位和个人对违反工程建设强制性标准的行为有权向建设行政主管部门或者有关部门检举、控告、投诉。

2）建设单位有下列行为之一的，责令改正，并处以20万元以上50万元以下的罚款：

① 明示或者暗示施工单位使用不合格的建筑材料、建筑构配件和设备的。

② 明示或者暗示设计单位或者施工单位违反工程建设强制性标准，降低工程质量的。

3）勘察、设计单位违反工程建设强制性标准进行勘察、设计的，责令改正，并处以10万元以上30万元以下的罚款。

有前款行为，造成工程质量事故的，责令停业整顿，降低资质等级；情节严重的，吊销资质证书；造成损失的，依法承担赔偿责任。

4）施工单位违反工程建设强制性标准的，责令改正，处工程合同价款2％以上4％以下的罚款；造成建设工程质量不符合规定的质量标准的，负责返工、修理，并赔偿因此造成的损失；情节严重的，责令停业整顿，降低资质等级或者吊销资质证书。

5）工程监理单位违反强制性标准规定，将不合格的建设工程以及建筑材料、建筑构配件和设备按照合格签字的，责令改正，处50万元以上100万元以下的罚款，降低资质等级或者吊销资质证书；有违法所得的，予以没收；造成损失的，承担连带赔偿责任。

6）违反工程建设强制性标准造成工程质量、安全隐患或者工程事故的，按照《建设工程质量管理条例》有关规定处理。

7）有关责令停业整顿、降低资质等级和吊销资质证书的行政处罚，由颁发资质证书的机关决定；其他行政处罚，由建设行政主管部门或者有关部门依照法定职权决定。

8）建设行政主管部门和有关行政部门工作人员，玩忽职守、滥用职权、徇私舞弊的，给予行政处分；构成犯罪的，依法追究刑事责任。

2. 房屋建筑工程和市政基础设施工程竣工验收备案管理的规定

为贯彻《建设工程质量管理条例》，规范房屋建筑工程和市政基础设施工程的竣工验收，保证工程质量，建设部于2000年6月30日印发了《房屋建筑工程和市政基础设施工程竣工验收暂行规定》，并根据2009年10月19日《住房和城乡建设部关于修改〈房屋建筑工程和市政基础设施工程竣工验收备案管理暂行办法〉的决定》对此规定作了修正。凡在中华人民共和国境内新建、扩建、改建的各类房屋建筑工程和市政基础设施工程的竣工验收备案，应当遵守本规定。

工程竣工验收工作，由建设单位负责组织实施。县级以上地方人民政府建设主管部门负责本行政区域内工程的竣工验收备案管理工作。

（1）工程符合下列要求方可进行竣工验收：

1）完成工程设计和合同约定的各项内容。

2）施工单位在工程完工后对工程质量进行了检查，确认工程质量符合有关法律、法规和工程建设强制性标准，符合设计文件及合同要求，并提出工程竣工报告。工程竣工报告应经项目经理和施工单位有关负责人审核签字。

3）对于委托监理的工程项目，监理单位对工程进行了质量评估，具有完整的监理资料，并提出工程质量评估报告。工程质量评估报告应经总监理工程师和监理单位有关负责人审核签字。

4）勘察、设计单位对勘察、设计文件及施工过程中由设计单位签署的设计变更通知书进行了检查，并提出质量检查报告。质量检查报告应经该项目勘察、设计负责人和勘察、设计单位有关负责人审核签字。

5）有完整的技术档案和施工管理资料。

6）有工程使用的主要建筑材料、建筑构配件和设备的进场试验报告。

7）建设单位已按合同约定支付工程款。

8）有施工单位签署的工程质量保修书。

9）城乡规划行政主管部门对工程是否符合规划设计要求进行检查，并出具认可文件。

10）有公安消防、环保等部门出具的认可文件或者准许使用文件。

11）建设行政主管部门及其委托的工程质量监督机构等有关部门责令整改的问题全部整改完毕。

（2）工程竣工验收应当按以下程序进行：

1）工程完工后，施工单位向建设单位提交工程竣工报告，申请工程竣工验收。实行监理的工程，工程竣工报告须经总监理工程师签署意见。

2）建设单位收到工程竣工报告后，对符合竣工验收要求的工程，组织勘察、设计、施工、监理等单位和其他有关方面的专家组成验收组，制定验收方案。

3）建设单位应当在工程竣工验收7个工作日前将验收的时间、地点及验收组名单书面通知负责监督该工程的工程质量监督机构。

4）建设单位组织工程竣工验收。

（3）竣工备案

1）建设单位应当自工程竣工验收合格之日起15日内，依照本办法规定，向工程所在地的县级以上地方人民政府建设主管部门（以下简称备案机关）备案。

2）建设单位办理工程竣工验收备案应当提交下列文件：

① 工程竣工验收备案表；

② 工程竣工验收报告，竣工验收报告应当包括工程报建日期，施工许可证号，施工图设计文件审查意见，勘察、设计、施工、工程监理等单位分别签署的质量合格文件及验收人员签署的竣工验收原始文件，市政基础设施的有关质量检测和功能性试验资料以及备案机关认为需要提供的有关资料；

③ 法律、行政法规规定应当由规划、环保等部门出具的认可文件或者准许使用文件；

④ 法律规定应当由公安消防部门出具的对大型的人员密集场所和其他特殊建设工程验收合格的证明文件；

⑤ 施工单位签署的工程质量保修书；

⑥ 法规、规章规定必须提供的其他文件。

住宅工程还应当提交《住宅质量保证书》和《住宅使用说明书》。

3. 房屋建筑工程质量保修范围、保修期限和违规处罚的规定

《建设工程质量管理条例》和《中华人民共和国建筑法》（以下简称《建筑法》）均对

4

房屋建筑工程质量保修范围、保修期限和违规处罚作了规定。

（1）房屋建筑工程质量保修的相关规定

1）建设工程承包单位在向建设单位提交工程竣工验收报告时，应当向建设单位出具质量保修书。质量保修书中应当明确建设工程的保修范围、保修期限和保修责任等。

2）建设工程在保修范围和保修期限内发生质量问题的，施工单位应当履行保修义务，并对造成的损失承担赔偿责任。

3）建设工程在超过合理使用年限后需要继续使用的，产权所有人应当委托具有相应资质等级的勘察、设计单位鉴定，并根据鉴定结果采取加固、维修等措施，重新界定使用期。

4）建筑物在合理使用寿命内，必须确保地基基础工程和主体结构的质量。

5）建筑工程竣工时，屋顶、墙面不得留有渗漏、开裂等质量缺陷；对已发现的质量缺陷，建筑施工企业应当修复。

6）交付竣工验收的建筑工程，必须符合规定的建筑工程质量标准，有完整的工程技术经济资料和经签署的工程保修书，并具备国家规定的其他竣工条件。建筑工程竣工经验收合格后，方可交付使用；未经验收或者验收不合格的，不得交付使用。

（2）房屋建筑工程质量保修范围、保修期限的相关规定

建筑工程的保修范围应当包括地基基础工程、主体结构工程、屋面防水工程和其他土建工程，以及电气管线、上下水管线的安装工程，供热、供冷系统工程等项目；保修的期限应当按照保证建筑物合理寿命年限内正常使用，维护使用者合法权益的原则确定。在正常使用条件下，建设工程的最低保修期限为：

1）基础设施工程、房屋建筑的地基基础工程和主体结构工程，为设计文件规定的该工程的合理使用年限；

2）屋面防水工程、有防水要求的卫生间、房间和外墙面的防渗漏，为5年；

3）供热与供冷系统，为2个供暖期、供冷期；

4）电气管线、给水排水管道、设备安装和装修工程，为2年。

其他项目的保修期限由发包方与承包方约定。

建设工程的保修期，自竣工验收合格之日起计算。

（3）房屋建筑工程质量违规处罚的相关规定

1）施工单位在施工中偷工减料的，使用不合格的建筑材料、建筑构配件和设备的，或者有不按照工程设计图纸或者施工技术标准施工的其他行为的，责令改正，处工程合同价款百分之二以上百分之四以下的罚款；造成建设工程质量不符合规定的质量标准的，负责返工、修理，并赔偿因此造成的损失；情节严重的，责令停业整顿，降低资质等级或者吊销资质证书。

2）施工单位未对建筑材料、建筑构配件、设备和商品混凝土进行检验，或者未对涉及结构安全的试块、试件以及有关材料取样检测的，责令改正，处10万元以上20万元以下的罚款；情节严重的，责令停业整顿，降低资质等级或者吊销资质证书；造成损失的，依法承担赔偿责任。

3）施工单位不履行保修义务或者拖延履行保修义务的，责令改正，处10万元以上20万元以下的罚款，并对在保修期内因质量缺陷造成的损失承担赔偿责任。

4）建设单位、设计单位、施工单位、工程监理单位违反国家规定，降低工程质量标准，造成重大安全事故的，对直接责任人员处五年以下有期徒刑或者拘役，并处罚金；后果特别严重的，处五年以上十年以下有期徒刑，并处罚金。

5）涉及建筑主体或者承重结构变动的装修工程擅自施工的，责令改正，处以罚款；造成损失的，承担赔偿责任；构成犯罪的，依法追究刑事责任。

6）对建筑安全事故隐患不采取措施予以消除的，责令改正，可以处以罚款；情节严重的，责令停业整顿，降低资质等级或者吊销资质证书；构成犯罪的，依法追究刑事责任。

建筑施工企业的管理人员违章指挥、强令职工冒险作业，因而发生重大伤亡事故或者造成其他严重后果的，依法追究刑事责任。

7）建筑施工企业在施工中偷工减料的，使用不合格的建筑材料、建筑构配件和设备的，或者有其他不按照工程设计图纸或者施工技术标准施工的行为的，责令改正，处以罚款；情节严重的，责令停业整顿，降低资质等级或者吊销资质证书；造成建筑工程质量不符合规定的质量标准的，负责返工、修理，并赔偿因此造成的损失；构成犯罪的，依法追究刑事责任。

8）不履行保修义务或者拖延履行保修义务的，责令改正，可以处以罚款，并对在保修期内因屋顶、墙面渗漏、开裂等质量缺陷造成的损失，承担赔偿责任。

9）在建筑物的合理使用寿命内，因建筑工程质量不合格受到损害的，有权向责任者要求赔偿。

4. 建设工程专项质量检测、见证取样检测的业务内容的规定

根据《建设工程质量管理条例》规定：

（1）施工单位必须按照工程设计要求、施工技术标准和合同约定，对建筑材料、建筑构配件、设备和商品混凝土进行检验，检验应当有书面记录和专人签字；未经检验或者检验不合格的，不得使用。

（2）施工单位必须建立、健全施工质量的检验制度，严格工序管理，作好隐蔽工程的质量检查和记录。隐蔽工程在隐蔽前，施工单位应当通知建设单位和建设工程质量监督机构。

（3）施工人员对涉及结构安全的试块、试件以及有关材料，应当在建设单位或者工程监理单位监督下现场取样，并送具有相应资质等级的质量检测单位进行检测。

（4）施工单位对施工中出现质量问题的建设工程或者竣工验收不合格的建设工程，应当负责返修。

根据《建筑工程施工质量验收统一标准》GB 50300—2013 规定：

（1）施工现场质量管理应有相应的施工技术标准，健全的质量管理体系、施工质量检验制度和综合施工质量水平评定考核制度。

（2）建筑工程应按下列规定进行施工质量控制：

1）建筑工程采用的主要材料、半成品、成品、建筑构配件、器具和设备应进行现场验收，凡涉及安全、功能的有关产品，应按各专业工程质量验收规范规定进行复验，并应经监理工程师（建设单位技术负责人）检查认可。

2) 各工序应按施工技术标准进行质量控制,每道工序完成后,应进行自检。

3) 相关专业工种之间,应进行交接检验,并形成记录。

4) 对于监理单位提出检查要求的主要工序,应经监理工程师检查认可,才能进行下道工序施工。

(3) 建筑工程施工质量应按下列要求进行验收:

1) 建筑工程施工质量应符合本标准和相关专业验收规范的规定。

2) 建筑工程施工应符合工程勘察、设计文件的要求。

3) 参加工程施工质量验收的各方人员应具备规定的资格。

4) 工程质量的验收均应在施工单位自行检查评定的基础上进行。

5) 隐蔽工程在隐蔽前应由施工单位通知有关单位进行验收,并应形成验收文件。

6) 涉及结构安全节能、环境保护和主要使用功能的试块、试件以及有关材料,应按规定进行见证取样检测。

7) 检验批的质量应按主控项目和一般项目验收。

8) 对涉及结构安全和使用功能的重要分部工程应进行抽样检测。

9) 承担见证取样检测及有关结构安全检测的单位应具有相应资质。

10) 工程的观感质量应由验收人员通过现场检查,并应共同确认。

(二)建筑工程施工质量验收标准和规范

为了解决各专业验收规范编制的标准与原则及其统一和协调问题,以及汇总各专业验收,进而进行单位工程的竣工验收,我国修编了一本基础性和指导性的作用和标准,即《建筑工程施工质量验收统一标准》GB 50300—2013,自 2014 年 6 月 1 日起实施。同时由于建筑工程施工涉及的专业众多,各个专业与施工工序间差别很大,只有制定若干种相应的验收规范才能很好地适应实际工程验收的问题,根据我国施工管理的传统技术发展的趋势,我国编制修订了十多种验收规范。这样构成了我国现行的建筑工程施工质量验收规范体系。

1. 建筑工程质量验收的划分、合格判定、质量验收的程序和组织

(1) 建筑工程质量验收的划分

1) 建筑工程质量验收应划分为单位工程、分部工程、分项工程和检验批。

2) 单位工程应按下列原则划分:

① 具备独立施工条件并能形成独立使用功能的建筑物及构筑物为一个单位工程。

② 对于建筑规模较大的单位工程,可将其能形成独立使用功能的部分为一个子单位工程。

3) 分部工程应按下列原则划分:

① 可按专业性质、建筑部位确定。

② 当分部工程较大或较复杂时,可按材料种类、施工特点、施工程序、专业系统及类别等划分若干子分部工程。

4) 分项工程应按主要工种、材料、施工工艺、设备类别进行划分。

5) 检验批可根据施工、质量控制和专业验收的需要按工程量、楼层、施工段、变形

缝进行划分。

6）室外工程可根据专业类别和工程规模按本标准附录 C 的规定划分子单位工程、分部工程和分项工程。

（2）建筑工程质量验收的合格判定

1）检验批合格质量应符合下列规定：

① 主控项目的质量经抽样检验均应合格。

② 一般项目的质量经抽样检验合格。当采用计数抽样时，合格点率应符合有关专业验收规范的规定，且不得存在严重缺陷。对于计数抽样的一般项目、正常检验一次、二次抽样可按本标准附录 D 判定。

③ 具有完整的施工操作依据、质量检查记录。

2）分项工程质量验收合格应符合下列规定：

① 所含的检验批均应符合合格质量的规定。

② 所含的检验批的质量验收记录应完整。

3）分部工程质量验收合格应符合下列规定：

① 所含分项工程的质量均应验收合格。

② 质量控制资料应完整。

③ 有关安全、节能、环境保护和主要使用功能的抽样检测结果应符合有关规定。

④ 观感质量验收应符合要求。

4）单位工程质量验收合格应符合下列规定：

① 所含分部工程的质量均应验收合格。

② 质量控制资料应完整。

③ 所含分部工程有关安全、节能、环境保护和主要使用功能的检测资料应完整。

④ 主要功能项目的抽查结果应符合相关专业验收规范的规定。

⑤ 观感质量验收应符合要求。

（3）建筑工程质量验收记录应符合下列规定：

1）检验批的质量验收记录可按本标准附录 E 填写，填写时应具有现场验收检查原始记录。

2）分项工程质量验收记录可按本标准附录 F 填写。

3）分部工程质量记录可按本标准附录 G 填写。

4）单位工程质量竣工验收记录、质量控制资料核查记录、安全和功能检验资料核查及主要功能抽查记录、观感质量检查记录应按本标准附录 H 填写。

（4）当建筑工程质量不符合要求时，应按下列规定进行处理：

1）经返工或返修的检验批，应重新进行验收。

2）经有资质的检测单位检测鉴定能够达到设计要求的检验批，应予以验收。

3）经有资质的检测单位鉴定达不到设计要求，但经原设计单位核算认可能够满足结构安全和使用功能的检验批，可予以验收。

4）经返修或加固处理的分项、分部工程，满足安全及使用功能要求时，可按技术处理方案和协商文件进行验收。

5）通过返修或加固处理仍不能满足安全或重要使用要求的分部工程及单位工程，严禁验收。

（5）建筑工程质量验收程序和组织

1）检验批应由专业监理工程师组织施工单位项目专业质量检查员、专业工长等进行验收。

2）分项工程应由专业监理工程师组织施工单位项目专业技术负责人等进行验收。

3）分部工程应由总监理工程师组织施工单位项目负责人和项目技术负责人等进行验收。

勘察、设计单位项目负责人和施工单位技术、质量部门负责人应参加地基与基础分部工程的验收。

设计单位项目负责人和施工单位技术、质量部门负责人应参加主体结构、节能分部工程的验收。

4）单位工程中的分包工程完工后，分包单位应对所承包的工程项目进行自检，并应按本标准规定的程序进行验收。验收时，总包单位应派人参加。分包单位应将所分包工程的质量控制资料整理完整，并移交给总包单位。

5）单位工程完工后，施工单位应组织有关人员进行自检。总监理工程师应组织各专业监理工程师对工程质量进行竣工预验收。存在施工质量问题时，应由施工单位整改。整改完毕后，由施工单位向建设单位提交工程竣工报告，申请工程竣工验收。

6）建设单位收到工程竣工报告后，应由建设单位项目负责人组织监理、施工、设计、勘察等单位项目负责人进行单位工程验收。

2. 建筑地基基础工程施工质量验收的要求

《建筑地基基础工程施工质量验收标准》GB 50202—2018 规定：

（1）地基基础工程施工质量验收应符合下列规定：

1）地基基础工程施工质量应符合验收规定的要求；

2）质量验收的程序应符合验收规定的要求；

3）工程质量的验收应在施工单位自行检查评定合格的基础上进行；

4）质量验收应进行分部、分项工程验收；

5）质量验收应按主控项目和一般项目验收。

（2）地基基础工程验收时应提交下列资料：

1）岩土工程勘察报告；

2）设计文件、图纸会审记录和技术交底资料；

3）工程测量、定位放线记录；

4）施工组织设计及专项施工方案；

5）施工记录及施工单位自查评定报告；

6）监测资料；

7）隐蔽工程验收资料；

8）检测与检验报告；

9）竣工图。

（3）施工前及施工过程中所进行的检验项目应制作表格，并应做相应记录、校审存档。

（4）地基基础工程必须进行验槽，验槽检验要点应符合本标准附录 A 的规定。

（5）主控项目的质量检验结果必须全部符合检验标准，一般项目的验收合格率不得低于 80%。

（6）检查数量应按检验批抽样，当本标准有具体规定时，应按相应条款执行，无规定时应按检验批抽检。检验批的划分和检验批抽检数量可按照现行国家标准《建筑工程施工质量验收统一标准》GB 50300 的规定执行。

（7）地基基础标准试件强度评定不满足要求或对试件的代表性有怀疑时，应对实体进行强度检测，当检测结果符合设计要求时，可按合格验收。

（8）原材料的质量检验应符合下列规定：

1）钢筋、混凝土等原材料的质量检验应符合设计要求和现行国家标准《混凝土结构工程施工质量验收规范》GB 50204 的规定；

2）钢材、焊接材料和连接件等原材料及成品的进场、焊接或连接检测应符合设计要求和现行国家标准《钢结构工程施工质量验收标准》GB 50205 的规定；

3）砂、石子、水泥、石灰、粉煤灰、矿（钢）渣粉等掺合料、外加剂等原材料的质量、检验项目、批量和检验方法，应符合国家现行有关标准的规定。

3. 混凝土结构施工质量验收的要求

《混凝土结构工程施工质量验收规范》GB 50204—2015（自 2015 年 9 月 1 日起实施）规定：

（1）对涉及混凝土结构安全的有代表性的部位应进行结构实体检验。结构实体检验应包括混凝土强度、钢筋保护层厚度、结构位置与尺寸偏差以及合同约定的项目，必要时可检验其他项目。

（2）结构实体检验应由监理单位组织施工单位实施，并见证实施过程。

（3）施工单位应制定结构实体检验专项方案，并经监理单位审核批准后实施。除结构位置与尺寸偏差外的结构实体检验项目，应由具有相应资质的检测机构完成。

（4）结构实体混凝土强度应按不同强度等级分别检验，检验方法宜采用同条件养护试件方法；当未取得同条件养护试件强度或同条件养护试件强度不符合要求时，可采用回弹一取芯法进行检验。

（5）结构实体混凝土同条件养护试件强度检验应符合本规范附录 C 的规定；结构实体混凝土回弹一取芯法强度检验应符合本规范附录 D 的规定。

4. 砌体工程施工质量验收的要求

《砌体结构工程施工质量验收规范》GB 50203—2011 规定：

（1）砌体构造工程施工中的技术文件和承包合同对施工质量验收的要求不得低于本标准的规定。砌体构造工程施工质量的验收除应执行本标准外，尚应符合国家现行有关标准的规定。

（2）砌体构造工程所用的材料应有产品的合格证书、产品性能型式检测报告，质量应符合国家现行有关标准的要求。块体、水泥、钢筋、外加剂尚应有材料主要性能的进场复验报告，并应符合设计要求。严禁使用国家明令淘汰的材料。

（3）砌体构造工程施工前，应编制砌体构造工程施工方案。

（4）砌体构造的标高、轴线，应引自基准控制点。砌筑施工前，应校核放线尺寸，允许偏向应符合表 1-1 的规定。

放线尺寸的允许偏向　　　　　　　　　　　　　　　　　表 1-1

长度 L、宽度 B（m）	允许偏向（mm）
L（或 B）≤30	±5
30<L（或 B）≤60	±10
60<L（或 B）≤90	±15
L（或 B）>90	±20

（5）伸缩缝、沉降缝、防震缝中的模板应撤除干净，不得夹有砂浆、块体及碎渣等杂物。

（6）砌筑顺序应符合以下规定：

1）基底标高不同时，应从低处砌起，并应由高处向低处搭砌。当设计无要求时，搭接长度 L 不应小于基础底的高差 H，搭接长度范围内下层基础应扩大砌筑。

2）砌体的转角处和交接处应同时砌筑。当不能同时砌筑时，应按规定留搓、接搓。

（7）在墙上留置临时施工洞口，其侧边离交接处墙面不应小于 500mm，洞口净宽度不应超过 1m。抗震设防烈度为 9 度的地区建筑物的临时施工洞口位置，应会同设计单位确定。临时施工洞口应做好补砌。

不得在以下墙体或部位设置脚手眼：

1）120mm 厚墙、清水墙、料石墙、独立柱和附墙柱；

2）过梁上与过梁成 60°角的三角形范围及过梁净跨度 1/2 的高度范围内；

3）宽度小于 1m 的窗间墙；

4）门窗洞口两侧石砌体 300mm，其他砌体 200mm 范围内；转角处石砌体 600mm，其他砌体 450mm 范围内；

5）梁或梁垫下及其左右 500mm 范围内；

6）设计不允许设置脚手眼的部位；

7）轻质墙体；

8）夹心复合墙外叶墙。

（8）脚手眼补砌时，应去除脚手眼内掉落的砂浆、灰尘；脚手眼处砖及填塞用砖应潮湿，并应填实砂浆。

（9）砌筑完基础或每一楼层后，应校核砌体轴线和标高。在允许范围内，轴线偏向可在基础顶面或楼面上校正，标高偏差宜通过调整上部砌体灰缝厚度校正。

（10）雨天不宜在露天砌筑墙体，对下雨当日砌筑的墙体应进行遮盖。继续施工时，应复核墙体的垂直度，假如垂直度超过允许偏向，应拆除重新砌筑。

（11）砌体施工时，楼面和屋面堆载不得超过楼板的允许荷载值。当施工层进料口处施工荷载较大时，楼板下宜采取临时支撑措施。

（12）正常施工条件下，砖砌体、小砌块砌体每日砌筑高度宜控制在 1.5m 或一步脚手架高度内；石砌体不宜超过 1.2m。

5. 钢结构工程施工质量验收的要求

《钢结构工程施工质量验收标准》GB 50205—2020 规定：

（1）钢结构工程应按下列规定进行施工质量控制：

1）采用的原材料及成品应进行进场验收，凡涉及安全、功能的原材料及成品应按本标准14.0.2条的规定进行复验，并应经监理工程师（建设单位技术负责人）见证取样送样；

2）各工序应按施工技术标准进行质量控制，每道工序完成后应进行检查；

3）相关各专业之间应进行交接检验，并经监理工程师（建设单位技术负责人）检查认可。

（2）钢结构工程施工质量验收在施工单位自检合格的基础上，按照检验批、分项工程、分部（子分部）工程分别进行验收，钢结构分部（子分部）工程中分项工程的划分，应按现行国家标准《建筑工程施工质量验收统一标准》GB 50300 的规定执行。钢结构分项工程应由一个或若干检验批组成，其各分项工程检验批应按本标准的规定进行划分，并应经监理（或建设单位）确认。

（3）检验批合格质量标准应符合下列规定：

1）主控项目必须满足本标准质量要求；

2）一般项目的检验结果应有 80% 及以上的检查点（值）满足本标准的要求，且最大值（或最小值）不应超过允许偏差值的 1.2 倍。

（4）分项工程合格质量标准应符合下列规定：

1）分项工程所含的各检验批均应符合本标准质量要求；

2）分项工程所含的各检验批质量验收记录应完整。

（5）当钢结构工程施工质量不符合本标准规定时，应按下列规定进行处理：

1）经返修或更换构（配）件的检验批，应重新进行验收；

2）经法定的检测单位检测鉴定能够达到设计要求的检验批，应予以验收；

3）经法定的检测单位检测鉴定达不到设计要求，但经原设计单位核算认可能够满足结构安全和使用功能的检验批，可予以验收；

4）经返修或加固处理的分项、分部工程，仍能满足结构安全和使用功能要求时，可按处理技术方案和协商文件进行验收；

5）通过返修或加固处理仍不能满足安全使用要求的钢结构分部工程，严禁验收。

6. 屋面工程质量验收的要求

《屋面工程质量验收规范》GB 50207—2012 规定：

（1）屋面工程施工时，应建立各道工序的自检、交接检和专职人员检查的"三检"制度，并有完整的检查记录。每道工序完成，应经监理单位（或建设单位）检查验收，合格后方可进行下道工序的施工。

（2）屋面工程的防水层应由经资质审查合格的防水专业队伍进行施工。作业人员应持有当地建设行政主管部门颁发的上岗证。

（3）屋面工程所采用的防水、保温隔热材料应有产品合格证书和性能检测报告，材料的品种、规格、性能等应符合现行国家产品标准和设计要求。

材料进场后，应按本规范附录 A、附录 B 的规定抽样复验，并提出试验报告；不合格的材料，不得在屋面工程中使用。

（4）屋面工程完工后，应按本规范的有关规定对细部构造、接缝、保护层等进行外观检验，并应进行淋水或蓄水检验。

（5）屋面工程各子分部工程和分项工程的划分，应符合表 1-2 的要求。

屋面工程各子分部工程和分项工程的划分　　　　　　　　　　表 1-2

分部工程	子分部工程	分项工程
屋面工程	卷材防水屋面	保温层，找平层，卷材防水层，细部构造
	涂膜防水屋面	保温层，找平层，涂膜防水层，细部构造
	刚性防水屋面	细石混凝土防水层，密封材料嵌缝，细部构造
	瓦屋面	平瓦屋面，油毡瓦屋面，金属板材屋面，细部构造
	隔热屋面	架空屋面，蓄水屋面，种植屋面

（6）屋面工程各分项工程的施工质量检验批量应符合下列规定：

1）卷材防水层面、涂膜防水层面、刚性防水屋面、瓦屋面和隔热屋面工程，应按屋面面积每 $100m^2$ 抽查一处，每处 $10m^2$，且不得少于 3 处。

2）接缝密封防水，每 50m 应抽查一处，每处 5m，且不得少于 3 处。

3）细部构造根据分项工程的内容，应全部进行检查。

（7）屋面工程施工应按工序或分项工程进行验收，构成分项工程的各检验批应符合相应质量标准的规定。

说明：《建筑工程施工质量验收统一标准》GB 50300—2013 规定分项工程可由若干检验批组成，分项工程划分成检验批进行验收，有助于及时纠正施工中出现的质量问题，确保工程质量，符合施工实际的需要。

分项工程检验批的质量应按主控项目和一般项目进行验收。主控项目是对建筑工程的质量起决定性作用的检验项目，本规范用黑体字标志的条文列为强制性条文，必须严格执行。本条规定屋面工程的施工质量，按构成分项工程各检验批应符合相应质量标准要求。分项工程检验批不符合质量标准要求时，应及时进行处理。

屋面工程验收的文件和记录应按表 1-3 要求执行。

屋面工程验收的文件和记录　　　　　　　　　　表 1-3

序号	项目	文件和记录
1	防水设计	设计图纸及会审记录，设计变更通知单和材料代用核定单
2	施工方案	施工方法、技术措施、质量保证措施
3	技术交底记录	施工操作要求及注意事项
4	材料质量证明文件	出厂合格证、质量检验报告和试验报告
5	中间检查记录	分项工程质量验收记录、隐蔽工程验收记录、施工检验记录、淋水或蓄水检验记录
6	施工日志	逐日施工情况
7	工程检验记录	抽样质量检验及观察检查
8	其他技术资料	事故处理报告、技术总结

说明：屋面工程验收的文件和记录体现了施工全过程控制，必须做到真实、准确，不得有涂改和伪造，各级技术负责人签字后方可有效。

（8）屋面工程隐蔽验收记录应包括以下主要内容：

1）卷材、涂膜防水层的基层。

2）密封防水处理部位。

3）天沟、檐沟、泛水和变形缝等细部做法。

4）卷材、涂膜防水层的搭接宽度和附加层。

5）刚性保护层与卷材、涂膜防水层之间设置的隔离层。

说明：隐蔽工程为后续的工序或分项工程覆盖、包裹、遮挡的前一分项工程。例如防水层的基层，密封防水处理部位，天沟、檐沟、泛水和变形缝等细部构造，应经过检查符合质量标准后方可进行隐蔽，避免因质量问题造成渗漏或不易修复而直接影响防水效果。

（9）屋面工程质量应符合下列要求：

1）防水层不得有渗漏或积水现象。

2）使用的材料应符合设计要求和质量标准的规定。

3）找平层表面应平整，不得有酥松、起砂、起皮现象。

4）保温层的厚度、含水率和表观应符合设计要求。

5）天沟、檐沟、泛水和变形缝等构造，应符合设计要求。

6）卷材铺贴方法和搭接顺序应符合设计要求，搭接宽度正确，接缝严密，不得有皱折、鼓泡和翘边现象。

7）涂膜防水层的厚度应符合设计要求，涂层无裂纹、皱折、流淌、鼓泡和露胎体现象。

8）刚性防水层表面应平整、压光、不起砂、不起皮、不开裂。分格缝应平直，位置正确。

9）嵌缝密封材料应与两侧基层粘牢，密封部位光滑、平直，不得有开裂、鼓泡、下塌现象。

10）平瓦屋面的基层应平整、牢固，瓦片排列整齐、平直，搭接合理，接缝严密，不得有残缺瓦片。

说明：本条规定找平层、保温层、防水层、密封材料嵌缝等分项施工质量的基本要求，主要用于分部工程验收时必须进行的观感质量验收。工程的观感质量应由验收人员通过现场检查，并应共同确认。

（10）检查屋面有无渗漏、积水和排水系统是否畅通，应在雨后或持续淋水 2h 后进行。有可能作蓄水检验的屋面，其蓄水时间不应少于 24h。

说明：按《建筑工程施工质量验收统一标准》GB 50300—2013 的规定，建筑工程施工质量验收时，对涉及结构安全和使用功能的重要分部工程应进行抽样检测。因此，屋面工程验收时，应检查屋面有无渗漏、积水和排水系统是否畅通，可在雨后或持续淋水 2h 后进行。有可能作蓄水检验的屋面，其蓄水时间不应小于 24h。检验后应填写安全和功能检验（检测）报告，作为屋面工程验收的文件和记录之一。

（11）屋面工程验收后，应填写分部工程质量验收记录，交建设单位和施工单位存档。

说明：屋面工程完成后，应由施工单位先行自检，并整理施工过程中的有关文件和记录,确认合格后会同建设(监理)单位,共同按质量标准进行验收。分部工程的验收,应在分项、子分部工程通过验收的基础上,对必要的部位进行抽样检验和使用功能满足程度的检查。分部工程应由总监理工程师(建设单位项目负责人)组织施工技术质量负责人进行验收。

屋面工程竣工验收时,施工单位应将验收文件和记录提供总监理工程师(建设单位项目负责人)审查,核查无误后方可作为存档资料。

7. 地下防水工程质量验收的要求

《地下防水工程质量验收规范》GB 50208—2011规定:

(1)地下防水工程施工应按工序或分项进行验收,构成分项工程的各检验批应符合本规范相应质量标准的规定。

(2)地下防水工程验收文件和记录应按表1-4的要求进行。

地下防水工程验收的文件和记录 表 1-4

序号	项目	文件和记录
1	防水设计	设计图及会审记录、设计变更通知单和材料代用核定单
2	施工方案	施工方法、技术措施、质量保证措施
3	技术交底	施工操作要求及注意事项
4	材料质量证明文件	出厂合格证、产品质量检验报告、试验报告
5	中间检查记录	分项工程质量验收记录、隐蔽工程检查验收记录、施工检验记录
6	施工日志	逐日施工情况
7	混凝土、砂浆	试配及施工配合比、混凝土抗压、抗渗试验报告
8	施工单位资质证明	资质复印证件
9	工程检验记录	抽样质量检验及观察检查
10	其他技术资料	事故处理报告、技术总结

(3)地下防水隐蔽工程验收记录应包括以下主要内容:

1)卷材、涂料防水层的基层。

2)防水混凝土结构和防水层被掩盖的部位。

3)变形缝、施工缝等防水构造的做法。

4)管道设备穿过防水层的封固部位。

5)渗排水层、盲沟和坑槽。

6)衬砌前围岩渗漏水处理。

7)基坑的超挖和回填。

(4)地下建筑防水工程的质量要求:

1)防水混凝土的抗压强度和抗渗压力必须符合设计要求。

2)防水混凝土应密实,表面应平整,不得有露筋、蜂窝等缺陷;裂缝宽度应符合设计要求。

3)水泥砂浆防水层应密实、平整、粘结牢固,不得有空鼓、裂纹、起砂、麻面等缺陷;防水层厚度应符合设计要求。

4)卷材接缝应粘结牢固、封闭严密,防水层不得有损伤、空鼓、皱折等缺陷。

5）涂层应粘结牢固，不得有脱皮、流淌、鼓泡、露胎、皱折等缺陷；涂层厚度应符合设计要求。

6）塑料板防水层应铺设牢固、平整，搭接焊缝严密，不得有焊穿、下垂、绷紧现象。

7）金属板防水层焊缝不得有裂纹、未熔合、夹渣、焊瘤、咬边、烧穿、弧坑、针状气孔等缺陷；保护涂层应符合设计要求。

8）变形缝、施工缝、后浇带、穿墙管道等防水构造应符合设计要求。

（5）特殊施工法防水工程的质量要求：

1）内衬混凝土表面应平整，不得有孔洞、露筋、蜂窝等缺陷。

2）盾构法隧道衬砌自防水、衬砌外防水涂层、衬砌接缝防水和内衬结构防水应符合设计要求。

3）锚喷支护、地下连续墙、复合式衬砌等防水构造应符合设计要求。

（6）排水工程的质量要求：

1）排水系统不淤积、不堵塞，确保排水畅通。

2）反滤层的砂、石粒径、含泥量和层次排列应符合设计要求。

3）排水沟断面和坡度应符合设计要求。

（7）注浆工程的质量要求：

1）注浆孔的间距、深度及数量应符合设计要求。

2）注浆效果应符合设计要求。

3）地表沉降控制应符合设计要求。

（8）检查地下防水工程渗漏水量，应符合本规范第3.0.1条地下工程防水等级标准的规定。

（9）地下防水工程验收后，应填写子分部工程质量验收记录，随同工程验收的文件和记录交建设单位和施工单位存档。

8. 建筑地面工程施工质量验收的要求

《建筑地面工程施工质量验收规范》GB 50209—2010规定：

（1）建筑地面工程基层（各构造层）和面层的铺设，均应待其下一层检验合格后方可施工上一层。建筑地面工程各层铺设前与相关专业的分部（子分部）工程、分项工程以及设备管道安装工程之间，应进行交接检验。

（2）建筑地面工程施工质量的检验，应符合下列规定：

1）基层（各构造层）和各类面层的分项工程的施工质量验收应按每一层次或每层施工段（或变形缝）作为检验批，高层建筑的标准层可按每三层（不足三层按三层计）作为检验批。

2）每个检验批应以各子分部工程的基层（各构造层）和各类面层所划分的分项工程按自然间（或标准间）检验，抽查数量应随机检验不应少于3间；不足3间，应全数检查；其中走廊（过道）应以10延长米为1间，工业厂房（按单跨计）、礼堂、门厅应以两个轴线为1间计算。

3）有防水要求的建筑地面子分部工程的分项工程施工质量每检验批抽查数量应按其房间总数随机检验不应少于4间，不足4间，应全数检查。

（3）建筑地面工程的分项工程施工质量检验的主控项目，必须达到本规范规定的质量标准，认定为合格；一般项目80％以上的检查点（处）符合本规范规定的质量要求，其他检查点（处）不得有明显影响使用，并不得大于允许偏差值的50％为合格。凡达不到质量标准时，应按现行国家标准《建筑工程施工质量验收统一标准》GB 50300—2013的规定处理。

（4）建筑地面工程完工后，施工质量验收应在建筑施工企业自检合格的基础上，由监理单位组织有关单位对分项工程、子分部工程进行检验。

（5）检验方法应符合下列规定：

1）检查允许偏差应采用钢尺、2m靠尺、楔形塞尺、坡度尺和水准仪。

2）检查空鼓应采用敲击的方法。

3）检查有防水要求建筑地面的基层（各构造层）和面层，应采用泼水或蓄水方法，蓄水时间不得少于24h。

4）检查各类面层（含不需铺设部分或局部面层）表面的裂纹、脱皮、麻面和起砂等缺陷，应采用观感的方法。

（6）建筑地面工程施工质量中各类面层子分部工程的面层铺设与其相应的基层铺设的分项工程施工质量检验应全部合格。

（7）建筑地面工程子分部工程质量验收应检查下列工程质量文件和记录：

1）建筑地面工程设计图纸和变更文件等。

2）原材料的出厂检验报告和质量合格保证文件、材料进场检（试）验报告（含抽样报告）。

3）各层的强度等级、密实度等试验报告和测定记录。

4）各类建筑地面工程施工质量控制文件。

5）各构造层的隐蔽验收及其他有关验收文件。

（8）建筑地面工程子分部工程质量验收应检查下列安全和功能项目：

1）有防水要求的建筑地面子分部工程的分项工程施工质量的蓄水检验记录，并抽查复验认定。

2）建筑地面板块面层铺设子分部工程和木、竹面层铺设子分部工程采用的天然石材、胶粘剂、沥青胶结料和涂料等材料证明资料。

（9）建筑地面工程子分部工程观感质量综合评价应检查下列项目：

1）变形缝的位置和宽度以及填缝质量应符合规定。

2）室内建筑地面工程按各子分部工程经抽查分别做出评价。

3）楼梯、踏步等工程项目经抽查分别做出评价。

9. 民用建筑工程室内环境污染控制的要求

《民用建筑工程室内环境污染控制标准》GB 50325—2020规定：

（1）民用建筑工程及室内装饰装修工程的室内环境质量验收，应在工程完工不少于7d后、工程交付使用前进行。

（2）民用建筑工程竣工验收时，应检查下列资料：

1）工程地质勘察报告、工程地点土壤中氡浓度或氡析出率检测报告、高土壤氡工程地点土壤天然放射性核素镭-226、钍-232、钾-40 含量检测报告。

2）涉及室内新风量的设计、施工文件，以及新风量检测报告。

3）涉及室内环境污染控制的施工图设计文件及工程设计变更文件。

4）建筑主体材料和装饰装修材料的污染物检测报告、材料进场检验记录、复验报告。

5）与室内环境污染控制有关的隐蔽工程验收记录、施工记录。

6）样板间的室内环境污染物浓度检测报告（不做样板间的除外）。

7）室内空气中污染物浓度检测报告。

（3）民用建筑工程所用建筑主体材料和装饰装修材料的类别、数量和施工工艺等，应满足设计要求并符合本标准有关规定。

（4）民用建筑工程竣工验收时，必须进行室内环境污染物浓度检测，其限量应符合表1-5 的规定。

民用建筑室内环境污染物浓度限量   表 1-5

污染物	Ⅰ类民用建筑工程	Ⅱ类民用建筑工程
氡（Bq/m³）	≤150	≤150
甲醛（mg/m³）	≤0.07	≤0.08
氨（mg/m³）	≤0.15	≤0.20
苯（mg/m³）	≤0.06	≤0.09
甲苯（mg/m³）	≤0.15	≤0.20
二甲苯（mg/m³）	≤0.20	≤0.20
TVOC（mg/m³）	≤0.45	≤0.50

注：1. 污染物浓度测量值，除氡外均指室内污染物浓度测量值扣除室外上风向空气中污染物浓度测量值（本底值）后的测量值。

2. 污染物浓度测量值的极限值判定，采用全数值比较法。

（5）民用建筑工程验收时，对采用集中通风的公共建筑工程，应进行室内新风量的检测，检测结果应符合设计和现行国家标准《民用建筑供暖通风与空气调节设计规范》GB 50736 的有关规定。

（6）民用建筑室内空气中氡浓度检测宜采用泵吸静电收集能谱分析法、泵吸闪烁室法、泵吸脉冲电离室法、活性炭盒—低本底多道 γ 谱仪法，测量结果不确定度不应大于 25%（$k=2$），方法的探测下限不应大于 $10Bq/m^3$。

（7）民用建筑室内空气中甲醛检测方法，应符合现行国家标准《公共场所卫生检验方法 第 2 部分：化学污染物》GB/T 18204.2 中 AHMT 分光光度法的规定。

（8）民用建筑室内空气中甲醛检测，可采用简便取样仪器检测方法，甲醛简便取样仪器检测方法应定期进行校准，测量范围不大于 $0.50\mu mol/mol$ 时，最大允许示值误差应为 $\pm 0.05\mu mol/mol$。当发生争议时，应以现行国家标准《公共场所卫生检验方法 第 2 部分：化学污染物》GB/T 18204.2 中 AHMT 分光光度法的测定结果为准。

（9）民用建筑室内空气中氨检测方法应符合现行国家标准《公共场所卫生检验方法 第2部分：化学污染物》GB/T 18204.2 中靛酚蓝分光光度法的规定。

（10）民用建筑室内空气中苯、甲苯、二甲苯的检测方法，应符合本标准附录 D 的规定。

（11）民用建筑室内空气中 TVOC 的检测方法，应符合本标准附录 E 的规定。

（12）民用建筑工程验收时，应抽检每个建筑单体有代表性的房间室内环境污染物浓度，氡、甲醛、氨、苯、甲苯、二甲苯、TVOC的抽检量不得少于房间总数的5%，每个建筑单体不得少于3间，当房间总数少于3间时，应全数检测。

（13）民用建筑工程验收时，凡进行了样板间室内环境污染物浓度检测且检测结果合格的，其同一装饰装修设计样板间类型的房间抽检量可减半，并不得少于3间。

（14）幼儿园、学校教室、学生宿舍、老年人照料房屋设施室内装饰装修验收时，室内空气中氡、甲醛、氨、苯、甲苯、二甲苯、TVOC的抽检量不得少于房间总数的50%，且不得少于20间。当房间总数不大于20间时，应全数检测。

（15）当进行民用建筑工程验收时，室内环境污染物浓度检测点数应符合表1-6的规定。

室内环境污染物浓度检测点数设置　　　　　　　　　　　　　　　表1-6

房间使用面积（m²）	检测点数（个）
<50	1
≥50，<100	2
≥100，<500	不少于3
≥500，<1000	不少于5
≥1000	≥1000m²的部分，每增加1000m²增设1，增加面积不足1000m²时按增加1000m²计算

（16）当房间内有2个及以上检测点时，应采用对角线、斜线、梅花状均衡布点，并应取各点检测结果的平均值作为该房间的检测值。

（17）民用建筑工程验收时，室内环境污染物浓度现场检测点应距房间地面高度0.8～1.5m，距房间内墙面不应小于0.5m。检测点应均匀分布，且应避开通风道和通风口。

（18）当对民用建筑室内环境中的甲醛、氨、苯、甲苯、二甲苯、TVOC浓度检测时，装饰装修工程中完成的固定式家具应保持正常使用状态；采用集中通风的民用建筑工程，应在通风系统正常运行的条件下进行；采用自然通风的民用建筑工程，检测应在对外门窗关闭1h后进行。

（19）民用建筑室内环境中氡浓度检测时，对采用集中通风的民用建筑工程，应在通风系统正常运行的条件下进行；采用自然通风的民用建筑工程，应在房间的对外门窗关闭24h以后进行。Ⅰ类建筑无架空层或地下车库结构时，一、二层房间抽检比例不宜低于总抽检房间数的40%。

（20）土壤氡浓度大于30000Bq/m³的高氡地区及高钍地区的Ⅰ类民用建筑室内氡浓度超标时，应对建筑一层房间开展氡-220污染调查评估，并根据情况采取措施。

（21）当抽检的所有房间室内环境污染物浓度的检测结果符合本标准表1-5的规定时，应判定该工程室内环境质量合格。

（22）当室内环境污染物浓度检测结果不符合本标准表1-5规定时，应对不符合项目再次加倍抽样检测，并应包括原不合格的同类型房间及原不合格房间；当再次检测的结果符合本标准表1-5的规定时，应判定该工程室内环境质量合格。再次加倍抽样检测的结果不符合本标准规定时，应查找原因并采取措施进行处理，直至检测合格。

（23）室内环境污染物浓度检测结果不符合本标准表1-5规定的民用建筑工程，严禁交付投入使用。

10. 建筑节能工程施工质量验收的要求

《建筑节能工程施工质量验收标准》GB 50411—2019 规定：

（1）当工程设计变更时，建筑节能性能不得降低，且不得低于国家现行有关建筑节能设计标准的规定。

（2）建筑节能工程为单位工程的一个分部工程，其子分部工程和分项工程的划分，应符合下列规定：

1）建筑节能子分部工程和分项工程应按照表 1-7 划分。

建筑节能子分部工程和分项工程划分 表 1-7

序号	子分部工程	分项工程	主要验收内容
1	围护结构节能工程	墙体节能工程	基层；保温隔热构造；抹面层；饰面层；保温隔热砌体等
2		幕墙节能工程	保温隔热构造；隔气层；幕墙玻璃；单元式幕墙板块；通风换气系统；遮阳设施；凝结水收集排放系统；幕墙与周边墙体和屋面间的接缝等
3		门窗节能工程	门；窗；天窗；玻璃；遮阳设施；通风器；门窗与洞口间隙等
4		屋面节能工程	基层；保温隔热构造；保护层；隔气层；防水层；面层等
5		地面节能工程	基层；保温隔热构造；保护层；面层等
6	供暖空调节能工程	供暖节能工程	系统形式；散热器；自控阀门与仪表；热力入口装置；保温构造；调试等
7		通风与空调节能工程	系统形式；通风与空调设备；自控阀门与仪表；绝热构造；调试等
8		冷热源及管网节能工程	系统形式；冷热源设备；辅助设备；管网；自控阀门与仪表；绝热构造；调试等
9	配电照明节能工程	配电与照明节能工程	低压配电电源；照明光源、灯具；附属装置；控制功能；调试等
10	监测控制节能工程	监测与控制节能工程	冷热源的监测控制系统；供暖与空调的监测控制系统；监测与计量装置；供配电的监测控制系统；照明控制系统；调试等
11	可再生能源节能工程	地源热泵换热系统节能工程	岩土热响应试验；钻孔数量、位置及深度；管材、管件；热源井数量、井位分布、出水量及回灌量；换热设备；自控阀门与仪表；绝热材料；调试等
12		太阳能光热系统节能工程	太阳能集热器；储热设备；控制系统；管路系统；调试等
13		太阳能光伏节能工程	光伏组件；逆变器；配电系统；储能蓄电池；充放电控制器；调试等

2）建筑节能分项工程应按照分项工程进行验收。当建筑节能分项工程的工程量较大时，可以将分项工程划分为若干个检验批进行验收。

3）当建筑节能验收无法按照上述要求划分分项工程或检验批时，可由建设、监理、施工等各方协商划分检验批。其验收项目、验收内容、验收标准和验收记录均应符合本标准的规定。

4）当在同一个单位工程项目中，建筑节能分项工程和检验批的验收内容与其他各专业分部工程、分项工程或检验批的验收内容相同且验收结果合格时，可采用其验收结果，不必进行重复检验。建筑节能分部工程验收资料应单独组卷。

（3）建筑节能分部工程的质量验收，应在施工单位自检合格，且检验批、分项工程全部验收合格的基础上，进行外墙节能构造、外窗气密性现场实体检测和设备系统节能性能检测，确认建筑节能工程质量达到验收条件后方可进行。

（4）参加建筑节能工程验收的各方人员应具备相应的资格，其程序和组织应符合下列规定：

1）节能工程的检验批验收和隐蔽工程验收应由专业监理工程师组织并主持，施工单位是相关专业的质量员与施工员参加验收。

2）节能工程分项工程验收应由专业监理工程师组织并主持，施工单位项目技术负责人和相关专业的质量员、施工员参加验收；必要时可邀请主要设备、材料供应商及分包单位、设计单位相关专业的人员参加验收。

3）节能工程分部工程验收应由总监理工程师组织并主持，施工单位项目负责人、项目技术负责人和相关专业的负责人、质量员、施工员参加验收；施工单位的质量员、技术负责人应参加验收；设计单位项目负责人及相关专业负责人应参加验收；主要设备、材料供应商及分包单位负责人应参加验收。

（5）建筑节能工程的检验批验收，其合格质量应符合下列规定：

1）检验批应按主控项目和一般项目验收。

2）主控项目应全部合格。

3）一般项目应合格；当采用计数检验时，至少应有80%以上的检查点合格，且其余检查点不得有严重缺陷。

4）应具有完整的施工操作依据和质量验收记录。

（6）建筑节能工程的分项工程质量验收，其合格质量应符合下列规定：

1）分项工程所含的检验批均应合格。

2）分项工程所含检验批的质量验收记录应完整。

（7）建筑节能工程的分部工程质量验收合格，应符合下列规定：

1）分项工程均应合格。

2）质量控制资料应完整。

3）外墙节能构造现场实体检验结果应符合设计要求。

4）建筑外窗气密性能现场实体检验结果应符合设计要求。

5）建筑设备系统节能性能检测结果应合格。

（8）建筑节能工程验收资料应单独组卷，验收时应对下列资料核查：

1）设计文件、图纸会审记录、设计变更和洽商。

2）主要材料、设备、构件的质量证明文件，进场检验记录，进场复验报告、见证试验报告。

3）隐蔽工程验收记录和相关图像资料。

4）分项工程质量验收记录，必要时应核查检验批验收记录。

5）建筑外墙节能构造现场实体检验报告或外墙传热系数检验报告。

6）外窗气密性现场检测报告。

7）风管及系统严密性检验记录。

8）现场组装的组合式空调机组的漏风量测试记录。

9）设备单机试运转及调试记录。

10）设备系统联合试运转及调试记录。

11）设备系统节能性能检验报告。

12）其他对工程质量有影响的重要技术资料。

二、建筑工程质量管理

（一）工程质量管理及控制体系

1. 工程质量管理概念和特点

（1）工程质量管理概念

1984 年开始，我国改变了长期以来由生产者自我评定工程质量的做法，实行企业自我监督和社会监督相结合，大力加强社会监督。

广义的工程质量管理，泛指建设全过程的质量管理。其管理的范围贯穿于工程建设的决策、勘察、设计、施工的全过程。一般意义的质量管理，指的是工程施工阶段的管理。它从系统理论出发，把工程质量形成的过程作为整体。世界上许多国家对工程质量管理要求以正确的设计文件为依据，结合专业技术、经营管理和数理统计，建立一整套施工质量保证体系，才能投入生产和交付使用，用最经济的手段，对影响工程质量的各种因素进行综合治理，以建成符合标准、用户满意的工程项目。工程质量管理，要求把质量问题消灭在它的形成过程中，以预防为主，并以全过程多环节致力于质量的提高。这就是要把工程质量管理的重点，以事后检查把关为主变为预防、改正为主，组织施工要制定科学的施工组织设计，从管结果变为管因素，把影响质量的诸因素查找出来，发动全员、全过程、多部门参加，依靠科学理论、程序、方法，参加施工人员均不应发生重大伤亡事故，使工程建设全过程都处于受控制状态。

（2）建筑工程质量管理的特点

建筑工程施工是一个十分复杂的形成建筑实体的过程，也是形成最终产品质量的重要阶段，在施工过程中对工程质量的控制是决定最终产品质量的关键，因此，要提高房屋建筑工程项目的质量，就必须狠抓施工阶段的质量管理。但是，由于项目施工涉及面广，加之其项目位置固定、生产流动、结构类型不一、质量要求不一、施工方法不一、体型大、整体性强、建设周期长、受自然条件影响大等特点，导致施工项目的质量比一般工业产品的质量更难控制，主要表现在以下方面：

1）影响质量的因素多

如设计、工程地质、施工工艺、操作方法、技术措施、施工进度、投资、管理制度等，均直接影响施工项目的质量。

2）质量波动大

由于工程项目的施工不像工业产品的生产，有固定的生产流水线，有规范化的生产工艺和完善的检测技术，有成套的生产设备和稳定的生产环境，同时，由于影响项目施工质量的偶然性因素和系统性因素都较多，因此，很容易产生质量变异。当使用材料的规格、品种有误，施工方法不妥，操作不按规程，机械故障，仪表失灵，检测设备精度失控等，都会引起系统性因素的质量变异，造成工程质量事故。为此，在施工中要严防出现系统性因素的质量变异，要把质量变异控制在偶然性因素范围内。

3）质量的隐蔽性

建设项目在施工过程中，分项工程工序交接多，隐蔽工程多，若不及时检查实质，事后再看表面，就容易产生第二判断错误，也就是说，容易将不合格的产品，认为是合格的产品；反之，若检查不认真，测量仪表不准，读数有误，则就会产生第一判断错误，也就是说容易将合格产品，认为是不合格的产品。这点，在进行质量检查验收时，应特别注意。

4）终检的局限性

工程项目建成后，不可能像某些工业产品那样，再拆卸或解体检查内在的质量，或重新更换零件；即使发现质量有问题，也不可能像工业产品那样实行"包换"或"退款"。而工程项目的终检无法进行工程内在质量的检验，发现隐蔽的质量缺陷。

5）评价方法的特殊性

工程质量的检查评定及验收是按检验批、分项工程、分部工程、单位工程进行的。检验批的质量是分项工程乃至整个工程质量检验的基础，检验批质量合格主要取决于主控项目和一般项目经抽样检验的结果。隐蔽工程在隐蔽前要检查合格后验收，涉及结构安全的试块、试件以及有关资料，应按规定进行见证取样检测，涉及结构安全和使用功能的重要分部工程要进行抽样检测。

2. 质量控制体系的组织框架

质量控制体系就是为满足产品的质量要求，而实时进行的质量测量和监督检查系统。质量控制体系的构成包括：作业标准、作业流程、作业记录以及监督检查组织机构。其中，作业标准和作业流程属于质量控制依据，类似于有形产品生产的技术要求，它们和作业记录都属于质量控制文件，监督检查组织机构属于实施质量控制的组织。质量控制所依据的质量文件，从内容的属性上也属于规章制度的一个种类。某公司质量管理体系组织结构图如图 2-1 所示。

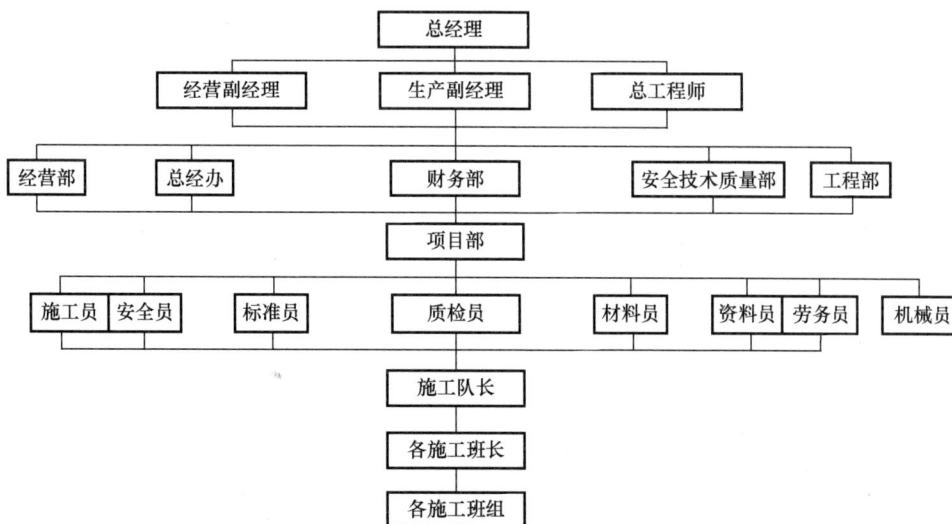

图 2-1　某公司质量管理体系组织结构图

3. 模板、钢筋、混凝土等分部分项工程的施工质量控制流程

模板、钢筋、混凝土等分部分项工程的施工质量控制流程图如图 2-2~图 2-4 所示。

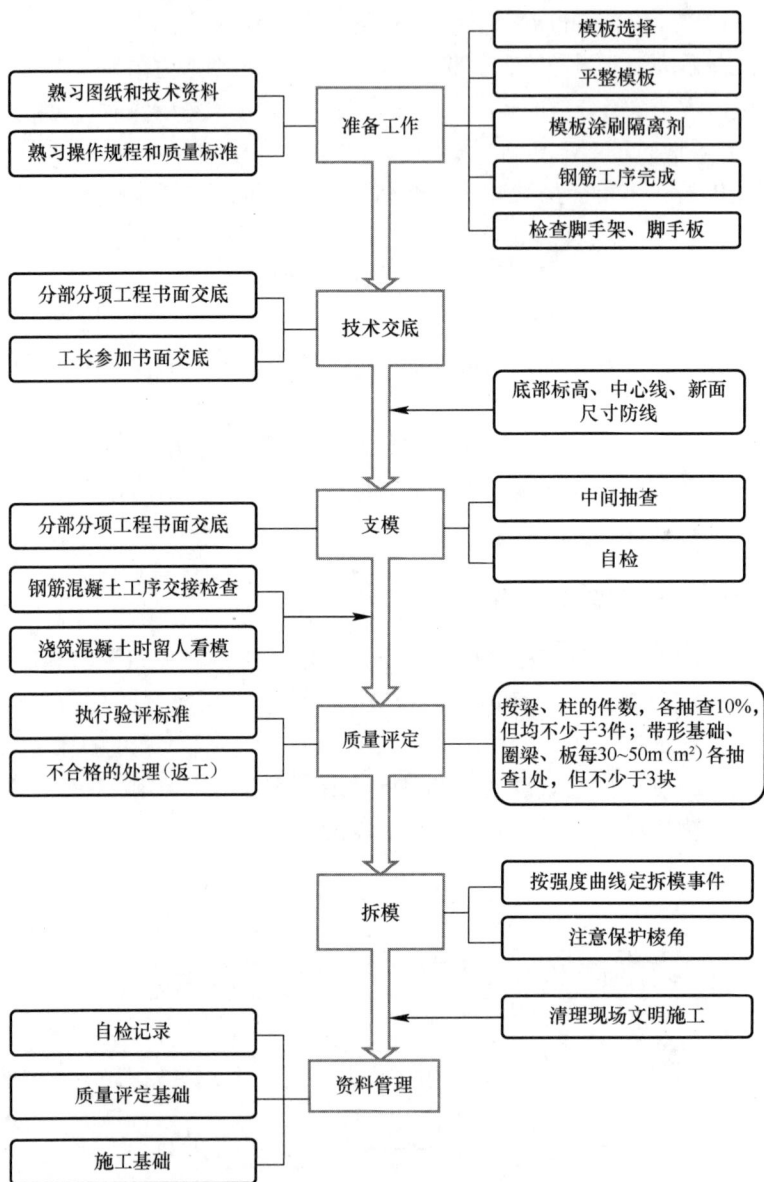

图 2-2　模板工程质量控制图

熟习图纸和技术资料

熟习操作规程和质量标准

准备工作

钢材合格证复印

检查脚手架、脚手板

制订与审核钢筋配料表

书面交底

操作人员参加

技术交底

钢筋下料成型

按不同型号挂牌

钢筋、混凝土工序交接检查

现场钢筋绑扎

中间抽查

自检

执行验评标准

不合格的处理（返工）

办理隐蔽验收手续

质量评定

按梁、柱板独立基础抽查10%，但不少于3件；带形基础、圈梁30~50m（m²）抽查1处

钢筋合格证

钢筋代用单

自检记录

隐蔽验收记录

质量评定记录

施工记录

事故处理记录

资料管理

自检

清理现场　文明施工

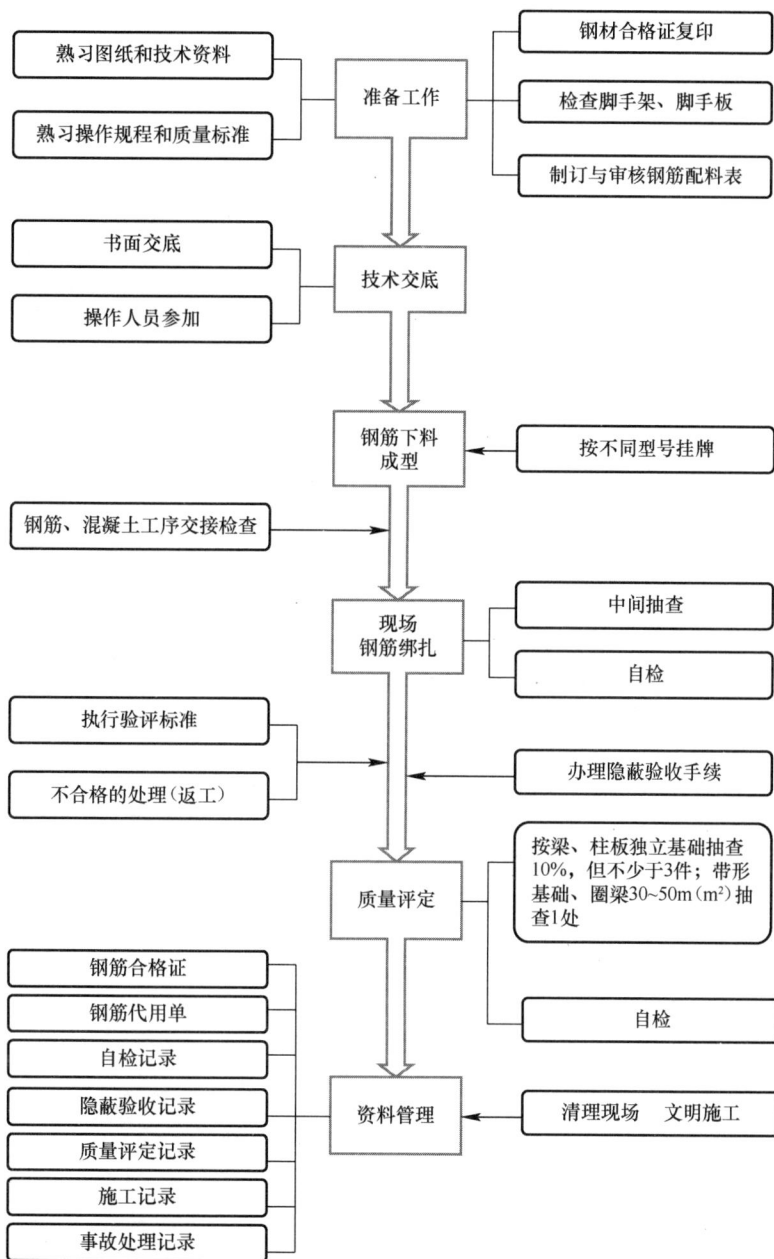

图 2-3　钢筋工程质量控制图

```
熟习图纸和技术资料                                              材料准确、出具合格证

熟习操作规程和质量标准         准备工作                          申请混凝土配合比

确定保证混凝土质量标准                                          准备试模和坍落度筒

                                                              模板、钢筋混凝土工序交接

                                                              检查脚手架及道路

                                                              垂直水平运输机械准备


分部分项工程书面交底                                            克服上道工序弊端的补救
                              技术交底                          措施
操作人员参加


专业会签                        申请浇筑令


1.每个工作班组不少于1组；                                        岗位分工、操作挂牌
2.每拌制100m³混凝土不少于1
组；3.现浇楼层不少于1组        浇筑混凝土                          木工钢筋工跟班保质量

标准养护试块                                                    执行重量比

                                                              根据情况调整配合比


                              养护                              按时覆盖

                                                              暖热季节定时浇水，冬季
                                                              注意保温防冻

执行验评标准

                                                              清理现场文明施工
按梁柱和独立基础的件数，各
抽查10%，但均不少于3件；
带形基础圈梁和板每30~50m      质量评定
（m²）各抽查1处，但均不少于
3处                                                            材料合格证

不合格处理(返工)                                                试块报告单

                                                              自检记录

                                                              质量评定记录

                              资料管理                          混凝土浇灌记录

                                                              混凝土施工记录

                                                              事故处理记录

                                                              测温记录
```

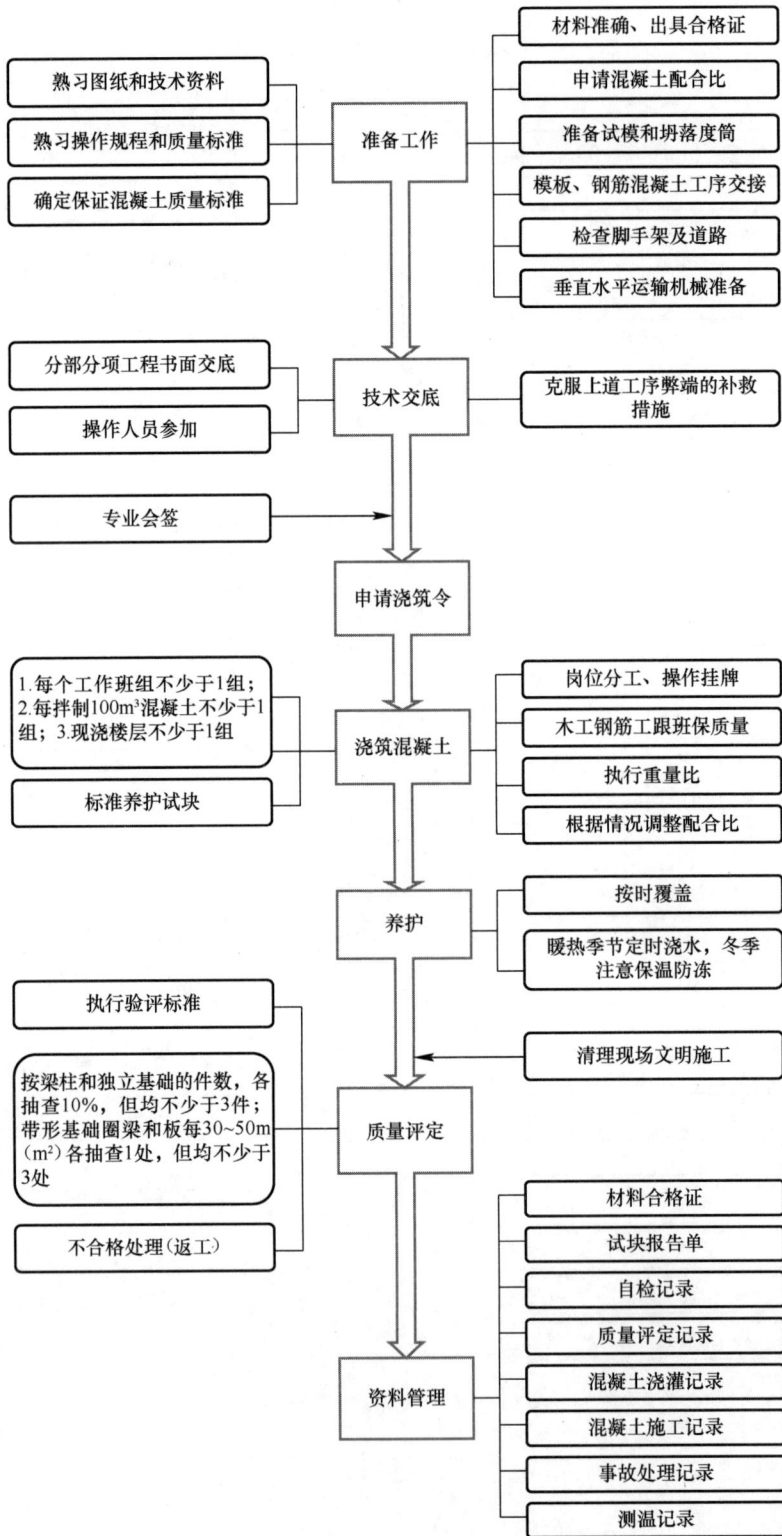

图 2-4　混凝土工程质量控制图

（二）ISO 9000 质量管理体系

1. ISO 9000 质量管理体系的要求

ISO 9000 质量管理体系是国际标准化组织（ISO）制定的国际标准之一，在 1994 年提出，是指"由 ISO/TC176（国际标准化组织质量管理和质量保证技术委员会）制定的所有国际标准"。该标准可帮助组织实施并有效运行质量管理体系，是质量管理体系通用的要求和指南。我国在 20 世纪 90 年代将 ISO 9000 系列标准转化为国家标准，随后，各行业也将 ISO 9000 系列标准转化为行业标准。

ISO/TC176 技术委员会是 ISO 为了适应国际贸易往来中民品订货采用质量保证做法的需要而成立的，该技术委员会在总结和参照世界有关国家标准和实践经验的基础上，通过广泛协商，于 1987 年发布了世界上第一个质量管理和质量保证系列国际标准 ISO 9000 系列标准。该标准的诞生是世界范围质量管理和质量保证工作的一个新纪元，对推动世界各国工业企业的质量管理和供需双方的质量保证，促进国际贸易交往起到了很好的作用。

（1）我国 GB/T 19000 族标准

随着 ISO 9000 的发布和修订，我国及时、等同地发布和修订了 GB/T 19000 族国家标准。2000 版 ISO 9000 族标准发布后，我国又等同地转换为 GB/T 19000：2000 族国家标准。

（2）术语

ISO 9000：2000 中有术语 80 个，分成如下 10 个方面：

1）有关质量的术语 5 个：质量、要求、质量要求、等级、顾客满意。

2）有关管理的术语 15 个：体系、管理体系、质量管理体系、质量方针、质量目标、管理、最高管理者、质量管理、质量策划、质量控制、质量保证、质量改进、持续改进、有效性、效率。

3）有关组织的术语 7 个：组织、组织结构、基础设施、工作环境、顾客、供方、相关方。

4）有关过程和产品的术语 5 个：过程、产品、项目、设计和开发、程序。

5）有关特性的术语 4 个：特性、质量特性、可信性、可追溯性。

6）有关合格（符合）的术语 13 个：合格（符合）、不合格（不符合）、缺陷、预防措施、纠正措施、纠正、返工、降级、返修、报废、让步、偏离许可、放行。

7）有关文件的术语 6 个：信息、文件、规范、质量手册、质量计划、记录。

8）有关检查的术语 7 个：客观证据、检验、试验、验证、确认、鉴定过程、评审。

9）有关审核的术语 12 个：审核、审核方案、审核准则、审核证据、审核发现、审核结论、审核委托方、受审核方、审核员、审核组、技术专家、能力。

10）有关测量过程质量保证的术语 6 个：测量控制体系、测量过程、计量确认、测量设备、计量特性、计量职能。

2. 质量管理的八项原则

GB/T 19000 质量管理体系标准是我国按等同原则，从 2000 版 ISO 9000 族国际标准转化而成的质量管理体系标准。

八项质量管理原则是 2000 版 ISO 9000 标准的编制基础，八项质量管理原则是世界各国质量管理成功经验的科学总结，其中不少内容与我国全面质量管理的经验吻合。它的贯彻执行能促进企业管理水平的提高，并提高顾客对其产品或服务的满意程度，帮助企业达到持续成功的目的。

质量管理的八项原则的具体内容如下：

（1）以顾客为关注焦点

组织（从事一定范围生产经营活动的企业）依存于其顾客，组织应理解顾客当前的和未来的需求，满足顾客要求，并争取超越顾客的期望。

（2）领导作用

领导确立本组织统一的宗旨和方向，并营造和保持员工充分参与实现组织目标的内部环境。因此领导在企业的质量管理中起着决定性的作用，只有领导重视，各项质量活动才能有效开展。

（3）全员参与

各级成员都是组织之本，只有全员充分参与，才能使他们的才干为组织带来收益。产品质量是产品形成过程中全体人员共同努力的结果，其中也包含着为他们提供支持的管理、检查和行政人员的贡献。企业领导应对员工进行质量意识等各方面的教育，激发他们的积极性和责任感，为其能力、知识、经验的提高提供机会，发挥创造精神，鼓励持续改进，给予必要的物质和精神鼓励，使全员积极参与，为达到让顾客满意的目标而奋斗。

（4）过程方法

将相关的资源和活动作为过程进行管理，可以更高效地得到期望的结果。任何使用资源生产活动和将输入转化为输出的一组相关联的活动都可视为过程。2000 版 ISO 9000 标准是建立在过程控制的基础上。一般在过程的输入端、过程的不同位置及输出端都存在着可以进行测量、检查的机会和控制点，对这些控制点实行测量、检测和管理，便能控制过程的有效实施。

（5）管理的系统方法

将相互关联的过程作为系统加以识别、理解和管理，有助于组织提高实现其目标的有效性和效率。不同企业应根据自己的特点，建立资源管理、过程实现、测量分析改进等方面的关联关系，并加以控制。即采用过程网络的方法建立质量管理体系，实施系统管理。一般建立实施质量管理体系包括：①确定顾客期望；②建立质量目标和方针；③确定实现目标的过程和职责；④确定必须提供的资源；⑤规定测量过程有效性的方法；⑥实施测量确定过程的有效性；⑦确定防止不合格产品并消除其产生原因的措施；⑧建立和应用持续改进质量管理体系的过程。

（6）持续改进

持续改进总体业绩是组织的一个永恒目标，其作用在于增强企业满足质量要求的能力，包括产品质量、过程及体系的有效性和效率的提高。持续改进是增强和满足质量要求能力的循环活动，使企业的质量管理走上良性循环的轨道。

（7）基于事实的决策方法

有效的决策应建立在数据和信息分析的基础上，数据和信息分析是事实的高度提炼。以事实为依据做出决策，可防止决策失误。为此企业领导应重视数据信息的收集、汇总和分析，以便为决策提供依据。

（8）与供方互利的关系

组织与供方是相互依存的，建立双方的互利关系可以增强双方创造价值的能力。供方提供的产品是企业提供产品的一个组成部分，处理好与供方的关系，涉及企业能否持续稳定提供顾客满意产品的重要问题。因此，对供方不能只讲控制，不讲合作互利，特别是关键供方，更要建立互利关系，这对企业与供方双方都有利。

3. 建筑工程质量管理中实施 ISO 9000 标准的意义

大量的事实告诉我们 ISO 9000 族标准的发布与实施，已经引发了一场世界性的质量竞争，形成了新的国际性质量大潮，特别是我国已加入世界贸易组织（WTO）的情况下，广大企业将面临国内市场和国外市场两个方面的更为激烈的竞争（国家已对外承诺开放工程管理、施工、咨询市场）。面对这个扑面而来的大潮，作为一个企业是无法回避，也别无选择，只能责无旁贷地去迎接这场挑战，并站在以质量求生存、求发展、求效益的战略高度来正确对待学习贯彻实施 ISO 9000 标准的工作。建筑工程质量管理中实施 ISO 9000 标准的意义主要体现在：

（1）为建筑施工企业站稳国内、走向国际建筑市场奠定基础

认真贯彻 ISO 9000 标准，通过质量体系认证，施工企业可以向社会、业主提供一种证明，证明施工企业完全有能力保证建筑产品的质量，从而为施工企业在国内建筑市场的激烈竞争中站稳脚跟。同时也有利于和国际接轨，参与国际建筑工程的投标，为企业走向国际建筑市场创造有利条件。

（2）有利于提高建筑产品的质量、降低成本

采用 ISO 9000 标准的质量管理体系模式建立、完善质量管理体系，便于施工企业控制影响建筑产品的各种影响因素，减少或消除质量缺陷的产生，即使出现质量缺陷，也能够及时发现并能及时进行处理，从而保证建筑产品的质量。同时也有利于减少材料的损耗，降低成本。

（3）有利于提高企业自身的技术水平和管理水平，增强企业的竞争力

使用 ISO 9000 标准进行质量管理，便于企业学习和掌握最先进的生产技术和管理技术，找出自身的不足，从而全面提高企业的素质、技术水平和管理水平，提高企业产品的质量，增强企业的信誉，确保企业的市场占有率，增强企业自身的竞争力。

（4）有利于保证用户的利益

贯彻和正确使用 ISO 9000 标准进行质量管理，就能保证建筑产品的质量，从而也保护了用户的利益。

应用案例

质量管理体系在涉外工程项目管理中的应用。

加纳某排水渠项目是中水电公司通过公开竞标方式承揽的一个土建承包项目，该项目签约合同额为 852 万欧元，开工日期为 1999 年 12 月 15 日，完工日期为 2002 年 6 月 19

日。在公司总部的支持指导下，通过项目组全体成员的协同努力，工程最终提前三个月完工，并实现营业利润率 13.5%。

在合同实施过程中，公司坚持"从管理中出效益"的信念，以 ISO 9001:2000 质量体系的核心精神为指导，结合项目实际情况，逐渐建立一套适合于本项目特点的质量管理体系，从而为项目取得良好的经济效益、经营结果提供了基础保障作用。

1. 建立和运行项目质量管理体系中的要点

（1）明确的职责分工和奖励措施

俗话说：没有规矩无以成方圆。项目管理体系的运行也同样依靠有效的组织设计和完整的规章制度，这就是我们通常说的《项目内部管理制度》。

首先，《项目内部管理制度》应使项目部每一个成员明确知道自己在整个系统中处于什么位置、自己该做什么、要做的程序是什么、出了错会有什么后果；同时还要了解项目部其他人员或部门的职责，知道超出自己工作范围的事情该找谁去解决。这样，项目部就自然会形成一个既有分工又有合作的有机整体，这种聚合效应是实现项目总体目标的根本保证。

其次，要实现工期、成本和质量的有效控制，必须使之与个人的经济收入挂钩，并有相应的奖罚制度作保障，否则项目部的意图很难得到真正地贯彻执行。这一点应是《项目内部管理制度》的重中之重。比如，在本项目管理中，为了控制材料成本，在每个阶段性施工开始之初，项目部将经过测算后确定的定额指标（一般包括油料定额、主材定额、当地人工费总额包干等）下达给各队，实行浪费罚款、节余提成的经济奖惩办法，并配合以适当的行政惩罚制度，促使项目部每一个成员都来关心各种资源的消耗情况，想方设法减少浪费，提高效率，这样在现场生产中逐步形成了人人关心成本、"边算边干"的工作作风，从而真正实现了项目部材料成本控制的目的。

（2）工作程序化

工作程序化程度是反映项目管理水平的重要指标。在实践中，我们体会到，减少作业和管理工作的随意性，将使项目的运转效率明显提高。实现工作程序化，要求项目经理部成员从自身做起，并逐步影响要求项目部其他成员按程序办事，逐步养成规范的工作方法和程序。程序化的工作作风不仅能提高工作效率，而且有助于项目经理部有效控制工程质量和成本。比如，项目中对于材料采购的控制程序如下所示。

1）现场施工队长填写材料需求申请单，签字后报总工审批。

2）总工审核需求量后交后保队核对库存情况。

3）如果需要采购就由后保队确定采购量，签字后交项目经理批准。

4）后保队持单到财务借款采购，并办理入库手续。

5）施工队需办理出库手续领用。

上述程序看似复杂，但只要养成习惯，实际操作并不耽误现场生产，相反还可以严格控制浪费、减少重复采购和盲目报销的现象发生，同时使项目部及时了解材料采购状况和控制工程成本。

（3）有效的控制方法

按照满意化原则制订了项目总体工作计划和相应的分部计划后，更为重要的就是如何有效监控计划的落实，以便实施时的纠偏和调适。

本项目在实施过程中，主要坚持以下原则或做法：一切以书面记录为准；坚持工程例会制度，对项目运行进行实时监控；系统有序的文件管理。

1）一切以书面记录为准。

除了 ISO 9000 质量认证体系的要求外，FIDIC 合同条款也同样要求一切以书面记录为准。因此，重视施工过程的书面记录，实现责任的可追溯性是对国际承包项目管理的最基本要求。

在这方面举例介绍一些本项目的具体做法。

① 项目部下达的阶段性施工任务都以书面形式发布。

② 总工负责现场施工日志的记录，包括天气、生产进度、设备、劳动力和材料使用情况、现场出现的问题和解决办法、会议纪要等。

③ 施工队长要自行记录各队的工作进展情况和资源使用情况，并在生产例会上按规定格式汇报。

④ 材料采购人员要对每天的采购进行记录，包括物品名称、单价、总价、使用部门等，并定时输入计算机，月末报项目经理。

⑤ 各施工队上报油料和主材用量并进行核对汇总，发现问题及时解决。

⑥ 监理在现场的口头指令要及时做书面记录并让其签字认可。

⑦ 施工现场出现任何有利于索赔的事件，要立即做好记录并及时发函通知监理和业主，为以后的索赔做好准备、埋下伏笔。

这些工作为项目部跟踪工程进展、减少口头纠纷、控制工程成本和创造额外工程收益发挥了重要作用。

2）坚持工程例会制度，对项目运行进行实时监控。

工程例会能够帮助项目部实时了解工程进展情况，并及时解决新问题，协调新矛盾，从而显著提高现场施工效率和项目部的管理水平。

如在本项目中，除了阶段性的战役任务下达会和月生产会以外，每周六下午的周例会是最有效的现场生产控制和协调方式，周例会的内容一般包括如下几方面内容。

① 各队汇报上周情况，包括施工进度、油料用量、主材消耗量、存在的主要问题和困难；然后以战役计划为基础，提出下周的工作目标和计划；最后列出需要项目部解决的问题。

② 后保队与施工队核对材料耗用记录，发现问题当场查出原因，及时纠正。

③ 总工对工作完成情况进行总结汇报，分析各队的战役计划完成情况，并指出延误可能性和现场存在的施工质量安全问题。

④ 在与各部门负责人协商的情况下，对各队提出的困难问题提出解决措施，并对资源进行调配。对于计划落后的部门，指出改进目标和方法并安排必要的资源供给。

3）系统有序的文件管理。

在总部经营管理部门的指导下，按照 ISO 9000 的标准对文件进行系统分类，这样项目虽然有各类文件夹百余个，但在管理过程中丝毫不觉得费力，查找文件不再是一件劳心费力的苦差。无论经办人是否在场，都能很快地找到所需要的文件。而且一旦工程移交，资料已基本自动转化成档案，随时可以把向总部上交的档案资料装箱带走，既快捷方便又节约人力物力。

2. 质量管理体系优越性的体现

实践使我们认识到,以 ISO 9000 为核心的项目质量管理体系的优越性至少可以体现在以下几个方面。

(1) 提高了内部管理的严肃性和有效性

如项目部的某一队不能按时完成项目部下达的工作计划,往往会找很多借口,这时候,项目部就拿出工程记录,查找原因,分析哪些责任是施工队的,哪些是由项目部资源供应障碍、指挥失误或外界不可控因素造成的。在确定这些因素后,就可以让施工队心服口服地接受项目部对他们工作的评定,并直接反映在他们的工资收入上。

(2) 有助于项目部加强现场监控、控制工程成本

如油料使用实行由各队对加油票进行签收和周末核对的办法,可以及时发现问题,有效控制油料偷漏现象。同时,项目部可以根据统计情况,比较准确地估计出下一步的油料需用量。而且定期的材料采购记录,不仅可以使项目部准确地把握市场物价情况,而且有助于准确地估算出下月的流动资金需求量。

(3) 提供有利的施工环境

如坚持要求咨询工程师对其口头指令签字认可,不仅避免了与他们的不必要的口头纠纷,同时也迫使他们平时不敢随意下达口头指示,这无形中为现场施工提供了相对宽松的外部环境。

(4) 为索赔工作提供最有力的支持

项目部在工程实施过程中,分别向业主和保险公司提交了 6 次索赔报告并获批 5 次,总批准金额百余万美元。应该说,完整的书面记录,对这些索赔的成功起到了关键作用。由于每一次索赔报告中包含了大量无法否认的现场第一手原始记录,配合以严密的论证和条款引用,使监理工程师每次对索赔报告感到特别头疼和无奈。而且,由于工程记录和文件管理井然有序,资料查找方便快捷,使我们可以在最短的时间内编制完成索赔报告。

从上文中我们可以总结出:如果能在项目管理中,结合具体情况建立以 ISO 9000 为核心的质量管理体系,就不仅能够提高项目的管理水平,而且可以产生间接的经济效益。

(引自中国建设工程招标网 www.projectbidding.cn 2004.10.22 发布,作者:姜守国,秦国斌)

三、建筑工程施工质量计划

（一）质量策划的概念

现代质量管理的基本宗旨定义为："质量出自计划，而非出自检查"。只有做出精确标准的质量计划，才能指导项目的实施、做好质量控制。

质量计划是针对特定的项目、产品或合同规定由谁及何时应使用哪些程序和相关资源的文件。质量计划提供了一种途径将某一产品、项目或合同的特定要求与现行的通用质量体系程序联系起来。虽然要增加一些书面程序，但质量计划无需开发超出现行规定的一套综合的程序或作业指导书。一个质量计划可以用于监测和评估贯彻质量要求的情况，但这个指南并不是为了用作符合要求的清单。质量计划也可以用于没有文件化质量体系的情况，在这种情况下，需要编制程序以支持质量计划。

质量策划是质量管理的一部分。

质量管理是指导和控制与质量有关的活动，通常包括质量方针和质量目标的建立、质量策划、质量控制、质量保证和质量改进。显然，质量策划属于"指导"与质量有关的活动，也就是"指导"质量控制、质量保证和质量改进的活动。在质量管理中，质量策划的地位低于质量方针的建立，是设定质量目标的前提，高于质量控制、质量保证和质量改进。质量控制、质量保证和质量改进只有经过质量策划，才可能有明确的对象和目标，才可能有切实的措施和方法。因此，质量策划是质量管理诸多活动中不可或缺的中间环节，是连接质量方针（可能是"虚"的或"软"的质量管理活动）和具体的质量管理活动（常被看作是"实"的或"硬"的工作）之间的桥梁和纽带。

1. 质量策划致力于设定质量目标

质量方针是指导组织前进的方向，而质量目标是这种方向上的某一个点。质量策划就是要根据质量方针的规定，并结合具体情况来确立这"某一个点"。由于质量策划的内容不同、对象不同，因而这"某一个点"也有所不同，但质量策划的首要结果就是设定质量目标。因此，它与我们平时所说的"计策、计谋和办法"是不同的。

2. 质量策划要为实现质量目标规定必要的作业过程和相关资源

质量目标设定后，如何实现呢？这就需要"干"。所谓"干"，就是作业过程，包括"干"什么，怎样"干"，从哪儿"干"起，到哪儿"干"完，什么时候"干"，由谁去"干"等等。于是，又涉及相关资源，"干"也好，作业过程也好，都需要人、机（设备）、料（材料、原料）、法（方法和程序）、环（环境条件）。这一切就构成了"资源"。质量策划除了设定质量目标，就是要规定这些作业过程和相关资源，才能使被策划的质量控制、质量保证和质量改进得到实施。

3. 质量策划的结果应形成质量计划

通过质量策划，将质量策划设定的质量目标及其规定的作业过程和相关资源用书面形式表示出来，就是质量计划。因此，编制质量计划的过程，实际上就是质量策划过程的一部分。

（二）施工质量计划的内容和编制方法

在合同环境下，质量计划是企业向顾客表明质量管理方针、目标及其具体实现的方法、手段和措施的文件，体现企业对质量责任的承诺和实施的具体步骤。工程项目质量计划在工程项目的实施过程中是不可缺少的，必须把工程质量计划与施工组织设计结合起来，才能以工程项目质量计划既可用于对业主的质量保证，又适用于指导施工。针对施工项目质量计划编制的内容，编制施工项目质量计划也要对每一项提出相应的编制方法及步骤。质量计划的内容一般应包括以下几个方面的内容：

1. 编制依据

（1）工程承包合同、施工组织设计文件；

（2）施工企业的《质量手册》及相应的程序文件；

（3）施工操作规程及作业指导书；

（4）各专业工程施工质量验收规范；

（5）《建筑法》《建设工程质量管理条例》、环境保护条例及法规；

（6）安全施工管理条例等。

2. 工程概况及施工条件分析

（1）工程概况

工程概况应对建设工程的工程总体概况、建筑设计概况、结构设计概况和专业设计概况等做出简要的描述。工程概况可以用文字形式描述，也可以采用表格形式表达（表3-1～表3-4）：

工程总体概况 表 3-1

建设单位		建筑面积	
监理单位		建筑层数	
设计单位		建筑高度	
勘察单位		结构形式	
合同开工日期		合同质量目标	
合同竣工日期		合同安全目标	
合同承包范围		业主分包内容	
混凝土用量		四通一平情况	
建设地点特征			

建筑设计概况 表 3-2

地面		外墙保温	
内墙		幕墙形式	
外墙		填充墙材料	
屋面、地面保温		厨卫间防水材料	
地下防水等级		地下防水材料	
屋面防水等级		屋面防水材料	
防火等级		门窗	

结构设计概况 表 3-3

地基基础形式			主体结构形式	
地基承载力			抗震设防烈度	
设计地基承载力			钢筋型号	
最大基坑深度			钢筋等级	
人防等级			预留洞口	
抗震等级			预埋件	
钢筋主要连接形式				
各部位砌体材料				
后浇带、变形缝位置				
各部位混凝土等级				
主要构件参数	标高		断面尺寸	备注
梁断面尺寸				
柱断面尺寸				
基础断面尺寸				

专业设计概况 表 3-4

名称		设计要求、系统做法、管线类别
建筑给水排水及供暖	给水	
	中水	
	排水	
	供暖	
建筑电气	照明	
	动力	
	变配电	
	防雷及接地	
智能建筑		
通风空调	通风	
	空调	

（2）施工条件分析

由于建筑本身具有固定性；体积庞大；生产周期长；资源消耗品种多、数量大；参与建设的责任主体多；影响因素诸如合同条件、相关市场条件、自然条件、政治、法律和社会条件；现场条件的因素多等的一系列特点。因此，建筑施工不可能有相对固定的生产产品、生产条件、生产环境和管理模式。所以，编制建筑施工质量计划时应针对招标文件的要求分析上述条件对竞争及施工管理，特别是对质量的影响做客观的分析与评价，以便于制定相应的管理措施，施工各种影响因素始终处于受控状态。

3. 质量总目标及其分解目标

组织的质量目标建立后，应把质量目标体现到组织的相关职能和层次上，经过全员的参与，共同努力以达到质量目标（要求）。这就要求组织对质量目标进行分解策划。

质量目标的分解方法根据行业、企业和项目的特点有不同的分解方法，就一般项目而言，通常是依据质量目标的实现过程建立。一个组织总质量目标通常包含有产品质量和服务质量的目标要求，就其产品和服务实现过程而言，其间又有许多分过程或子过程，而每一个分过程或子过程又可细分为更小的过程。在按质量目标的实现过程进行分解时，需要仔细地分析总质量目标涉及哪些过程、各过程需要实现哪些目标等。

（1）质量总目标

建筑施工企业获得工程建设任务签订承包合同后，企业或授权的项目管理机构应依据企业质量方针和工程承包合同等确立本项目的工程建设质量目标。工程建设总目标应当是对工程承包合同条款的承诺和现企业的管理水平体现。如某企业在其一个施工项目质量目标："严格遵守《建设工程质量管理条例》及国家施工质量验收标准，全部工程确保一次验收合格率100%，工程质量保证合格，争市优"。

（2）质量目标分解

质量目标必须分解到组织中与质量管理体系有关的各职能部门及层次（如决策层、执行层、作业层）中，相关职能和层次的员工都应把质量目标转化或展开为各自的工作任务。这样做，能增加质量目标的可操作性，有利于质量目标的具体落实和实现。质量目标分解到哪一层次，要视组织的具体情况而定，关键是能确保质量目标的落实和实现。质量目标的展开，是为了实现总的质量目标。在展开质量目标时，应注意各部门之间的配合和协调关系，不能因为某个分质量目标定得过高或过低出现资源等划分不合理的现象而影响总质量目标的实现。质量目标的分解方法很多，不能一概而论，质量目标的可操作性强，有利于质量目标的具体落实和实现的分解方法就是好方法。某项目质量目标分解见表3-5。

×××工程质量目标分解表   表 3-5

分部工程	质量目标	分项工程	主控项目质量目标	一般项目质量目标	质量验收记录质量目标
基础工程	合格	模板工程	符合 GB 50204	合格	完整
	合格	钢筋工程	符合 GB 50204	合格	完整
	合格	混凝土工程	符合 GB 50204	合格	完整
主体工程	合格	模板工程	符合 GB 50204	合格	完整
	合格	钢筋工程	符合 GB 50204	合格	完整
	合格	混凝土工程	符合 GB 50204	合格	完整
	合格	砌体工程	符合 GB 50203	合格	完整
屋面工程	合格	保温层	符合 GB 50207	合格	完整
	合格	找平层	符合 GB 50207	合格	完整
	合格	防水层	符合 GB 50207	合格	完整

分部工程	质量目标	分项工程	主控项目质量目标	一般项目质量目标	质量验收记录质量目标
装饰工程	合格	护栏	符合 GB 50209	合格	完整
	合格	外保温	符合 GB 50210	合格	完整
	合格	楼地面工程	符合 GB 50210	合格	完整
	合格	抹灰工程	符合 GB 50209	合格	完整
	合格	油漆工程	符合 GB 50209	合格	完整
	合格	涂料工程	符合 GB 50209	合格	完整
	合格	门窗工程	符合 GB 50209	合格	完整
	合格	玻璃工程	符合 GB 50209	合格	完整
建筑节能工程	合格	墙体节能工程	符合 GB 50411	合格	完整
	合格	幕墙节能工程	符合 GB 50411	合格	完整
	合格	门窗节能工程	符合 GB 50411	合格	完整
	合格	屋面节能工程	符合 GB 50411	合格	完整
	合格	地面节能工程	符合 GB 50411	合格	完整
	合格	通风与空气调节工程	符合 GB 50411	合格	完整
	合格	空调与供暖系统冷热源及管网节能工程	符合 GB 50411	合格	完整
	合格	配电与照明节能工程	符合 GB 50411	合格	完整
	合格	监测与照明节能工程	符合 GB 50411	合格	完整
电气工程	合格	电线配管	符合 GB 50303	合格	完整
	合格	避雷引下线、等电位	符合 GB 50303	合格	完整
	合格	开关、插座、灯具	符合 GB 50303	合格	完整
	合格	照明通电试运行	符合 GB 50303	合格	完整
	合格	配电箱	符合 GB 50303	合格	完整范围内
给水排水、消防、地暖工程	合格	给水排水管道及配件安装	符合 GB 50242	合格	完整
	合格	地暖管及配件	符合 GB 50242	合格	完整
	合格	消防管及配件	符合 GB 50242	合格	完整

注：上述质量目标可以执行国家标准、行业标准、地方标准，也可以执行企业标准，我们提倡和鼓励企业制定实施企业标准。

4. 质量管理组织机构和职责

组织建设和制度建设是实现质量目标的重要保障，项目班子以及各级管理人员建立起明确、严格的质量责任制，做到人人有责任是实现质量目标的前提。项目经理是企业法人在工程项目上的代表，是项目工程质量的第一责任人，对工程质量终身负责。项目经理部应根据工程规划、项目特点、施工组织、工程总进度计划和已建立的项目质量目标，建立由项目经理领导，由项目工程师策划、组织实施，现场施工员、质量员、安全员和材料员等项目管理中层的中间控制，区域和专业责任工程师检查监督的管理系统，形成项目经理部、各专业承包商、专业化公司和施工作业队组成的质量管理网络。

建立健全项目的质量保证体系、落实质量责任制度。因此，项目经理应根据合同质量目标和按照企业《质量手册》的规定，建立项目部质量保证体系，绘制质量管理体系结构图，选聘岗位人员并明确各岗位职责，见表 3-6、表 3-7。

×××工程部门职责与工作范围表　　　　　　　　　　　　　　　　　　表 3-6

序号	管理部门	责任人	职责与工作范围
1		×××	
2		×××	
3		×××	
4		×××	

×××工程岗位职责与工作范围表　　　　　　　　　　　　　　　　　　表 3-7

序号	管理岗位	责任人	职责范围
1		×××	
2		×××	
3		×××	
4		×××	

5. 施工准备及资源配置计划

（1）施工准备

俗话说"未雨绸缪"，在开展每项工作前的准备工作是十分重要的。对于集诸多不确定因素于一体的建筑安装工程来说，准备工作尤为重要。随着社会的不断向前发展，工程建设项目规模越来越大，功能、结构越来越复杂，造价越来越高，涉及的方方面面也越来越多，因此，在工程施工前将各项影响施工质量所必需的技术、材料物资、机具设备、劳动力组织、生活设施等各方面的准备工作做好就显得越来越重要，越来越迫切。质量计划施工准备工作主要包含以下几个方面：

1）施工技术准备

施工前技术准备工作主要指把本工程今后施工中所需要的技术资料、图纸资料、施工方案、施工预算、施工测量、技术组织等搜集、编制、审查、组织好。

2）编制工程质量控制预案

① 根据工程实际情况，确定工程施工过程中的质量预控点，明确应达到的质量标准。根据规范要求及以往施工经验做法，将施工工序进行分解，形成思路清晰、工序明确、便于各级人员操作的预案。

② 根据分解后的工序，选择重点环节进行节点控制，明确需要控制的细部节点及预控措施。施工过程中当预案与实际发生偏差时，实事求是，及时调整。

3）编制"四新"

四新即新技术、新工艺、新材料、新设备应用计划。

4）列出本工程所需的检验试验计划

列出本工程所需的检验试验计划，建立工程所需监视和测量装置台账，并有专人控制实施。

5）编制工程纠正预防措施

根据工程特点，吸取以往的施工经验和教训，编制消除潜在的不合格品产生原因的预防措施，防止不合格品的发生。需单独编制，单独审批。

6）编制工程防护措施

包括施工过程的防护和对已完成工作的产品保护，对工程所有材料应有防火、防雨、防潮等措施；对基坑边坡、混凝土模板、预埋预留等的产品有保护措施；对已完成的墙面、门窗、管线等有防污染措施。

（2）主要资源配置计划

1）劳动组织准备

① 建立工作队组

根据施工方案、施工进度和劳动力需要量计划要求，明确施工各个过程所需人力资源情况，确定工作形式，并建立队组领导体系，在队组内部工人技术等级比例要合理，并满足劳动组合优化要求。制定劳动力需要量计划表。对有持证上岗要求的工种应审核上岗证书。

② 做好劳动力培训工作

根据劳动力需要量计划，组织上岗前培训，培训内容包括规章制度、安全施工、操作技术和精神文明教育等。并附特种作业人员持证上岗情况表。

2）施工物资准备

① 建筑材料准备：确定工程施工所需各个过程和它们所需的各种材料资源；制定建筑材料需要量计划表。

② 预制加工品准备：制定预制加工品需要量计划表。

3）施工机具准备

在选择施工机械时，要充分考虑工程特点、机械供应条件和施工现场空间状况，合理确定主导施工机械类型、型号和台数。

（3）施工现场准备

1）施工现场临时用水、用电、施工道路、临时设施、各类加工棚、库房等的准备，同时应附有施工现场排水平面图、用电系统图。

2）现场控制网测量。

（4）施工管理措施

1）季节性施工措施

根据施工网络计划中所确定的季节施工项目，编制相应的技术措施（方案），明确季节性施工应采取的技术安全措施等。如雨期基础工程施工排水措施；冬期钢筋混凝土结构工程施工供热、养护措施；冬期室内装修工程施工封闭、供热、供暖措施及有关质量、安全消防措施等。

2）质量技术管理措施

① 对于材料的采购、贮存、标识等做出明确的规定，保证不合格材料不得用于工程。写明顾客提供产品的验收、贮存和出现不合格时处理的方法。

② 施工技术资料管理目标及措施。

推行技术资料标准化、规范化，实现技术资料目标管理。明确技术资料管理责任人，实现技术资料搜集、整理与收入挂钩，奖优罚劣。

③ 工程施工难点、重点所采取的技术措施、质量保证措施等。

3)安全施工技术措施

① 确定本工程的环境安全目标及指标,识别重大安全因素和重要环境因素,并制定环境安全管理方案,具体参见《环境安全作业指导书汇编》中"安全施工组织设计编制要求"和《建筑施工安全检查标准》。

② 对于采用的新工艺、新材料、新技术和新设备,须制订有针对性、行之有效的专门安全技术措施,以确保施工安全。

③ 预防自然灾害的措施。如沿海防台风,雨季防雷击,山区防洪排水,夏季防暑降温,冬季防冻防寒防滑等措施。

④ 防灾防爆及消防措施。如露天作业要选择安全地点,使用氧气瓶要防振、防暴晒,使用乙炔发生器防回火等,并编写消防措施。

⑤ 劳动保护措施。包括安全用电、高空作业、交叉施工、施工人员上下、防有害气体毒害等措施。

⑥ 应急救援预案。应针对工程实际情况编制模板、脚手架、临时用电、防火及高空坠落等的应急措施。

⑦ 对达到一定规模的危险性较大的分部分项工程编制专项安全施工方案,并附安全验算结果。

4)施工成本控制措施

分解工程成本控制目标,采取有效控制措施,保证成本控制。

5)文明施工管理措施

按照《建设工程施工现场管理规定》中的文明施工管理规定,编写文明施工管理计划。

6)工期保证措施

根据合同要求工期,从施工部署、工序穿插等方面采取措施,确保按期交工。

6. 确定施工工艺和施工方案

施工工艺是否先进合理,技术措施与组织方案得当与否,直接影响到工程建设质量、进度、投资以及低碳和绿色施工等各个方面,同时施工工艺、施工方法合理可靠也直接影响到施工安全,因此在编制工程质量计划时,制定和采用技术先进、经济合理、安全可靠、低排放、符合绿色施工要求等的施工技术方案和组织方案是质量计划的重要内容之一,施工工艺方案应包括以下几个方面:

(1)在充分调研施工现场自然环境、施工质量管理环境、施工作业环境等的基础上,群策群力、集思广益、深入正确地分析工程特征、技术关键及环境条件等资料,明确质量目标、验收标准、质量控制的重点和难点,特别是对于"高、大、特、新"以及不熟悉的建筑,则需要开展QC活动、技术攻关以及专家论证等方法制定相应的技术方案和组织方案。

(2)技术方案应当包括施工准备(材料、机具和模板、脚手架等施工设备、作业条件等)、操作工艺(工艺流程、施工方法、检验试验等)、质量标准(主控项目、一般项目、质量控制资料等)、成品保护以及质量控制的难点重点和应注意的安全问题等。

(3)施工工艺的组织方案主要包括,施工段的划分,施工的起点、流向,流水施工的形式和劳动组织,合理规划施工临时设施,合理布置施工总平面图和各阶段施工平面图等。

7. 施工质量的检验与检测控制

（1）加强检测控制

质量检测是及时发现和消除不合格工序的主要手段。质量检验的控制，主要是从制度上加以保证。例如：技术复核制度、现场材料进货验收和现场见证取样送检制度、工程验收的三检制度，隐蔽验收制度，首件样板制度，质量联查制度和质量奖惩办法等。通过这些检测控制，有效地防止不合格工序转序，并能制订出有针对性的纠正和预防措施。

（2）工程检测项目方法及控制措施

根据工程项目的进度及各个阶段的特点，规定材料、构件、施工条件、结构形式在什么条件、什么时间验，验什么，谁来验等，也就是说要编制检（试）验计划书。如钢材进场必须进行型号、钢种、炉号、批量等内容的检验，要进行外观质量检查、重量偏差检查，要现场随机取样送检等，以上这些检查和检验，什么时间验、谁来验、质量标准是什么等都要在质量计划中明确。同时规定施工现场必须设立试验室（室、员）配置相应的试验设备，完善试验条件，规定试验人员资格和试验内容；对于特定要求要规定试验程序及对程序过程进行控制的措施。当企业和现场条件不能满足所需各项试验要求时，要规定委托上级试验或外单位试验的方案和措施。当有合同要求的专业试验时，应规定有关的试验方案和措施。对于需要进行状态检验和试验的内容，必须规定每个检验试验点所需检验及试验的特性、所采用程序、验收准则、必需的专用工具、技术人员资格、标识方式、记录等要求，例如结构的荷载试验等。

当有业主亲自参加见证或试验的过程或部位时，要规定该过程或部位的所在地，见证或试验时间，如何按规定进行检验试验，前后接口部位的要求等内容。

8. 质量记录

这里讲的质量记录主要是指建筑施工质量记录，建筑施工质量记录就是从建筑施工企业从签订施工合同开始，一直到完成合同规定施工任务与工程或产品质量相关的记录，包括来自分承包方的质量记录。

对质量记录进行控制，为证明工程质量满足规定要求提供客观证据。为在有可追溯性要求的场合和制定与实施纠正及预防措施时提供证实。质量记录要求主要有以下几个方面：

（1）明确质量记录部门和各个相关岗位的职责。

（2）质量记录的范围和内容。

（3）质量记录工作程序。

（4）工程质量记录的形式和标识。

（5）工程质量记录的收集与管理。

（6）工程质量记录的处置。

（7）质量记录相关支持文件。

（三）主要分项工程、检验批质量计划的编制

编制分项工程质量计划时须强调针对性和可操作性，要根据工程项目的特点，达到有

41

利于质量管理和质量控制的目的。在质量计划中可以直接引用质量体系的程序文件,也可以根据工程项目的特点另作规定,但是必须与程序文件具有相容性。建筑工程项目施工阶段的质量管理是根据设计要求,将质量目标和质量计划付诸实施的过程。但由于建筑工程项目不同于普通产品,具有影响因素多、质量波动大、质量隐蔽性强等特点,造成实施阶段质量管理的任务十分繁重,这就要求项目管理人员必须落实好项目质量管理要素,严格控制项目施工质量因素,保证重要分项工程的质量,只有这样才能使建筑工程项目施工过程质量得到有效的保证与控制。

1. 分项工程质量计划的内容

分项工程是分部工程的重要组成部分,其质量计划的内容形式上与单位工程的质量计划的内容基本相同只是针对性更强,内容更具体。具体来讲,分项工程质量计划内容一般包含以下几个方面的内容:编制依据、工程概况、质量总目标及其分解目标、质量管理组织机构和职责、施工准备及资源配置计划;施工工艺与操作方法的技术措施和施工组织措施;施工质量检验、检测、试验工作、明确检验批验收标准,加强验收管理、质量记录等。

2. 分项工程质量计划编制方法

(1)分项工程质量计划的编制依据

主要分项工程质量计划的编制依据一般为:施工图文件;与本分项工程有关的规范、标准、规程;以及在建筑施工承包合同、项目周边环境调查报告、工程预算文件和资料、工期、质量和成本控制目标以及类似工程施工经验和技术新成果中与本分项工程有关的内容等。

(2)分项工程质量计划工程概况

分项工程质量计划工程概况除简要概述工程建设的通用信息,如:工程名称,工程地点,建设单位,设计单位,监理单位,施工分包单位,合同承包范围,合同约定工期,质量目标,现场水、电、路等供应情况外,还应描述与本分项工程有关的主要信息等。比如模板分项工程则应描述:工程建筑结构体系、建筑层高、混凝土外观质量要求(普通混凝土还是清水混凝土等)主要构件的截面尺寸及其跨度等。

(3)分项工程质量计划的质量目标及其分解

分项工程是分部工程和单位工程重要组成部分,是构成单位工程质量最基本的质量单元,因此,分项工程的质量目标必须与单位工程的目标体系相协调一致并且要具体而明确。例如:某单位工程其总体质量目标为"××市优质工程",承建该单位工程施工任务的×××建筑工程有限公司,将分解到一般抹灰工程的质量目标确定为"主控项目一次验收合格;一般项目允许偏差执行高级抹灰标准且一次合格率达到100%;质量验收记录完整有效"。

(4)质量管理组织机构和职责

分项工程质量计划的组织机构和职责,是在建设项目或单位工程组织机构建设的基础上进一步地具体化和细化。就一个具体的单位工程而言,它是建立一个上至项目经理下至作业班组长的、针对某一个分项工程的组织机构和岗位职责。对于一个或几个分项工程来说，其组织机构的组成可能是近乎相同的，或许只是作业层如专业施工员和班组长依不同的分项工程有所调整而已。但是其各级各类管理和技术岗位的岗位职责应具体到该分项工程上来。例如某工程混凝土施工员的岗位职责为："负责混凝土的过程实施和检查落实，配合进行施工工艺水平的完善和施工质量的持续改进工作。具体负责现场混凝土浇捣的组织工作，参加浇捣前的质量检查，负责完善混凝土浇筑令的签署，并组织实施混凝土养护及成品保护工作，重点检查混凝土施工质量"。

（5）分项工程施工准备及资源配置计划

分项工程施工准备和资源配置计划，是在建设项目或单位工程施工准备计划的基础上进行的、针对某一个分项工程编制的施工准备和资源配置计划，其内容更具体更详尽。

1）施工准备——施工技术准备

分项工程施工前技术准备工作，主要指把拟定的分项工程施工前所需要的施工图设计文件（包括施工图会审纪要等）、有关技术资料（如规范、标准、规程、规定和有关手册等）、专项施工方案或技术措施（如混凝土分项工程的专项施工方案或技术措施：冬期施工混凝土专项施工方案、大体积混凝土专项施工方案、浇筑高度比较大的混凝土施工专项方案以及水下混凝土浇筑方案等）以及与其相关的施工预算、施工测量、技术组织等的搜集、编制、审查、组织好。

2）主要资源配置计划——劳动组织准备

根据施工组织设计的总体要求（特别是施工方案和施工进度）和劳动力需要量计划要求，明确每一施工过程（或分项工程）所需人力资源情况，根据分项工程施工的施工工艺与操作方法的技术方案和施工组织方案等，组建施工作业管理体系层，在队组内部工人技术等级比例要合理，并满足劳动组合优化要求。制定劳动力需要量计划表。对有持证上岗要求的工种应审核上岗证书。

3）主要资源配置计划——施工物资准备

① 建筑材料准备：确定分项工程施工所需各个过程和它们所需的各种材料资源（例如混凝土工程的水泥、碎石、砂、水、外加剂、塑料薄膜、保温材料、测温和记录用具以及试块模等）；制定建筑材料需要量计划表。

② 预制加工品准备：制定预制加工品需要量计划表。

4）主要资源配置计划——施工机具准备

① 在选择主导施工机械（如浇筑混凝土所需的混凝土泵车、混凝土搅拌运输车、混凝土布料机和混凝土振捣棒等）时，要充分考虑工程特点、机械供应条件和施工现场空间状况，合理确定主导施工机械类型、型号和台数。

② 在选择辅助施工机械时，必须充分发挥主导施工机械的生产效率，要使两者的台班生产能力协调一致，并确定出辅助施工机械的类型、型号和台数。

③ 为便于施工机械管理，同一施工现场的机械型号尽可能少，当工程量大且集中时，应选用专业化施工机械；当工程量小而分散时，要选择多用途施工机械。

④ 制定施工机具需要量计划表。

（6）分项工程施工工艺的技术措施和施工组织措施

分项工程施工工艺方案应包技术措施和组织措施两个方面：

1）施工技术方案：施工技术方案应当包括某分项工程施工的施工准备（如前面提到

的混凝土工程施工所需的物资准备、施工机具准备以及与之相关的钢筋安装、模板和脚手架等搭设，施工现场水、电路等作业条件等)、操作工艺(工艺流程、施工方法、检验试验等)、质量标准(主控项目、一般项目、质量控制资料等)、成品保护以及质量控制的难点重点和应注意的安全问题等。

2) 分项工程施工工艺的组织方案：主要包括，施工段的划分(如模板工程配备几层模板、平面上划分为几个施工段、在竖向如何进行交叉以及梁、板、柱墙的浇筑顺序等)，施工的起点、流向，流水施工的形式和劳动组织等。

(7) 分项工程施工质量控制要点

根据现行施工质量验收规范，分项工程是由一个或几个内容、性质相同或相近的检验批组成的，分项工程的验收是在其包含的检验批验收合格的基础上进行的。通常起着归纳整理的作用。因此，只要构成分项工程的各检验批的验收资料文件完整，并且均已验收合格，则分项工程验收合格。故而可以看出分项工程的重点难点分项和质量保证措施的着眼点在该分项工程所包含的每一个检验批。例如某工程钢筋分项工程的质量控制要点：

1) 钢筋原材料及加工质量控制要点

① 原材料的质量控制

a. 钢筋进场时，应按现行国家标准《钢筋混凝土用钢 第2部分：热轧带肋钢筋》GB/T 1499.2—2018等的规定抽取试件作力学性能检验，检查内容包括：检查产品合格证、出厂检验报告、进场复验报告；钢筋的品种、规格、型号、化学成分、力学性能等，并且必须满足设计和有关现行国家标准的规定。

b. 钢筋使用前应全数检查其外观质量，钢筋表面标志应清晰明了，标志包括强度级别、厂名(汉语拼音字头表示)和直径(mm)数字。钢筋外表不得有裂纹、折叠、结疤及杂质。盘条允许有压痕及局部凸块、凹块、划痕、麻面，但其深度或高度(从实际尺寸算起)不得大于0.20mm；带肋钢筋表面凸块，不得超过横肋高度，钢筋表面上其他缺陷的深度和高度不得大于所在部位尺寸的允许偏差；冷拉钢筋不得有局部缩颈。

c. 进场的钢筋均应有标牌(标明生产厂、生产日期、钢号、炉罐号、钢筋级别、直径等标记)，应按炉罐号、批次及直径分批验收，分别堆放整齐，严防混料，并应对其检验状态进行标识，防止混用。

d. 对进场的钢筋按进场的批次和产品的抽样检验方案确定抽样复验，钢筋复试报告结果应符合现行国家标准。进场复试报告是判断材料能否在工程中应用的依据。

e. 检查现场复试报告时，对于有抗震设防要求的框架结构，其纵向受力钢筋的强度应满足设计要求；当设计无具体要求时，应采用"E"级钢筋。对一、二级抗震等级，检验所得的强度实测值应符合下列规定：钢筋的抗拉强度实测值与屈服强度实测值的比值不应小于1.25；钢筋的屈服强度实测值与屈服强度标准值的比值不应大于1.3。总钢筋的最大力下的总伸长率不应小于9%。

f. 当发现钢筋脆断、焊接性能不良或力学性能显著不正常等现象时，应对该批钢筋进行化学成分检验或其他专项检验。

② 钢筋加工过程的质量控制要点

a. 仔细查看结构施工图，弄清不同结构件的配筋数量、规格、间距、尺寸等(注意处理好接头位置和接头百分率问题)。

b. 钢筋调直要求采用机械方法。

c. 在切断过程中，如发现钢筋有劈裂、缩头或严重的弯头，必须切除。若发现钢筋的硬度与该钢筋有较大出入，应向有关人员报告，查明情况。

d. 钢筋弯曲前，对形状复杂的钢筋，可根据钢筋下料单上标明的尺寸，用石笔在弯曲位置划出，画线时宜从钢筋中线开始向两边进行，两边不对称的钢筋，也可从一端开始，若画到另一端有出入时再进行调整，钢筋弯曲部位不得出现裂缝。

e. 钢筋加工过程中，检查钢筋翻样图及配料单中钢筋尺寸、形状应符合设计要求，加工尺寸偏差应符合规定。检查受力钢筋加工时的弯钩和弯折的形状及弯曲半径。检查箍筋末端的弯钩形式。不得使钢筋加工检验批验收走过场。

f. 钢筋加工过程中，若发现钢筋脆断、焊接性能不良或力学性能显著不正常等现象时，应立即停止使用，并对该批钢筋进行化学成分检验或其他专项检验，按其检验结果进行技术处理。如果发现力学性能或化学成分不符合要求时，必须作退货处理。

2）钢筋连接工程质量控制

① 钢筋连接操作前要逐级进行安全技术交底，并履行签字手续。

② 机械连接、焊接（应注意闪光对焊、电渣压力焊的适用范围）、纵向受力钢筋的连接方式必须符合设计要求；在施工现场应按国家现行标准《钢筋机械连接技术规程》JGJ 107—2016、《钢筋焊接及验收规程》JGJ 18—2012 有关规定，对钢筋的机械接头、焊接接头的外观质量和力学性能抽取试件进行检验，其质量必须符合要求；绑扎接头应重点查验搭接长度，特别注意钢筋接头百分率对搭接长度的修正；闪光对焊的焊接质量的判别对于缺乏此项经验的人员来说比较困难。因此，具体操作时在焊接人员、设备、焊接工艺和焊接参数等选择与质量验收时应予以特别重视。

③ 钢筋机械连接和焊接的操作人员必须持证上岗。焊接操作工只能在其上岗证规定的施焊范围实施操作。

④ 钢筋连接所用的焊（条）剂、套筒等材料必须符合技术检验认定的技术要求，并具有相应的出厂合格证。

⑤ 钢筋机械连接和焊连接操作前应首先做试件，确定钢筋连接的工艺参数。

3）钢筋安装工程质量控制要点

① 钢筋安装前，要逐级进行安全技术交底，并履行签字手续。

② 钢筋安装前，应根据施工图核对钢筋的品种、规格、尺寸和数量，并落实钢筋安装工序。

③ 钢筋绑扎时应检查钢筋的交叉点是否用钢丝扎牢，板、墙钢筋网的受力钢筋位置是否准确；双向受力钢筋必须绑扎牢固，绑扎基础底板钢筋，应使弯钩朝上，梁和柱的箍筋（除有特殊设计要求外），应与受力钢筋垂直，箍筋弯钩叠合处，应沿受力钢筋方向错开放置，梁的箍筋弯钩应放在受压处。钢筋绑扎接头宜设在受力较小处，同一纵向受力钢筋不宜设置两个或两个以上接头。接头末端至钢筋弯起点的距离不应小于钢筋直径 10 倍。绑扎搭接接头中钢筋的横向净距不应小于钢筋直径，且不应小于 25mm。

④ 钢筋混凝土梁、柱、墙板钢筋安装时要注意的控制点。

a. 框架结构节点核心区、剪力墙结构暗柱与连梁交接处梁与柱的箍筋设置是否符合要求。

b. 框-剪或剪力墙结构中连梁箍筋在暗柱中的设置是否符合要求。

c. 框架梁、柱箍筋加密区长度和间距是否符合要求。

d. 框架梁、连梁在柱（柱、墙、梁）中的锚固方式和锚固长度是否符合设计要求（工程中往往存在部分钢筋水平段锚固不满足设计要求的现象）。

e. 框架柱在基础梁、板或承台中箍筋设置（类型、根数、间距）是否符合要求。

f. 剪力墙结构跨高比小于等于 2 时连梁中交叉加强钢筋的设置是否符合要求。

g. 剪力墙竖向钢筋搭接长度是否符合要求（注意搭接长度的修正，通常是接头百分率的修正）。

h. 框架柱特别是角柱箍筋间距、剪力墙暗柱箍筋形式和间距是否符合要求。

i. 钢筋接头质量、位置和百分率是否符合设计要求。注意在施工时，由于施工方法等原因形成短柱或短梁。

j. 注意控制基础梁柱交界处、阳角放射筋部位钢筋保护层质量控制。

k. 框架梁与连系梁钢筋相互位置关系必须正确，特别注意悬臂梁与其支撑梁钢筋位置的相互关系。

l. 当剪力墙钢筋直径较细时，注意控制钢筋的水平度与垂直度，应当采取适当措施（如增加梯子筋数量等）确保钢筋位置正确。

m. 当剪力墙钢筋直径较细时，剪力墙钢筋往往"跑位"，通常可采用在剪力墙上口采用水平梯子筋加以控制。

n. 柱中钢筋根数、直径变化处以及构件截面发生变化处，纵向受力钢筋的连接和锚固方式应予以关注。

o. 工程中往往为便于施工，剪力墙中的拉筋加工往往是一端加工成 135° 弯钩，另一端暂时加工成 90° 弯钩，待拉筋就位后再将 90° 弯钩弯折成形，这样，如加工措施不当往往会出现拉筋变形，使剪力墙筋骨架减小现象，钢筋安装时应予以控制。

p. 注意控制，预留洞口加强筋的设置是否符合设计要求。

q. 工程中常常出现由于墙柱钢筋固定措施不合格，导致下柱（墙）钢筋位置偏离设计要求的现象，隐蔽工程验收时应查验防止墙柱钢筋错位的措施是否得当。

r. 钢筋安装时，检查梁、柱箍筋弯钩处是否沿受力钢筋方向相互错开放置，绑扎扣是否按变换方向进行绑扎。

s. 钢筋安装完毕后，检查钢筋保护层垫块、马凳等是否根据钢筋直径、间距和设计要求正确放置。

t. 钢筋安装时，检查受力钢筋放置的位置是否符合设计要求，特别是梁、板、悬挑构件的上部纵向受力钢筋。

⑤ 钢筋工程安装偏差必须符合规范要求。

3. 质量保证措施

分项工程质量保证首先应建立健全技术复核制度和技术交底制度，在认真组织进行施工图会审和技术交底的基础上，进一步强化对关键部位和影响工程全局的技术工作的复核。工程施工过程，除按质量标准规定的复查、检查内容进行严格的复查、检查外，在重点工序施工前，必须对关键的检查项目进行严格的复核并编制相应的措施。

（1）施工材料的质量保证，保证用于施工的材料质量符合标准，并将产品合格证、检测报告收集整理。

（2）施工人员的技术素质保证，成立技术攻关小组，攻克施工中的技术难关。对施工人员进行专业培训和上岗教育，使其了解本工地的质量要求、现场情况等。对关键工序施工人员实行考核，考核合格后方可上岗，引入竞争上岗机制，保证施工人员的质量责任心。

（3）坚持全过程的质量控制：

1）制定施工方法：各施工班组必须制定关键工序施工方法，向项目部报批。

2）技术支持：技术服务部对各施工班组施工方法及现场施工提供技术支持。

3）质量技术交底：施工员对班组长交付工作任务前，必须编写《单位工程施工质量技术交底卡》，报工程技术部门批准后，对班组长进行质量、技术、安全要求交底，并对其负责区域的配合情况等现场要求进行交底，同时要求施工员对班组长进行现场交底。

4）开展班前活动：班组长必须坚持每天对班组长进行班前活动，上班开工前对本组成员进行施工内容、质量要求、现场安全注意事项交底，让组员有充分的思想准备。

5）执行质量三级检验制度：施工班组做好施工原始资料记录工作和质量自检工作，施工员、质量员负责检查复核。对于属于隐蔽工程部分，严格保证隐蔽工程质量。

6）定期和不定期监督检查。由项目经理会同质量总监组织质检组、施工管理人员、质量检查员对本工程施工质量进行定期及不定期检查，及时指出存在的质量隐患，从早从快解决问题。

4. 明确检验批验收标准加强验收管理

根据《建筑工程施工质量验收统一标准》GB 50300—2013，检验批可根据施工、质量控制和专业验收的需要，按工程量、楼层、施工段、变形缝进行划分。

（1）明确检验批验收标准

各专业施工质量验收规范中对各检验批中的主控项目和一般项目的验收标准都有具体的规定，但也有一些需要进一步明确的内容。例如：规范中提出符合设计要求的仅土建部分就约有 300 处；验收规范中提出按施工组织设计执行的条文就约有 30 处。因此施工单位应按设计文件和规范要求的内容编制施工组织设计（质量计划），并报送监理工程师审查签认，以作为日后验收的依据。

（2）加强验收管理

《统一标准》强制条文规定：工程质量的验收均应在施工单位自行检查评定的基础上进行。建筑法第 58 条规定：建筑施工企业对工程的施工质量负责。但是，在工程检验批质量验收中承包人、资料员随意填写自检表数字，将"自控"与"监理"验收合二为一等不规范的行为屡有发生。因此必须加强检验批的验收管理工作。加强验收管理的主要是落实三检制度，即三级检验制度。

1）自检：操作工人在施工过程中，按施工技术交底及有关规范要求，随时进行自我检查并整改的过程；

2）互检：同班组操作工人，在操作过程中，按技术交底及有关规范要求，随时进行他人质量检查并整改，检查组织由班组长领导；

3）交接检：上道工序的施工班组完工后下一道工序将继续操作的施工班组进行交接

检查验收，交接检，由项目工程师组织。承包人是工程质量的主体，开工前各项目部必须建立"横向到边、纵向到底、控制有效"的质量自检体系，严格执行"自检、互检、交接检"的三检制度。严格做到施工技术员与质检员独立工作。施工技术人员不得兼任质检人员。只要有施工的地方必须有技术员或质检人员在场，监理在抽检时必须有质检人员在场。

（3）加强检验试验管理

检（试）验是验证和确保工程质量的重要手段，是检验批验收中非常重要的内容之一。因此，施工单位应当在施工前编制《进场材料台账》，用以记录进场材料的品种、规格、数量、日期以及其质量证明文件信息等内容；编制《检验试验策划书》，明确所有进场材料的质量检验方法、取样方案、检验项目、检验内容、检验时间、检验单位以及取样人等内容；同时应当在施工中建立《检验试验台账》用以记录所检验材料取样的品种、规格、数量、送检时间和送检人等，同时还应当将相应的复检报告返回时间和份数等内容记录。

5. 分项工程质量记录

根据现行施工质量验收规范规定，分项工程验收合格应符合下列规定：

（1）分项工程所含的检验批均应符合合格质量的规定。

（2）分项工程所含的检验批的质量验收记录应完整。

由此可见分项工程的质量记录应包括以下几个方面的内容：

1）安全技术方案（或措施）、安全与技术交底；

2）检验批质量报验表；

3）检验批质量验收记录表；

4）隐蔽工程验收记录表（如发生）；

5）施工记录（如需要）；

6）材料/构配件/设备出厂合格证及进场复验单；

7）验收结论及处理意见；

8）检验批验收，不合格项要有处理记录，监理工程师签署验收意见。

四、建筑工程施工质量控制

（一）质量控制概述

质量控制是质量管理的一部分，是致力于质量要求的一系列相关的活动。质量控制是在明确的质量目标的条件下通过行为方案和资源配置的计划、实施、检查和监督来实现预期目标的过程。其目的是实现预期的质量目标，使产品满足质量要求，有效预防不合格产品的出现。质量控制应贯穿于产品形成的全过程。

1. 施工质量控制的系统过程

（1）按工程施工过程的阶段划分

工程项目是施工准备开始，经过施工和安装到竣工检验这样一个过程，逐步建成的，所以施工阶段的质量控制，就是由前期（事前）质量控制或称施工准备阶段质量控制，经过施工过程（事中）质量控制，到后期（事后）质量控制或竣工阶段质量控制，如图4-1所示。

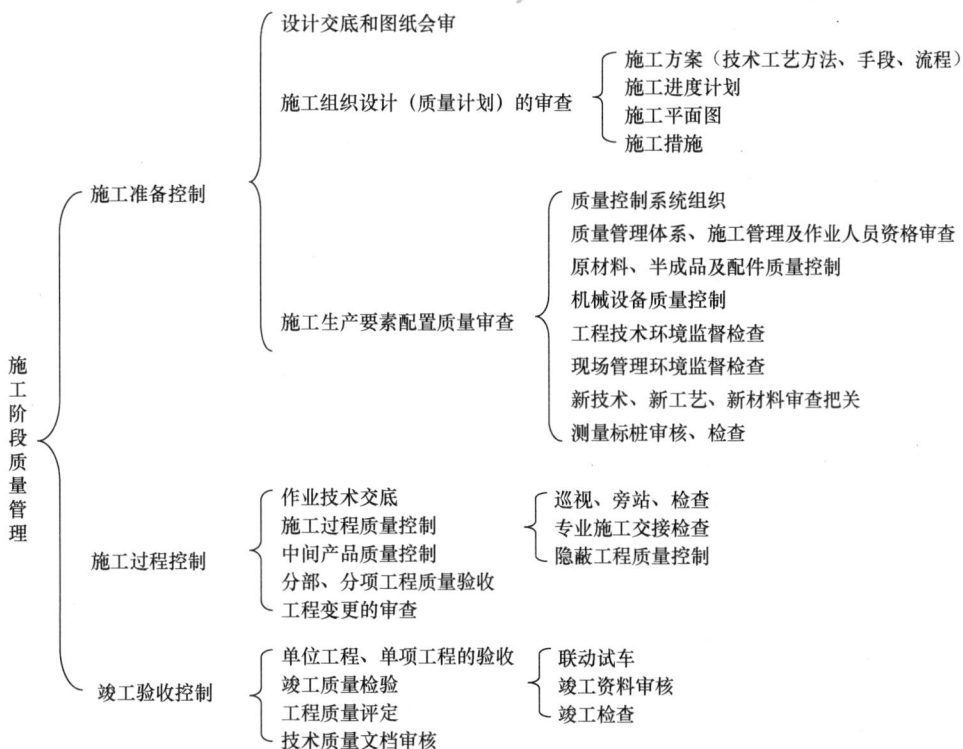

图 4-1 工程施工质量控制过程

1) 施工准备质量控制(事前控制)

施工准备阶段的质量控制即事前控制,是指在各工程对象正式施工活动开始前,对各项准备工作及影响质量的各因素和有关方面进行质量控制。施工准备阶段的质量控制是一种前馈式控制,它必须在事情发生之前采取控制措施。这就要求预先进行周密的质量计划,包括质量策划、管理体系、岗位设置,把各项质量职能活动,包括作业技术和管理活动建立在有充分能力、条件保证和运行机制的基础上。

2) 施工阶段质量控制(事中控制)

施工阶段质量控制是指在施工过程中对实际投入的生产要素质量及作业技术活动的实施状态和结果所进行的控制,包括质量活动主体的自我控制和他人监控的控制方式。这里,自我控制是第一位的,即作业者在作业过程中对自己的质量活动行为的约束和技术能力的发挥,以完成预定质量目标的作业任务;他人监控是指作业者的质量活动和结果,接受来自企业内部管理者和来自企业外部有关方面的检查验收,如建设方、政府质量监督部门、工程监理机构等的监控。施工阶段质量控制的目标是确保工序质量合格,杜绝质量事故发生。

在此阶段,施工单位要严格按照审批的施工组织设计进行施工;对技术要求高,施工难度大的,或采用新工艺、新材料、新技术的工序和部位,须设置质量控制点;对各项工序首次施工前须进行作业技术交底;在施工过程中通过巡视、旁站等措施检查各道工序质量,做好隐蔽工程的质量验收,做好自检、互检、交接检。

3) 竣工验收质量控制(事后控制)

它是指对于通过施工过程所完成的某一工序、分项工程或分部工程的质量进行控制,也称为事后质量控制,以使不合格的工序或产品不流入后一道工序、不流入市场。事后质量控制的任务就对质量结果进行评价、认定;对工序质量偏差进行纠正;对不合格产品进行整改和处理。

从理论上来看,如果我们施工前进行了周密的质量计划和预控,并在施工期间严格自控,并加强监管,那么实现预期目标的可能性也就越大。理想的状态就是"一次成活"、"一次交检合格率达到100%"。但是实际上要达到这样的管理和控制水平是非常不容易的,即使付出了不懈的努力,也有可能在个别工序或部位施工质量会出现偏差,因为在作业过程中不可避免地会存在一些难以预料或偶然的因素。

(2) 按工程项目施工层次划分的系统控制过程

通常任何一个大中型工程建设项目可以划分为若干层次。例如,建筑工程项目按照国家标准可以划分为单位工程、分部工程、分项工程、检验批等层次;而诸如水利水电、港口交通等工程项目则可划分为单项工程、单位工程、分部工程、分项工程等几个层次。各组成部分之间的关系具有一定的施工先后顺序的逻辑关系。显然,施工作业过程的质量控制是最基本的质量控制,它决定了有关检验批的质量;而检验批的质量又决定了分项工程的质量。各层次间的质量控制系统过程如图4-2所示。

2. 施工质量控制的依据

施工阶段进行质量控制的依据，大体上有以下五类：

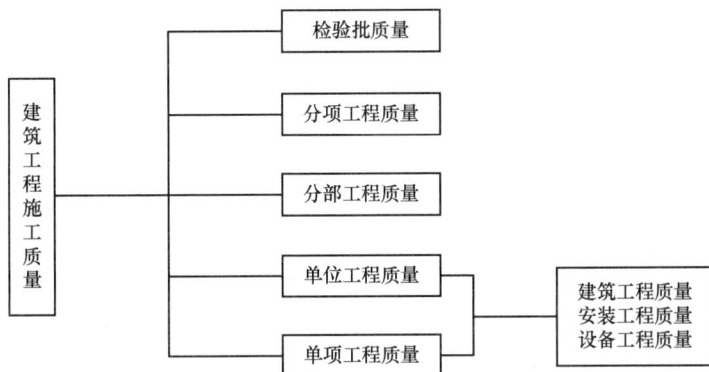

图 4-2　按工程项目施工层次划分的系统过程

（1）工程施工承包合同和相关合同

工程施工承包合同及其相关合同文件详细规定了工程项目参与各方（施工承包单位及分包单位、建设单位、监理工程师等）在工程质量控制中的权利和义务，项目参与各方在工程施工活动中的责任等。例如，我国《建设工程施工合同（示范文本）》GF—2017—0201、FIDIC《施工合同条件》等标准施工承包合同文件均详细约定了发包人、承包人和工程师三者的权利和义务及关系，制定了相关的质量控制条款，包括：①工程质量标准；②隐蔽工程和中间验收；③检查和返工；④重新检验；⑤竣工验收；⑥工程试车；⑦质量保证；⑧材料设备供应等内容。

（2）设计文件

"按图施工"是施工阶段质量控制的一项重要原则，必须严格按照设计图纸和设计文件进行施工。在施工前，建设单位组织项目参与各方参加设计交底和图纸会审工作，充分了解设计的意图和质量要求，发现图纸潜在的差错和遗漏，减少质量隐患。在施工过程中，应对比设计文件，认真检验和监督施工活动及施工效果。施工结束后，根据设计图纸评价施工成果时应满足设计标准和要求。

（3）技术规范、规程和标准

技术规范、规程和标准属于工程施工承包合同文件的组成部分之一，我国工程项目施工一般选用我国相应的技术规范、规程和标准，例如，常见的建筑工程施工质量验收规范有：

《建筑地基基础工程施工质量验收标准》GB 50202—2018

《砌体结构工程施工质量验收规范》GB 50203—2011

《混凝土结构工程施工质量验收规范》GB 50204—2015

《钢结构工程施工质量验收标准》GB 50205—2020

《木结构工程施工质量验收规范》GB 50206—2012

《屋面工程质量验收规范》GB 50207—2012

《地下防水工程质量验收规范》GB 50208—2011

《建筑地面工程施工质量验收规范》GB 50209—2010

《建筑装饰装修工程质量验收标准》GB 50210—2018

《建筑给水排水及采暖工程施工质量验收规范》GB 50242—2002

《通风与空调工程施工质量验收规范》GB 50243—2016

《建筑电气工程施工质量验收规范》GB 50303—2015

《电梯工程施工质量验收规范》GB 50310—2002

《智能建筑工程质量验收规范》GB 50339—2013

（4）国家及政府有关部门颁布的有关质量管理方面的法律、法规性文件

如《中华人民共和国建筑法》《建设工程质量管理案例》《建筑工程质量监督条例》《建筑工程质量检测工作规定》《建设工程质量管理办法》等，这些文件分别适用于全国本行业或地区的工程建设质量管理，是质量控制应当遵循的具有通用性的重要依据。

（5）企业技术标准

建筑企业在不断地建设和发展中，为总结施工经验和推进技术创新，规范本单位的技术质量管理，往往会制定出一些符合自身企业特点的施工技术工法和企业标准，这些工法和标准也是进行质量控制的重要手段和依据。

3. 工程质量控制体系

（1）质量控制体系的组织框架

质量控制是质量管理的重要组成部分，其目的是使产品、体系或过程的固有特性达到要求，即满足顾客、法律、法规等方面所提出的质量要求（如适用性、安全性等）。所以，质量控制是通过采取一系列的作业技术和活动对各个过程实施控制的。

工程项目经理部是施工承包单位依据承包合同派驻工程施工现场全面履行施工合同的组织机构。其健全程度、组成人员素质及内部分工管理的水平，直接关系到整个工程质量控制的好坏。组织模式一般可分为：职能型模式、直线型模式、直线——职能型模式和矩阵型模式4种模式。由于建筑工程建设实行项目经理负责制，项目经理全权代表施工单位履行施工承包合同，对项目经理部全权负责。实践中，一般宜采用直线——职能型模式，即项目经理根据实际的施工需要，下设相应的技术、安全、计量等职能机构，项目经理也可根据工程特点，按标段或按分部工程等下设若干施工队。项目经理负责整个项目的计划组织和实施及各项协调工作，既使权力集中，权、责分明、决策快速，又有职能部门协助处理和解决施工中出现的复杂的专业技术问题（图4-3）。

（2）模板、钢筋、混凝土等分部分项工程的施工质量控制流程

1）模板工程质量控制流程图（图4-4）

2）钢筋质量控制流程图（图4-5）

3）混凝土工程质量控制流程图（图4-6）

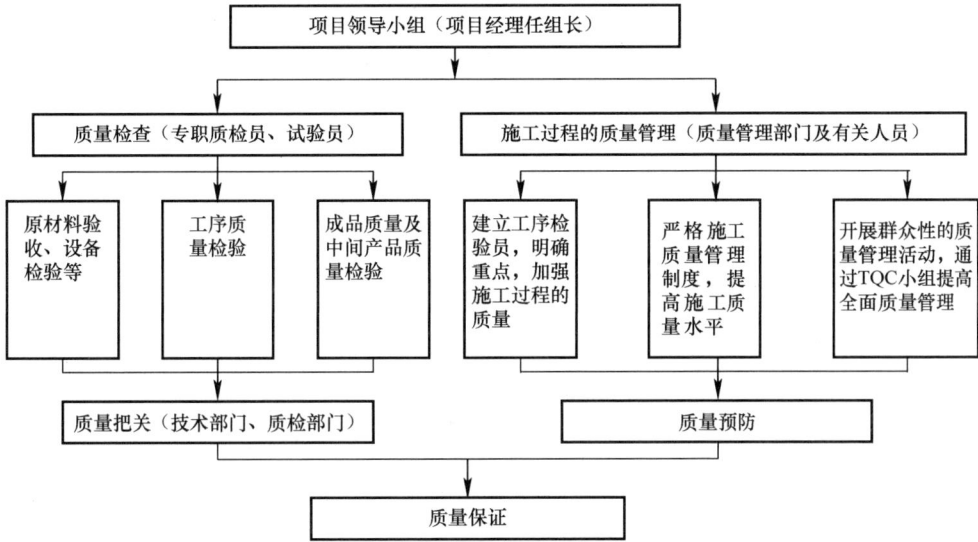

图 4-3　施工质量保证体系示意图

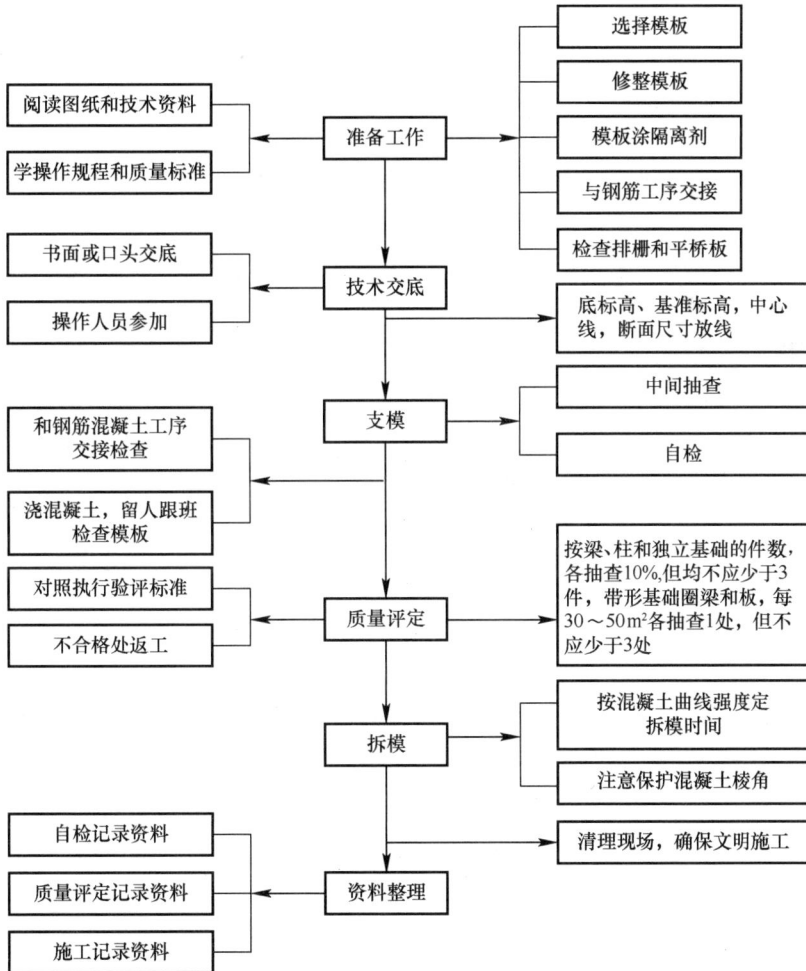

图 4-4　模板工程质量控制流程图

53

```
阅读图纸和技术资料 ┐                      ┌ 钢筋合格证,机械性能复检
                   ├─ 施工准备 ─┤
学习操作规程和质量标准 ┘                   ├ 检查外排栅、平桥板
                                          └ 制定与审核钢筋配料表

书面或口头交底 ┐
              ├─ 技术交底
操作人员参加 ┘

钢筋下料成型 ── 按不同型号挂牌、堆放

钢筋、模板工序交接检查 ←

现场绑扎安装

                              ┌ 中间抽查
                              └ 自检

钢筋、混凝土工序交 ┐
接检查            ├←
浇混凝土,留人跟班检 ┘
查钢筋

                办理隐蔽验收签证手续

对照执行检验评定标准 ←

                              ┌ 梁、柱、板、独立基础抽
                                查10%,但不少于3件,带
                                形基础,圈梁每30～50m²
                                抽查1处,但不少于3处
质量评定 ─┤
                              └ 不合格处返工

钢筋合格证 ┐
钢筋代用联系单 │
自检记录 │          清理现场,文明施工
隐蔽验收记录 ├← 资料整理
质量评定记录 │
施工记录 │
事故处理记录 ┘
```

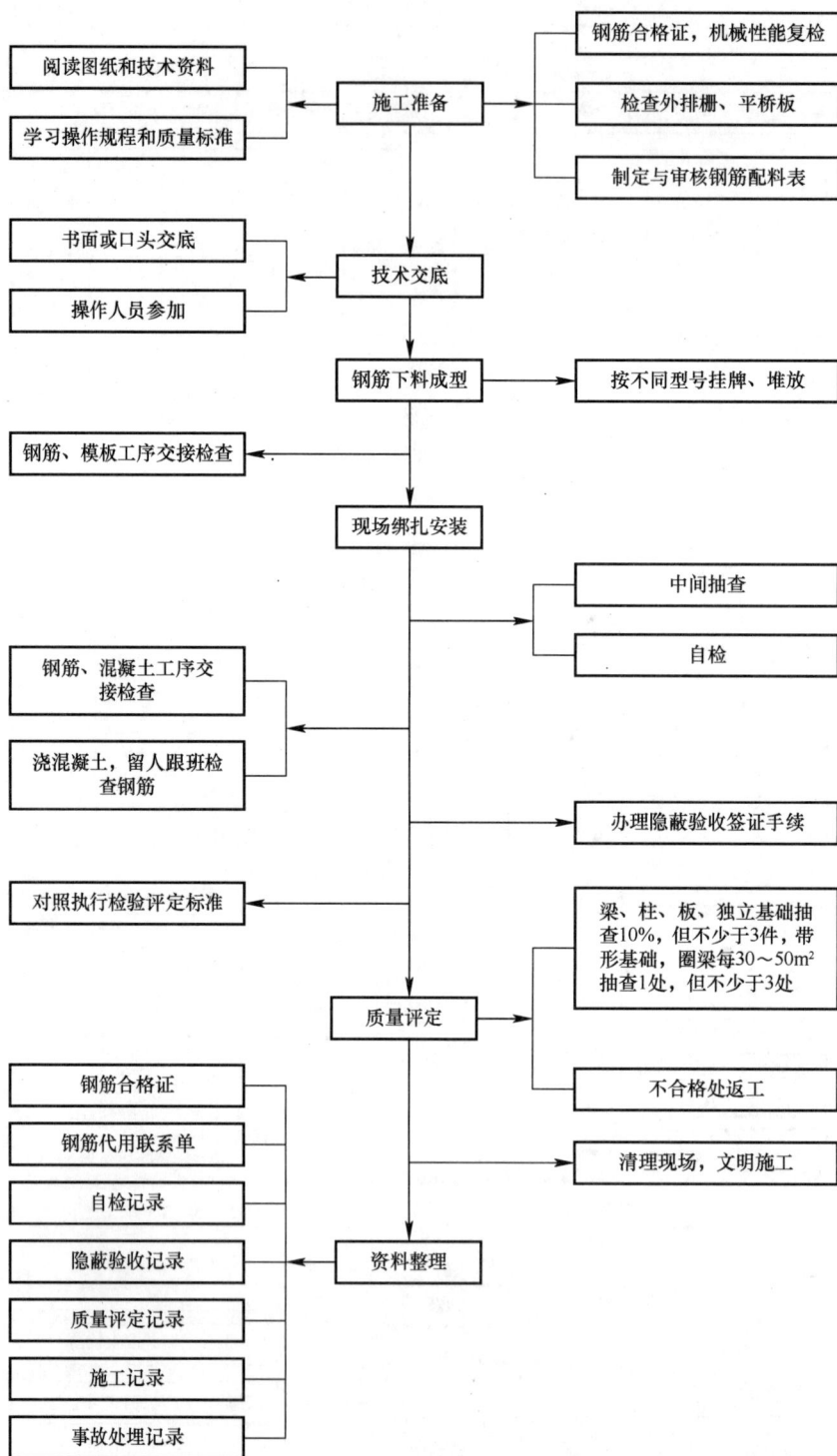

图 4-5 钢筋质量控制流程图

阅读图纸和技术资料

学习操作规程和质量标准

制订保证混凝土质量措施

准备施工

准备材料，并取得合格证

联系商品混凝土或申请混凝土试配

模板、钢筋、混凝土工序交接

检查排栅及现场道路

准备水平及垂直运输机械

准备试模和坍落度筒

书面或口头交底

操作人员参加

专业会签

技术交底

解决上道工序弊病补救措施

每个工作班不少于1组，每拌制100m³混凝土不少于1组，现浇层每层不少于1组

申请浇灌令

岗位分工、操作持牌

保质量木工、钢筋工跟班

执行重量配比

按实际情况调整配比

现场养护试块

浇灌混凝土

养护

依时养护

夏季增淋水养护次数

对照执行验评标准

文明施工，清理现场

按梁、柱和独立基础的件数，各抽查10%，但均不少于3件。带形基础圈梁和板每30~50m²各抽查一处，但均不应少于3处

质量评定

材料合格证

试验报告单

自检记录

质量评定记录

混凝土浇灌命令

混凝土浇灌记录

测温记录

事故处理记录

不合格处返工

资料整理

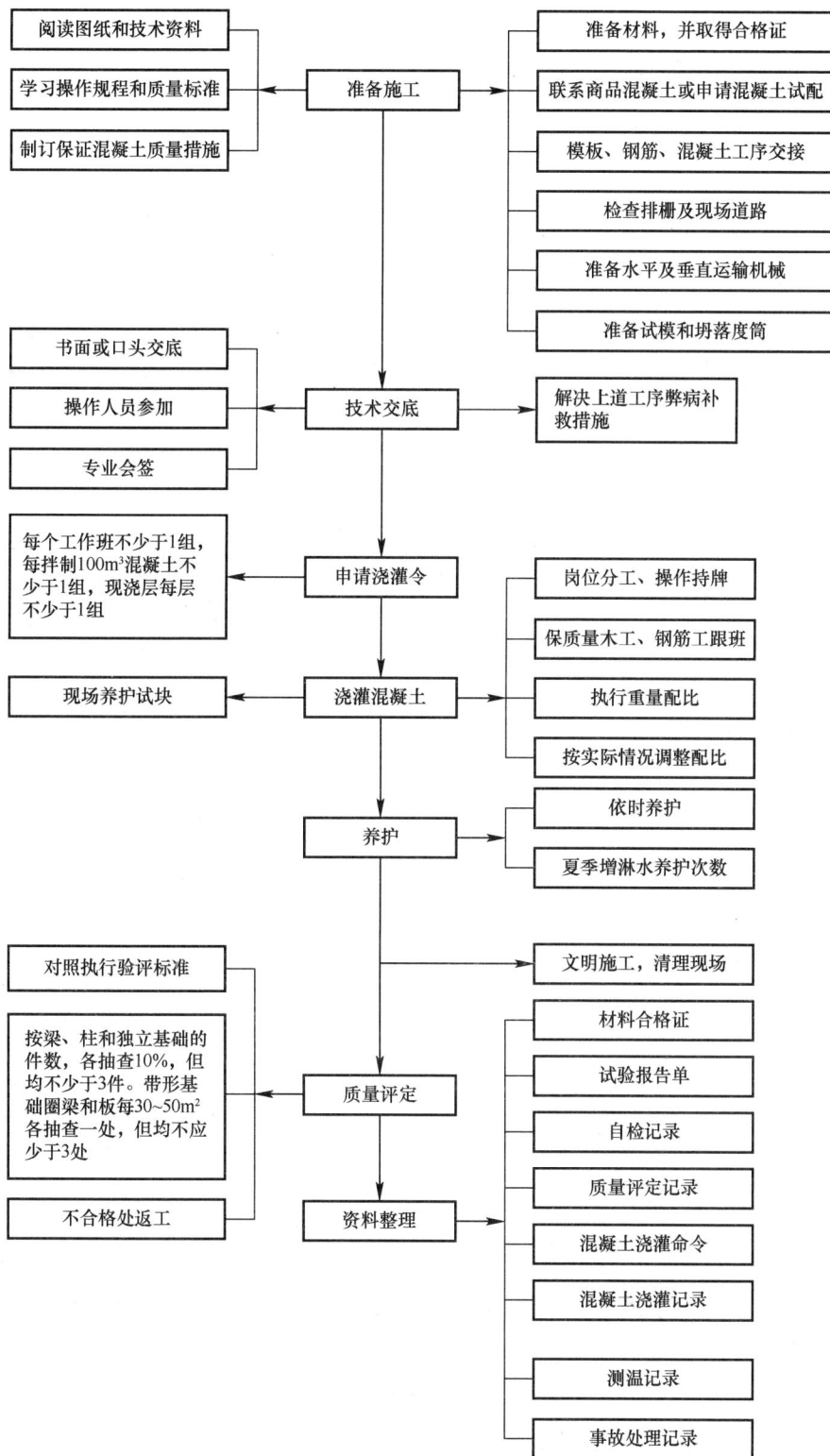

图4-6 混凝土工程质量控制流程图

(二) 影响质量的主要因素

工程项目管理中的质量控制主要表现为施工组织和施工现场的质量控制,控制的内容包括工艺质量控制和产品质量控制。影响质量控制的因素主要有"人、材料、机械、方法和环境"五大方面。因此,对这五方面因素严格控制,是保证工程质量的关键。

1. 人的因素

人的因素主要指领导者的素质,操作人员的理论、技术水平,身体缺陷,粗心大意,违纪违章等。人是指直接参与工程施工的组织者、指挥者和操作者,施工时首先要考虑到对人的因素的控制,因为人是施工过程的主体,工程质量的形成受到所有参加工程项目施工的工程技术干部、操作人员、服务人员共同作用,他们是形成工程质量的主要因素。首先,应提高他们的质量意识。施工人员应当树立五大观念,即质量第一的观念、预控为主的观念、为用户服务的观念、用数据说话的观念以及社会效益、企业效益(质量、成本、工期相结合)综合效益观念。其次,是人的素质。领导层、技术人员素质高,决策能力越强,越有较强的质量规划、目标管理、施工组织和技术指导、质量检查的能力;管理制度完善,技术措施得力,工程质量就高。操作人员应有精湛的技术技能、一丝不苟的工作作风,严格执行质量标准和操作规程的法制观念;服务人员应做好技术和生活服务,以出色的工作质量,间接地保证工程质量。提高人的素质,可以依靠质量教育、精神和物质激励的有机结合,也可以靠培训和优选,进行岗位技术练兵。

2. 材料因素

材料(包括原材料、成品、半成品、构配件)是工程施工的物质条件,材料质量是工程质量的基础,材料质量不符合要求,工程质量也就不可能符合标准。所以加强材料的质量控制,是提高工程质量的重要保证。影响材料质量的因素主要是材料的成分、物理性能、化学性能等。材料控制的要点有:①加强材料的检查验收,严把质量关;②抓好材料的现场管理,并做好合理使用;③严格按规范、标准的要求组织材料的检验,材料的取样、试验操作均应符合规范要求。据统计资料,建筑工程中材料费用占总投资的70%或更多,正因为这样,一些承包商在拿到工程后,为谋取更多利益,不按工程技术规范要求的品种、规格、技术参数等采购相关的成品或半成品,或因采购人员素质低下,对其原材料的质量不进行有效控制,放任自流,从中收取回扣和好处费。还有的企业没有完善的管理机制和约束机制,无法杜绝不合格的假冒、伪劣产品及原材料进入工程施工中,给工程留下质量隐患。科学技术高度发展的今天,为材料的检验提供了科学的方法。国家在有关施工技术规范中对其进行了详细的介绍,实际施工中只要我们严格执行,就能确保施工所用材料的质量。

3. 方法因素

施工过程中的方法包含整个建设周期内所采取的施工组织设计、施工方案、施工技术措施、施工工艺、检测方法和措施等。施工方法直接影响到工程项目的质量形成,特别是施工方案是否合理和正确，不仅影响施工质量，还对施工的进度和费用产生重要影响。为此，制定和审核施工方案时，必须结合工程实际，从技术、管理、工艺、组织、操作、经济等方面进行全面分析、综合考虑，力求方案技术可行、经济合理、工艺先进、措施得力、操作方便，有利于提高质量、加快进度、降低成本。

4. 机械设备

施工阶段必须综合考虑施工现场条件、建筑结构形式、施工工艺和方法、建筑技术经济等，合理选择机械的类型和性能参数，合理使用机械设备，正确地操作。操作人员必须认真执行各项规章制度，严格遵守操作规程，并加强对施工机械的维修、保养、管理。

施工机械是实施工程项目施工的物质基础，是现代化施工必不可少的设备。施工机械设备的选择是否适用、先进和合理，将直接影响工程项目的施工质量和进度。所以应结合工程项目的布置、结构形式、施工现场条件、施工程序、施工方法和施工工艺，控制施工机械形式和主要性能参数的选择，以及施工机械的使用操作，制定相应使用操作制度，并严格执行。

5. 环境因素

影响工程质量的环境因素较多，有工程地质、水文、气象、噪声、通风、振动、照明、污染等。在工程项目施工中，环境因素是在不断变化的，如施工过程中气温、湿度、降水、风力等。前一道工序为后一道工序提供了施工环境，施工现场的环境也是变化的。不断变化的环境对工程项目的质量就会产生不同程度的影响。因此，根据工程特点和具体条件，应对影响质量的环境因素，采取有效的措施严加控制。

此外，冬雨期、炎热季节、风季施工时，还应针对工程的特点，尤其是混凝土工程、土方工程、水下工程及高空作业等，拟订季节性保证施工质量的有效措施，以免工程质量受到冻害、干裂、冲刷等的危害。同时，要不断改善施工现场的环境，尽可能减少施工所产生的危害对环境的污染，健全施工现场管理制度，实行文明施工。

（三）施工准备阶段的质量控制

施工准备阶段是工程施工的前奏，技术、物资、机具、人员等各方面准备情况将对工程质量产生很大的影响。

1. 图纸会审和设计交底工作

施工阶段，设计文件是建立工作的依据。质量检查员应参加施工单位内部的图纸审查工作，要认真做好审核及图纸核对工作，对于审图过程中发现的问题，及时汇报项目技术负责人并以书面形式报告给建设单位。

（1）质量检查员参加设计技术交底会应了解的基本内容

1）设计主导思想，建筑艺术构思和要求，采用的设计规范，确定的抗震等级、防火等级，基础、结构、内外装修及机电设备设计（设备造型）等；

2）对主要建筑材料、构配件和设备的要求，所采用的新技术、新工艺、新材料、新设备的要求，以及施工中应特别注意的事项等；

57

3）对建设单位、承包单位和监理单位提出的对施工图的意见和建议的答复。

（2）质量检查员参加设计交底应着重了解的内容

1）有关地形、地貌、水文气象、工程地质及水文地质等自然条件方面；

2）主管部门及其他部门（如规划、环保、农业、交通、旅游等）对本工程的要求、设计单位采用的主要设计规范、市场供应的建筑材料情况等；

3）设计意图方面：诸如设计思想、设计方案比选的情况，基础开挖及基础处理方案，结构设计意图，设备安装和调试要求，施工进度与工期安排等；

4）施工注意事项方面：如基础处理等要求、对建筑材料方面的要求、主体工程设计中采用新结构或新工艺对施工提出的要求、为实现进度安排而应采用的施工组织和技术保证措施等。

在设计交底会上确认的设计变更应由建设单位、设计单位、施工单位和监理单位会签。

（3）施工图纸的现场核对

施工图是工程施工的直接依据，为了充分了解工程特点、设计要求，减少图纸的差错，确保工程质量，减少工程变更，质量检查员应做好施工图的现场核对工作。

施工图纸现场核对主要包括以下几个方面：

1）图纸与说明书是否齐全，如分期出图，图纸供应是否满足需要。

2）地下构筑物、障碍物、管线是否探明并标注清楚。

3）图纸中有无遗漏、差错或相互矛盾之处（如漏画螺栓孔、漏列钢筋明细表、尺寸标注有错误等）。图纸的表示方法是否清楚和符合标准等。

4）地质及水文地质等基础资料是否充分、可靠，地形、地貌与现场实际情况是否相符。

5）所需材料的来源有无保证，是否替代；新材料、新技术的采用有无问题。

6）所提出的施工工艺、方法是否合理，是否切合实际，是否存在不便于施工之处，能否保证质量要求。

7）施工图或说明书中所涉及的各种标准、图册、规范、规程等，施工单位是否具备。

2. 施工组织设计的审查

（1）施工组织设计

施工组织设计主要是针对每一个单位工程（或单项工程、工程项目），编制专门规定的质量措施、资源和活动顺序等的文件。在我国的现行施工管理中，施工承包单位要针对每一特定工程项目进行施工组织设计，以此作为施工准备和施工全过程的指导性文件。

（2）施工组织设计的审查程序

1）在工程项目开工前约定的时间内，施工承包单位必须完成施工组织设计的编制及内部自审批准工作，填写《施工组织设计（方案）报审表》报送项目监理机构。

2）总监理工程师在约定的时间内，组织专业监理工程师审查，提出意见后，由总监理工程师审核签认。需要承包单位修改时，由总监理工程师签发书面意见，退回承包单位修改后再报审，总监理工程师重新审查。

3）已审定的施工组织设计由项目监理机构报送建设单位。

4) 承包单位应按审定的施工组织设计文件组织施工。如需对其内容作较大的变更，应在实施前将变更内容书面报送项目监理机构审核。

5) 规模大、结构复杂或属新结构、特种结构的工程，项目监理机构对施工组织设计审查后，还应报送监理单位技术负责人审查，提出审查意见后由总监理工程师签发，必要时与建设单位协商，组织有关专业部门和有关专家会审。

6) 规模大，工艺复杂的工程、群体工程或分期出图的工程，经建设单位批准可分阶段报审施工组织设计；技术复杂或采用新技术的分项、分部工程，承包单位还应编制该分项、分部工程的施工方案，报项目监理机构审查。

总监理工程师在约定的时间内，组织专业监理工程师审查，提出意见后，由总监理工程师审核签认。

(3) 审查施工组织设计的基本要求

1) 施工组织设计应由承包单位技术负责人签字。

2) 施工组织设计应符合施工合同要求。

3) 施工组织设计应由专业监理工程师审核后，经总监理工程师签认。

4) 发现施工组织设计中存在问题应提出修改意见，由承包单位修改后重新报审。

(4) 审查施工组织设计时应掌握的原则

1) 施工组织设计的编制、审查和批准应符合规定的程序。

2) 施工组织设计应符合国家的技术政策，充分考虑承包合同规定的条件、施工现场条件及法规条件的要求，突出"质量第一、安全第一"的原则。

3) 施工组织设计的针对性：承包单位是否了解并掌握了本工程的特点及难点，施工条件是否分析充分。

4) 施工组织设计的可操作性：承包单位是否有能力执行并保证工期和质量目标；该施工组织设计是否切实可行。

5) 技术方案的先进性：施工组织设计采用的技术方案和措施是否先进适用，技术是否成熟。

6) 质量管理和技术管理体系、质量保证措施是否健全且切实可行。

7) 安全、环保、消防和文明施工措施是否切实可行并符合有关规定。

8) 在满足合同和法规要求的前提下，对施工组织设计的审查，应尊重承包单位的自主技术决策和管理决策。

(5) 施工组织设计审查的注意事项

1) 重要的分部、分项工程的施工方案，承包单位在开工前，向监理工程师提交并详细说明为完成该项工程的施工方法、施工机械设备及人员配备与组织、质量管理措施以及进度安排等，报请监理工程师审查认可后方能实施。

2) 在施工顺序上应符合先地下、后地上，先土建、后设备，先主体、后围护的基本规律。所谓先地下、后地上是指地上工程开工前，应尽量把管道、线路等地下设施和土方与基础工程完成，以避免干扰，造成浪费，影响质量。此外，施工流向要合理，即平面和立面上都要考虑施工的质量保证与安全保证；考虑使用的先后和区段的划分，与材料、构配件的运输不发生冲突。

3) 施工方案与施工进度计划的一致性。施工进度计划的编制应以确定的施工方案为依据，正确体现施工的总体部署、流向顺序及工艺关系等。

4) 施工方案与施工平面图布置的协调一致。施工平面图的静态布置内容，如临时施工供水、供电、供热、供气管道，施工道路、临时办公房屋、物资仓库等，以及动态布置内容，如施工材料模板、工具器具等，应做到布置有序，有利于各阶段施工方案的实施。监理工程师要检查施工现场总体布置是否合理，是否有利于保证施工的正常、顺利地进行，是否有利于保证质量，特别是要对场区的道路、防洪排水、器材存放、给水及供电、混凝土供应及主要垂直运输机械设备布置等方面予以重视。

3. 施工准备阶段的质量控制

(1) 工程测量的质量控制

工程施工测量放线是建设工程产品由设计转化为实物的第一步。施工测量的质量好坏，直接影响工程产品的综合质量，并且制约着施工过程中有关工序的质量。工程测量控制可以说是施工中事前控制的一项基本工作，它是施工准备阶段的一项重要内容。质量检查员应将其作为保证工程质量的一项重要的内容，在施工过程中，应由测量技术人员负责工程测量的复核控制工作。

1) 施工承包单位应对建设单位（或其委托的单位）给定的原始基准点、基准线和标高等测量控制点进行复核，并将复测结果报监理工程师审核，经批准后施工承包单位才能据此进行准确的测量放线，建立施工测量控制网，并应对其正确性负责，同时做好基桩的保护。

2) 复测施工测量控制网。在工程总平面图上，各种建筑物或构筑物的平面位置是用施工坐标系统来表示的。施工测量控制图的初始坐标和方向，一般是根据测量控制点测定的，测定建筑物的长向主轴线即可作为施工平面控制网的初始方向，以后在控制网加密或建筑物定位时，不再用控制点定向，以免使建筑物发生不同的位移及偏转。复测施工测量控制网时应抽检建筑方格网、控制高程的水准网点以及标桩埋设位置等。

(2) 施工平面布置的控制

为了保证工程能够顺利地施工，质量检查员督促分包单位按照合同事先划定的范围，占有和使用现场有关部分。如果在现场的某一区域内需要不同的施工单位同时或先后施工、使用，就应根据施工总进度计划的安排，规定他们各自占用的时间和先后顺序，并在施工总平面图中详细注明各工作区的位置及占用顺序。质量检查员要检查施工现场总体布置是否合理，是否有利于保证施工的正常、顺利地进行，是否有利于保证质量，特别是要对场区的道路、防洪排水、器材存放、给水及供电、混凝土供应及主要垂直运输机械设备布置等方面予以重视。

(3) 材料构配件采购订货的控制

1) 凡由承包单位负责采购的原材料、半成品或构配件，在采购订货前应向监理工程师申报；对于重要的材料，还应提交样品，供试验或鉴定，有些材料则要求供货单位提交理化试验单（如预应力钢筋的硫、磷含量等），经监理工程师审查认可后，方可进行订货采购。

2) 对于半成品或构配件，应按经过审批认可的设计文件和图纸要求采购订货，质量应满足有关标准和设计的要求，交货期应满足施工及安装进度安排的需要。

3) 供货厂家是制造材料、半成品、构配件主体，所以通过考察优选合格的供货厂家，是保证采购、订货质量的前提。为此，大宗的器材或材料的采购应当实行招标采购的方式。

4）对于半成品和构配件的采购、订货，监理工程师应提出明确的质量要求、质量检测项目及标准、出厂合格证或产品说明书等质量文件的要求，以及是否需要权威性的质量认证等。

5）某些材料，诸如瓷砖等装饰材料，订货时最好一次订齐和备足货源，以免由于分批而出现色泽不一的质量问题。

6）供货厂方应向需方（订货方）提供质量文件，用以表明其提供的货物能够完全达到需方提出的质量要求。此外，质量文件也是承包单位（当承包单位负责采购时）将来在工程竣工时应提供的竣工文件的一个组成部分，用以证明工程项目所用的材料或构配件等质量符合要求。

质量文件主要包括：产品合格证及技术说明书；质量检验证明，检测与试验者的资格证明；关键工序操作人员资格证明及操作记录（例如大型预应力构件的张拉应力工艺操作记录），不合格或质量问题处理的说明及证明，有关图纸及技术资料，必要时还应附有权威性认证资料。

（4）施工机械配置的控制

1）施工机械设备的选择，除应考虑施工机械的技术性能、工作效率、工作质量、可靠性及维修难易、能源消耗，以及安全、灵活等方面对施工质量的影响与保证外，还应考虑其数量配置对施工质量的影响与保证条件。例如，为保证混凝土连续浇筑，应配备有足够的搅拌机和运输设备；在一些城市中，有防止噪声限制的规定，桩基施工必须采用静力压桩等。

此外，要注意设备形式应与施工对象的特点及施工质量要求相适应。例如，对于黏性土的压实，可以采用羊足碾进行分层碾压；但对于砂性土的压实则宜采用振动压实机等类型的机械。

在选择机械性能参数方面，也要与施工对象特点及质量要求相适应，例如选择起重机械进行吊装施工时，其起重量、起重高度及起重半径均应满足吊装要求。

2）审查施工机械设备的数量是否足够。例如在进行就地灌注桩施工时，应有备用的混凝土搅拌机和振捣设备，以防止由于机械发生故障，使混凝土浇筑工作中断，造成断桩质量事故等。

3）审查所需的施工机械设备，是否按已批准的计划备妥；所准备的机械设备是否与监理工程师审查认可的施工组织设计或施工计划中所列者相一致；所准备的施工机械设备是否都处于完好的可用状态等。对于与批准的计划中所列施工机械不一致，或机械设备的类型、规格、性能不能保证施工质量者，以及维护修理不良，不能保证良好的可用状态者，都不准使用。

（四）施工阶段的质量控制

施工过程体现在一系列的作业活动中，作业活动的效果将直接影响到施工过程的施工质量。因此，质量检查员的质量控制工作应体现在对作业活动的控制上。

质量检查员要对施工过程进行全过程全方位的质量监督、控制与检查。就整个施工过程而言，可按事前、事中、事后进行控制。就一个具体作业而言，质量检查员控制管理仍涉及事前、事中及事后。质量检查员的质量控制主要围绕影响工程施工质量的因素进行。

1. 作业技术准备状态的控制

所谓作业技术准备状态，是指各项施工准备工作在正式开展作业技术活动前，是否按预先计划的安排落实到位的状况，包括配置的人员、材料、机具、场所环境、通风、照明、安全设施等。做好作业技术准备状况的检查，有利于实际施工条件的落实，避免计划与实际脱节，承诺与行动相脱离，在准备工作不到位的情况下贸然施工。

作业技术准备状态的控制，应着重抓好以下环节的工作。

（1）质量控制点的概念

质量控制点是指为了保证作业过程质量而确定的重点控制对象、关键部位或薄弱环节。设置质量控制点是保证达到施工质量要求的必要前提，项目技术负责人或质量检查员在拟定质量控制工作计划时，应予以详细地考虑，并以制度来保证落实。对于质量控制点，一般要事先分析可能造成质量问题的原因，再针对原因制定对策和措施进行预控。

（2）质量控制点选择的一般原则

应当选择那些施工质量难度大的、对质量影响大的或者是发生质量问题时危害大的对象作为质量控制点。

1）施工过程中的关键工序或环节以及隐蔽工程，例如预应力结构的张拉工序，钢筋混凝土结构中的钢筋架立。

2）施工中的薄弱环节，或质量不稳定的工序、部位或对象，例如地下防水层施工。

3）对后续工程施工或对后续工序质量或安全有重大影响的工序、部位或对象，例如预应力结构中的预应力钢筋质量、模板的支撑与固定等。

4）采用新技术、新工艺、新材料的部位或环节。

5）施工尚无足够把握的、施工条件困难的或技术难度大的工序或环节，例如复杂曲线模板的放样等。

是否设置为质量控制点，主要是视其对质量特性影响的大小、危害程度以及其质量保证的难度而定。

（3）质量控制点重点控制的对象

1）人的行为。某些工序或操作重点应控制人的行为，避免人的失误造成质量问题。如对高空作业、水下作业、危险作业、易燃易爆作业、重型构件吊装或多机抬吊、动作复杂而快速运转的机械操作、精密度和操作要求高的工序、技术难度大的工序等，都应从人的生理缺陷、心理活动、技术能力、思想素质等方面对操作者全面进行考核。事前还必须反复交底，提醒注意事项，以免产生错误行为和违纪违章现象。

2）物的状态。在某些工序或操作中，则应以物的状态作为控制的重点。如加工精度与施工机具有关；计量不准确与计量设备、仪表有关；危险源与失稳、倾覆、腐蚀、毒气、振动、冲击、火花、爆炸等有关，也与立体交叉、多工种密集作业场所有关等。也就是说，根据不同工序的特点，有的应以控制机具设备为重点，有的应以防止失稳、倾覆、腐蚀等危险源为重点，有的则应以作业场所作为控制的重点。

3）材料的质量与性能。材料的质量和性能是直接影响工程质量的主要因素。尤其是某些工序，更应将材料的质量和特性作为控制的重点。如预应力筋加工，就要求钢筋匀质、弹性模量一致，含硫（S）量和含磷（P）量不能过大，以免产生热脆和冷脆；Ⅳ级钢筋可焊性差，易热脆，用作预应力筋时，应尽量避免对焊接头，焊后要进行通电热处理；又如，石油沥青卷材，只能用石油沥青冷底子油和石油沥青胶铺贴，不能用焦油沥青冷底子油和焦油沥青胶铺贴，否则，就会影响质量。

4）关键的操作。如预应力筋张拉，在张拉程序为 $0 \rightarrow 1.05\sigma_{con}$（持荷 2min）$\rightarrow \sigma$ 中，要进行超张拉和持荷 2min。超张拉的目的，是为了减少混凝土弹性压缩和徐变，减少钢筋的松弛、孔道摩阻力、锚具变形等原因所引起的应力损失；持荷 2min 的目的，是为了加速钢筋松弛的早发展，减少钢筋松弛的应力损失。在操作中，如果不进行超张拉和持荷 2min 就不能可靠地建立预应力值；若张拉应力控制不准，过大或过小，亦不可能可靠地建立预应力值，这均会严重影响预应力构件的质量。

5）施工技术参数。有些技术参数与质量密切相关，亦必须严格控制。如外加剂的掺量，混凝土的水灰比，沥青胶的耐热度，回填土、三合土的最佳含水量，灰缝的饱满度，防水混凝土的抗渗等级等，都直接影响强度、密实度、抗渗性和耐冻性，亦应作为工序质量控制点。

6）施工顺序。有些工序或操作，必须严格控制相互之间的先后顺序。如冷拉钢筋，一定要先对焊后冷拉，否则，就会失去冷强。屋架的固定，一定要采取对角同时施焊，以免焊接应力使已校正好的屋架发生倾斜。

7）技术间歇。有些作业之间需要有必要的技术间歇时间，例如砖墙砌筑后与抹灰工序之间，以及抹灰与粉刷或喷涂之间，均应保证有足够的间歇时间；混凝土浇筑后至拆模之间也应保持一定的间歇时间；混凝土大坝坝体分块浇筑时，相邻浇筑块之间也必须保持足够的间歇时间等。

8）新工艺、新技术、新材料的应用。如红黏土等特殊土地基的处理，以及大跨度结构、高耸结构等技术难度较大的施工环节和重要部位，更应特别控制。

9）产品质量。产品质量不稳定、不合格率较高及易发生质量通病的工序应把它们列为重点，并仔细分析、严格控制。例如防水层的铺设、供水管道接头的渗漏等。

10）易对工程质量产生重大影响的施工方法。例如，液压滑模施工中的支承杆失稳问题、升板法施工中提升差的控制等，都是一旦施工不当或控制不严，即可能引发重大质量事故的问题，应作为质量控制的重点。

11）特殊地基或特种结构。如大孔湿陷性黄土、膨胀土等特殊土地基的处理，大跨度和超高结构等难度大的施工环节和重要部位等都应予特别重视。

12）常见的质量通病。如渗水、渗漏、起壳、起砂、裂缝等，都与工序操作有关，均应事先研究对策，提出预防措施。

总之，质量控制点的选择要准确、有效。一方面需要由有经验的工程技术人员进行选择；另一方面也要集思广益，集中群体智慧，由有关人员充分讨论，在此基础上进行选择。选择时要根据对重要的质量特性进行重点控制的要求，选择质量控制的重点部位、重点工序和重点的质量因素作为质量控制点，进行重点控制和预控，这是进行质量控制的有效方法。

（4）质量预控对策的检查

所谓工程质量预控，就是针对所设置的质量控制点或分部、分项工程，事先分析施工中可能发生的质量问题和隐患，分析引发的原因，并提出相应的对策，采取有效的措施进行预先控制，以防在施工中发生质量问题。

质量预控及对策的表达方式主要有以下几种：

1）文字表达。列出可能产生的质量问题，以及拟定的质量预控措施。例如模板质量的预控，可能出现的质量问题：

① 轴线、标高偏差；

② 预留孔中心线位移、尺寸不准；

③ 模板刚度不够、支撑不牢或沉陷；

④ 模板断面、尺寸偏差；

⑤ 预埋件中心线位移。

质量预控措施：

① 绘制关键性轴线控制图，每层复查轴线标高一次，垂直度用经纬仪检查控制；

② 绘制预留、预埋图，在自检基础上进行抽查，看预留是否符合要求；

③ 回填土分层夯实，支撑下面应根据荷载大小进行地基验算、加设垫块；

④ 重要模板要经设计计算，保证有足够的强度和刚度；

⑤ 模板尺寸偏差按规范要求检查验收。

2）用表格形式表达。用简表形式分析其在施工中可能发生的主要质量问题和隐患，并针对各种可能发生的质量问题，提出相应的预控。例如混凝土灌注桩质量预控，见表 4-1。

混凝土灌注桩质量预控表　　　　　　　　　　　　　　　　表 4-1

可能发生的质量问题	质量预控措施
孔斜	督促承包单位在钻孔前对钻机认真整平
混凝土强度达不到要求	随时抽查原料质量；混凝土配合比经监理工程师审批确认；评定混凝土强度；按月向监理报送评定结果
缩颈、堵管	督促承包单位每桩测定混凝土坍落度 2 次，每 30～50cm 测定一次混凝土浇筑高度，随时处理
断桩	准备足够数量的混凝土供应机械（拌合机等），保证连续不断地灌注
钢筋笼上浮	掌握泥浆密度和灌注前做好钢筋笼固定

3）用解析图的形式表示。用解析图的形式表示质量预控及措施对策是用两份图表示。

① 工程质量预控图。在图中按分部工程的施工各阶段划分，即从准备工作至完工后质量验收与中间检查以及最后的资料整理；右侧列出各阶段所需进行的质量控制有关的技术工作，用框架的方式分别与工作阶段相连接；左侧列出各阶段所需进行的质量控制有关的管理工作要求。

② 质量控制对策图。该图分为两部分，一部分是列出某一分部分项工程中各种影响质量的因素；另一部分是列出对应于各种质量问题影响因素所采取的对策或措施。

2. 作业技术交底的控制

施工承包单位做好技术交底，是取得好的施工质量的条件之一。为此，每一分项工程开始实施前均要进行交底。作业技术交底是对施工组织设计或施工方案的具体化，是更细致、明确、更加具体的技术实施方案，是工序施工或分项工程施工的具体指导文件。为做好技术交底，项目经理部必须由主管技术人员编制技术交底书，并经项目总工程师批准。技术交底的内容包括施工方法、质量要求和验收标准，施工过程中需注意的问题，可能出现意外的措施及应急方案。技术交底要紧紧围绕和具体施工有关的操作者、机械设备、使用的材料、构配件、工艺、施工方法、施工环境、具体管理措施等方面进行，交底中要明确做什么、谁来做、如何做、作业标准和要求、什么时间完成等。

对于关键部位，或技术难度大、施工复杂的检验批，在分项工程施工前，承包单位的技术交底书（作业指导书）要报监理工程师审批。经监理工程师审查后，如技术交底书不能保证作业活动的质量要求，承包单位要进行修改补充。没有做好技术交底的工序或分项工程，不得进入正式实施。

3. 进场材料构配件的质量控制

（1）凡运到施工现场的原材料、半成品或构配件，进场前应向项目监理机构提交《工程材料/构配件/设备报审表》，同时附上产品出厂合格证及技术说明书，由施工承包单位按规定要求进行检验的检验或试验报告，经监理工程师审查并确认其质量合格后，方准进场。凡是没有产品出厂合格证明及检验不合格者，不得进场。

（2）进口材料的检查、验收，应会同国家商检部门进行。如在检验中发现质量问题或数量不符合规定要求时，应取得供货方及商检人员签署的商务记录，在规定的索赔期内进行索赔。

（3）材料构配件存放条件的控制。质量合格的材料、构配件进场后，到其使用或安装时通常都要经过一定的时间间隔。在此时间内，如果对材料等的存放、保管不当，可能导致质量状况的恶化、变质、损坏，甚至不能使用。例如：贮存期超过三个月的过期水泥或受潮、结块的水泥，重新检定其强度等级，并且不允许用于重要工程中。因此，监理工程师对承包单位在材料、半成品、构配件的存放、保管条件及时间方面也应实行监控。

对于材料、半成品、构配件等，应当根据它们的特点、特性以及对防潮、防晒、防锈、防腐蚀、通风、隔热和温度、湿度等方面的不同要求，安排适宜的存放条件，以保证其存放质量。例如，硝铵炸药的湿度达3％以上时极易结块、拒爆，因此存放时应做好防潮工作；某些化学原材料应当避光、防晒；某些金属材料及器材应防锈蚀等。

质量检查员须确保材料的存放、保管条件达到要求，对于按要求存放的材料，每隔一定时间（例如一个月）可检查一次，随时掌握它们的存放质量情况。经检查质量不符合要求者（例如水泥存放时间超过规定期限或受潮结块、强度等级降低），则不准使用，或降低等级使用。

（4）对于某些当地材料及现场配制的制品，要先进行试验，达到要求的标准方准施工。这是保证材料合格的主要措施之一。

4. 环境状态的控制

（1）施工作业环境的控制

所谓作业环境条件主要是指诸如水、电或动力供应、施工照明、安全防护设备、施工场地空间条件和通道以及交通运输和道路条件等。这些条件是否良好，直接影响到施工能否顺利进行，以及施工质量。

所以，质检员应事先检查施工作业环境条件方面的有关准备工作是否已到位；当确认其准备可靠、有效后，方准许其进行施工。

（2）施工质量管理环境的控制

施工质量管理环境主要是指：施工承包单位的质量管理体系和质量控制自检系统是否处于良好的状态；系统的组织结构、管理制度、检测制度、检测标准、人员配备等方面是否完善和明确；质量责任制是否落实；质检员应协助项目经理部做好施工质量管理环境的检查，并督促其落实，是保证作业效果的重要前提。

（3）现场自然环境条件的控制

质检员应检查施工现场自然环境条件，对于在未来的施工期间，自然环境条件可能会出现对施工作业质量有不利影响时，是否事先已有充分的认识并已做好充足的准备和采取了有效措施与对策，以保证工程质量。

5. 进场施工机械设备性能及工作状态的控制

保证施工现场作业机械设备的技术性能及工作状态，对施工质量有重要的影响。质检员要做好现场检查控制工作。

（1）施工机械设备的进场检查

机械设备进场前，施工单位要按照开工报告的计划，确定现场进场机械设备的型号、规格、数量、技术性能（技术参数）、设备状况、进场时间。机械设备进场后，质检员要根据设备的进场清单，进行现场核对，是否和计划相符。

（2）机械设备工作状态的检查

质检员应审查作业机械的使用、保养记录，检查其工作状况；重要的工程机械，如大马力推土机、大型凿岩设备、路基碾压设备等，应在现场实际复验（如开动、行走等），以保证投入作业的机械设备状态良好。

质检员还应了解施工作业中机械设备的工作状况，防止带病运行。如发现问题，应责令机械班组长及时修理，以保持良好的作业状态。

（3）特殊设备安全运行的审核

对于现场使用的塔吊及有特殊安全要求的设备，进入现场后在使用前，必须经当地劳动安全部门鉴定，符合要求并办好相关手续后方可投入使用。

6. 施工测量及计量器具性能、精度的控制

（1）试验设备

工程项目中，施工承包单位应建立自己的试验室。如确因条件限制，不能建立试验室，则应委托具有相应资质的专门试验室作为试验室。

如是新建的试验室，应按国家有关规定，经计量主管部门进行认证，取得相应资质；如是本单位中心试验室的分支部分，则应有中心试验室的正式委托书。

（2）工地测量仪器的检查

施工测量开始前，施工承包单位应向项目监理机构提交测量仪器的型号、技术指标、

精度等级、法定计量部门的标定证明、测量工的上岗证明，监理工程师审核确认后，方可进行正式测量作业。在作业过程中监理工程师也应经常检查了解计量仪器、测量设备的性能、精度状况，使其处于良好的状态之中。

7. 施工现场劳动组织及作业人员上岗资格的控制

劳动组织涉及从事作业活动的操作者及管理者，以及相应的各种管理制度。

（1）操作人员到位：从事作业活动的操作者数量必须满足作业活动的需要，经过培训并具有相应的上岗资格证，相应工程配置能保证作业有序持续进行，不能因人员数量及工种配置不合理而造成停顿。

（2）管理人员到位：作业活动的直接负责人（包括技术负责人），专职质检人员，安全员，与作业活动有关的测量人员、材料员、试验员必须在岗，并须具备相应的执业资格。

（3）相关制度健全：如管理层及作业层各类人员的岗位职责；作业活动现场的安全、消防规定；作业活动中环保规定；试验室及现场试验检测的有关规定；紧急情况的应急处理规定等。同时要有相应措施及手段以保证制度、规定的落实执行。

8. 作业技术活动运行过程的控制

工程施工质量是在施工过程中形成的，而不是最后检验出来的；施工过程是由一系列相互联系与制约的作业活动所构成，因此，保证作业活动的效果与质量是施工过程质量控制的基础。

（1）施工单位自检与专检工作

1）施工单位的自检系统

施工单位是施工质量的直接实施者和责任者。在施工过程中，质检员应根据已建立的质量自检体系，并确保其有效运转。

施工单位的自检体系表现在以下几点：

① 作业活动的作业者在作业结束后必须自检；

② 施工单位专职质检员的专检；

③ 不同工序交接、转换必须由相关人员交接检查。

为实现上述三点，施工单位必须有整套的制度及工作程序；具有相应的试验设备及检测仪器，配备数量满足需要的专职质检人员及试验检测人员。

2）监理工程师的检查

监理工程师的质量检查与验收，是对承包单位作业活动质量的复核与确认；监理工程师的检查决不能代替承包单位的自检，而且，监理工程师的检查必须是在承包单位自检并确认合格的基础上进行的。专职质检员没检查或检查不合格不得报监理工程师。

（2）测量复核工作

凡涉及施工作业技术活动基准和依据的技术工作，都应该严格进行专人负责的复核性检查，以避免基准失误给整个工程质量带来难以补救的或全局性的危害。专职质检员应把技术复核工作的质量引入控制计划中，并看作是一项经常性工作任务，贯穿于整个施工过程中。

常见的施工测量复核如下。

1) 民用建筑的测量复核：建筑物定位测量、基础施工测量、墙体皮数杆检测、楼层轴线检测、楼层间高层传递检测等。

2) 工业建筑测量复核：厂房控制网测量、桩基施工测量、柱模轴线与高程检测、厂房结构安装定位检测、动力设备基础与预埋螺栓检测。

3) 高层建筑测量复核：建筑场地控制测量、基础以上的平面与高程控制、建筑物垂直度检测、建筑物施工过程中沉降变形观测等。

4) 管线工程测量复核：管网或输配电线路定位测量、地下管线施工检测、架空管线施工检测、多管线交汇点高程检测等。

（3）做好见证取样送检工作

见证是指由监理工程师现场监督承包单位某工序全过程完成情况的活动。见证取样则是指对工程项目使用的材料、半成品、构配件的现场取样、工序活动效果的检查实施见证。

为确保工程质量，在房屋建筑工程项目中，对工程材料、承重结构的混凝土试块、承重墙体的砂浆试块、结构工程的受力钢筋（包括接头）实行见证取样。

施工单位在对进场材料、试块、试件、钢筋接头等实施见证取样前，要通知负责见证取样的监理工程师，在该监理工程师现场监督下，承包单位按相关规范的要求，完成材料、试块、试件等的取样过程。施工单位从事取样的人员一般应是试验室人员，或专职质检人员担任。

见证取样的频率，国家或地方主管部门有规定的，执行相关规定；施工承包合同中如有明确规定的，执行施工承包合同的规定。见证取样的频率和数量，包括在承包单位自检范围内，一般所占比例为30％。

（4）工程变更

施工过程中，由于前期勘察设计的原因，或由于外界自然条件的变化，未探明的地下障碍物、管线、文物、地质条件不符等，以及施工工艺方面的限制、建设单位的改变，均会涉及工种变更。做好工种变更的控制工作，也是作业过程质量控制的一项重要内容。

在施工过程中承包单位提出的工程变更要求可能是：①要求作某些技术修改；②要求作设计变更。

1) 对技术修改要求的处理。所谓技术修改，这里是指承包单位根据施工现场具体条件和自身的技术、经验和施工设备等条件，在不改变原设计图纸和技术文件的原则前提下，提出的对设计图纸和技术文件的某些技术上的修改要求。例如，对某种规格的钢筋采用替代规格的钢筋、对基坑开挖边坡的修改等。

承包单位提出技术修改的要求时，应向项目监理机构提交《工程变更单》，在该表中应说明要求修改的内容及原因或理由，并附图和有关文件。

技术修改问题一般可以由专业监理工程师组织承包单位和现场设计代表参加，经各方同意后签字并形成纪要，作为工程变更单附件，经总监理工程师批准后实施。

2) 工程变更的要求。这种变更是指施工期间，对于设计单位在设计图纸和设计文件中所表达的设计标准状态的改变和修改。

首先，承包单位应就要求变更的问题填写《工程变更单》，送交项目监理机构。总监理工程师根据承包单位的申请，经与设计、建设、承包单位研究并做出变更的决定后，签发《工程变更单》，并应附有设计单位提出的变更设计图纸。承包单位签收后按变更后的图纸施工。

总监理工程师在签发《工程变更单》之前，应就工程变更引起的工期改变及费用的增减分别与建设单位和承包单位进行协商，力求达成双方均能同意的结果。

这种变更，一般均会涉及设计单位重新出图的问题。如果变更涉及结构主体及安全，该工程变更还要按有关规定报送施工图原审查单位进行审批，否则变更不能实施。

（5）计量工作质量

计量是施工作业过程的基础工作之一，计量作业效果对施工质量有重大影响。专职质检员对计量工作的质量控制包括以下内容：

1）施工过程中使用的计量仪器、检测设备、称重衡器的质量控制。

2）从事计量作业人员须具备相应的技术水平，尤其是现场从事施工测量的测量工和从事试验、检验的试验工。

3）现场计量操作的质量控制。作业者的实际作业质量直接影响到作业效果，计量作业现场的质量控制主要是检查其操作方法是否得当。如对仪器的使用，数据的判读，数据的处理和整理方法，以及对原始数据的检查。如检查测量司镜手的测量手簿，检查试验的原始数据，检查现场检测的原始记录等。在抽样检测中，现场检测取点。检测仪器的布置是否正确、合理；检测部位是否有代表性，能否反映真实的质量状况，也是控制的内容。

（6）质量记录资料

质量资料是施工承包单位进行工程施工或安装期间，实施质量控制活动的记录，还包括监理工程师对这些质量控制活动的意见及施工承包单位对这些意见的答复，他详细地记录了工程施工阶段质量控制活动的全过程。因此，它不仅在工程施工期间对工程质量的控制有重要作用，而且在工程竣工和投入运行后，对于查询和了解工程建设的质量情况以及工程维修和管理也能提供大量有用的资料和信息。

质量记录资料包括以下3方面内容：

1）施工现场质量管理检查记录资料

主要包括施工现场质量管理制度，质量责任制；主要专业工种操作上岗证书；分包单位资质及总包单位的管理制度；施工图审查核对资料（记录），地质勘查资料；施工组织设计、施工方案及审批记录；施工技术标准；工程质量检验制度；混凝土搅拌站（级配填料拌合站）及计量设置；现场材料、设备存放与管理等。

2）工程材料质量记录

主要包括进场工程材料、半成品、构配件、设备的质量证明资料；各种试验检验报告（如力学性能试验、化学成分试验、材料级配试验等）；各种合格证；设备进场维修记录或设备进场运行检验记录。

3）施工过程作业活动质量记录资料

施工或安装过程可按分项、分部、单位工程建立相应的质量记录资料。在相应质量记录资料中应包含有关图纸的图号、设计要求；质量自检资料；监理工程师验收资料；各工序作业的原始施工记录；检测及试验报告；材料、设备质量资料的编号、存放档案卷号；此外，质量记录资料还应包括不合格项的报告、通知以及处理和检查验收资料等。

质量记录资料应在工程施工或安装开始前，由监理工程师和承包单位一起，根据建设单位的要求及工程竣工验收资料组卷归档的有关规定，研究列出各施工对象的质量资料清单。以后，随着工程施工的进展，承包单位应不断补充和填写关于材料、构配件及施工作业活动的有关内容，记录新的情况。当每一阶段（如检验批、一个分项或分部工程）施工或安装完成后，相应的质量记录资料也应随之完成，并整理组卷。

施工质量记录资料应真实、齐全、完整，相关各方人员的签字齐备、字迹清楚、结论明确，与施工过程的进展同步。

（五）分项工程质量控制措施

一个单位工程是由很多分项工程组合而成的，分项工程质量好坏将直接影响单位工程质量的等级。

1. 土方工程质量控制

土方工程是地基与基础分部工程的子分部工程。对于无支护的土方工程可以划分为土方开挖和土方回填两个分项工程。

土方开挖工程就是按照设计文件和工程地质条件等编制土方施工方案，按方案要求将场地开挖到设计标高，为地基与基础处理施工创造工作面。待地基与基础分部施工完毕并验收合格后，就可以将基坑回填到设计标高即土方回填工程。

（1）土方开挖工程质量控制

1）土方开挖工程的施工质量控制点

① 基底标高；

② 开挖尺寸；

③ 基坑边坡；

④ 表面平整度；

⑤ 基底土质。

2）土方开挖工程质量控制措施

① 土方工程施工前的质量控制措施有以下几个方面的内容：

a. 施工前，应调查施工现场及其周围环境，应对施工区域内的工程地质，地下水位，地上及地下各种管线、文物、建（构）筑物以及周边取（弃）土等情况进行调查。

b. 根据建设工程的特点和要求结合建筑施工企业的具体情况，编制土方开挖方案。基坑（槽）开挖深度超过5m（含5m）时还应单独制定土方开挖安全专项施工方案（凡深度超过5m的基坑或深度未超过5m，但地质情况和周围环境较复杂的基坑，开挖前须经过专家论证后方可施工）。应对参与施工的人员逐级进行书面的安全与技术交底，并应按规定履行签字手续。

c. 土方开挖施工时，应按建筑施工图和测量控制网进行测量放线，开挖前应按设计平面图，认真检查建筑物或构筑物的定位桩或轴线控制桩；按基础平面图和放坡宽度，对基坑的灰线进行轴线和几何尺寸的复核，做好工程定位测量记录、基槽验线记录。

d. 在挖方前，应视天气及地下水位情况，做好地面排水和降低地下水位的工作。平整场地的表面坡度应符合设计要求。

② 土方开挖过程中的质量控制措施有以下几个方面的内容:

a. 土方开挖时应遵循"分层开挖,严禁超挖"的原则,检查开挖的顺序、平面位置、水平标高和边坡坡度。

b. 土方开挖时,要注意保护标准定位桩、轴线桩、标准高程桩。要防止邻近建筑物的下沉,应预先采取防护措施,并在施工过程中进行沉降和位移观测。

c. 如果采用机械开挖,要配合一定程度的人工清土,将机械挖不到的地方的弃土运到机械作业的半径内,由机械运走。机械开挖到接近槽底时,用水准仪控制标高,预留20～30cm土层进行人工开挖,以防止超挖。

d. 测量和校核开挖过程中,应经常测量和校核土方的平面位置、水平标高、边坡坡度,并随时观测周围的环境变化,对地面排水和降低地下水位的工作情况进行检查和监控。

e. 雨期、冬期施工的注意事项。雨期施工时,要加强对边坡的保护,可适当放缓边坡或设置支护,同时在坑外侧围挡土堤或开挖水沟,防止地面水流入。冬期施工时,要防止地基受冻。

f. 基坑(槽)挖深要注意减少对基土的扰动。若基础不能及时施工时,可预留20～30cm土层不挖,待作基础时再挖。

(2) 土方回填工程质量控制

1) 土方回填工程的施工质量控制点

① 标高;

② 压实度;

③ 回填土料;

④ 表面平整度。

2) 土方回填工程质量控制措施

① 填料质量控制包括以下两方面:

a. 回填土料应符合设计要求,土料宜采用就地挖出的黏性土及塑性指数大于4的粉土,土内不得含有松软杂质和冻土,不得使用耕植土;土料使用前应过筛,其颗粒不应大于15mm。回填土含水率应符合压实要求,若土含水量偏高,要进行翻晒处理或掺入生石灰等;若土含水量偏低,可适当洒水湿润。

b. 碎石类土、砂土和爆破石渣可用于表层以下的填料,其最大颗粒不大于50mm。

② 施工过程质量控制应注意以下方面:

a. 土方回填前应清除基底的垃圾、树根等杂物,基地有积水、淤泥时应将其抽除。例如,在松土上填方,应在基底压(夯)实后再进行。

b. 填土前应检验土料含水率,土料含水率一般以"手握成团,落地开花"为宜。

c. 土方回填过程中,填筑厚度及压实遍数应根据土质、压实系数及所用机具确定。如果无试验依据,应符合相应规定,见表4-2。

d. 基坑(槽)回填应在相对两侧或四周同时、对称进行回填和夯实。

e. 回填管沟应通过人工作业方式先将管子周围的填土回填夯实,并应从管道两边同时进行,直到管顶0.5m以上。此时,在不损坏管道的前提下,方可用机械填土回填夯实。管道下方若夯填不实,易造成管道受力不均而使其折断、渗漏。

f. 冬期和雨期施工要制定相应的专项施工方案，防止基坑灌水、塌方及基土受冻。

填土施工时的分层厚度及压实遍数 表 4-2

压实机具设备	分层厚度（mm）	每层压实遍数
平碾	250～300	6～8
振动压实机	250～350	3～4
柴油打夯机	200～250	3～4
人工打夯	<200	3～4

2. 地基及基础处理质量控制

（1）灰土、砂及砂石地基质量控制

1）灰土、砂及砂石地基的施工质量控制点

① 地基承载力；

② 配合比；

③ 压实系数；

④ 石灰、土颗粒粒径。

2）灰土、砂及砂石地基的质量控制措施

① 原材料质量控制

土料优先采用就地挖出的黏土及塑性指数大于 4 的粉土。土内不得含有块状黏土、松软杂质等；土料应过筛，其颗粒不应大于 15mm，含水量应控制在最优含水量的 ±2％ 范围内。严禁采用冻土、膨胀土和盐渍土等活动性较强的土料及地表耕植土。

石灰应用Ⅲ级以上新鲜的块灰，氧化钙、氧化镁含量越高越好，使用前 1～2d 消解并过筛，其颗粒不得大于 5mm，且不应夹有未熟化的生石灰块及其他杂质，也不得含有过多水分，达到松散而滑腻（粉粒细，不应呈膏状）的要求。质量符合《建筑生石灰》JC/T 479—2013 的规定。

采用生石灰粉代替熟化石灰时，在使用前，应按体积比例，预先与黏土拌合洒水堆放 8h 后方可铺设。生石灰粉质量应符合《建筑生石灰》JC/T 479—2013 的规定，生石灰粉进场时应有生产厂家的产品质量证明书。

灰土石灰、土过筛后，应按设计要求严格控制配合比。灰土拌合应均匀一致，至少应翻 2～3 次，达到颜色一致。

碎石宜选用自然级配的砂砾石（或碎石、卵石）混合物，粒径不应大于 50mm，砂砾石含量应在 50％ 以内，不含植物残体、垃圾等杂质。砂砾石的含泥量应小于 5％。

砂宜选用颗粒级配良好、质地坚硬的中砂、粗砂、砾砂或石屑，粒径小于 2mm 的部分不应超过总重的 45％，当使用粉细砂或石粉（粒径小于 0.075mm 的部分不超过总重的 9％）时，应掺入占总重 25％～35％ 的碎石或卵石。砂的含泥量应小于 5％，兼作排水垫层时，含泥量不超过 3％；石屑应经筛分分类，含粉量不得大于 10％，含泥量应小于 5％。

② 灰土及砂石地基施工前，应按规定对原材料进行进场取样检验，土料、石灰、砂、石等原材料质量、配合比应符合设计要求。

③ 冬期施工时，砂石材料中不得夹有冰块，并应采取措施防止砂石内水分冻结。

④ 施工前应检查灰土以及砂、石拌合均匀程度。

⑤ 铺设前应先验槽，将基底表面浮土、淤泥、杂物等清理干净，地基槽底如果有孔洞、沟、井、墓穴等，应先填实，确认基底无积水。槽应有一定坡度，防止振捣时塌方。

⑥ 灰土配合比应符合设计规定，一般采用石灰与土的体积比 3：7 或 2：8。

⑦ 灰土或砂石各层摊铺后用木耙子或拉线找平，并按对应标高控制桩进行厚度检查。

⑧ 施工过程中应严格控制分层铺设的厚度，并检查分段施工时，上下两层的搭接长度、夯压遍数、压实参数。

⑨ 灰土地基分段施工时，不得在墙角、柱基及承重墙下接缝，上下两层的接缝间距不得小于 500mm，接缝处应夯密压实，并做成直槎。当地基高度不同时，应做成阶梯形，每阶宽不少于 500mm。

⑩ 砂石地基分段施工时，接缝处应做成阶梯形，梯边留斜坡，上下两层的接缝间距不得小于 500mm，接缝处应夯密压实。

⑪ 灰土基层有高低差时，台阶上下层间压槎宽度应不小于灰土地基厚度。

⑫ 灰土最优含水量可通过击实试验确定。一般为 14%～18%，以"手握成团、落地开花"为好。

⑬ 用蛙式打夯机夯打灰土时，要求是后行压前行的半行，循序渐进。用压路机碾压灰土，应使后遍轮压前遍轮印的半轮，循序渐进。

⑭ 灰土回填每层夯（压）实后，应根据规范进行环刀取样，测出灰土的质量密度，达到设计要求时，才能进行第二层灰土的铺摊。

⑮ 每铺好一层垫层，经检验合格后方可进行第二层施工。

⑯ 垫层铺设完毕，应立即进行下道工序的施工，严禁人员及车辆在砂石层面上行走，必要时应在垫层上铺板行走。

（2）水泥土搅拌桩地基质量控制

1）水泥土搅拌桩地基的施工质量控制点

① 水泥及外加剂质量；

② 水泥用量；

③ 桩体强度；

④ 地基承载力；

⑤ 桩底标高、桩径、桩位。

2）水泥土搅拌桩地基的质量控制措施

水泥土搅拌桩地基是利用水泥作为固体剂，通过搅拌机械将其与地基土强制搅拌，硬化后与桩间土和褥垫层构成的复合地基，桩是主要的施工和检验对象。

① 原材料质量控制

水泥宜采用 42.5 级的普通硅酸盐水泥。水泥进场时，应检查产品标签、生产厂家、产品批号、生产日期等，并按批量、批号取样送检。出厂日期不得超过三个月。外掺剂所采用外加剂须具备合格证与质保单，满足设计的各项参数要求。

② 施工过程质量控制

a. 施工前应检查水泥及外掺剂的质量、桩位，搅拌机的工作性能及各种计量设备的完好程度（主要是水泥浆流量计及其他计量装置）。

b. 施工现场事先应予以平整,必须清除地上、地下一切障碍物。

c. 复核测量放线结果。

d. 水泥土搅拌桩工程施工前必须先施打试桩,根据试桩确定施工工艺。

e. 作为承重的水泥土搅拌桩施工时,设计停灰(浆)面应高出基础设计地面标高300～500mm(基础埋深大取小值,反之取大值)。在开挖基坑时,施工质量较差段应用手工挖除,防止发生桩顶与挖土机械碰撞出现断桩现象。

f. 水泥土搅拌桩对水泥用量要求较高,必须在施工机械上配置流量控制仪表,以保证水泥用量。

g. 施工过程中必须随时检查施工记录和计量记录(拌浆、输浆、搅拌等应有专人记录,记录误差不大于100mm,时间记录不大于5s),并对照规定的施工工艺对每根桩进行质量评定。检查重点是搅拌机头转数和提升速度、水泥或水泥浆用量、搅拌桩长度和标高、复搅转数和复搅深度、停浆处理方法等(水泥土搅拌桩施工过程中,为确保搅拌充分,桩体质量均匀,搅拌机头提速不宜过快,否则会使搅拌桩体局部水泥量不足或水泥不能均匀地拌合在土中,导致桩体强度不一,因此机头的提升速度是有规定的)。

h. 应随时检测搅拌刀头片的直径是否磨损,磨损严重时应及时加焊,防止桩径偏小。

i. 施工时因故停浆,应将搅拌头下沉至停浆点500mm以下。

j. 施工结束后,应检查桩体强度、桩体直径及地基承载力。进行强度检验时,对承重水泥土搅拌桩应取90d后的试样;对支护水泥土搅拌桩应取28d后的试样。

k. 强度检验取90d的试样是根据水泥土特性而定的,根据工程需要,如作为围护结构用的水泥搅拌桩受施工的影响因素较多,故检查数量略多于一般桩基。

l. 施工中固化剂应严格按预定的配合比拌制,并应有防离析措施,起吊应保证起吊设备的平整度和导向架的垂直度,成桩要控制搅拌机的提升速度和次数,使其连续均匀,以控制注浆量,保证搅拌均匀,同时泵送必须连续。

m. 搅拌机预搅下沉时,不宜冲水;当遇到较硬土层下沉太慢时,可适量冲水,但应考虑冲水成桩对桩身强度的影响。

(3) 水泥粉煤灰碎石桩复合地基质量控制

1) 水泥粉煤灰碎石桩复合地基的施工质量控制点

① 桩径;

② 原材料;

③ 桩身强度;

④ 地基承载力;

⑤ 桩体完整性、桩长、桩位。

2) 水泥粉煤灰碎石桩复合地基的质量控制措施

水泥粉煤灰碎石桩(CFG桩)是用长螺旋钻机钻孔或沉管桩机成孔后,将水泥、粉煤灰及碎石混合搅拌后,经泵压或经下料斗投入孔内,构成密实的桩体。水泥粉煤灰碎石桩是由桩间土、褥垫层构成的一种复合地基。

① 原材料质量控制

水泥应选用42.5级及以上普通硅酸盐水泥,材料进场时,应检查产品标签、生产厂家、产品批号、生产日期、有效期限等,并取样送检,检验合格后方能使用。

若用振动沉管灌注成桩和长螺旋钻孔灌注成桩施工时，粉煤灰可选用粗灰；当用长螺旋钻孔管内泵压混合料灌注成桩时，为增加混合料的和易性和可塑性，宜选用细度不大于45％的Ⅲ级或Ⅲ级以上等级的粉煤灰（0.045mm方孔筛筛余百分比）。

中、粗砂粒径 0.5～1mm 为宜，石屑粒径 2.5～10mm 为宜，含泥量不大于 5％。碎石质地坚硬，粒径不大于 20～50mm，含泥量不大于 5％，且不得含泥块。

② 施工过程质量控制

a. 施工前应对水泥、粉煤灰、砂及碎石等原材料进行检验。

b. 桩机就位必须平整、稳固。待桩机就位后，调整沉管与地面垂直，确保垂直度偏差不大于 1.5％。

c. 水泥、粉煤灰、砂及碎石等原材料应符合设计要求，施工时按试验室提供的配合比配置混合料（采用商品混凝土时，应有符合设计要求的商品混凝土出厂合格证）。施工时要严格控制混合料或商品混凝土的坍落度，长螺旋钻孔，管内压混合料成桩施工的混合料坍落度宜为 160～200mm，振动沉管桩所需的混合料坍落度宜为 30～50mm。

d. 施工前应进行成桩工艺和成桩质量试验，确定工艺参数，包括水泥粉煤灰碎石混合物的填充量、钻杆提管速度、电动机工作电流等。

e. 在施工过程中必须随时检查施工记录和计量记录，并对照规定的施工工艺对每根桩进行质量评定。检查重点是桩身混合物的配合比、坍落度和提拔钻杆速度（或提拔套管速度）、成孔深度、混合物灌入量等。

f. 提拔钻杆（或套管）的速度必须与泵入混合物的速度相配，遇到饱和砂土和饱和粉土不得停机待料，否则容易产生缩颈或断桩或爆管现象（长螺旋钻孔，管内压混合物成桩施工时，当混凝土泵停止泵灰后，应降低拔管速度），而且不同土层中提拔的速度不一样，砂性土、砂质黏土、黏土中提拔的速度为 1.2～1.5m/min；在淤泥质土中应当放慢。桩顶标高应高出设计标高 0.5m。由沉管方法成孔后时，应注意新施工桩对已成桩的影响，避免挤桩。

g. 长螺旋钻孔，管内压混合物成桩施工时，桩顶标高应低于钻机工作面标高，以避免在机械清理停机面的余土时碰撞桩头造成断桩。

h. 成桩过程中，应按规定留置试块。

i. 施工结束后，应对桩顶标高、桩位、桩体质量、地基承载力以及褥垫层的质量做检查。复合地基检验应在桩体强度符合试验荷载条件时进行，一般宜在施工结束后 2～4 周后进行。

3. 桩基工程质量控制

桩基是一种深基础，桩基一般由设置于土中的桩和承接上部结构的承台组成。桩基工程是地基与基础分部工程的子分部工程。根据类型不同，桩基工程可以分为静力压桩、预应力离心管桩、钢筋混凝土预制桩、钢桩、混凝土灌注桩等分项工程。

（1）钢筋混凝土预制桩质量控制

1）预制桩工程质量控制施工质量控制点

① 桩体质量；

② 桩位偏差；

③ 承载力；

④ 桩顶标高；

⑤ 停锤标准。

2）钢筋混凝土预制桩的质量控制措施

① 原材料质量控制

粗骨料应采用质地坚硬的卵石、碎石，其粒径宜用 5～40mm 连续级配，含泥量不大于 2%，无垃圾及杂物。细骨料应选用质地坚硬的中砂，含泥量不大于 3%，无有机物、垃圾、泥块等杂物。

水泥宜用强度等级为 42.5 的硅酸盐水泥或普通硅酸盐水泥，使用前必须有出厂质量证明书和水泥现场取样复试试验报告，合格后方准使用。

钢筋应具有出厂质量证明书和钢筋现场取样复试试验报告，合格后方准使用。

混凝土配合比用现场材料，按设计要求强度和经试验室试配后出具的混凝土配合比进行配合。

② 成品桩质量要求

成品桩检查采用工厂生产的成品桩时，桩进场后应进行外观及尺寸检查，要有产品合格证书，成品桩在运输过程中容易碰坏，为此，桩进场后应进行外观及尺寸检查。

③ 施工过程质量控制

a. 做好桩定位放线检查复核工作，施工过程中应对每根桩位复测，桩位的放样允许偏差为群桩 20mm，单排桩 10mm。

b. 认真编制和审查钢筋混凝土预制桩的专项施工方案，施工时应认真逐级进行施工技术和安全技术交底。

c. 压桩用压力表必须标定合格方能使用，压桩时的压力数值是判断桩基承载力的依据，也是指导压桩施工的一项重要参数。

d. 压桩施工前，应先施打工艺桩，以确定打桩工艺（在施工中选择合适的顺序及打桩速率，特别注意检查当桩距小于 4d 或桩的规格不同时的沉桩顺序）。布桩密集的基础工程应有必要的措施来减少沉桩的挤土影响。

e. 打桩时，对于桩尖进入坚硬土层的端承桩，以控制贯入度为主，桩尖进入持力层深度或桩尖标高为参考；桩尖位于软土层中的摩擦型桩，应以控制桩尖设计标高为主，贯入度可作为参考。

f. 打桩时，采用重锤低速击桩和进行软桩垫施工，以减少锤击应力。打桩时，在已有建、构筑物群中、地下管线和交通道路边施工时，应采取防止造成损坏的措施。

g. 静力压桩法施工前，应了解施工现场土层土质情况，检查装机设备，以免压桩时中途中断，造成土层固结，使压桩困难。压桩过程如必须停歇时，应停在软土层中，以使压桩启动阻力不至于过大。

h. 静力压桩，当压桩至接近设计标高时，不可过早停压，应使压桩一次成功，以免造成压不下或超压现象。

i. 在施工过程中必须随时检查施工记录，并对照规定的施工工艺对每根桩进行质量检查。检查重点是压力值、接桩间歇时间、桩体垂直度、沉桩情况、桩顶完整状况、接桩质量等。电焊接桩，重要工程应做 10% 的焊缝探伤检查。

j. 硫磺胶泥接桩时宜选用半成品硫磺胶泥，检查浇筑温度在 140～150℃ 范围内。

k. 施工机组要在打桩施工记录中详细记录沉桩情况、桩顶完整状况。

l. 接桩时，由于电焊质量较差，从而使接头在锤击过程中易断开，尤其当接头对接的两端面不平整时，电焊更不容易保证质量。因此，对重要工程做 X 光拍片检查是完全必要的。

m. 要保证桩体垂直度，就要认真检查桩机就位的情况，保证桩架稳定垂直。在现场应安装测量设备（经纬仪和水准仪），随时观测沉桩的垂直度。

n. 施工结束后，应检验承载力及桩体质量。

（2）钢筋混凝土灌注桩质量控制与检验

1）灌注桩质量控制点

① 桩位；

② 孔深；

③ 桩体质量；

④ 混凝土强度；

⑤ 承载力。

2）筋混凝土灌注桩的质量控制措施

① 灌注桩的原材料质量控制包括以下几方面：

粗骨料应采用质地坚硬的卵石、碎石，其粒径宜用 5～40mm 连续级配，含泥量不大于 2%，无垃圾及杂物。细骨料应选用质地坚硬的中砂，含泥量不大于 3%，无有机物、垃圾、泥块等杂物。

水泥宜用强度等级为 32.5、42.5 的硅酸盐水泥或普通硅酸盐水泥，使用前必须有出厂质量证明书和水泥现场取样复试试验报告，合格后方准使用。

钢筋及钢筋骨架预制桩钢筋应具有出厂质量证明书和钢筋现场取样复试试验报告，合格后方准使用。混凝土配合比用现场材料，按设计要求强度和经试验室试配后出具的混凝土配合比进行配合。

② 施工过程质量控制

a. 施工前，施工单位应根据工程具体情况编制专项施工方案；每道工序开始前，应逐级做好安全技术和施工技术交底，并认真履行签字手续。

b. 施工前，应先做好灌注桩定位和测量放线工作，施工过程中应对每根桩位复查（特别是定位桩的位置），以确保桩位。

c. 桩施工前，应进行"试成孔"检查。一般试孔桩的数量每个场地不少于 2 个。通过试成孔检查核对地质资料、施工参数及设备运转情况是否符合工程实际，否则应进行相应的调整。试孔结束后应检查孔径、垂直度、孔壁稳定性、沉渣厚度等是否符合要求。

d. 泥浆护壁成孔桩的成孔过程要检查钻机就位的垂直度和平面位置，开钻前应对钻头直径和钻具（钻杆）长度进行测量，并记录备查，检查护壁泥浆的密度及成孔后沉渣的厚度。此外，沉渣厚度应在钢筋笼放入后，混凝土浇筑前测定。成孔结束后，放钢筋笼、混凝土导管都会造成土体跌落，增加沉渣厚度，因此，沉渣厚度应是二次清孔后的结果。

e. 孔壁坍塌控制。孔壁坍塌一般是因预先未料到的复杂的不良地质情况、钢护筒未按规定埋设、泥浆黏度不够、护壁效果不佳、孔口周围排水不良或下钢筋笼及升降机具时碰撞孔壁等因素造成的，易造成埋、卡钻事故，应高度重视并采取相应措施予以解决。

77

f. 放置钢筋笼。钢筋笼宜分段制作，连接时，按照50％的钢筋接头错开焊接，对钢筋笼立焊的质量要特别加强检查控制，确保钢筋接头质量。钢筋笼入孔时，应保持垂直状态，对准孔位徐徐轻放，严禁强制性下放钢筋笼，造成钢筋笼变形，孔壁塌孔。钢筋笼就位后，还应将钢筋笼上端焊固在护筒上，可减缓混凝土上升时的顶托力，防止其上浮。

g. 扩径和缩径控制。扩径、缩径都是由于成孔直径不规则出现扩孔或缩孔及其他不良地质现象引起的，扩孔一般是由钻头振动过大、偏位或孔壁坍塌造成的，缩孔是由于钻头磨损过大、焊接不及时或地层中有遇水膨胀的软土、黏土泥岩造成的。为避免扩径的出现，施工人员应检查钻机是否固定、平稳，要求减压钻进，防止钻头摆动或偏位，在成孔过程中还应要求徐徐钻进，以便形成良好的孔壁，要始终保持适当的泥浆密度和足够的孔内水位，确保孔内泥浆对孔壁有足够的压力，成孔尤其是清孔后应督促施工单位尽快灌注水下混凝土，尽可能减少孔壁在小密度泥浆中的浸泡时间；为避免缩径的出现，钻孔前施工人员应详细了解地质资料，判别有无遇水膨胀等不良地质条件的土层，如果有，则应采用失水率适当的优质泥浆进行护壁，经常对钻头的直径进行校正等措施。

h. 导管埋深控制。导管底端在混凝土面以下的深度是否合理关系到成桩质量，必须予以严格控制。施工人员在开始浇筑时，料斗必须储足一次下料能保证导管埋入混凝土达1.0m以上的混凝土初灌量，以免因导管下口未被埋入混凝土内造成管内返浆现象，导致冲孔失败；在浇筑过程中，要经常探测混凝土面实际标高、计算混凝土面上升高度、导管下口与混凝土面相对位置，及时拆卸导管，保持导管合理埋深，严禁将导管拔出混凝土面，导管埋深一般应控制在1～6m，过大或过小都会在不同外界条件下出现不同形式的质量问题，直接影响桩的质量。

i. 混凝土坍落度控制。混凝土的坍落度对成桩质量有直接影响，甚至会导致堵管事件的发生，混凝土坍落度一般应控制在18～22cm。

4. 地下防水工程质量控制

地下防水工程是地基与基础分部工程的子分部工程。根据地下防水工程类型的不同，地下防水工程可以划分防水混凝土、水泥砂浆防水层、卷材防水层、涂料防水层、细部构造等分项工程。

(1) 防水混凝土工程质量控制

1) 防水混凝土工程施工质量控制点

① 原材料、配合比、坍落度；

② 抗压强度和抗渗能力；

③ 变形缝、施工缝、后浇带、预埋件等设置和构造。

2) 防水混凝土工程施工质量控制措施

① 防水混凝土工程的原材料质量控制包括以下方面：

水泥品种应按设计要求选择，强度等级不低于32.5级，不得使用过期或结块水泥。水泥应抗水性好、泌水性小、水化热低，并具有一定的抗侵蚀性。

骨料石子采用碎石或卵石，粒径宜为5～40mm，含泥量不得大于1.0％，泥块含量不得大于0.5％；砂宜用中砂，含泥量不得大于3.0％，泥块含量不得大于1.0％。

外加剂应根据粗细骨料级配、抗渗等级要求等具体情况而定，外加剂的技术性能应符合国家或行业标准一等品及以上的质量要求。

② 施工过程的质量控制包括以下方面：

施工配合比应通过试验确定，抗渗等级应比设计要求试配要求提高一级（0.2MPa）。控制水泥用量不得少于 300kg/m³；当掺有活性掺合料时，水泥用量不得少于 280kg/m³。砂率宜为 35％～45％，灰砂比宜为 1∶（2.5～2）。水灰比不大于 0.55。普通防水混凝土坍落度不宜大于 50mm，泵送时，入泵坍落度宜为 100～140mm。

坍落度控制混凝土浇筑地点的坍落度检验，每工作班应不少于 2 次，其允许偏差应符合表 4-3 的规定。

混凝土坍落度允许偏差 （单位：mm） 表 4-3

坍落度要求	允许偏差	坍落度要求	允许偏差
≤40	±10	≥100	±20
50～90	±15		

防水混凝土应用机械搅拌，搅拌时间不应少于 2min。掺外加剂的应根据外加剂的技术要求确定搅拌时间。浇筑时，振捣必须采用机械振捣，振捣时间宜为 10～30s，以开始泛浆、不冒泡为准，应避免漏振、欠振和过振。

防水混凝土应连续浇筑，宜少留施工缝，当留设施工缝时，其防水构造形式应符合防水技术规范的规定，并遵守下列规定：

a. 底板不得留施工缝，顶板不宜留施工缝。

b. 墙板的水平施工缝不应留在剪力与弯矩最大处或底板与侧墙板的交接处，应位于高出底板面 300mm 的墙体上。当墙体有预留孔洞时，施工缝距孔洞边不应小于 300mm。

c. 墙板不宜留设垂直施工缝，如果必须留设，应避开地下水和裂隙水较多地段，并宜与变形缝相结合。

施工缝的施工应符合下列规定：

a. 水平施工缝浇灌混凝土前，应将表面浮浆和杂物清除，先铺净浆，再铺 1∶1 水泥砂浆或涂刷混凝土界面处理剂，并及时浇灌混凝土。

b. 选用遇水膨胀止水条应具有缓胀性能，无论是涂刷缓膨胀剂还是制成缓膨胀型的止水条，其 7d 的膨胀率应不大于最终膨胀率的 60％。

c. 垂直施工缝浇灌前，应将其表面清理干净，可以先对基面凿毛（每平方米多于 300 点），涂刷水泥净浆或混凝土界面处理剂，并及时浇灌混凝土。

d. 采用中埋式止水带时，应确保位置正确，固定牢靠。钢板止水带宜镀锌处理。

e. 遇水膨胀止水条应牢固地安装在缝表面或预留槽内。

防水混凝土试块的留置试件应在浇筑地点制作，采用标准条件下养护混凝土抗渗试件；每连续浇筑 500m³ 应留置一组（一组为 6 个试件），且每项工程不得少于 2 组。采用预拌混凝土的抗渗试件留置组数，视结构的规模要求而定。

防水混凝土终凝后立即进行养护，养护时间不少于 14d，始终保持混凝土表面湿润，顶板、底板尽可能蓄水养护，侧墙应淋水养护，并应遮盖湿土工布，夏天谨防太阳直晒。

③ 大体积混凝土的养护大体积混凝土应采取措施，防止因干缩、温差等原因产生裂缝，应采取以下措施：

a. 采用低热或中热水泥，掺加粉煤灰、磨细矿渣粉等掺合料。

b. 掺入减水剂、缓凝剂、膨胀剂等外加剂。

c. 在炎热季节施工时，应采取降低原材料温度、减少混凝土运输时吸收外界热量等降温措施。

d. 混凝土内部预埋管道，进行冷水散热。

e. 应采取保温保湿养护。确保混凝土中心温度与表面温度的差值不应大于 25℃，养护时间不应少于 14d。

（2）卷材防水质量控制

卷材防水层一般采用高聚物改性沥青防水卷材和高分子防水卷材。利用的胶粘剂等配套材料粘接在一起，在建筑物地下室外围（结构主体底板垫层至墙体顶端）形成封闭的防水层。适用于受侵蚀性介质或受振动作用的地下工程主体迎水面的防水层。

1）卷材防水施工质量控制点

① 卷材及主要配套材料；

② 转角、变形缝、穿墙缝、穿墙管道的细部做法；

③ 卷材防水层的基层质量；

④ 防水层的搭接缝，搭接宽度。

2）卷材防水施工质量控制措施

① 原材料质量控制

a. 卷材外观质量、品种规格应符合现行国家标准或行业标准；卷材及其胶粘剂应具有良好的耐水性、耐久性、耐刺穿性、耐腐蚀性和耐菌性。

b. 所选用的基层处理剂、胶粘剂、密封材料等配套材料，均应与铺贴的卷材材性相容。卷材及胶粘剂种类繁多、性能各异。不同种类卷材的配套材料不能相互混用，否则有可能发生腐蚀侵害或达不到粘接质量标准。

c. 材料进场应提供质量证明文件，并按规定现场随机取样进行复检，复检合格方可用于工程。

② 施工过程质量控制

为确保地下工程在防水层合理使用年限内不发生渗漏，除卷材的材性材质因素外，卷材的厚度是最重要的因素。卷材厚度由设计确定，当设计无具体要求时，防水卷材厚度选用应符合表 4-4 的规定。

防水卷材厚度   表 4-4

防水等级	设防道数	合成分子防水卷材	高聚物改性沥青防水卷材
1 级	3 道或 3 道以上设防	单层：不小于 1.5mm 双层：每层不小于 1.2mm	单层：不小于 4mm 双层：每层不小于 3mm
2 级	2 道设防		
3 级	1 道设防	不小于 1.5mm	不小于 4mm
	复合设防	不小于 1.2mm	不小于 3mm

卷材防水层的基层应平整牢固、清洁干燥，无起砂、空鼓等缺陷。涂刷处理剂铺贴前应在基层上涂刷基层处理剂，目前大部分合成高分子卷材只能采用冷粘法、自粘法铺贴，为保证其在较潮湿基面上的粘结质量，当基面较潮湿时，应涂刷湿固化型胶粘剂或潮湿界

面隔离剂。可采用喷涂或涂刷法施工，喷涂应均匀一致、不露底，待表面干燥后方可铺贴卷材。

基层阴阳角处应做成圆弧或 45°（135°）折角，在转角处、阴阳角等特殊部位，应增贴 1～2 层相同的卷材，宽度不宜小于 500mm。

地下防水卷材铺贴方法建筑工程地下防水的卷材铺贴方法，主要采用冷粘法和热熔法。底板垫层混凝土平面部位的卷材宜采用空铺法、点粘法或条粘法，其他与混凝土结构相接触的部位应采用满铺法。两幅卷材短边和长边的搭接宽度均不应小于 100mm。采用多层卷材时，上下两层和相邻两幅卷材的接缝应错开 1/3 幅宽，且两层卷材不得相互垂直铺贴。

冷粘法铺贴卷材的施工，胶粘剂的涂刷对保证卷材防水施工质量关系极大，应符合下列规定：

a. 胶粘剂涂刷应均匀，不露底，不堆积。

b. 铺贴卷材时应控制胶粘剂涂刷与卷材铺贴的间隔时间，排除卷材下面的空气，并辊压粘结牢固，不得有空鼓。

c. 铺贴卷材应平整、顺直，搭接尺寸正确，不得有扭曲、褶皱。

3）接缝口应用密封材料封严，其宽度不应小于 10mm。

热熔法铺贴卷材的施工，加热是关键，应符合下列规定：

a. 火焰加热器加热卷材应均匀，不得过分加热或烧穿卷材；厚度小于 3mm 的高聚物改性沥青防水卷材，严禁采用热熔法施工。

b. 卷材表面热熔后应立即滚铺卷材，排除卷材下面的空气，并辊压粘结牢固，不得有空鼓、褶皱。

c. 滚铺卷材时，接缝部位必须溢出沥青热熔胶，并应随即刮封接，使接缝粘结严密。

d. 铺贴后的卷材应平整、顺直，搭接尺寸正确，不得有扭曲。

e. 铺贴卷材严禁在雨天、雪天施工；五级风及以上时不得施工；冷粘法施工，气温不宜低于 5℃，热熔法施工气温不宜低于 -10℃。

（3）涂料防水工程质量控制

1）涂料防水层施工质量控制点

① 涂料的质量及配合比；

② 涂料防水层及其转角处、变形缝、穿墙管道等细部做法。

2）涂料防水层施工质量控制措施

① 原材料质量控制

a. 涂料防水层材料分有机防水涂料和无机防水涂料。前者宜用于结构主体迎水面，后者宜用于结构主体的背水面。

b. 涂料防水层所选用的涂料性能应具有良好的耐水性、耐久性、耐腐蚀性及耐菌性，并且无毒、难燃、低污染，同时应具有良好的湿干黏接性和抗刺穿性及较好的延伸性和较强适应基层变形能力。

c. 无机防水涂料应具有良好的湿干黏接性、耐磨性和抗刺穿性；有机防水涂料应具有较好的延伸性及较强适应基层变形能力。

d. 防水涂料及配套材料的主要性能应符合要求。

② 施工过程质量控制

涂刷时应严格控制涂膜厚度，涂刷的防水涂料固化后形成有一定厚度的涂膜，如果涂膜厚度太薄就起不到防水作用且很难达到合理使用年限的要求，涂膜厚度由设计确定，设计无要求时，各类防水涂料的涂膜厚度见表4-5。

防水涂料厚度　　　　　　　　（单位：mm）　表 4-5

防水等级	设防道数	有机涂料			无机涂料	
		反应型	水乳型	聚合物型	水泥基	水泥基渗透结晶型
1 级	3 道或 3 道以上设防	1.2～2.0	1.2～1.5	1.5～2.0	1.5～2.0	≥0.8
2 级	2 道设防	1.2～2.0	1.2～1.5	1.5～2.0	1.5～2.0	≥0.8
3 级	1 道设防	—	—	≥2.0	≥2.0	—
	复合设防	—	—	≥1.5	≥1.5	—

涂刷施工前，基层表面的气孔、凹凸不平、蜂窝、缝隙、起砂等，应修补处理，基面必须干净、无浮浆、无水珠、不渗水。基层阴阳角应做成圆弧形（阴角直径宜大于50mm，阳角直径宜大于10mm）；涂料施工前应先对阴阳角、预埋件、穿墙管道等部位进行密封或加强处理。

涂料涂刷前应先在基面上涂一层与涂料相容的基层处理剂。涂膜应多遍完成（不论是厚质涂料还是薄质涂料均不得一次成膜），每遍涂刷应均匀，不得有露底、漏涂和堆积现象。多遍涂刷时，应待涂层干燥成膜后（常温环境下一般经4h以上且手触不粘为宜）方可涂刷第二遍涂料；两涂层施工间隔时间不宜过长，否则会形成分层。每遍涂刷时应交替改变涂刷方向，同层涂膜的先后搭槎宽度宜为30～50mm。

涂料防水层的施工缝（甩槎）应注意保护，搭槎缝宽度应大于100mm，接涂前应将其甩槎表面处理干净。

涂刷顺序应先做转角处、穿墙管道、变形缝等部位的涂料加强层，后进行大面积涂刷。

涂料防水层中铺贴胎体增强材料时，应使胎体层充分浸透防水涂料，不得有白槎及褶皱，同层相邻的搭接宽度应大于100mm，上下层接缝应错开1/3幅宽。

防水涂料的配制及施工，必须严格按涂料的技术要求进行。

5. 钢筋工程质量控制

（1）钢筋原材料及加工质量控制

1）钢筋原材料及加工的质量控制点

① 原材料的合格证、出厂检验报告；

② 钢筋的外观、物理力学性能；

③ 钢筋的弯钩、弯折、加工尺寸。

2）钢筋原材料及加工质量控制措施

① 原材料的质量控制

钢筋进场时，应按现行国家标准规定抽取试件做力学性能检验，检查内容包括检查产品合格证、出厂检验报告、进场复验报告；钢筋的品种、规格、型号、化学成分、力学性能等，并且必须满足设计和有关现行国家标准的规定。

钢筋使用前应全数检查其外观质量，钢筋表面标志应清晰明了，标志包括强度级别、厂名（汉语拼音字头表示）和直径（mm）数字，钢筋外表不得有裂纹、折叠、结疤及杂质。盘条允许有压痕及局部凸块、凹块、划痕、麻面，但其深度或高度（从实际尺寸算起）不得大于 0.20mm；带肋钢筋表面凸块，不得超过横肋高度，钢筋表面上其他缺陷的深度和高度不得大于所在部位尺寸的允许偏差；冷拉钢筋不得有局部缩颈；钢筋表面氧化皮（铁锈）质量不大于 16kg/t。

进场的钢筋均应有标牌（标明生产厂、生产日期、钢号、炉罐号、钢筋级别、直径等标记），应按炉罐号、批次及直径分批验收，分别堆放整齐，严防混料，并立对其检验状态进行标识，防止混用。

对进场的钢筋按进场的批次和产品的抽样检验方案确定抽样复验，钢筋复验报告结果应符合现行国家标准。进场复验报告是判断材料能否在工程中应用的依据。

② 钢筋加工过程的质量控制包括以下方面：

a. 仔细查看结构施工图，了解不同结构件的配筋数量、规格、间距、尺寸等（注意处理好接头位置和接头百分率问题）。

b. 钢筋的表面应洁净。油渍、漆污和用锤敲击时能剥落的浮皮、铁锈等应在使用前清除干净，在焊接前，焊点处的水锈应清除干净。

c. 在切断过程中，如果发现钢筋劈裂、缩头或严重弯头，必须切除。若发现钢筋的硬度与该钢筋有较大出入，应向有关人员报告，查明情况。钢筋的端口，不得为马蹄形或出现起弯现象。

d. 钢筋切断时，将同规格钢筋根据不同长度搭配，统筹排料；一般先断长料，后断短料，减少短头，减少损耗。断料时应避免用短尺量长料，防止在量料中产生累计误差。

e. 钢筋调直宜采用机械方法，也可采用冷拉方法。当采用冷拉方法调直钢筋时，HPB300 级钢筋的冷拉率不宜大于 4%，HRB335、HRB400、HRB500、HRBF335、HRBF400、HRBF500 及 RRB400 带肋钢筋的冷拉率不宜大于 1%。

f. 钢筋加工过程中，检查钢筋冷拉的方法和控制参数；检查钢筋翻样图及配料单中钢筋的尺寸、形状是否符合设计要求，加工尺寸偏差是否符合规定；检查受力钢筋加工时的弯钩和弯折形状及弯曲半径；检查箍筋末端的弯钩形式。

g. 钢筋加工过程中，若发现钢筋脆断、焊接性能不良或力学性能显著不正常时，应立即停止使用，并对该批钢筋进行化学成分检验或其他专项检验，按检验结果进行技术处理。如果发现力学性能或化学成分不符合要求，必须作退货处理。

（2）钢筋连接工程质量控制

1）钢筋连接的质量控制点

① 钢筋接头力学性能；

② 接头外观质量；

③ 接头位置的设置。

2）钢筋连接质量控制措施

① 钢筋连接操作前应进行安全技术交底，并履行相关手续。

② 机械连接、焊接（应注意闪光对焊、电渣压力焊的适用范围）、绑扎搭接是钢筋连接的主要方法，纵向受力钢筋的连接方式应符合设计要求。在施工现场应按国家现行标准

的规定,对钢筋的机械接头、焊接接头外观质量和力学性能抽取试件进行检验,其质量必须符合要求。绑扎接头应重点查验搭接长度,特别注意钢筋接头百分率对搭接长度的修正;闪光对焊的焊接质量的判别对于缺乏此项经验的人员来说比较困难。因此,具体操作时,在焊接人员、设备、焊接工艺和焊接参数等的选择与质量验收时应予以特别重视。

③ 钢筋机械连接和焊接的操作人员必须持证上岗。焊接操作工只能在其上岗证规定的施焊范围实施操作。

④ 钢筋连接所用的焊(条)剂、套筒等材料必须符合技术检验认定的技术要求,并具有相应的出厂合格证。

⑤ 钢筋机械连接和焊连接操作前应首先抽取试件,以确定钢筋连接的工艺参数。

⑥ 在同一构件中钢筋机械连接接头或焊接接头的设置宜相互错开,接头位置、接头百分率应符合规范要求。同一构件相邻纵向受力钢筋的绑扎搭接接头宜相互错开,纵向受拉钢筋搭接接头面积百分率应符合设计要求;绑扎搭接接头中钢筋的横向净距不应小于钢筋直径,且不应小于25mm。同时钢筋接头宜设置在受力较小处,同一纵向受力钢筋不宜设置两个或两个以上接头。接头末端至弯起点的距离不应小于钢筋直径的10倍。

⑦ 帮条焊适用于焊接直径10～40mm的热轧光圆及带肋钢筋、直径10～25mm的余热处理钢筋,帮条长度应符合表4-6的规定。搭接焊适用焊接的钢筋与帮条焊相同。电弧焊接头外观质量检查应注意以下几点:

a. 焊缝表面应平整,不得有凹陷或焊瘤。

b. 焊接接头区域不得有肉眼可见的裂纹。

c. 咬边深度、气孔、夹渣等缺陷允许值应符合相关规定。

d. 坡口焊、熔槽帮条焊和窄间隙焊接头的焊缝余高不得大于3mm。

帮条长度   表 4-6

钢筋的类别	焊接形式	帮条长度
热轧光圆钢筋	单面焊	$\geqslant 8d$
	双面焊	$\geqslant 4d$
热轧带肋钢筋及余热处理钢筋	单面焊	$\geqslant 10d$
	双面焊	$\geqslant 5d$

⑧ 适用于焊接直径14～40mm的HPB300级、HRB335级钢筋。焊机容量应根据钢筋直径选定。电渣压力焊应用于柱、墙、烟囱等现浇混凝土结构中竖向钢筋的连接,不得用于梁、板等构件中的水平钢筋连接。

⑨ 适用于焊接直径14～40mm的热轧圆钢及带肋钢筋。当焊接直径不同的钢筋时,两直径之差不得大于7mm。气压焊等压法、二次加压法、三次加压法等工艺应根据钢筋直径等条件选用。

⑩ 进行电阻点焊、闪光对焊、电渣压力焊、埋弧压力焊时,应随时观察电源电压的波动情况。当电源电压下降大于5%、小于8%时,应采取提高焊接变压器级数的措施;当大于或等于8%时,不得进行焊接。钢筋电渣压力焊接头外观质量检查应注意以下几点:

a. 四周焊包突出钢筋表面的高度不得小于4mm。

b. 钢筋与电极接触处,应无烧伤缺陷。

c. 接头处的弯折角不得大于 3°。

d. 接头处的轴线偏移不得大于钢筋直径的 1/10,且不得大于 2mm。

⑪ 带肋钢筋套筒挤压连接应符合下列要求:

a. 钢筋插入套筒内深度应符合设计要求。

b. 钢筋端头离套筒长度中心点不宜超过 10mm。

c. 先挤压一端钢筋,插入接连钢筋后,再挤压另一端套筒,挤压宜从套筒中部开始,依次向两端挤压,挤压机与钢筋轴线保持垂直。

⑫ 钢筋锥螺纹连接的螺纹丝头的锥度、螺距必须与套筒的锥度、螺距一致。对准轴线将钢筋拧入套筒内,接头拧紧值应满足规定的力矩。

(3) 钢筋安装工程质量控制

1) 钢筋安装工程质量控制点

① 钢筋安装的位置。

② 钢筋保护层的厚度。

③ 钢筋绑扎的质量。

2) 钢筋安装质量控制措施

① 钢筋安装前,应进行安全技术交底,并履行有关手续。

② 钢筋安装前,应根据施工图核对钢筋的品种、规格、尺寸和数量,并落实钢筋安装工序。

③ 钢筋安装时检查钢筋骨架、钢筋网绑扎方法是否正确、是否牢固可靠。

④ 纵向受拉钢筋的绑扎搭接接头的搭接长度,应根据位于同一连接段区段内的钢筋搭接接头面积百分率按《混凝土结构设计规范》GB 50010—2010(2015 年版)中的公式计算,且不小于 300mm。

⑤ 在任何情况下,纵向受拉钢筋的搭接长度不应小于 100mm,受压钢筋搭接长度不应小于 200mm。在绑扎接头的搭接长度范围内,应采用铁丝绑扎三点。

⑥ 绑扎钢筋用钢丝规格是 20~22 号镀锌钢丝或 20~22 号钢丝(火烧丝)。绑扎楼板钢筋网片时,一般用单根 22 号钢丝;绑扎梁柱钢筋骨架时,则用双根 22 号钢丝。

⑦ 钢筋混凝土梁、柱、墙板钢筋安装时要注意的控制点:

a. 框架结构节点核心区、剪力墙结构暗柱与连梁交接处,梁与柱的箍筋设置是否符合要求。

b. 框架剪力墙结构或剪力墙结构中连梁箍筋在暗柱中的设置是否符合要求。

c. 框架梁、柱箍筋加密区长度和间距是否符合要求。

d. 框架梁、连梁在柱、墙、梁中的锚固方式和锚固长度是否符合设计要求(工程中往往存在部分钢筋水平段锚固不满足设计要求的现象)。

e. 框架柱在基础梁、板或承台中的箍筋设置(类型、根数、间距)是否符合要求。

f. 剪力墙结构跨高比小于等于 2 时,检查连梁中交叉加强钢筋的设置是否符合要求。

g. 剪力墙竖向钢筋搭接长度是否符合要求(注意搭接长度的修正,通常是接头百分率的修正)。

h. 框架柱特别是角柱箍筋间距、剪力墙暗柱箍筋形式和间距是否符合要求。

i. 钢筋接头质量、位置和百分率是否符合设计要求。

j. 注意在施工时，由于施工方法等原因可能形成短柱或短梁。

k. 注意控制基础梁柱交界处、阳角放射筋部位的钢筋保护层质量。

l. 框架梁与连系梁钢筋的相互位置关系必须正确，特别注意悬臂梁与其支撑梁钢筋位置的相互关系。

m. 当剪力墙钢筋直径较细时，注意控制钢筋的水平度与垂直度，应当采取适当措施（如增加梯子筋数量等）确保钢筋位置正确。

n. 当剪力墙钢筋直径较细时，剪力墙钢筋往往"跑位"，通常可在剪力墙上口采用水平梯子筋加以控制。

o. 柱中钢筋根数、直径变化处以及构件截面发生变化处的纵向受力钢筋的连接和锚固方式应予以关注。

⑧ 工程实践中为便于施工，剪力墙中的拉筋加工往往是一端加工成 135°弯钩，另一端暂时加工成 90°弯钩，待拉筋就位后再将 90°弯钩弯折成形。这样，如果加工措施不当往往会出现拉筋变形使剪力墙筋骨架减小，钢筋安装时应予以控制。

⑨ 注意控制预留洞口加强筋的设置是否符合设计要求。

⑩ 工程中常常出现由于墙柱钢筋固定措施不合格，导致下柱（墙）钢筋位置偏离设计要求的现象，隐蔽工程验收时应查验防止墙柱钢筋错位的措施是否得当。

⑪ 钢筋安装时，检查梁、柱箍筋弯钩处是否沿受力钢筋方向相互错开放置，绑扎扣是否按变换方向进行绑扎。

⑫ 钢筋安装完毕后，检查钢筋保护层垫块等是否根据钢筋直径、间距和设计要求正确放置。

⑬ 钢筋安装时，检查受力钢筋放置的位置是否符合设计要求，特别是梁、板、悬挑构件的上部纵向受力钢筋。

6. 模板工程质量控制

（1）模板工程质量控制点

1）模板的安装位置

2）模板的强度、刚度

3）模板支架的稳定性

（2）混凝土工程质量控制措施

1）原材料的质量控制

混凝土结构模板可采用木模板、钢模板、铝合金模板、木胶合板模板、竹胶合板模板、塑料和玻璃钢模板等。常用的模板主要有木模板、钢模板、竹胶合板模板等。模板材料选用应符合《建筑施工模板安全技术规范》JGJ 162—2008 的要求。

2）模板安装工程施工质量控制

① 施工前应对模板及其支架的设计、制作、安装和拆除等全过程编制详细的施工方案，并附设计计算书。模板及其支架应具有足够的承载能力、刚度和稳定性，能可靠地承受浇筑混凝土的重量、侧压力以及施工荷载。对于达到一定规模的模板工程，还应根据住房和城乡建设部关于《危险性较大的分部分项工程安全管理办法》进行专家论证。

② 墙柱模板安装时应先弹好建筑轴线、楼层的墙身线、门窗洞口位置线及标高线（楼层 50 线）。施工过程中应随时检查测量、放样、弹线工作是否按施工技术方案进行，并进行复核记录。

③ 模板及其支架使用的材料规格尺寸，应符合模板设计要求。

④ 安装模板前应把模板板面清理干净，刷好隔离剂（不允许在模板就位后刷隔离剂，防止污染钢筋及混凝土接触面，应涂刷均匀，不得漏刷）。

⑤ 一般情况下，模板自下而上地安装。在安装过程中要注意模板的稳定，设临时支撑稳住模板，安装完毕且校正无误后方可固定牢固。安装过程中要多检查，注意垂直度、中心线、标高及各部分的尺寸，保证结构部分的几何尺寸和相对位置正确。

⑥ 合模前检查钢筋、水电预埋管件、门窗洞口模板、穿墙套管是否遗漏，位置是否准确，安装是否牢固，削弱断面是否过多等。模板的接缝应严密不漏浆。在浇筑混凝土前，木模板应浇水湿润，但模板内不应有积水。

⑦ 为防止墙柱模板下口跑浆，安装模板前应抹好砂浆找平层，但找平层不能伸入墙（柱）身内。

⑧ 防渗（水）混凝土墙使用的对拉螺栓或对拉片应有防水措施。

⑨ 泵送混凝土对模板的要求与常规作业不同，必须通过混凝土侧压力计算，采取增强模板支撑，将对销螺栓加密、截面加大，减少围檩间距或增大围檩截面等措施，防止模板变形。

⑩ 安装现浇结构的上下层模板及其支架时，下层楼板应具有承受上层荷载的承载能力或架设支架支撑，确保有足够的刚度和稳定性；多层楼板支架系统的立柱应上下对齐，安装在同一条直线上。

⑪ 检查防止模板变形的控制措施。基础模板为防止变形，必须支撑牢固；墙和柱模板下端要做好定位基准；墙柱与梁板同时安装时，应先安装墙柱模板，再在其上安装梁模板。当梁、板跨度大于或等于 4m 时，梁、板应按设计起拱；当设计无具体要求时，起拱高度宜为跨度的 1‰~3‰。

⑫ 检查模板的支撑体系是否牢固可靠。模板及支撑系统应连成整体，竖向结构模板（墙、柱等）应加设斜撑和剪刀撑，水平结构模板（梁、板等）应加强支撑系统的整体连接，对木支撑纵横方向应加拉杆，采用钢管支撑时，应扣成整体排架。所有可调节的模板及支撑系统在模板验收后，不得任意改动。

⑬ 模板与混凝土的接触面应清理干净并涂刷隔离剂，严禁隔离剂污染钢筋和混凝土接槎处。混凝土浇筑前，检查模板内的杂物是否清理干净。

⑭ 模板安装完后，应检查梁、柱、板交叉处，楼梯间墙面间隙接缝处等，防止有漏浆、错台现象。办理完模板工程预检验收，方准浇筑混凝土。

⑮ 模板安装和浇筑混凝土时，应对模板及其支架进行观察和维护。发生异常情况时，应按施工技术方案及时进行处理。模板及其支架拆除的顺序及安全措施应按施工技术方案执行。

7. 混凝土工程质量控制

混凝土分项工程是从水泥、砂、石、水、外加剂、矿物掺合料等原材料进场检验、混凝土配合比设计及称量、拌制、运输、浇筑、养护、试件制作直至混凝土达到预定强度等一系列技术工作和完成实体的总称。混凝土分项工程所含的检验批可根据施工工序和验收的需要确定。

（1）混凝土工程质量控制点

1）水泥、砂、石、水、外加剂等原材料的质量。

2）混凝土的配合比。

3）混凝土拌制的质量。

4）混凝土运输、浇筑及间歇时间。

5）混凝土的养护措施。

6）混凝土的外观质量。

7）混凝土的几何尺寸。

（2）混凝土工程质量控制措施

1）混凝土原材料及配合比的质量控制

① 水泥的质量控制包括以下方面：

a. 水泥进场时必须有产品合格证、出厂检验报告。进场同时还要对水泥品种、级别、包装或散装仓号、出厂日期等进行检查验收；对其强度、安定性及其他必要的性能指标进行复试，其质量必须符合《通用硅酸盐水泥》GB 175—2007/XG1—2009 国家标准规定。

b. 水泥进场时，应有序存放，以免造成混料错批。

c. 钢筋混凝土结构、预应力混凝土结构中，严禁使用含氯化物的水泥。

d. 水泥在运输和储存时，应有防潮、防雨措施，防止水泥受潮凝结结块强度降低。

e. 当使用中对水泥的质量有怀疑或水泥出厂超过三个月（快硬水泥超过一个月）时，应进行复验，并按复验结果使用。

f. 冬期施工混凝土用水泥应根据养护条件等选择水泥品种，最小水泥用量，水灰比应满足要求。

② 骨料的质量控制包括以下方面：

a. 混凝土中用的骨料有细骨料（砂）、粗骨料（碎石、卵石）。其质量必须符合国家现行标准《普通混凝土用砂、石质量及检验方法标准（附条文说明）》JGJ 52—2006 的规定。

b. 骨料进场时，必须进行复验，按进场的批次和产品的抽样检验方案，检验其颗粒级配、含泥量及粗细骨料的针片状颗粒含量，必要时还应检验其他质量指标。

c. 骨料在生产、采集、运输与存储过程中，严禁混入煅烧过的白云石或石灰块等影响混凝土性能的有害物质；骨料应按品种、规格分别堆放，不得混杂。

③ 拌合混凝土宜采用饮用水；当采用其他水源时，应进行水质试验，水质应符合国家现行标准《混凝土用水标准》JGJ 63—2006 的规定。不得使用海水拌合钢筋混凝土和预应力混凝土；不宜用海水拌合有饰面要求的素混凝土。

④ 外加剂质量控制包括以下方面。

a. 混凝土中掺用外加剂的质量及应用技术应符合现行国家标准《混凝土外加剂》GB 8076—2008、《混凝土外加剂应用技术规范》GB 50119—2017 等和有关环境保护的规定。

b. 混凝土中掺用的外加剂应有产品合格证、出厂检验报告，并按进场的批次和产品的抽样检验方案进行复验。

c. 预应力混凝土结构中，严禁使用含氯化物的外加剂。

⑤ 掺合料质量控制包括以下方面：

a. 混凝土中掺用矿物掺合料的质量应符合现行国家标准《用于水泥和混凝土中的粉煤灰》GB/T 1596—2017 等的规定。矿物掺合料的掺量应通过试验确定（混凝土掺合料的种类主要有粉煤灰、粒化高炉矿渣粉、沸石粉、硅灰和复合掺合料等）。

b. 进场的矿物掺合料应有出厂合格证，并应按进场的批次和产品的抽样检验方案进行复验。

⑥ 配合比的质量控制包括以下方面：

a. 混凝土的配合比应根据现场采用的原材料进行配合比设计，再按普通混凝土拌合物性能试验方法等标准进行试验、试配，以满足混凝土强度、耐久性和和易性的要求，不得采用经验配合比。

b. 施工前应审查混凝土配合比设计是否满足设计和施工要求，并应经济合理。

c. 首次使用的混凝土配合比应进行开盘鉴定，其工作性应满足设计配合比的要求。开始生产时应至少留置一组标准养护试件，作为验证配合比的依据。在混凝土拌合前，应测定砂、石的含水率并根据测试结果调整材料用量，提出施工配合比。

d. 混凝土现场搅拌时应对原材料的计量进行检查，并经常检查坍落度，控制水灰比。

2）混凝土工程施工质量控制

① 混凝土施工前应检查混凝土的运输设备是否良好、道路是否畅通，保证混凝土的连续浇筑和良好的混凝土和易性。运至浇筑地点时的混凝土坍落度应符合规定要求。

② 混凝土现场搅拌时应对原材料的计量进行检查，并经常检查坍落度，严格控制水灰比。检查混凝土搅拌的时间，并在混凝土搅拌后和浇筑地点分别抽样检测混凝土的坍落度，每班至少检查 2 次，评定时应以浇筑地点的测值为准。

③ 泵送混凝土时应注意以下几个方面的问题：

a. 操作人员应持证上岗，应有高度的责任感和职业素质，并能及时处理操作过程中出现的故障。

b. 泵与浇筑地点联络畅通。

c. 泵送前应先用水灰比为 0.7 的水泥砂浆湿润管道，同时要避免将水泥砂集中浇筑。

d. 泵送过程严禁加水，需要增加混凝土的坍落度时，应加入与混凝土相同品种的水泥和水灰比相同的水泥浆。

e. 应配专人巡视管道，发现异常及时处理。

f. 在梁、板上铺设的水平管道泵送时振动大，应采取相应的防止损坏钢筋骨架（网片）措施。

④ 冬期施工混凝土宜优先使用预拌混凝土，混凝土用水泥应根据养护条件等选择水泥品种，其最小水泥用量，水灰比应符合要求，预拌混凝土企业必须制定冬期混凝土生产和质量保证措施；供货期间，施工单位、监理单位、建设单位应加强对混凝土厂家生产状况的随机抽查，并重点抽查预拌混凝土原材料质量和外加剂相容性试验报告、计量配比

单、上料电子称量，坍落度出厂测试情况。

⑤ 混凝土浇筑前检查模板表面是否清理干净，防止拆模时混凝土表面粘模出现麻面。木模板应浇水湿润，防止出现由于木模板吸水粘接或脱模过早，拆模时缺棱、掉角导致露筋。

⑥ 凝土施工中检查控制混凝土浇筑的质量和方法：

a. 防止浇筑速度过快，避免在钢筋上面和墙与板、梁与柱交界处出现裂缝。

b. 防止浇筑不均匀，或接槎处处理不好，易形成裂缝。混凝土浇筑应在混凝土初凝前完成，浇筑高度不宜超过 2m，竖向结构不宜超过 3m，否则应检查是否采取了相应措施。控制混凝土一次浇筑的厚度，并保证混凝土的连续浇筑。浇筑与墙、柱连成一体的梁和板时，应在墙、柱浇筑完毕 1～1.5h 后，再浇筑梁和板；梁和板宜同时浇筑混凝土。

⑦ 浇筑混凝土时，施工缝的留设位置应符合有关规定。

⑧ 混凝土浇筑时应检查混凝土振捣的情况，保证混凝土振捣密实。防止振捣棒撞击钢筋，使钢筋移位。合理使用混凝土振捣机械，掌握正确的振捣方法，控制振捣的时间。

⑨ 混凝土施工前应审查施工缝、后浇带处理的施工技术方案。检查施工缝、后浇带留设的位置是否符合规范和设计要求，其处理应按施工技术方案执行。混凝土施工缝不应随意留置，其位置应事先在施工技术方案中确定。

⑩ 混凝土施工过程中应对混凝土的强度进行检查，在混凝土浇筑地点随机留取标准养护试件和同条件养护试件，其留取的数量应符合要求。同条件试件必须与其代表的构件一起养护。

⑪ 混凝土浇筑后应检查是否按施工技术方案进行养护，并对养护的时间进行检查落实。

⑫ 冬期施工方案必须有针对性，方案中应明确所采用的混凝土养护方式（如蓄热法、综合蓄热法、暖棚法等）；避免混凝土受冻所需的热源方式（如火炉、焦炭、碘钨灯等）；混凝土覆盖所需的保温材料（如塑料布、草帘子、棉毯等）；各部位覆盖层数；用于测量温度的用具（测温管、温度计等）的数量。所有冬期施工所需要的保温材料，必须按照方案配置，并堆放在楼层中，经监理单位对保温材料的种类和数量检查验收后，符合冬期施工方案计划才可进行混凝土浇筑。

⑬ 加强混凝土强度等级、坍落度、入模温度、外加剂掺量及种类、早强剂、缓凝剂、防冻剂等的控制，其中外加剂应符合现行国家标准《混凝土外加剂》GB 8076—2008、《混凝土外加剂应用技术规范》GB 50119—2013 等有关环境保护的规范规定。

⑭ 混凝土的养护是在混凝土浇筑完毕后 12h 内进行，养护时间一般为 14～28d。混凝土浇筑后应对养护的时间进行检查落实。

3）混凝土现浇结构工程质量控制

① 现浇混凝土结构待强度达到一定程度拆模后，应及时对混凝土外观质量进行检查（严禁未经检查擅自处理混凝土缺陷），对影响到结构性能、使用功能或耐久性的严重缺陷，应由施工单位根据缺陷的具体情况提出技术处理方案，处理后，对经处理的部位应重新检查验收。

② 现浇结构不应有影响结构性能和使用功能的尺寸偏差，混凝土设备基础不应有影

响结构性能和设备安装的尺寸偏差。现浇结构的外观质量不应有严重缺陷。

③ 对于现浇混凝土结构外形尺寸偏差检查主要轴线、中心线位置时，应沿纵横两个方向测量，并取其中的较大值。

8. 砌体工程质量控制

（1）砌体工程质量控制点

1）砖的规格、性能、强度等级。

2）砂浆的规格、性能、配合比及强度等级。

3）砂浆的饱和度。

4）砌体转角和交接处的质量。

5）轴线位置、垂直度偏差。

（2）砌体工程质量控制措施

1）原材料质量控制

① 砖进场应按要求进行取样试验，并出具试验报告，合格后方可使用。砖的品种、强度等级必须符合设计要求。用于清水墙、柱表面的砖，应边角整齐、色泽均匀。

② 砂浆材料的质量控制包括以下方面：

水泥的强度等级应根据设计要求进行选择。水泥砂浆采用的水泥，其强度等级不宜大于32.5；水泥混合砂浆采用的水泥，其强度等级不宜大于42.5。水泥进场使用前，应分批对其强度、安定性进行复验。检验批应以同一生产厂家、同一编号为一批。当在使用中对水泥质量有怀疑或水泥出厂超过三个月（快硬硅酸盐水泥超过一个月）时，应复查试验，并按其结果使用。不同品种、强度等级的水泥不得混合使用。

砂宜用中砂，其中毛石砌体宜用粗砂。砂的含泥量应为，对水泥砂浆和强度等级不小于M5的水泥混合砂浆不应超过5%，强度等级小于M5的水泥混合砂浆，不应超过10%。

生石灰熟化成石灰膏时，应用孔径不大于3mm×3mm的网过滤，熟化时间不得少于7d；磨细生石灰粉的熟化时间不得小于2d。沉淀池中储存的石灰膏，应采取防止干燥、冻结和污染的措施。配制水泥石灰砂浆时，不得采用脱水硬化的石灰膏。

凡在砂浆中掺入有机塑化剂、早强剂、缓凝剂、防冻剂等，应在检验和试配符合要求后，方可使用。有机塑化剂应有砌体强度的型式检验报告。

③ 砂浆要求砂浆应符合以下要求：

a. 砂浆的品种、强度等级必须符合设计要求。

b. 水泥砂浆中水泥用量不应小于200kg/m³；水泥混合砂浆中水泥和掺加料总量宜为300～350kg/m³。

c. 具有冻融循环次数要求的砌筑砂浆，经冻融试验后，质量损失率不得大于5%，抗压强度损失率不得大于25%。

d. 水泥混合砂浆不得用于基础等地下潮湿环境中的砌体工程。

e. 预拌砌筑砂浆配合比设计中的试配强度应按《砌筑砂浆配合比设计规程》JGJ/T 98—2010的规定确定，预拌抹灰砂浆和预拌地面砂浆的试配强度参照执行。预拌砂浆配合比必须按绝对体积法设计计算并经试配调整，结果用质量比表示。

④ 钢筋的质量控制包括以下方面：

a. 用于砌体工程的钢筋品种、强度等级必须符合设计要求，并应有产品合格证书和性能检测报告，进场后应进行复验。

b. 设置在潮湿环境或有化学侵蚀性介质的环境中的砌体灰缝内的钢筋应采取防腐措施。

2）施工过程质量控制

① 砌筑前检查测量放线的测量结果并进行复核。标志板、皮数杆设置位置准确牢固。

② 砂浆配合比、和易性应符合设计及施工要求。砂浆应随拌随用。水泥砂浆和水泥混合砂浆必须分别在拌成后 3h 和 4h 内使用完毕；当施工期间最高气温超过 30℃时，必须分别在拌成后 2h 和 3h 内使用完毕。对掺用缓凝剂的砂浆，其使用时间可根据具体情况延长。

③ 检查砂浆拌合的质量。砂浆的拌合必须均正确控制投料顺序和搅拌时间，防止出现"欠搅"或"过搅"现象。

④ 砂浆拌成后和使用时，均应盛入贮灰器中。如果砂浆出现泌水现象，应在砌筑前再次拌合。

⑤ 检查砖的含水率。砌筑砖砌体时，砖应提前 1～2d 浇水湿润。烧结普通砖、多孔砖含水率宜为 10％～15％；灰砂砖、粉煤灰砖含水率宜为 8％～12％。现场检验砖含水率的简易方法可采用断砖法，当砖截面四周融水深度为 15～20mm 时，视为符合要求的适宜含水率。

⑥ 施工中应在砂浆拌合地点留置砂浆强度试块，各类型及强度等级的砌筑砂浆每一检验批不超过 250m³ 的砌体，每台搅拌机应至少制作一组试块（每组 6 块），其标准养护试块 28d 的抗压强度应满足设计要求。

⑦ 施工过程随时检查砌体的组砌形式，保证上下皮砖至少错开 1/4 的砖长，避免产生通缝；砌体的砌筑方法。随时检查墙体平整度和垂直度，并应采取"三皮一吊、五皮一靠"的检查方法，保证墙面横平竖直；检查砂浆的饱满度，水平灰缝饱满度应达到 80％，竖向灰缝不得出现透明缝、瞎缝和假缝。

⑧ 施工过程中应检查转角处和交接处的砌筑及接槎的质量。检查时要注意砌体的转角处和交接处应同时砌筑，严禁无可靠措施的内外墙分砌施工。抗震设防区应按规定在转角和交接部位设置拉接钢筋（拉结筋的设置应予以特别关注）。

⑨ 设计要求的洞口、管线、沟槽，应在砌筑时按设计留设或预埋。超过 300mm 的口上部应设过梁，不得随意在墙体上开洞、凿槽，尤其严禁开凿水平槽。

⑩ 检查脚手架眼的设置是否符合要求。在下列位置不得留设脚手架眼：半砖厚墙、料石清水墙和砖柱；过梁上，与过梁成 60℃的三角形范围，及过梁净跨 1/2 的高度范围内；门窗洞口两侧 200mm 及转角 450mm 范围内的砖砌体；宽度小于 1m 厚的窗间墙；梁及梁垫下及其左右 500mm 范围内。

⑪ 在砌体上预留的施工洞口，其洞口侧边距墙端不应小于 500mm，洞口净宽不应超过 1m，并在洞口设过梁。

⑫ 240mm 厚承重墙的每层墙的最上一皮砖，砖砌体的阶台水平面上及挑出层，应整砖丁砌。

⑬ 检查构造柱的设置、施工（构造柱与圈梁交接处箍筋间距不均匀是常见的质量缺陷）是否符合设计及施工规范的要求。

⑭ 砌体的伸缩缝、沉降缝、防震缝中，不得有混凝土、砂浆块、砖块等杂物。

⑮ 砌体中的预埋件应做防腐处理。

3）填充墙砌体工程质量控制

① 原材料质量控制包括以下方面：

a. 蒸压加气混凝土砌块、轻骨料混凝土小型空心砌块砌筑时，其产品龄期应超过28d。并查看产品出厂合格证书及产品性能检测报告。

b. 空心砖、蒸压加气混凝土砌块、轻骨料混凝土小型空心砌块等的运输、装卸过程中，考虑到以上几种材料强度不高，碰撞易碎，吸湿性相对较大，所以要求严禁抛掷和倾倒；进场后应按品种、规格分别堆放整齐，堆置高度不宜超过2m；加气混凝土砌块应防止雨淋。

c. 为避免砌筑时产生砂浆流淌或为保证砂浆不至失水过快，应控制小砌块的含水率，并应与砌筑砂浆稠度相适应。空心砖宜为10%～15%；轻骨料混凝土小砌块宜为5%～8%。加气混凝土砌块含水率宜控制在小于15%，对粉煤灰加气混凝土砌块宜小于20%。

d. 加气混凝土砌块不得砌于以下部位：建筑物±0.000以下部位；易浸水及潮湿环境中；经常处于80℃以上高温环境及受化学介质侵蚀的环境中。

② 填充墙砌体工程施工过程质量控制包括以下方面：

a. 施工前要求填充墙砌体砌筑块材应提前2d浇水湿润。以便保证砌筑砂浆的强度及砌体的整体性。蒸压加气混凝土砌块砌筑时，应向砌筑面适量浇水。

b. 施工中用轻骨料混凝土小型空心砌块或蒸压加气混凝土砌块砌筑墙体时，考虑到轻骨料混凝土小砌块和加气混凝土砌块的强度及耐久性，且考虑到其不宜剧烈碰撞，以及吸湿性大等因素，要求墙底部应砌烧结普通砖或多孔砖，或普通混凝土小型空心砌块，或现浇混凝土坎台等，其高度不宜小于200mm。

c. 空心砖填充墙底部须根据已弹出的窗门洞口位置墨线，核对门窗间墙的长度尺寸是否符合排砖模数，若不符合模数，则要考虑好砍砖及排放计划（空心砖则应考虑局部砌红砖），用于错缝和转角处的七分头砖应用切砖机切，不允许砍砖，所切的砖或丁砖应排在窗口中间或其他不明显的部位。空心砖不允许切割。

d. 砌块的垂直灰缝厚度以15mm为宜，不得大于20mm，水平灰缝厚度可根据墙体与砌块高度确定，但不得大于15mm亦不应小于10mm，灰缝要求横平竖直，砂浆饱满。

e. 填充墙砌至接近梁、板底时，应留一定空隙，待填充墙砌筑完并应至少间隔7d后，再用烧结砖补砌挤紧。

f. 填充墙砌体留置的拉结钢筋或网片的位置应与块体皮数相符合。将其置于灰缝中，埋置长度应符合设计要求，竖向位置偏差不应超过一皮高度。

g. 加气混凝土砌块墙上不得留脚手眼。

h. 填充墙砌筑中不允许有混砌现象。

9. 钢结构工程质量控制

（1）钢结构工程质量控制点

1) 钢材、钢铸件的品种、规格、性能。

2) 连接用紧固件的质量。

3) 构件的尺寸。

4) 焊缝的质量。

(2) 钢结构工程质量控制措施

1) 钢结构原材料质量控制

① 工程中所有的钢构件必须有出厂合格证和有关的质量证明文件。

② 钢材、钢铸件、焊接材料、连接用紧固件、焊接球、螺栓球、封板、锥头和套筒、涂装材料等的品种、规格、性能等应符合现行国家产品标准和设计要求，使用前必须检查产品质量合格证明文件、中文标志和检验报告；进口的材料应进行商检，其产品的质量应符合设计和合同规定标准的要求。如果不具备或对证明材料有疑义时，应抽样复检，只有试验结果达到国家标准规定和技术文件的要求后方可使用。

③ 高强度大六角头螺栓连接副和扭剪型高强度螺栓连接副出厂时应分别随箱带有转矩系数和紧固力（与拉力）的检验报告，并应检查复验报告。

④ 凡标志不清或怀疑有质量问题的材料、钢结构件、重要钢结构主要受力构件钢材和焊接材料、高强度螺栓、需进行追踪检验的以控制和保证质量可靠性的材料和钢结构等，均应进行抽检。材料质量抽样和检验方法，应符合国家有关标准和设计要求，且要能反映该批材料的质量特性。对于重要的构件应按设计规定增加采样数量。

⑤ 焊接材料必须分类堆放，并且明显标明不得混放；高强度螺栓存放应防潮、防雨、防粉尘，并按类型、规格、批号分类存放保管。

⑥ 材料的代用必须获得设计单位的认可。

⑦ 充分了解材料的性能、质量标准、适用范围和对施工的要求。

2) 钢零件及钢部件材料质量控制

主要控制钢材切割面或剪切面的平面度、割纹和缺口的深度、边缘缺棱、型钢端部垂直度、构件几何尺寸偏差、矫正工艺、矫正尺寸及偏差、控制温度、弯曲加工及成型、刨边允许偏差和粗糙度、螺栓孔质量（包括精度、直径、圆度、垂直度、孔距、孔边距等）、管和球的加工质量等均应符合设计和规范要求。

3) 钢构件焊接工程质量控制

① 焊接材料应存放在通风干燥、温度适宜的仓库内，存放时间超过一年的，原则上应进行焊接工艺及机械性能复验。

② 焊工必须经考试合格并取得合格证书。持证焊工必须在其考试合格项目及其认可范围内施焊。

③ 钢结构手工焊接用焊条的质量，应符合现行国家标准《非合金钢及细晶粒钢焊条》GB/T 5117—2012 或《热强钢焊条》GB/T 5118—2012 的规定。

④ 自动焊接或半自动焊接采用的焊丝和焊剂，应与母材强度相适应，焊丝应符合现行国家标准《熔化焊用钢丝》GB/T 14957—1994 的规定。

⑤ 焊缝表面不得有裂纹、焊瘤等缺陷。一级、二级焊缝不得有表面气孔、夹渣、弧坑裂纹、电弧擦伤等缺陷。且一级焊缝不得有咬边、未焊满、根部收缩等缺陷。

⑥ 设计要求全焊透的一、二级焊缝应采用超声波探伤进行内部缺陷的检验，超声波

探伤不能对缺陷做出判断时，应采用射线探伤，其内部缺陷分级及探伤方法应符合现行国家标准《焊缝无损检测　超声检测　技术、检测等级和评定》GB/T 11345—2013 或《焊缝无损检测　射线检测　第 1 部分：X 和伽玛射线的胶片技术》GB/T 3323.1—2019 的规定。

⑦ 焊条、焊丝、焊剂、电渣焊熔嘴等焊接材料，与母材的匹配应符合设计及规范要求。焊条、焊剂、药芯焊丝、熔嘴等在使用前，应按其产品说明书及焊接工艺文件的规定进行烘焙和存放。

⑧ 焊缝尺寸、探伤检验、缺陷、热处理、工艺试验等，均应符合设计规范要求。

⑨ 碳素结构应在焊缝冷却到环境温度、低合金结构钢应在完成焊接 24h 以后，进行焊缝探伤检验。

⑩ 钢结构一旦出现裂纹，焊工不得擅自处理，应及时通知有关单位人员，进行分析处理。

4）钢结构高强度螺栓连接质量控制

钢结构高强度螺栓连接的质量控制包括以下方面：

① 钢结构连接用高强度大六角头螺栓连接副、扭剪型高强度连接副的品种、规格、性能等应符合现行国家产品标准和设计要求。高强度大六角头螺栓连接副终拧完成 1h 后、48h 内应进行终拧转矩检查。

② 经表面处理的构件、连接件摩擦面，应进行摩擦系数测定，其数值必须符合设计要求。安装前应逐组复验摩擦系数，复验合格方可安装。

③ 检查合格证是否与材料相符、品种规格是否符合设计，检验盖章是否齐全。

④ 高强度螺栓连接应按设计要求对构件摩擦面进行喷砂（丸）、砂轮打磨或酸洗加工处理，其处理质量必须符合设计要求。

⑤ 高强度大六角头螺栓连接副和扭剪型高强度螺栓连接副出厂时应分别随箱带有转矩系数和紧固轴力（预拉力）的检验报告。高强度大六角头螺栓连接副转矩系数、扭剪型高强度螺栓连接副预拉力、符合《钢结构工程施工质量验收标准》GB 50205—2020 的规定。复验螺栓连接副的预拉力平均值和标准偏差应符合规定。

⑥ 高强度螺栓应顺畅插入孔内，不得强行敲打，在同一连接面上穿入方向宜一致，以便于操作；对连接构件不符合的孔，应用钻头或铰刀扩孔或修孔，符合要求后，方可进行安装。

⑦ 安装用临时螺栓可用普通螺栓，亦可直接用高强度螺栓，其穿入数量不得少于安装孔总数的 1/3，且不少于两个螺栓。

⑧ 安装时先在安装临时螺栓余下的螺孔中投满高强度螺栓，并用扳手扳紧，然后将临时普通螺栓逐一换成高强度螺栓，并用扳手扳紧。

⑨ 高强度螺栓的固定，应分两次拧紧（即初拧和终拧），每组拧紧顺序应从节点中心开始逐步向边缘两端施拧。整体结构的不同连接位置或同一节点的不同位置有两个连接构件时，应先拧紧主要构件，后拧紧次要构件。

⑩ 高强度螺栓紧固宜用电动扳手进行。扭剪型高强度螺栓初拧一般用 60%～70% 轴力控制，以拧掉尾部梅花卡头为终拧结束。不能使用电动扳手的部位，则用测力扳手紧固，初拧扭矩值不得小于终拧扭矩值的 30%，终拧扭矩值，应符合设计要求。

⑪ 螺栓初拧和终拧后，要做出不同标记，以便识别，避免重拧或漏拧。高强度螺栓终拧后外露丝扣不得小于 2 扣。

⑫ 当日安装的螺栓应在当日终拧完毕，以防构件摩擦面、螺纹沾污、生锈和螺栓漏拧。

⑬ 高强度螺栓紧固后要求进行检查和测定。如发现欠拧、漏拧时，应补拧；超拧时应更换。处理后的转矩值应符合设计规定。

⑭ 扭剪型高强度螺栓连接副终拧后，除因构造原因无法使用专用扳手终拧掉梅花头者外，未在终拧中拧掉梅花头的螺栓数不应大于该节点螺栓数的 5%。对所有梅花头未拧掉的扭剪型高强度螺栓连接副应采用转矩法或转角法终拧并标记。

⑮ 高强度螺栓应自由穿入螺栓孔。高强度螺栓孔不应采用气割扩孔，扩孔数量应征得设计同意，扩孔后的孔径不应超过 1.2d（d 为螺栓直径）。螺栓球节点网架总拼完成后，高强度螺栓与球节点应紧固连接，高强度螺栓拧入螺栓球内的螺纹长度不应小于 1.0d（d 为螺栓直径），连接处不应出现间隙、松动等未拧紧情况。

10. 屋面工程质量控制

(1) 屋面工程质量控制点

1) 屋面找平层的排水坡度；

2) 屋面保温层材料的性能、厚度；

3) 卷材防水层的搭接处理；

4) 焊缝的质量。

(2) 屋面工程质量控制措施

1) 原材料质量控制

① 材料进厂应具有产品出厂合格证、质量检验报告。所用材料必须进场验收，并按要求对各类材料进行复验。其质量、技术性能必须符合设计、施工及质量验收规范的规定。

② 保温材料的物理性能检验进场后的保温材料物理性能应检验下列项目：

a. 板状保温材料：表现密度、导热系数、吸水率、抗压强度。

b. 现喷硬质聚氨酯泡沫塑料应先在实验室试配，达到要求后再进行现场施工。现喷硬质聚氨酯泡沫塑料的表观密度应为 $35\sim40\text{kg/m}^3$、导热系数应小于 0.030W（m·K）、抗压强度应大于 150kPa、闭孔率应大于 92%。

2) 找平层施工过程质量控制

① 找平层厚度和技术要求见表 4-13。

② 找平层的排水坡度应符合设计要求。平屋面采用结构找坡不应小于 3%，采用材料找坡宜为 2%；天沟、檐沟纵向找坡不应小于 1%，沟底水落差不得超过 200mm。

③ 在铺设找平层前，应对基层（即下一基层表面）进行处理，清扫干净。当找平层下有松散填充料时，应予以铺平振实。

④ 检查水落口周围的坡度是否准确。水落口杯与基层接触处应留宽 20mm、深 20mm 凹槽，密封材料嵌填天沟。

⑤ 基层与突出屋面结构（女儿墙、山墙、天窗壁、变形缝、烟囱等）的交接处和基层的转角处，找平层均应做成圆弧形，圆弧半径应符合表 4-7 的要求。内部排水的水落口周围，找平层应做成略低的凹坑。

转角处圆弧半径　　　　　　　　　　　　　　　　　表 4-7

卷材种类	圆弧半径（mm）
沥青防水卷材	100～150
高聚物改性沥青防水卷材	50
合成高分子防水卷材	20

⑥ 分格缝的留设是否符合规范和设计要求。找平层宜设分格缝，并嵌填密封材料。分格缝应留设在板端缝处，其纵横缝的最大间距为水泥砂浆或细石混凝土找平层，不宜大于 6m；沥青砂浆找平层，不宜大于 4m。

⑦ 控制找平层质量，不得有空鼓、开裂、脱皮、起砂等缺陷。找平层的材料质量及配合比，必须符合设计要求。施工前基层表面必须清理干净、水泥砂浆找平层施工前先用水湿润好，保护层平整度应严格控制，保证找平层的厚度基本一致，加强成品养护，防止表面开裂。

⑧ 沥青砂浆找平层应符合下列规定：

a. 检查屋面板等基层安装牢固程度，不得有松动之处，屋面应平整，找好坡度并清扫干净。

b. 冷底子油干燥后可铺设沥青砂浆，其虚铺厚度约为压实后厚度的 1.30～1.40 倍。

c. 基层必须干燥，然后满涂冷底子油 1～2 道，涂刷要薄而均匀，不得有气泡和空白，涂刷后表面保持清洁。

d. 待砂浆刮平后，即用火棍进行滚压（夏天温度较高时，筒内可不生火）。滚压至平整、密实、表面没有蜂窝、不出现压痕为止。滚筒应保持清洁，表面可涂刷柴油。滚压不到之处可用烙铁烫压平整，施工完毕后避免在上面踩踏。

e. 施工缝应留成斜槎，继续施工时接槎处应清理干净并刷热沥青一遍，然后铺沥青砂浆，用火棍或烙铁烫平。

f. 雾、雨、雪天不得施工。一般不宜在气温 0℃以下施工。如在严寒地区，必须在气温 0℃以下施工时，应采取相应的技术措施，如分层分段流水施工或采取保温措施等。

g. 滚筒内的炉火及灰烬注意不得外泄在沥青砂浆面上。

h. 沥青砂浆铺设后，最好在当天铺第一层卷材，否则要用卷材盖好，防止雨水、露水浸入。

⑨ 水泥砂浆找平层应符合下列规定。

a. 砂浆配合比要称量准确，搅拌均匀，底层为塑料薄膜隔离层、防水层或不吸水保温层，宜在砂浆中加减水剂并严格控制稠度。砂浆铺设应按由远到近、由高到低的程序进行，最好在每一分格内一次连续抹成，严格掌握坡度。

b. 砂浆稍收水后，用抹子抹平、压实、压光（砂浆表面不允许撒干水泥或水泥浆压光），使表面坚固、平整；水泥砂浆终凝前轻轻取出嵌缝木条，完工后注意成品保护；水泥砂浆终凝后，采取浇水、覆盖浇水或喷养护剂、涂刷冷底子油等方法充分养护，保护砂浆中的水分充分水化，以确保找平层质量。

c. 注意气候变化，如气温在 0℃以下，或终凝前可能下雨时，不宜施工。若必须施工，应有技术措施，保证找平层质量。

d. 找平层硬化后，应用密封材料嵌填分格缝。

3）屋面保温层施工过程质量控制

保温层工程质量的重点是控制含水率，因为保温材料的干湿程度与导热系数关系很大。封闭式保温层的含水率，应相当于该材料在当地自然风干状态下的平衡含水率。铺设保温层应注意以下方面：

铺设保温层的基层应平整、干燥和干净。

保温层功能应符合设计要求，避免出现保温材料表观密度过大、铺设前含水量大、未充分晾干等现象。施工选用的材料应达到技术标准，要控制保温材料导热系数、含水量和铺实密度，保证保温的功能效果。

保温层铺设时应认真操作，拉线找坡，铺顺平整，操作中避免材料在屋面上堆积二次倒运，保证匀质铺设及表面平整，铺设厚度应满足设计要求。

板状保温材料施工，采用干铺法时保温材料应紧贴基层表面，多层设置的板块上下层接缝要错开，板缝间隙嵌填密实；当采用胶结剂粘贴时，板块相互之间与基层之间应满涂胶结材料，保证相互粘牢；当采用水泥砂浆粘贴板桩保温材料时，板缝间隙应采用保温灰浆填实并勾缝。

松散保温材料施工时应分层铺设，每层虚铺厚度不宜大于150mm，压实的程度与厚度必须经试验确定，压实后不得直接在保温层上行车或堆物。施工人员宜穿软底鞋进行操作。保温层施工完成后，应及时进行找平层和防水层的施工；雨期施工时，保温层应采取遮盖措施。

整体现浇（喷）保温层质量的关键，是表面平整和厚度满足设计要求。施工应符合下列规定：

① 沥青膨胀蛭石、沥青膨胀珍珠岩宜用机械搅拌，并应色泽一致，无沥青团；压实程度根据试验确定，其厚度应符合设计要求，表面应平整。

② 硬质聚氨酯泡沫塑料应按配比准确计量，发泡厚度均匀一致。施工要求严禁屋面保温层在雨天、雪天和五级风及以上风力时施工。施工完成后应及时进行找平层和防水层的施工。同时要求屋面保温层进行隐蔽验收，施工质量应验收合格，质量控制资料应完整。

4）屋面卷材防水施工过程质量控制

① 在坡度大于25%的屋面上采用卷材做防水层时，应采取固定措施。防止卷材下滑的措施除采取满粘法外，目前还有钉压固定等方法，固定点亦应封闭严密。

② 基层的准备工作为使卷材防水层与基层粘结良好，避免卷材防水层发生鼓泡现象，铺设屋面隔气层和防水层前，基层必须干净、干燥。干燥程度的简易检验方法是取1m²卷材平坦地干铺在找平层上，静置3~4h后掀开检查，找平层覆盖部位与卷材上未见水印即可铺设。

③ 卷材铺贴方向卷材铺贴方向应符合下列规定：

a. 屋面坡度小于3%时，卷材宜平行屋脊铺贴。

b. 屋面坡度在3%~15%时，卷材可平行或垂直屋脊铺贴。

c. 屋面坡度大于15%或屋面受振动时，沥青防水卷材应垂直屋脊铺贴，高聚物改性沥青防水卷材和合成高分子防水卷材可平行或垂直屋脊铺贴。

d. 上下层卷材不得相互垂直铺贴。

e. 为确保卷材防水屋面的质量，所有卷材均应采用搭接法。且上下层及相邻两幅卷材的搭接缝应错开。

f. 冷粘法铺贴注意胶粘剂涂刷应均匀，不露底，不堆积；根据胶粘剂的性能，应控制胶粘剂涂刷与卷材铺贴的间隔时间；铺贴的卷材下面的空气应排尽，并辊压粘接牢固；铺贴卷材应平整顺直，搭接尺寸准确，不得扭曲、褶皱；接缝口应用密封材料封严，宽度不应小于 10mm。

5）细石混凝土防水层施工过程质量控制

① 浇捣混凝土前，应将隔离层表面浮渣、杂物清除干净；检查隔离层质量及平整度、排水坡度和完整性；支好分格缝模板，标出混凝土浇捣厚度，厚度不宜小于 40mm。

② 配合比应准确计量，每工作班进行不少于两次的坍落度检查，并按规定制作检验的试块。加入外加剂时，应准确计量，投料顺序得当，搅拌均匀。

③ 混凝土搅拌应采用机械搅拌，搅拌时间不少于 2min。采用掺加抗裂纤维的细石混凝土时，应先加入纤维干拌均匀后再加水，干拌时间不少于 2min。一个分格缝范围内的混凝土必须一次浇捣完成，不得留施工缝。

④ 铺设、振动、滚压混凝土时必须严格保证钢筋间距及位置的准确。

⑤ 混凝土收水初凝后，及时取出分格缝隔板，用铁抹子第二次压实抹光，并及时修补分格缝的缺损部分，做到平直整齐；待混凝土终凝前进行第三次压实抹光，要求做到表面平光，不起砂、起皮、无抹板压痕为止，抹压时，不得撒干水泥。

⑥ 混凝土的浇捣按"先远后近、先高后低"的原则进行。混凝土宜采用小型机械振捣，如无振捣器，可先用木棍等插捣，再用小辊（30～40kg，长 600mm 左右）来回滚压，边插捣边滚压，直至密实和表面泛浆，泛浆后用铁抹子压实抹平，并要确保防水层的设计厚度和排水坡度。

⑦ 待混凝土终凝后，必须立即进行养护，应优先采用表面喷洒养护剂养护，也可用蓄水养护法或稻草、麦草、锯末、草袋等覆盖后浇水养护，养护时间不少于 14d，养护期间保证覆盖材料的湿润，并禁止闲人上屋面踩踏或在其上继续施工。

⑧ 钢纤维混凝土的水灰比宜为 0.45～0.50；砂率宜为 40%～50%；每立方米混凝土的水泥和掺合料用量宜为 360～400kg；混凝土中的钢纤维体积率宜为 0.8%～1.2%。钢纤维混凝土的配合比应经试验确定，其称量偏差不得超过以下规定：钢纤维±2%；水泥或掺合料±2%；粗、细骨料±3%，水±2%；外加剂±2%。

⑨ 钢纤维混凝土宜采用强制式搅拌机搅拌，拌合物应拌合均匀，颜色一致，不得有离析、泌水、钢纤维结团现象。当钢纤维体积率较高或拌合物稠度较大时，一次搅拌量不宜大于额定搅拌量的 80%。搅拌时宜先将钢纤维、水泥、粗细骨料干拌 1.5min，再加入水湿拌，也可采用在混合料拌合过程中加入钢纤维拌合的方法。搅拌时间应比普通混凝土延长 1～2min。

⑩ 钢纤维混凝土拌合物，从搅拌机卸出到浇筑完毕的时间不宜超过 30min，运输过程中应避免拌合物离析，如产生离析或坍落度损失，可加入原水灰比的水泥浆进行二次搅拌，严禁直接加水搅拌。

⑪ 浇筑钢纤维混凝土时，应保证钢纤维分布的均匀性和连续性，并用机械振捣密实。

每个分格板块的混凝土应一次浇筑完成，不得留施工缝。

⑫ 钢纤维混凝土振捣后，应先将混凝土表面抹平，待收水后再进行二次压光，混凝土表面不得有钢纤维露出。

⑬ 分格缝的位置应设在变形较大或较易变形的屋面板支承端、屋面转折处、防水层与突出屋面结构的交接处。分格缝的间距不宜大于6m。分格缝内应嵌密封材料。

⑭ 分格条安装位置应准确，起条时不得损坏分格缝处的混凝土；当采用切割法施工时，分格缝的切割深度宜为防水层厚度的3/4。混凝土防水层中应按设计配置双向钢筋网片，当设计无规定时，一般配置钢筋直径4～6mm的间距为100～200mm；钢筋网片分格缝处钢筋应断开；施工时钢筋网片应放置在混凝土的上部，其保护层厚度不应小于10mm。

⑮ 细石混凝土刚性防水层与山墙、女儿墙以及突出屋面交接处等部位，应留设缝隙，并用柔性密封材料进行处理，以防渗漏。在刚性防水层与基层之间应设置隔离层，以减少结构变形对刚性防水层产生的不利影响。

屋面泛水应按设计施工。若设计无明确要求时，泛水高度不应低于120mm，并于防水层一次浇捣完成，泛水转角处应做成圆弧或钝角。施工环境气温宜为5～35℃，并应避免在低温（0℃以下）或烈日暴晒下施工。刚性防水层工程每道工序完成，经验收合格后方可进行下道工序施工。防水工程的细部构造处理、各种接缝、保护层及密封防水部位等均应进行外观和防水功能隐蔽前的检验，检验合格后方能隐蔽。

刚性防水屋面施工后，应进行24h蓄水试验或24h持续淋水试验或雨后观察，以检查有无积水、渗漏现象，以及屋面排水系统是否畅通。

11. 楼地面工程质量控制

（1）楼地面工程质量控制点

1）隔离层的设置。

2）防水层的质量。

（2）楼地面工程质量控制措施

1）基层工程质量控制

① 原材料质量控制基层工程原材料的质量控制包括以下方面：

a. 基土严禁采用淤泥、腐殖土、冻土、耕植土、膨胀土和含有8%（质量分数）以上有机物质的土作为填土。黏土（或粉质黏土、粉土）内不得含有有机物质，颗粒粒径不得大于15mm。

b. 混凝土垫层或找平层采用的碎石或卵石，其粒径不应大于其厚度的2/3，含泥量不应大于2%。砂为中粗砂，其含泥量不应大于3%。

c. 找平层应采用水泥砂浆或水泥混凝土铺设，并应符合设计规定。水泥砂浆体积比或水泥混凝土强度等级应符合设计要求，且水泥砂浆体积比不应小于1:3（或相应的强度等级）；水泥混凝土强度等级不应小于C15。

d. 灰土垫层采用的熟化石灰，使用前应提前3～4d充分熟化并过筛，其颗粒粒径不得大于5mm。熟化石灰可采用磨细生石灰代替，其细度应满足要求。

e. 灰土垫层施工时，填土应保持最优含水率，重要工程或大面积填土前，应取土样按击实试验确定最优含水率与相应的最大于密度。

f. 隔离层的材料，其材质应经有资质的检测单位认定。

g. 灰土垫层应采用熟化石灰粉与黏土（含粉质黏土、粉土）的拌合料铺设，其厚度不应小于 100mm。灰土体积比应符合设计要求。

② 施工过程的质量控制应注意以下方面。

a. 垫层施工应在编制了技术措施并进行了安全与技术交底后方可施工。

b. 垫层施工应在地基与基础工程、主体工程验收合格并办完验收手续后方可施工。

c. 基层铺设前，其下一层表面应清理干净、无积水。

d. 建筑地面工程基层（各构造层）的铺设，应待下一层检验合格后方可进行上一层施工。基层施工要注意与相关专业（如管线安装专业）的相互配合与交接检验。

e. 地面工程的基土应均匀密实，压实系数应符合设计要求，设计无要求时，不应小于 0.90。

f. 施工时，应检查在垫层、找平层内埋设暗管时，管道是否按设计要求予以稳固。待隐蔽工程完工后，经验收合格后，方可进行垫层的施工。

g. 灰土垫层施工时，应严格控制含水量。

h. 施工时，应随时检查基层的标高、坡度、厚度等是否符合设计要求，基层表面是否平整、是否符合规定。

i. 在水泥类找平层上铺设沥青类防水卷材、防水涂料时，或以水泥类材料作为防水隔离层时，应检查其表面是否坚固、洁净、干燥，且在铺设前是否涂刷了基层处理剂，基层处理剂是否采用了与卷材性能配套的材料或采用了同类涂料的底子油。

j. 应检查对有防水要求的建筑地面工程在铺设前是否对立管、套管和地面与楼板的节点之间进行了密封处理，排水坡度是否符合设计要求。

k. 铺设防水隔离层时，在管道穿过的楼板面的四周，防水材料应向上铺涂，且超过套管的上口；在靠近墙面处，应高出面层 200～300mm 或按设计要求的高度铺涂，阴阳角和管道穿过楼板面的根部应增设附加防水隔离层。

l. 防水材料铺设后，必须进行蓄水检验。蓄水深度应为 20～30mm，24h 内无渗漏为合格，并做记录。

2）厕浴间（隔离层）工程质量控制

① 原材料质量控制包括以下方面：

a. 基层涂刷的处理剂应与隔离层材料（卷材、防水涂料）具有相容性。

b. 隔离层的材料，应符合设计要求。其材质应经有资质的检测单位认定，从源头上进行材质控制。

c. 防水类涂料应符合现行的产品标准的规定，并应经国家法定的检测单位认可。采用沥青基防水涂料、高聚物改性沥青防水涂料和合成高分子防水涂料，其质量应按现行国家标准《屋面工程质量验收规范》GB 50207—2012 中材料要求的规定执行。

d. 沥青应采用石油沥青，其质量应符合现行的国家标准《建筑石油沥青》GB/T 494—2010 或现行的行业标准《道路石油沥青》NB/SH/T 0522—2010 的规定。软化点按"环球法"试验时宜为 50～60℃，不得大于 70℃。

e. 沥青防水卷材应符合现行国家标准《石油沥青纸胎油毡》GB/T 326—2007 的规

定；采用高聚物改性沥青防水卷材和合成高分子防水卷材应符合现行的产品标准的要求，其质量应按现行国家标准《屋面工程质量验收规范》GB 50207—2012 中材料要求的规定执行。

② 施工过程的质量控制包括以下方面：

a. 在铺设隔离层前，对基层表面进行处理，其表面要求平整、洁净和干燥，并不得有空鼓、裂缝和起砂等现象。同时应涂刷基层处理剂，基层处理剂应采用与卷材性能配套的材料或采用同类涂料的底子油。

b. 采用水泥类材料作刚性隔离层时，应采用硅酸盐水泥或普通硅酸盐水泥，水泥强度等级不应低于 32.5 级。当掺用防水剂时，其掺量和强度等级（或配合比）应符合设计要求。

c. 铺设隔离层时，对穿过楼层面连接处的管道四周，防水类材料均应向上铺涂，并应超过套管上口；在靠近墙面处，应高出面层 200～300mm，或按设计要求的高度铺涂。阴阳角和管道穿过楼面的根部应增加铺涂防水类材料的附加层的层数或遍数。

d. 在水泥类基层上喷涂沥青冷底子油，要均匀不露底，小面积也可以用胶皮板刷或油刷人工均匀涂刷，厚度以 0.5mm 为宜，不得有麻点。

e. 沥青胶结料防水层一般涂刷两层，每层厚度宜为 1.5～2mm。

f. 沥青胶结料防水层可以在气温不低于 20℃ 时涂刷。如果气温过低，应采取保温措施。

g. 防水类卷材的铺设应碾平压实，挤出的沥青胶结料要趁热刮去，已铺贴好的卷材面前不得有褶皱、空鼓、翘边和封口不严等缺陷。卷材的搭接长度，长边不小于 100mm，短边不小于 150mm，搭接接缝处必须用沥青胶结材料封严。

h. 铺设隔离层时，在厕浴间门（洞）口、铺地管道的穿墙口处的隔离层应连续铺设过洞口。

i. 隔离层的铺设层数、涂铺遍数、涂铺厚度应满足设计要求。

j. 涂刷隔离层时要涂刷均匀，不得有堆积、露底等现象。

k. 防水材料铺设后，必须做蓄水检验。蓄水深度应为 20～30mm，24h 内无渗漏为合格，并做好记录。

3）整体楼地面工程质量控制

① 原材料质量控制包括以下方面：

a. 整体楼地面面层材料应有出厂合格证、样品试验报告以及材料性能检测报告。

b. 水泥混凝土采用的粗骨料，其最大粒径不应大于面层厚度的 2/3，当采用细石混凝土面层时，石子粒径不应大于 15mm，含泥量不应大于 2％。

c. 水泥砂浆面层采用硅酸盐水泥、普通硅酸盐水泥，其强度等级不应低于 32.5 级，不同品种、不同强度等级的水泥严禁混用；砂应采用粗砂或中粗砂，且含泥量不应大于 3％。当采用石屑时，其粒径应为 1～5mm。

d. 水磨石面层应采用水泥与石粒拌合料铺设。白色或浅色的水磨石面层，应采用白水泥；深色的水磨石面层，宜采用硅酸盐水泥、普通硅酸盐水泥或矿渣硅酸盐水泥；同颜色的面层应使用同一批水泥。同一彩色水磨石面层应使用同水磨石面层的石粒，应采用坚硬可磨白云石、大理石等岩石加工而成，石粒应洁净无杂物，其粒径除特殊要求外应为 6～15mm。

e. 水磨石面层颜料应采用耐光、耐碱的矿物原料，不得使用酸性颜料。应采用同厂、同批的颜料；其掺入量宜为水泥重量的 3％～6％或由试验确定。

f. 应严格控制各类整体面层的配合比。

② 施工过程的质量控制包括以下方面。

a. 楼面、地面施工前应先在房间的墙上弹出标高控制线（50 线）。

b. 整体面层铺设时，其基层的表面应粗糙、洁净，并应湿润，但不得有积水现象；当在预制钢筋混凝土板上铺设时，应在已压光的板面上划毛（或凿毛）或涂刷界面处理剂。

c. 整体面层铺设前宜涂刷界面处理剂，面层与下一层黏合应牢固，无空鼓、裂纹。

d. 铺设整体面层时，其水泥类基层的抗压强度不得小于 1.2MPa；同时，在铺设整体面层前，应涂刷一遍水泥浆，其水灰比宜为 0.4～0.5，并应随刷随铺。

e. 铺设整体面层，应按设计要求和施工规范的规定设置分格缝和分格条。当需分格时，其面层分格缝应与水泥混凝土垫层的缝相应对齐；水磨石面层与水泥混凝土垫层对齐的分格缝宜设置双分格条。

f. 室内水泥类整体面层与走廊邻接的门扇处应设置分格缝；大开间楼层的水泥类整体面层在梁、墙支承的位置应设置分格缝。

g. 水泥砂浆面层的厚度应符合设计要求，且不应小于 20mm。铺设时，应在基层上涂刷水泥浆，随刷随铺水泥砂浆并随时压实并控制厚度；抹平压光时不得在表面撒干水泥或水泥浆；有地漏等带有坡度的面层，其表面坡度应符合设计要求，不得有倒泛水和积水现象。

h. 细石混凝土必须搅拌均匀，铺设时按标筋厚度刮平，随后用平板式振捣器振捣密实。待稍收水，即用铁抹子预压一遍，使之平整，不显露石子。或是用铁滚筒往复交叉滚压 3～5 遍，低凹处用混凝土填补，滚压至表面泛浆。若泛出的浆水呈细花纹状，表明已滚压密实，即可进行压光，抹平压光时不得在表面撒干水泥或水泥浆。

i. 水泥混凝土面层应连续浇筑，不应留置施工缝。若停歇时间超过允许规定的时间时，在继续浇筑前应对已凝结的混凝土接槎处进行清理和处理，剔除松散石子、砂浆部分，润湿并铺设与混凝土同级配合比的水泥砂浆后，再进行混凝土浇筑，应重视接缝处的捣实、压平工作，不应显出接槎。

j. 水泥混凝土振实后，必须做好面层的抹平和压光工作。

k. 水泥混凝土面层浇筑完成后，应在 24h 内加以覆盖并浇水养护，在常温下连续养护不少于 7d，低温及冬期施工应养护 10d 以上，且禁止有人走动或进行其他作业。

l. 水磨石面层的结合层的水泥砂浆体积比宜为 1∶3，相应的强度等级不应小于 M10，水泥砂浆稠度宜为 30～35mm。

m. 水泥与石粒的拌合料调配工作必须计量正确，拌合均匀。先将水泥和颜料过筛干拌后，再加入石粒拌合均匀后加水搅拌，拌合料的稠度宜为 60mm。采用多种颜色、规格的石粒时，必须事先拌合均匀后备用。

n. 普通水磨石面层磨光遍数不应少于三遍，高级水磨石面层的厚度和磨光遍数由设计确定。

103

o. 水磨石面层出光后,洒草酸并洒水。水磨石面层的涂草酸和上蜡工作前,其表面严禁污染。

4)板块楼地面工程质量控制

① 原材料质量控制包括以下方面:

a. 板块的品种、规格、花纹图案以及质量必须符合设计要求,必须有材质合格证明文件及检测报告。检查中应注意大理石、花岗石等天然石材内有害杂质的限量报告,其含量必须符合现行国家相关标准规定。

b. 胶粘剂、沥青胶结材料和涂料等材料应按设计选用,并应符合现行国家标准的规定。块无裂纹、掉角和缺棱等缺陷。

c. 配制水泥砂浆时应采用硅酸盐水泥、普通硅酸盐水泥或矿渣硅酸盐水泥,其水泥强度等级不宜低于 42.5 级。

② 施工过程的质量控制板块楼地面施工过程的质量控制包括以下方面:

a. 应在地面垫层、预埋管线等全部完工、并已办完隐蔽工程验收手续后,方可施工。

b. 施工前应在室内墙面弹出标高控制线(50 线),以控制标高。

c. 铺设板块面层时,应在结合层上铺设。其水泥类基层的抗压强度不得小于 1.2MPa,表面应平整。

d. 板块地面的水泥类找平层,宜用干硬性水泥砂浆,且不能过稀和过厚,否则易引起地面空鼓。

e. 有防腐蚀要求的砖面层采用的耐酸瓷砖,浸渍沥青砖,缸砖的材质、铺设以及施工质量验收应符合现行国家标准《建筑防腐蚀工程施工规范》GB 50212—2014 的规定。

f. 在铺贴前,应对砖的规格尺寸(用套板进行分类),外观质量(剔除缺棱、掉角、裂缝、歪斜、不平等的砖),色泽等进行预选,浸水湿润晾干待用,基层应浇水湿润,当需要调整缝隙时,应在水泥浆结合层终凝前完成。

g. 铺贴宜整间一次完成,如果房间大,不能一次铺完,可按轴线分块,须将接槎切齐,余灰清理干净。

h. 勾缝和压缝应采用同品种、同强度等级、同颜色的水泥。当砖面层的水泥砂浆结合层的抗压强度达到设计要求后,方可正常使用。

i. 在水泥砂浆结合层上铺贴陶瓷锦砖面层时,砖底面应洁净,每联陶瓷锦砖之间,与结合层之间以及在墙角、镶边和靠墙处,应紧密贴合。在靠墙处不得采用砂浆填补。

j. 采用胶粘剂在结合层上粘贴砖面层时,胶粘剂选用应符合现行国家标准,《民用建筑工程室内环境污染控制标准》GB 50325—2020 的规定。

12. 抹灰工程质量控制

(1)抹灰工程质量控制点

1)抹灰基层处理。

2)防开裂的加强措施。

(2)抹灰工程质量控制措施

1)一般抹灰工程质量控制

① 原材料质量控制包括以下方面：

a. 抹灰常采用的水泥应用不小于 32.5 级的普通硅酸盐水泥、矿渣硅酸盐水泥。不同品种水泥不得混用。

b. 抹灰用的石灰膏可用块状生石灰熟化，熟化时必须用孔径不大于 3mm×3mm 的筛过滤，并储存在沉淀池中，常温下熟化时间不应少于 15d；罩面用的磨细石灰粉的熟化时间不应少于 30d。

c. 抹灰用砂最好是中砂（平均粒径为 0.35～0.5mm），或粗砂（平均粒径不大于 0.5mm）与中砂混合掺用。砂使用前应过筛，不得含有泥土及杂质。但是不宜使用特细砂（平均粒径小于 0.25mm）。

d. 抹灰用的石膏密度为 2.6～2.75g/cm³，堆积密度为 800～1000kg/m³。石膏加水后凝结硬化速度很快，规范规定初凝时间不得少于 4min，终凝时间不得超过 30min。

e. 麻刀应均匀、坚韧、干燥、不合杂质，长度以 20～30mm 为宜。罩面用纸筋宜用机碾磨细。稻草、麦秸长度不大于 30mm，并经石灰水浸泡 15d 后使用较好。

② 施工过程的质量控制包括以下方面：

a. 抹灰前基层表面的尘埃及疏松物、污垢、分型剂、油渍等应清除干净，砌块、混凝土缺陷部位应先期进行处理，并应洒水润湿基层。基体表面光滑，抹灰前应作毛化处理。

b. 抹灰工程施工应在基体或基层的质量检查合格后才能进行。

c. 正式抹灰前，应按施工方案（或安全技术交底）及设计要求抹出样板间，待有关检验合格后，方可正式进行。

d. 抹灰前，应纵横拉通线，用与抹灰层相同的砂浆设置标志。

e. 检查抹灰层厚度，要求当抹灰厚度大于或等于 35mm 时，应采取加强措施。不同材料基体交接处表面的抹灰，应采取防止开裂的加强措施；当采用加强网时，加强网与各基体的搭接宽度不应小于 100mm。

f. 检查普通抹灰表面是否光滑、洁净，接槎是否平整，分割缝是否清晰；高级抹灰表面应光滑、洁净、颜色均匀、无抹纹，分割缝和灰线应清晰美观。

g. 水泥砂浆不得抹在石灰砂浆层上；罩面石膏灰不得抹在水泥砂浆层上。

h. 室内墙面、柱面和门窗洞口的阳角做法应符合设计要求，当设计无要求时应采用 1:2 的水泥砂浆做暗护角，其高度不低于 2m，宽度不小于 50mm。

i. 各种砂浆的抹灰层，在凝结前应防止快干、水冲、碰撞和振动。水泥类砂浆终凝后要适度喷水养护。

2）装饰抹灰工程质量控制

① 原材料质量控制装饰抹灰工程的原材料质量控制包括以下方面：

a. 水泥、砂质量控制要点同一般抹灰质量控制要点。

b. 水刷石、干粘石、斩假石的骨料，其质量要求是颗粒坚韧、有棱角、洁净且不得含有风化的石粒，使用时应冲洗干净并晾干。

c. 彩色瓷粒质量，其粒径为 1.2～3mm，且应具有大气稳定性好、表面瓷粒均匀等特点。

d. 装饰砂浆中的颜料，应采用耐碱和耐晒（光）的矿物颜料，常用的有氧化铁黄、铬黄、氧化铁红、群青、钴蓝、铬绿、氧化铁棕、氧化铁黑、钛白粉等。

e. 建筑胶粘剂应选择无醛胶粘剂，产品性能参照《水溶性聚乙烯醇建筑胶粘剂》JC/T 438—2019 的要求。有害物质限量符合《室内装饰装修材料　胶粘剂中有害物质限量》GB 18583—2008 的要求。

f. 水刷石浪费水资源，并对环境有污染，应尽量减少使用。

② 施工过程的质量控制包括以下方面：

a. 装饰抹灰应在基体或基层的质量检查合格后才能进行。

b. 装饰抹灰面层的厚度、颜色、图案应符合设计要求。

c. 正式抹灰前，应按施工方案（或安全技术交底）及设计要求抹出样板件，待有关方检验合格后，方可正式进行。

d. 装饰抹灰面层有分格要求时，分格条应宽窄厚薄一致，粘贴在中层砂浆面上应横平竖直，交接严密，完工后应适时全部取出。

e. 装饰抹灰面层应做在已硬化、粗糙且平整的中层砂浆面上，涂抹前应洒水湿润。

f. 装饰抹灰的施工缝，应留在分格缝、墙面阴角、水落管背后或独立装饰组成部分的边缘处。每个分块必须连续作业，不显接槎。

g. 水刷石、水磨石、斩假石和干粘石所用的彩色石粒应洁净，统一配料，干拌均匀。

h. 水刷石、水磨石、斩假石面层涂抹前，应在已浇水湿润的中层砂浆面上刮水泥浆（水灰比为 0.37～0.40）一遍，以使面层与中层结合牢固。

i. 喷涂、弹涂等工艺不能在雨天进行；干粘石等工艺在大风天气不宜施工。

j. 水刷石表面石粒清晰、分布均匀、紧密平整、色泽一致，且无掉粒和接槎痕迹。斩假石表面剁纹应均匀顺直、深浅一致，且无漏剁处；阳角处应横剁并留出宽窄一致的不剁边条，棱角应无损坏。干粘石表面应色泽一致、不漏浆、不漏粘，石粒应粘结牢固、分布均匀，阳角处应无明显黑边。

五、建筑工程施工试验

（一）水泥试验

水泥是建筑工程重要材料之一，通过水泥试验，了解其技术特点，为工程设计、施工提供依据。

1. 水泥技术指标

（1）水泥常识

根据国家标准《水泥的命名原则和术语》GB/T 4131—2014 规定，水泥按其用途及性能可分为通用水泥、专用水泥及特性水泥三类。目前，我国建筑工程中常用的是通用硅酸盐水泥，它是以硅酸盐水泥熟料和适量的石膏及规定的混合材料制成的水硬性胶凝材料。国家标准《通用硅酸盐水泥》GB 175—2007 规定，按混合材料的品种和掺量，通用硅酸盐水泥可分为硅酸盐水泥、普通硅酸盐水泥、矿渣硅酸盐水泥、火山灰质硅酸盐水泥、粉煤灰硅酸盐水泥和复合硅酸盐水泥，见表5-1。

通用硅酸盐水泥的代号、强度等级与包装袋的颜色　　　　表 5-1

序号	水泥品种	简称	代号	强度等级	包装袋颜色
1	硅酸盐水泥	硅酸盐水泥	P. I 、P. II	42.5、42.5R、52.5、52.5R、62.5、62.5R	红色
2	普通硅酸盐水泥	普通水泥	P. O	42.5、42.5R、52.5、52.5R	
3	矿渣硅酸盐水泥	矿渣水泥	P. S. A、P. S. B	32.5、32.5R 42.5、42.5R 52.5、52.5R	绿色
4	火山灰质硅酸盐水泥	火山灰水泥	P. P		黑色或蓝色
5	粉煤灰硅酸盐水泥	粉煤灰水泥	P. F		
6	复合硅酸盐水泥	复合水泥	P. C		

注：强度等级中，R 表示早强型。

（2）常用水泥的技术要求

1）凝结时间

水泥的凝结时间分初凝时间和终凝时间。初凝时间是从水泥加水拌合起至水泥浆开始失去可塑性所需的时间；终凝时间是从水泥加水拌合起至水泥浆完全失去可塑性并开始产生强度所需的时间。《通用硅酸盐水泥》GB 175—2007 规定，六大常用水泥的初凝时间均不得短于 45min，硅酸盐水泥的终凝时间不得大于 390min，其他五类常用水泥的终凝时间不得大于 600min。

2）体积安定性

水泥的体积安定性是指水泥在凝结硬化过程中，体积变化的均匀性。如果水泥硬化后产生不均匀的体积变化，使混凝土构件产生膨胀性裂缝，降低工程质量，甚至引起严重工程事故。安定性使用沸煮法；施工中必须使用安定性合格的水泥，当水泥的安定性不合格时，应按废品水泥处理。

3）强度

《通用硅酸盐水泥》GB 175—2007 规定，采用胶砂法来测定水泥的 3d 和 28d 的抗压强度和抗折强度，根据测定结果来确定该水泥的强度等级（表 5-2）。

强度规定 表 5-2

品种	强度等级	抗压强度		抗折强度	
		3d	28d	3d	28d
硅酸盐水泥	42.5	≥17.0	≥42.5	≥3.5	≥6.5
	42.5R	≥22.0		≥4.0	
	52.5	≥23.0	≥52.5	≥4.0	≥7.0
	52.5R	≥27.0		≥5.0	
	62.5	≥28.0	≥62.5	≥5.0	≥8.0
	62.5R	≥32.0		≥5.5	
普通硅酸盐水泥	42.5	≥17.0	≥42.5	≥3.5	≥6.5
	42.5R	≥22.0		≥4.0	
	52.5	≥23.0	≥52.5	≥4.0	≥7.0
	52.5R	≥27.0		≥4.0	
矿渣硅酸盐水泥 火山灰硅酸盐水泥 粉煤灰硅酸盐水泥 复合硅酸盐水泥	32.5	≥10.0	≥32.5	≥2.5	≥5.5
	32.5R	≥15.0		≥3.5	
	42.5	≥15.0	≥42.5	≥3.5	≥6.5
	42.5R	≥19.0		≥4.0	
	52.5	≥21.0	≥52.5	≥4.0	≥7.0
	52.5R	≥23.0		≥4.5	

4）其他技术要求

《通用硅酸盐水泥》GB 175—2007 其他技术要求包括标准稠度用水量、水泥的细度及化学指标。水泥的细度属于选择性指标。按照相关标准规定，硅酸盐水泥和普通硅酸盐水泥的细度以比表面积表示，其比表面积不小于 $300m^2/kg$；其他四类常用水泥的细度以筛余表示，其 $80\mu m$ 方孔筛筛余不大于 10% 或 $45\mu m$ 方孔筛筛余不大于 30%。通用硅酸盐水泥的化学指标有不溶物、烧失量、三氧化硫、氧化镁、氯离子和碱含量。碱含量属于选择性指标，水泥中碱含量以 $Na_2O+0.658K_2O$ 计算值来表示。水泥中的碱含量高时，如果配制混凝土的骨料具有碱活性，可能产生碱骨料反应，导致混凝土因不均匀膨胀而破坏。若使用活性骨料，用户要求提供低碱水泥时，则水泥中的碱含量应不大于 0.6% 或由买卖双方协商确定。

5）包装及标志

水泥可以散装或袋装，袋装水泥每袋净含量为 50kg，且应不少于标志质量的 99%；随机抽取 20 袋总质量（含包装袋）应不少于 1000kg。水泥包装袋上应清楚标明：执行标准、水泥品种、代号、强度等级、生产者名称、生产许可证标志（QS）及编号、出厂编号、包装日期、净含量。散装发运时应提交与袋装标志相同内容的卡片。

2. 水泥出厂合格证及进场检（试）验报告

水泥进场时应对其品种、级别、包装或散装仓号、出厂日期等进行检查，并应对其强度、安定性及其他必要的性能指标进行复验，其质量必须符合《通用硅酸盐水泥》GB 175—2007等的规定。

当在使用中对水泥质量有怀疑或水泥出厂超过三个月（快硬硅酸盐水泥超过一个月）时，应进行复验，并按复验结果使用。钢筋混凝土结构、预应力混凝土结构中，严禁使用含氯化物的水泥。检验报告内容包括出厂检验项目、细度、混合材料品种和掺加量、石膏和助磨剂的品种及掺加量、属旋窑或立窑生产及合同约定的其他技术要求。生产厂家应在水泥发出之日起7d内寄发除28d强度以外的各项检验结果，32天内补报28d强度的检验结果。凡细度、终凝时间，不溶物和烧失量中任一项指标不符合规定，或混合料掺入量超过最大限量和强度低于商品强度时，判为不合格品。当水泥包装标志中水泥品种，强度等级，生产者和出厂强度等级不全的也属于不合格品。

在三个月内，买方对水泥质量有疑问时，则买卖双方应将签封的试样送省级或省级以上国家认可的水泥质量监督检测机构进行仲裁检验。

水泥出厂报告单称作一检单；现场试验室28d的实验报告称作二检单。二检单如无特别要求，一般只出物理力学性质的4项（强度、凝结时间、安定性、比表面积）报告。

（1）水泥检验批（表5-3、表5-4）

水泥、粉煤灰批次 表5-3

检查数量	按同一生产厂家、同一等级、同一品种、同一批号且连续进场的水泥，袋装不超过200t为一批，散装不超过500t为一批，每批抽样不少于一次
检验方法	检查产品合格证、出厂检验报告和进场复试报告

水泥、粉煤灰取样 表5-4

袋装水泥	不同点20包水泥取样，每包不得少于0.5kg，累积取样不得少于12kg
散装水泥	以一辆次为一取样点，每点取样不少于1kg，累积取样不少于12kg
粉煤灰	以相同等级连续供应的200t粉煤灰为一批每次取样8kg

注：粉煤灰复验时，应测细度、烧失量、含水量、SO₃含量。

（2）水泥出厂检验项目及重要程度分类

水泥出厂检验项目及重要程度分类见表5-5。

检验项目及重要程度分类 表5-5

序号	检验项目	依据法律法规或标准条款	强制性/推荐性	检测方法	重要程度或不合格程度分类	
					A类[a]	B类[b]
1	三氧化硫	GB 175—2007	强制性	GB/T 176—2017	•	
2	氧化镁	GB 175—2007	强制性		•	
3	烧失量	GB 175—2007	强制性		•	
4	不溶物	GB 175—2007	强制性		•	
5	氯离子含量	GB 175—2007	强制性		•	

续表

序号	检验项目	依据法律法规或标准条款	强制性/推荐性	检测方法	重要程度或不合格程度分类 A类[a]	B类[b]
6	凝结时间	GB 175—2007	强制性	GB/T 1346—2011	•	
7	安定性	GB 175—2007	强制性		•	
8	强度	GB 175—2007	强制性	GB/T 17671—2021	•	

注：1. [a]极重要质量项目，[b]重要质量项目。极重要质量项目是指直接涉及人体健康、使用安全的指标；重要质量项目是指产品涉及环保、能效、关键性能或特征值的指标。

2. 不同品种水泥的检验项目按照《通用硅酸盐水泥》GB 175—2007 的规定进行。

3. 试验记录表（样例）（表 5-6～表 5-8）

水泥物理性能试验记录表（样例） 表 5-6

工程名称：×××××××扩建工程　　合同号：S32**-Ⅴ标　　编号：S32-Ⅴ-C-008

试表 1-1

任务单号	—	试验环境	温度21℃相对湿度68%
试验日期		试验设备	搅拌机、天平、煮沸箱
试验规程		试验人员	
评定标准	GB 175—2007	复核人员	
厂家牌号　×××××水泥集团公司		品种及强度等级　P.O 42.5	

一、细度试验

试样质量 m（g）	筛余物质量 R_s（g）	筛余百分率测值 F（%）	修正系数 C	修正后筛余百分率 F_c（%）	筛余百分率测定值 F_c'（%）	备注
①	②	③	④	⑤	⑥	⑦
—	—	—	—	—	—	—

二、标准稠度用水量

拌合用水量（mL）	标准稠度用水量（%）	备注
139.5	27.9	—

三、凝结时间试验

起始时间	初凝状态时间	初凝时间（min）	终凝状态时间	终凝时间（min）	备注
10：12	13：42	210	15：37	325	—

四、安定性试验

沸煮前针尖间距 A（mm）	沸煮后针尖间距 C（mm）	C-A 测值（mm）	C-A 测定值（mm）	备注
⑧	⑨	⑩	⑪	⑫
11.0	12.0	1.0	1.0	—
12.5	13.5	1.0		

结论：检测试样所检项目符合《通用硅酸盐水泥》GB 175—2007 标准要求。

水泥力学性能试验记录表（样例）　　　表 5-7

工程名称：<u>××××××××扩建工程</u>　　合同号：<u>S32＊＊-V标</u>　　编号：<u>S32-V-C-108</u>

试表 1-2

任务单号	—	试验环境	温度：19℃　相对湿度：65％
试验日期	2021.2.13-2021.3.13	试验设备	抗折机压力机
试验规程	JTG 3420—2020	试验人员	＊＊＊
评定标准	GB 175—2007	复核人员	＊＊＊

厂家牌号 <u>×××××水泥集团公司</u>　　品种及强度等级 P.O 42.5　　龄期（d）　28

试件编号	抗折强度					抗压强度			
	破坏荷载 F_f（kN）	支点间距 L（mm）	正方形截面边长 b（mm）	抗折强度测定值 R_f（MPa）	抗折强度测定值 R'_f（MPa）	破坏荷载 F_c（kN）	受压面积 A（mm²）	抗压强度测定值 R_c（MPa）	抗压强度测定值 R'_c（MPa）
①	②	③	④	⑤	⑥	⑦	⑧	⑨	⑩
1	3.410	100	40	8.0	8.0	82.38	1600	51.5	50.8
						81.05	1600	50.7	
2	3.440	100	40	8.1		80.48	1600	50.3	
						82.31	1600	51.4	
3	3.400	100	40	8.0		80.92	1600	50.6	
						80.31	1600	50.2	

结论：检测试样所检项目符合《通用硅酸盐水泥》GB 175—2007 标准要求。

水泥胶砂流动度试验记录表（样例）　　　表 5-8

工程名称：<u>××××××××扩建工程</u>　　合同号：<u>S32＊＊-V标</u>　　编号：<u>S3-027</u>

任务单号	—	试验环境	温度：19℃　相对湿度：61％
试验日期	2022.1.22	试验设备	胶砂搅拌机、跳桌、捣棒等
试验规程	JTG 3420—2020	试验人员	
评定标准		复核人员	
结构物名称：<u>××××商品房</u>		结构部位　筏板	
试样描述：____	—	搅拌方式：____	

胶砂流动度测定值（mm）		平均值（mm）
最大直径测定值（mm）	194	196
最大直径测定值（mm）	197	

结论：该试验所测定的值为196mm。

（二）砂石试验

砂石的规格、级配、强度等指标，对由其构成的砂浆或混凝土的强度将产生直接影响，须通过砂石试验，为工程设计、施工提供依据，砂浆中细骨料、混凝土中的粗细骨料都应符合行业标准要求。

1. 砂

砂指的是岩石风化后经雨水冲刷或由岩石轧制而成的粒径为 0.15～4.75mm 的粒料。砂是组成混凝土和砂浆的主要组成材料之一，是土木工程的大宗材料。作为细骨料的砂的质量和技术指标有：颗粒级配、含泥（石粉）量和泥块含量、细度模数、坚固性、轻物质含量、碱集料反应、亚甲蓝值七项。

（1）分类与规格

1）分类

砂按产源分为天然砂、人工砂两类。天然砂包括海砂、河砂、湖砂、山砂、淡化海砂；人工砂包括机制砂、混合砂。

2）规格

砂按细度模数分为粗、中、细三种规格，其细度模数分别为：粗：3.1～3.7；中：2.3～3.0；细：1.6～2.2。

3）类别与用途

砂按其技术要求分为Ⅰ类、Ⅱ类、Ⅲ类。Ⅰ类宜用于强度等级大于 C60 的混凝土；Ⅱ类宜用于强度等级 C30～C60 及抗冻、抗渗或其他要求的混凝土；Ⅲ类宜用于强度等级小于 C30 的混凝土和建筑砂浆。

（2）技术要求

1）颗粒级配

砂的颗粒级配应符合表 5-9 的规定。

颗粒级配 表 5-9

方筛孔 累计筛余，% 级配区	1	2	3
9.50mm	0	0	0
4.75mm	0～10	0～10	0～10
2.36mm	5～35	0～25	0～15
1.18mm	35～65	10～50	0～25
600μm	71～85	41～70	16～40
300μm	80～95	70～92	55～85
150μm	90～100	90～100	90～100

1）砂的实际颗粒级配与表中所列数字相比，除 4.75mm 和 600μm 筛挡外，可以略有超出，但超出总量应小于 5%；

2）1 区人工砂中 150μm 筛孔的累计筛余可以放宽到 85～100，2 区人工砂中 150μm 筛孔的累计筛余可以放宽到 80～100，3 区人工砂中 150μm 筛孔的累计筛余可以放宽到 75～100

2）泥和黏土块

天然砂的含泥量和泥块含量应符合表 5-10 的规定。

天然砂的含泥量和泥块含量　　　　　　表 5-10

项目	指标		
	Ⅰ类	Ⅱ类	Ⅲ类
含泥量（按质量计），%	<1.0	<3.0	<5.0
泥块含量（按质量计），%	0	<1.0	<2.0

人工砂的石粉含量和泥块含量应符合表 5-11 的规定。

人工砂的石粉含量和泥块含量　　　　　　表 5-11

	项目		指标		
			Ⅰ类	Ⅱ类	Ⅲ类
1	亚甲蓝试验	MB 值<1.40 或合格 石粉含量（按质量计），%	<3.0	<5.0	<7.0
2		泥块含量（按质量计），%	0	<1.0	<2.0
3		MB 值≥1.40 或不合格 石粉含量（按质量计），%	<1.0	<3.0	<5.0
4		泥块含量（按质量计），%	0	<1.0	<2.0
根据使用地区和用途，在试验验证的基础上，可由供需双方协商确定					

3）有害物质

砂不应混有草根、树叶、树枝。塑料品、煤块、炉渣等杂物。砂中云母、硫化物与硫酸盐、氯盐和有机物的含量应符合表 5-12 的规定。

有害物质含量表　　　　　　表 5-12

项目	指标		
	Ⅰ类	Ⅱ类	Ⅲ类
云母（按质量计），%<	1.0	2.0	2.0
轻物质（按质量计），%<	1.0	1.0	1.0
有机物（比色法）	合格	合格	合格
硫化物及硫酸盐（按 SO_3 质量计），%<	0.5	0.5	0.5
氯化物（以氯离子质量计），%<	0.01	0.02	0.06

4）坚固性

天然砂采用硫酸钠溶液法进行试验，砂样经 5 次循环后其质量损失应符合表 5-13 的规定。

坚固性指标　　　　　　表 5-13

项目	指标		
	Ⅰ类	Ⅱ类	Ⅲ类
质量损失，%<	8	8	10

人工砂采用压碎值指标法进行试验，压碎指标值应小于表 5-14 的规定。

压碎值　　　　　　表 5-14

项目	指标		
	Ⅰ类	Ⅱ类	Ⅲ类
单级最大压碎指标，%<	20	25	30

5) 取样（表 5-15）

单项试验取样数量   表 5-15

序号	试验项目		砂试样取量（kg）
1	颗粒级配		4.4
2	含泥量		4.4
3	石粉含量		6.0
4	泥块含量		20.0
5	云母含量		0.6
6	轻物质含量		3.2
7	有机物含量		2.0
8	硫化物与硫酸盐含量		0.6
9	氯化物含量		4.4
10	坚固性	天然砂	8.0
		人工砂	20.0
11	表观密度		2.6
12	堆积密度与空隙率		5.0
13	碱集料反应		20.0

2. 卵石与碎石

（1）规格

按卵石和碎石粒径尺寸分为单粒粒级和连续粒级；按卵石、碎石技术要求分为Ⅰ类、Ⅱ类、Ⅲ类。Ⅰ类宜用于强度等级大于C60的混凝土；Ⅱ类宜用于强度等级C30～C60及抗冻、抗渗或其他要求的混凝土；Ⅲ类宜用于强度等级小于C30的混凝土。

（2）技术要求

1）颗粒级配

卵石和碎石的颗粒级配应符合表 5-16 的规定。

颗粒级配   表 5-16

公称粒级/mm		方孔筛孔径/mm										
		2.36	4.75	9.50	16.0	19.0	26.5	31.5	37.5	53.0	63.0	75.0	90
		累计筛余/%										
连续粒级	5～16	95～100	85～100	30～60	0～10	0	—	—	—	—	—	—	—
	5～20	95～100	90～100	40～80	—	0～10	0	—	—	—	—	—	—
	5～25	95～100	90～100	—	30～70	—	0～5	0	—	—	—	—	—
	5～31.5	95～100	90～100	70～90	—	15～45	—	0～5	0	—	—	—	—
	5～40	—	95～100	70～90	—	30～65	—	—	0～5	0	—	—	—

公称粒级/mm	方孔筛孔径/mm											
	2.36	4.75	9.50	16.0	19.0	26.5	31.5	37.5	53.0	63.0	75.0	90
	累计筛余/%											
单粒粒级 5~10	96~100	80~100	0~15	0	—	—	—	—	—	—	—	—
10~16	—	95~100	80~100	0~15	0	—	—	—	—	—	—	—
10~20	—	95~100	85~100	—	0~15	0	—	—	—	—	—	—
16~25	—	—	95~100	55~70	25~40	0~10	0	—	—	—	—	—
16~31.5	—	95~100	—	85~100	—	—	0~10	0	—	—	—	—
20~40	—	—	95~100	—	80~100	—	—	0~10	0	—	—	—
25~31.5	—	—	—	95~100	—	80~100	0~10	0	—	—	—	—
40~80	—	—	—	—	95~100	—	—	70~100	—	30~60	0~10	0

注:"—"表示该孔径累计筛余不作要求;"0"表示该孔径累计筛余为0。

2)含泥量和泥块含量

卵石含泥量、碎石泥粉含量和泥块含量应符合表5-17的规定。

卵石含泥量、碎石泥粉含量和泥块含量　　　　　表5-17

类别	Ⅰ类	Ⅱ类	Ⅲ类
卵石含泥量（按质量计）/%	≤0.5	≤1.0	≤1.5
碎石泥粉含量（按质量计）/%	≤0.5	≤1.5	≤2.0
泥块含量（按质量计）/%	≤0.1	≤0.2	≤0.7

3)针片状颗粒含量

卵石和碎石的针、片状颗粒含量应符合表5-18的规定。

针、片状颗粒含量　　　　　表5-18

类别	Ⅰ类	Ⅱ类	Ⅲ类
针、片状颗粒含量（按质量计）/%	≤5	≤8	≤15

4)有害物质

卵石和碎石中不应混有草根、树叶、树枝、塑料、煤块和炉渣等杂物。其有害物质含量应符合表5-19的规定。

有害物质含量　　　　　表5-19

项目	指标		
	Ⅰ类	Ⅱ类	Ⅲ类
有机物	合格	合格	合格
硫化物及硫酸盐（按SO_3质量计），%	0.5	1.0	1.0

5)坚固性

采用硫酸钠溶液法进行试验,卵石和碎石经5次循环后,其质量损失应符合表5-20的规定。

115

项目	指标		
	Ⅰ类	Ⅱ类	Ⅲ类
质量损失,%＜	5	8	12

坚固性指标　　　　　　　　　　　　　表 5-20

6）强度

① 岩石抗压强度

在水饱和状态下，其抗压强度火成岩应不小于 80MPa，变质岩应不小于 60MPa，水成岩应不小于 30MPa。

② 压碎指标值

压碎指标值应小于表 5-21 的规定。

压碎指标值　　　　　　　　　　　　　表 5-21

项目	指标		
	Ⅰ类	Ⅱ类	Ⅲ类
碎石压碎指标值，＜	10	20	30
卵石压碎指标值，＜	12	16	16

7）表观密度、堆积密度、空隙率

表观密度、堆积密度、空隙率应符合如下规定：表观密度大于 2500kg/m³；松散堆积密度大于 1350kg/m³；空隙率小于 47%。

8）碱集料反应

经碱集料反应实验后，由卵石、碎石制备的试件无裂缝、酥裂、胶体外溢等现象，在规定的试验龄期的膨胀率应小于 0.10%。

9）试验方法

① 取样方法

在料堆上取样时，取样部位应均匀分布。取样前先将取样部位表层铲除，然后从不同部位抽取大致等量的石子 15 份（在料堆的顶部、中部和底部均匀分布的 15 个不同部位取得）组成一组样品。从皮带运输机上取样时，应用接料器在皮带运输机机尾的出料处定时抽取大致等量的石子 8 份，组成一组样品。从火车、汽车、货船上取样时，从不同部位和深度抽取大致等量的石子 16 份，组成一组样品。

② 试样数量

单项试验的最少取样数量应符合表 5-22 的规定。做几项试验时，如确能保证试样经一项试验后不致影响另一项试验的结果，可用同一试验进行几项不同的试验。

单项试验取样数量　　　　　　　　　　　　　表 5-22

序号	试验项目	不同最大粒径（mm）下的最少取样数量							
		9.5	16.0	19.0	26.5	31.5	37.5	63.0	75.0
1	颗粒级配	9.5	16.0	19.0	25.0	31.5	37.5	63.0	80.0
2	含泥量	8.0	8.0	24.0	24.0	40.0	80.0	80.0	80.0
3	泥块含量	8.0	8.0	24.0	24.0	40.0	40.0	80.0	80.0
4	针片状颗粒含量	1.2	4.0	8.0	12.0	20.0	40.0	40.0	40.0

序号	试验项目	不同最大粒径（mm）下的最少取样数量							
		9.5	16.0	19.0	26.5	31.5	37.5	63.0	75.0
5	有机物含量	按试验要求的粒级和数量取样							
6	硫酸盐和硫化物含量								
7	坚固性								
8	岩石抗压强度	随机选取完整石块锯切或钻取成试验用样品							
9	压碎指标值	按试验要求的粒级和数量取样							
10	表观密度	8.0	8.0	8.0	8.0	12.0	16.0	24.0	24.0
11	堆积密度与空隙率	40.0	40.0	40.0	40.0	80.0	80.0	120.0	120.0
12	碱集料反应	20.0	20.0	20.0	20.0	20.0	20.0	20.0	20.0

③ 试验记录表（样例）（表5-23～表5-28）

粗骨料筛分试验（干筛法）记录表（样例）　　表5-23

工程名称：　×××××××扩建工程　　　合同号：　S32-V　　　编号：　S32-V-CJ-008

任务单号	—	试验环境	温度 19℃　相对湿度：58%
试验日期		试验设备	方孔筛摇筛机　天平
试验规程		试验人员	
评定标准	GB/T 14685—2022	复核人员	

试样名称　碎石（5～31.5mm：5～16mm　30% 16～31.5mm　70%）　　　取样地点　料场

工程部位　下部构造　　　　　　　　　　　　　　　试样描述　洁净无杂物

干燥试样1总质量 m_0　5071g　　　　　　　　　干燥试样2总质量 m_0　5068g

筛孔尺寸（mm）	试样1				试样2				平均质量通过百分率（%）	允许范围（%）	
	分计筛余质量 m_i（g）	分计筛余百分率 P_i'（%）	累计筛余百分率 Q_i（%）	质量通过百分率 P_i（%）	分计筛余质量 m_i（g）	分计筛余百分率 P_i'（%）	累计筛余百分率 Q_i（%）	质量通过百分率 P_i（%）		上限	下限
37.5	0	0.0	0.0	100	0	0.0	0.0	100	100	—	—
31.5	129	2.5	2.5	97.5	117	2.3	2.3	97.7	97.6	5.0	0.0
26.5	470	9.3	11.8	88.2	462	9.1	11.4	88.6	88.4	—	—
19.0	913	18.0	29.8	70.2	945	18.7	30.1	69.9	70.1	45.0	15.0
16.0	1474	29.1	58.9	41.1	1408	27.8	57.9	42.1	41.6	—	—
9.5	1182	23.3	82.2	17.8	1228	24.2	82.1	17.9	17.8	90.0	70.0
4.75	571	11.3	93.5	6.5	542	10.7	92.8	7.2	6.8	100.0	90.0
2.36	305	6.0	99.5	0.5	342	6.8	99.6	0.4	0.4	100.0	95.0
—	—	—	—	—	—	—	—	—	—	—	—
—	—	—	—	—	—	—	—	—	—	—	—
—	—	—	—	—	—	—	—	—	—	—	—
—	—	—	—	—	—	—	—	—	—	—	—
—	—	—	—	—	—	—	—	—	—	—	—
—	—	—	—	—	—	—	—	—	—	—	—

117

续表

筛孔尺寸 (mm)	试样1				试样2				平均质量通过百分率（%）	允许范围（%）	
	分计筛余质量 m_i (g)	分计筛余百分率 P_i'（%）	累计筛余百分率 Q_i（%）	质量通过百分率 P_i（%）	分计筛余质量 m_i (g)	分计筛余百分率 P_i'（%）	累计筛余百分率 Q_i（%）	质量通过百分率 P_i（%）		上限	下限
筛底 $m_{底}$(g)	23	0.5	100.0	—	22	0.4	100.0	—	—	—	—
筛分后总量 $\sum m_i$(g)	5067	—	—	—	5066	—	—	—	—	—	—
损耗 m_5(g)	4	—	—	—	2	—	—	—	—	—	—
损耗率 （%）	0.08	—	—	—	0.04	—	—	—	—	—	—

结论：检测该试样所检项目符合《建筑用卵石、碎石》GB/T 14685—2022 表中 5～31.5mm 级配范围要求。

粗骨料针、片状颗粒含量试验记录表（样例）　　　　表 5-24

工程名称：　×××××××扩建工程　　　　合同号：　S325-V　　　编号：　S325-V-CJ-008

任务单号	—	试验环境	温度19℃　相对湿度：58%
试验日期		试验设备	规准仪　天平
试验规程	JTG E42—2005	试验人员	
评定标准	GB/T 14685—2022	复核人员	

试样名称　碎石（5～31.5mm）　　　　　　　　取样地点　料场

工程部位　下部构造　　　　　　　　　　试样描述　洁净无杂物

针、片状颗粒含量（规准仪法）

试样编号	试样总质量 m_0（g）	针、片状颗粒总质量 m_1（g）	针、片状颗粒含量测值 Q_e（%）	针、片状颗粒含量测值 Q_e（%）	备注
1	4627	278	6.0	5.9	—
	4730	273	5.8		
2	4671.0	266.0	5.7	5.7	—
	4762.0	273.0	5.7		

针、片状颗粒含量（游标卡尺法）

试样编号	试样总质量 m_0（g）	针、片状颗粒总质量 m_1（g）	针、片状颗粒含量测值 Q_e（%）	针、片状颗粒含量测值 Q_e（%）	三次试验测定值 Q_e（%）
	—	—	—	—	—
	—	—	—	—	—
	—	—	—	—	—
	—	—	—	—	—

结论：依据《公路工程集料试验规程》JTG E42—2005 检测该试样所检项目符合《建筑用卵石、碎石》GB/T 14685—2022 中Ⅱ类碎石质量要求。

粗集料压碎值试验记录表 表 5-25

工程名称：×××××××扩建工程　　　合同号：S325-V　　　编号：S325-V-CJ-008

任务单号	—	试验环境	温度 19℃　相对湿度：58%
试验日期		试验设备	振动筛压力机筛子（2.36）天平压碎仪
试验规程	JTG E42—2005	试验人员	
评定标准	GB/T 14685—2022	复核人员	

试样名称　碎石（5~31.5mm）　　　　　　　　取样地点　料场

工程部位　下部构造　　　　　　　　　　　　试样描述　洁净无杂物

<table>
<tr><td colspan="6" style="text-align:center">压碎值</td></tr>
<tr><th>试样编号</th><th>试样总质量 m_0（g）</th><th>通过 2.36mm 筛细料质量 m_1（g）</th><th>压碎值测值 Q_a'（%）</th><th>压碎值测定值 Q_a'（%）</th><th>备注</th></tr>
<tr><td rowspan="3">1</td><td>2720</td><td>570</td><td>21.0</td><td rowspan="3">21.1/12.2</td><td rowspan="3">$y=0.816x-5$</td></tr>
<tr><td>2720</td><td>579</td><td>21.3</td></tr>
<tr><td>2720</td><td>568</td><td>20.9</td></tr>
<tr><td rowspan="3">2</td><td>2720</td><td>575</td><td>21.1</td><td rowspan="3">20.9/12.1</td><td rowspan="3">$y=0.816x-5$</td></tr>
<tr><td>2720</td><td>562</td><td>20.7</td></tr>
<tr><td>2720</td><td>568</td><td>20.9</td></tr>
<tr><td rowspan="3">—</td><td>—</td><td>—</td><td>—</td><td rowspan="3">—</td><td rowspan="3">—</td></tr>
<tr><td>—</td><td>—</td><td>—</td></tr>
<tr><td>—</td><td>—</td><td>—</td></tr>
<tr><td rowspan="3">—</td><td>—</td><td>—</td><td>—</td><td rowspan="3">—</td><td rowspan="3">—</td></tr>
<tr><td>—</td><td>—</td><td>—</td></tr>
<tr><td>—</td><td>—</td><td>—</td></tr>
<tr><td rowspan="3">—</td><td>—</td><td>—</td><td>—</td><td rowspan="3">—</td><td rowspan="3">—</td></tr>
<tr><td>—</td><td>—</td><td>—</td></tr>
<tr><td>—</td><td>—</td><td>—</td></tr>
<tr><td rowspan="3"></td><td>—</td><td>—</td><td>—</td><td rowspan="3">—</td><td rowspan="3">—</td></tr>
<tr><td>—</td><td>—</td><td>—</td></tr>
<tr><td>—</td><td>—</td><td>—</td></tr>
</table>

结论：依据《公路工程集料试验规程》JTG E42—2005 检测该试样所检项目符合《建筑用卵石、碎石》GB/T 14685—2022 中 Ⅱ 类碎石质量要求。

集料含泥量及泥块含量试验记录表 表 5-26

工程名称：×××××××扩建工程　　合同号：S325-Ⅴ　　编号：S325-Ⅴ-CJ-008

任务单号	—	试验环境	温度18℃　相对湿度：57%	
试验日期		试验设备	标准筛　天平　烘箱	
试验规程	JTG E42—2005	试验人员		
评定标准	GB/T 14685—2022	复核人员		
试样名称　碎石（5～31.5mm）			取样地点　料场	
工程部位　下部构造			试样描述　洁净无杂物	

	试验次数	1	2
含泥量	含泥量试验前烘干试样质量 m_0（g）	10276	10392
	含泥量试验后烘干试样质量 m_1（g）	10225	10330
	试样含泥量或小于0.075mm颗粒含量测值 Q_n（%）	0.5	0.6
	试样含泥量或小于0.075mm颗粒含量测定值（%）	0.6	
泥块含量	4.75mm筛筛余量 m_2（g）	—	—
	泥块含量试验后烘干试样质量 m_3（g）	—	—
	集料中黏土泥块含量测值 Q_k（%）	—	—
	集料中黏土泥块含量测定值（%）	—	
备注	—		

结论：依据《公路工程集料试验规程》JTG E42—2005检测该试样所检项目符合《建筑用卵石、碎石》GB/T 14685—2022中Ⅱ类碎石质量要求。

细集料筛分试验记录表 表 5-27

工程名称：×××××××扩建工程　　合同号：S325-Ⅴ　　编号：S325-Ⅴ-XJ-009

任务单号	—	试验环境	温度：20℃　相对湿度：58%	
试验日期		试验设备	摇筛机　标准筛　天平　干燥箱	
试验规程	JTG E42—2005	试验人员		
评定标准	GB/T 14684—2022	复核人员		
试样名称	黄砂	取样地点	料场	
工程部位	下部构造	试样描述	无杂物	

烘干试样水洗前质量 m_1（g）		第一组			第二组				
		502.0			504.0				
水洗后烘干试样质量 m_2（g）		—			—				
小于0.075mm颗粒质量 m_3（g）		—			—				
0.075mm通过率（%）		—							

试样编号	筛孔尺寸（mm）	筛分结果							
		9.5	4.75	2.36	1.18	0.6	0.3	0.15	筛底
1	分计筛余质量 m_i（g）	0	12.5	49.5	70.0	108.5	201.5	53.0	7.0
	分计筛余百分率 P_i（%）	0	2.5	9.9	13.9	21.6	40.1	10.6	1.4
	累计筛余百分率 A_i（%）	0	2.5	12.4	26.3	47.9	88.0	98.6	100.0
	质量通过百分率 T_i（%）	100	97.5	87.6	73.7	52.1	12.0	1.4	—
2	分计筛余质量 m_i（g）	0	10.5	45.0	78.5	98.5	198.5	67.0	6.0
	分计筛余百分率 P_i（%）	0	2.1	8.9	15.6	19.5	39.4	13.3	1.2
	累计筛余百分率 A_i（%）	0	2.1	11.0	26.6	46.1	85.5	98.8	100.0
	质量通过百分率 T_i（%）	100	97.9	89.0	73.4	53.9	14.5	1.2	—
质量通过百分率 T_i（%）		100	97.7	88.3	73.6	53.0	13.2	1.3	—
上限（%）		0	10	25	50	70	92	100	
下限（%）		0	0	0	10	41	70	90	
细度模数 $M_{x1}=$	2.67	细度模数 $M_{x2}=$		2.63	细度模数 $M_x=$		2.7		

结论：依据《公路工程集料试验规程》JTG E42—2005检测该试样所检项目符合《建筑用卵石、碎石》GB/T 14685—2022Ⅱ区砂级配范围要求。

细集料含泥量、泥块含量试验记录表　　　表 5-28

工程名称：××××××××扩建工程　　　合同号：S32-Ⅴ　　　编号：S32-Ⅴ-XJ-009

任务单号	—	试验环境	温度：18℃　相对湿度：57%	
试验日期		试验设备	标准筛　天平　干燥箱	
试验规程		试验人员		
评定标准	GB/T 14685—2022	复核人员		

试样名称　黄砂　　　　　　　　　　　　　　　取样地点　料场

工程部位　下部构造　　　　　　　　　　　　　试样描述　无杂物

含泥量

试样编号	试验前烘干试样质量 m_0（g）	试验后烘干试样质量 m_1（g）	试样含泥量测值 Q_n（%）	试样含泥量测定平均值 Q_n（%）
1	401.5	391.9	2.4	2.3
	406.0	397.2	2.2	
2	403.5	394.6	2.2	2.1
	409.5	401.3	2.0	

泥块含量

试样编号	试验前存留于1.18mm筛上烘干试样质量 m_1（g）	试验后烘干试样质量 m_2（g）	试样中大于1.18mm的泥块含量测值 Q_K（%）	试样中大于1.18mm的泥块含量测定平均值 Q_K（%）
—	—	—	—	—
	—	—	—	
—	—	—	—	—
备注	—			

结论：检测该试样所检项目符合《建筑用卵石、碎石》GB/T 14684—2022 表中Ⅱ类质量要求。

（三）混凝土试验

混凝土拌合物的和易性、混凝土的强度等级及其评定，对混凝土构件的质量产生直接影响，通过试验为工程设计、施工提供依据。

1. 混凝土的技术性能

（1）混凝土拌合物的和易性

和易性是指混凝土拌合物易于施工操作（搅拌、运输、浇筑、捣实）并能获得质量均匀、成型密实的性能，又称工作性。和易性是一项综合的技术性质，包括流动性、黏聚性和保水性三方面的含义。

工地上常用坍落度试验来测定混凝土拌合物的坍落度或坍落扩展度，作为流动性指标。坍落度或坍落扩展度愈大表示流动性越大。对坍落度值小于10mm的干硬性混凝土拌合物,则用维勃稠度试验测定其稠度作为流动性指标,稠度值越大表示流动性越小。混凝土拌合物的黏聚性和保水性主要通过目测结合经验进行评定。

影响混凝土拌合物和易性的主要因素包括单位体积用水量、砂率、组成材料的性质、时间和温度等。单位体积用水量决定水泥浆的数量和稠度,它是影响混凝土和易性的最主要因素。砂率是指混凝土中砂的质量占砂、石总质量的百分率。组成材料的性质包括水泥的需水量和泌水性、骨料的特性、外加剂和掺合料的特性等几方面。

（2）混凝土的强度

1）混凝土立方体抗压强度

按国家标准《混凝土物理力学性能试验方法标准》GB/T 50081—2019,制作边长为150mm 的立方体试件,在标准条件（温度 20±2℃,相对湿度 95% 以上）下,养护到 28d 龄期,测得的抗压强度值为混凝土立方体试件抗压强度,以 C 表示,单位为 N/mm² 或 MPa。

2）混凝土立方体抗压标准强度与强度等级

混凝土立方体抗压标准强度（或称立方体抗压强度标准值）是指按标准方法制作和养护的边长为 150mm 的立方体试件,在 28d 龄期,用标准试验方法测得的抗压强度总体分布中具有不低于 95% 保证率的抗压强度值。

混凝土强度等级是按混凝土立方体抗压标准强度来划分的,采用符号 C 与立方体抗压强度标准值（以 N/mm² 计）表示。普通混凝土划分为 C15、C20、C25、C30、C35、C40、C45、C50、C55、C60、C65、C70、C75 和 C80 共 14 个等级。注：1N/mm²＝1MPa（图 5-1）。

图 5-1　混凝土试样

2. 施工试验报告及见证检测报告

（1）混凝土配合比设计及试块留置

工地质检员同建设单位驻工地代表（有监理的工程由监理工程师）在现场按规定的数量随机抽取水泥、砂、石子,并一同送检测中心做配合比。混凝土配合比应根据设计图纸要求的不同强度等级和品种,按施工进度需要分别做配合比试验。

结构混凝土的强度等级必须符合设计要求。用于检查结构构件混凝土强度的试件,应在混凝土的浇筑地点随机抽取（图 5-2）。

图 5-2　混凝土力学试验

用于检查结构构件混凝土质量的试件，应在混凝土的浇筑地点随机取样制作。试件的留置要符合如下规定：

1）每拌制 100 盘且不超过 100m³ 的同配合比的混凝土，其取样不得少于一次。

2）每工作班拌制的同配合比的混凝土不足 100 盘时，其取样不得少于一次。

3）对现浇混凝土结构，其试件的留置尚应符合以下要求：

① 每一现浇楼层同配合比的混凝土，其取样不得少于一次；

② 同一单位工程每一验收项目中同配合比的混凝土，其取样不得少于一次；

③ 每次取样应至少留置一组标准试件，同条件养护试件的留置组数，可根据实际需要确定；

④ 当一次连续浇筑超过 1000m³ 时，同一配合比的混凝土每 200m³ 取样不得少于一次。

特别强调：商品混凝土除了应在搅拌站内按规定留置试件外，混凝土运到施工现场后，尚应按上述规范的规定留置试件。

（2）预拌（商品）混凝土合格证

预拌（商品）混凝土合格证应由厂商负责提供，应按国家标准规定留置试块。预拌（商品）混凝土除了厂内例行制作的试块（做合格证用）外，到达工地浇筑时尚应在入模处再次抽样制作试块。项目部应与厂商签订质量保证书（含经济赔偿责任），以防患于未然。

用于交货检验的混凝土按 100m³，一个工作台班拌制的混凝土不足 100m³ 按每工作台班。当连续供应混凝土量大于 1000m³ 时，按每 200m³ 计算。

3. 计量器具的管理制度和精确度控制措施

（1）计量器具的管理制度

各种衡器应定期校验（由工程所在地的技术监督局下设的计量所进行校验），在工地每次使用前应进行零点校核（由工地专职计量员进行），以确保衡器的精确度。

每次用完后工地专职计量员应用干净的抹布把衡器擦拭干净后加以覆盖防水罩套；当遇雨天或含水率有显著变化时，质检员应增加粗、细骨料含水量检测次数，并及时调整配合比（水和骨料的用量）。

（2）计量精确度控制措施

为保证砂浆配合比和混凝土配合比原材料的每盘称量的精确度，坚决采用重量比，严禁采用体积比，并一律采用机械搅拌，搅拌时间每盘不得少于 120s。其每盘称量的允许偏差见表 5-29。

每盘称量的允许偏差 表 5-29

配合比	原材料	允许偏差
砂浆配合比	水泥	±3%
	细骨料（砂）	±4%
	石灰膏（粉煤灰）	±3%
	水、外加剂	±3%
混凝土配合比	水泥、掺合料	±2%
	粗、细骨料	±3%
	水、外加剂	±2%

为保证混凝土的拌制质量，应加强配合比组成材料用量的计量工作，因此，要求每盘混凝土的制拌均要实行盘盘过磅，确保混凝土的强度符合设计要求和施工规范规定。

4. 混凝土检验批与评定

（1）混凝土强度检验评定的检验批的划分

混凝土强度应分批进行检验评定。一个检验批的混凝土应由强度等级相同、试验龄期相同、生产工艺条件和配合比基本相同的混凝土组成。

（2）混凝土的取样

混凝土强度试样应在混凝土的浇筑地点随机取样。预拌混凝土的取样执行现行国家标准《预拌混凝土》GB/T 14902 的规定。

试件的取样频率和数量应符合下列规定：每 100 盘，但不超过 $100m^3$ 的同配合比的混凝土，取样次数不应少于一次；每一工作班拌制的同配合比的混凝土，不足 100 盘和 $100m^3$ 时其取样次数不应少于一次；当一次连续浇筑超过 $1000m^3$ 时，每 $200m^3$ 取样不应少于一次；对房屋建筑，每一楼层、同一配合比的混凝土，取样不应少于一次；每组 3 个试样应由同一盘或同一车的混凝土中取样制作（注：一盘指搅拌混凝土的搅拌机一次搅拌的混凝土；一个工作班指 8h）。

混凝土试样的取样制作，除满足混凝土强度评定所必需的组数外，还应留置检验结构或构件施工阶段混凝土强度所必需的试件。

（3）混凝土试块的制作与养护

1）制作规定

每次取样应至少制作一组标准养护试件。每组 3 个试件应由同一盘或同一车的混凝土中取样制作。

2）养护规定

采用蒸汽养护的构件，其试件应先随构件同条件养护，然后应置入标准养护条件下继续养护，两段养护时间的总和应为设计规定龄期。

（4）混凝土强度检验评定方法

混凝土强度的分布规律，不但与统计对象的生产周期和生产工艺有关，而且与统计总体的混凝土配制强度和试验龄期等因素有关，大量的统计分析和试验研究表明：同一等级的混凝土，在龄期相同、生产工艺和配合比基本一致的条件下，其强度的概率分布可用正

124

态分布来描述。

对大批量、连续生产的混凝土，以及用于评定的样本容量不少于 10 组时，应按统计方法评定。

对小批量或零星生产混凝土的强度，当用于评定的样本容量小于 10 组时，应按非统计方法评定。

（5）对混凝土强度检验评定不合格的处理

对评定为不合格批的混凝土，应进行鉴定。可对结构或构件采取回弹法、钻芯取样法、后装拔出法等非破损检验方法，对混凝土的强度进行检测，作为混凝土强度处理的依据。

5. 试验记录表（样例）（表 5-30、表 5-31）

水泥混凝土试件抗压强度试验记录表（样例） 表 5-30

工程名称 ×××××××扩建工程　　合同号 S325-V　　编号 S325-V-BQ-XL-003

任务单号	—	试验环境	温度：20℃　相对湿度：59%
试验日期		试验设备	200t 压力机
试验规程	GB/T 50081—2019	试验人员	
评定标准	—	复核人员	

结构物名称 ×××××工程　　　　结构部位（现场桩号） 梁

试样描述 完整、无缺陷　　　　　　设计强度（MPa） 55

成型方式 人工　　　　　　　　　养护方式 标准养护

龄期（d） 28

试样编号	试件编号	试件尺寸（mm）	承压面积 A（mm²）	破坏荷载 F（kN）	尺寸换算系数	抗压强度测值 f_{cU}（MPa）	抗压强度测定值 f'_{cU}（MPa）	备注
①	②	③	④	⑤	⑥	⑦	⑧	
—	1-1	150×150×150	22500	1459.62	1.00	64.9	66.0	—
	1-2	150×150×150	22500	1503.17		66.8		
	1-3	150×150×150	22500	1489.41		66.2		
—	2-1	150×150×150	22500	1437.05	1.00	63.9	66.2	—
	2-2	150×150×150	22500	1526.85		67.9		
	2-3	150×150×150	22500	1499.72		66.7		
—	3-1	150×150×150	22500	1545.24	1.00	68.7	67.0	—
	3-2	150×150×150	22500	1466.97		65.2		
	3-3	150×150×150	22500	1511.28		67.2		

水泥混凝土棱柱体抗压弹性模量试验记录表（样例）　　**表 5-31**

工程名称：×××××××扩建工程　　　合同号：S325-Ⅴ　　　编号：S325-Ⅴ-DQ-XL-001

任务单号	—		试验环境	温度：21℃　相对湿度：59%	
试验日期	2020.10.29		试验设备	压力机、弹性模量测定仪等	
试验规程	GB/T 50081—2019		试验人员		
评定标准	—		复核人员		

结构物名称　×××××工程　　　　　　　　　　　结构部位　梁

试样描述　试件完好、无破损　　　　　　　　设计弹性模量（MPa）　$3.55×10^4$

成型方式　人工　　　　　　　　　　　　　养护方式　同条件养护

龄期（d）　28　　　　　　　　　　　　　　试件编号＿＿＿＿＿

			1	2	3
轴心抗压荷载 F_{cp}（kN）			23.38	24.29	24.87
初荷载 F_0（kN）			11.25	终荷载 F_a（kN）　8	
测量标距 L（mm）			150		
试件编号			1	2	3
试件尺寸（mm）			150×150×300	150×150×300	150×150×300
试件承压面积 A（mm²）	①		22500	22500	22500

千分表	②	1		2		1		2		1		2	
荷载	③	F_0	F_a	F_0	F_a	F_0	F_a	F_0	F_a	F_0	F_a	F_0	F_a
变形值 0.001 (mm)　对中　读数 ε	④	4	2	2	0	2	0	0	1	2	2	0	2
对中　$\varepsilon_a-\varepsilon_0$	⑤	−2		−2		−2		1		0		2	
对中　平均值	⑥	−2.0				−0.5				1.0			
测定　读数 ε	⑦	4	3	4	4	4	3	0	0	3	2	2	2
测定　$\varepsilon_a-\varepsilon_0$	⑧	−1		0		−1		0		−1		0	
测定　平均值	⑨	−0.5				−0.5				−0.5			

破坏极限荷载 F（kN）	⑩		24.90	24.13	25.20
循环后轴心抗压强度 F_{cp}（MPa）			1.1	1.1	1.1
弹性模量测值 E_c（MPa）			$4.33×10^4$	$4.33×10^4$	$4.33×10^4$
弹性模量测定值 E_c'（MPa）			$4.33×10^4$		

（四）砂浆及砌块试验

通过砂浆、砌块试验，了解其主要技术性质，为工程设计、施工提供依据。

1. 砂浆

建筑砂浆按所用胶凝材料的不同，可分为水泥砂浆、石灰砂浆、水泥石灰混合砂浆等；按用途不同，可分为砌筑砂浆、抹面砂浆等。常用的普通抹面砂浆有水泥砂浆、石灰砂浆、水泥石灰混合砂浆、麻刀石灰砂浆（简称麻刀灰）、纸筋石灰砂浆（纸筋灰）等。特种砂浆是具有特殊用途的砂浆，主要有隔热砂浆、吸声砂浆、耐腐蚀砂浆、聚合物砂浆、防辐射砂浆等。

（1）砂浆的组成材料

砂浆的组成材料包括胶凝材料、细集料、掺合料、水和外加剂。

1）胶凝材料

建筑砂浆常用的胶凝材料有水泥、石灰、石膏等。在选用时应根据使用环境、用途等合理选择。在干燥条件下使用的砂浆既可选用气硬性胶凝材料（石灰、石膏），也可选用水硬性胶凝材料（水泥）；若在潮湿环境或水中使用的砂浆，则必须选用水泥作为胶凝材料。

2）细集料

对于砌筑砂浆用砂，优先选用中砂，既可满足和易性要求，又可节约水泥。毛石砌体宜选用粗砂。另外，砂的含泥量也应受到控制。

3）掺合料

掺合料是指为改善砂浆和易性而加入的无机材料，例如：石灰膏、电石膏、黏土膏、粉煤灰、沸石粉等。掺加料对砂浆强度无直接贡献。

（2）砂浆的主要技术性质

1）流动性（稠度）

砂浆的流动性指砂浆在自重或外力作用下流动的性能，用稠度表示。稠度是以砂浆稠度测定仪的圆锥体沉入砂浆内的深度（单位为"mm"）表示。圆锥沉入深度越大，砂浆的流动性越大。

影响砂浆稠度的因素有：所用胶凝材料种类及数量；用水量；掺合料的种类与数量；砂的形状、粗细与级配；外加剂的种类与掺量；搅拌时间。

2）保水性

保水性指砂浆拌合物保持水分的能力。砂浆的保水性用分层度表示。砂浆的分层度不得大于 30mm。通过保持一定数量的胶凝材料和掺合料，或采用较细砂并加大掺量，或掺入引气剂等，可改善砂浆保水性。

3）抗压强度与强度等级

砌筑砂浆的强度用强度等级来表示。砂浆强度等级是以边长为 70.7mm 的立方体试件，在标准养护条件下，用标准试验方法测得 28d 龄期的抗压强度值（单位为 MPa）确定。砌筑砂浆的强度等级宜采用 M20、M15、M10、M7.5、M5 五个等级。

（3）砂浆试块强度的检验与评定

砂浆试样应在搅拌机出料口随机取样制作。一组试样应在同一盘砂浆中取样制作，同盘砂浆只应制作一组试样。

砂浆的抽样频率应符合以下规定：

每一楼层或 250m³ 砌体中的各种强度等级的砂浆，每台搅拌机至少应制作一组试块。如砂浆强度等级或配合比变更时，还应制作试块。基础砌体可按一个楼层计。

砂浆强度应以标准养护，龄期为 28d 的试块抗压试验结果为准。

取样与试件留置应符合下列规定：

1）每拌制 100 盘且不超过 100m³ 的同配合比的混凝土，取样不得少于 1 次；

2）每工作班拌制的同配合比的混凝土不足 100 盘时，取样不得少于 1 次；

3）每一楼层、同一配合比的混凝土，取样不得少于 1 次；

4)每次取样应至少留置1组标准养护试件,同条件养护试件的留置组数应根据实际需要确定。

对于砂浆立方体抗压强度的测定,《建筑砂浆基本性能试验方法标准》JGJ/T 70—2009 做出如下规定:

立方体试件以3个为一组进行评定,以三个试件测值的算术平均值的1.3倍作为该组试件的砂浆立方体试件抗压强度平均值(精确至0.1MPa)。

当三个测值的最大值或最小值中如有一个与中间值的差值超过中间值的15%时,则把最大值及最小值一并舍除,取中间值作为该组试件的抗压强度值;如有两个测值与中间值的差值均超过中间值的15%时,则该组试件的试验结果无效。

影响砂浆强度的因素很多,除了砂浆的组成材料、配合比、施工工艺、施工及硬化时的条件等因素外,砌体材料的吸水率也会对砂浆强度产生影响。

2. 砌块

砌块按主规格尺寸可分为小砌块、中砌块和大砌块。目前,我国以中小型砌块使用较多。按其空心率大小砌块又可分为空心砌块和实心砌块两种。空心率小于25%或无孔洞的砌块为实心砌块;空心率大于或等于25%的砌块为空心砌块。

砌块通常又可按其所用主要原料及生产工艺命名,如水泥混凝土砌块、加气混凝土砌块、粉煤灰砌块、石膏砌块、烧结砌块等。常用的砌块有普通混凝土小型空心砌块、轻集料混凝土小型空心砌块和蒸压加气混凝土砌块等。

(1)普通混凝土小型砌块

按国家标准《普通混凝土小型砌块》GB/T 8239—2014 的规定,普通混凝土小型砌块,是以水泥、矿物掺合料、砂、石、水等为原材料,经搅拌、振动成型、养护等工艺制成的小型砌块,包括空心砌块和实心砌块。

砌块的外形宜为直角六面体,常用块形的规格尺寸:长度 390mm,宽度有 90mm、120mm、140mm、190mm、240mm、290mm,高度有 90mm、140mm、190mm。其他规格尺寸可由供需双方协商确定。

砌块种类较多,按空心率分为空心砌块(空心率不小于25%,代号:H)和实心砌块(空心率小于25%,代号:S);按使用时砌筑墙体的结构和受力情况,分为承重结构用砌块(代号:L,简称承重砌块)、非承重结构用砌块(代号:N,简称非承重砌块)。

砌块等级,按抗压强度分级有:

空心砌块(H):承重用砌块有 MU7.5、MU10.0、MU15.0、MU20.0、MU25.0 五个等级,非承重用砌块有 MU5.0、MU7.5、MU10.0 三个等级;

实心砌块(S):承重用砌块有 MU15.0、MU20.0、MU25.0、MU30.0、MU35.0、MU40.0 六个等级,非承重用砌块有 MU10.0、MU15.0、MU20.0 三个等级。

(2)轻集料混凝土小型空心砌块

轻集料混凝土小型空心砌块按密度划分为 700、800、900、1000、1100、1200、1300kg/m³ 和 1400kg/m³ 八个等级;按强度分为 MU2.5、MU3.5、MU5.0、MU7.5 和 MU10.0 五个等级。

与普通混凝土小型空心砌块相比,轻集料混凝土小型空心砌块密度较小、热工性能较好，但干缩值较大，使用时更容易产生裂缝，目前主要用于非承重的隔墙和围护墙。

（3）蒸压加气混凝土砌块

根据国家标准《蒸压加气混凝土砌块》GB/T 11968—2020 规定，砌块按干密度分为 B03、B04、B05、B06、B07、B08 共六个级别；按抗压强度分 A1.0、A2.0、A2.5、A3.5、A5.5、A7.5、A10 七个强度级别；按尺寸偏差与外观质量、干密度、抗压强度和抗冻性分为优等品（A）、合格品（B）两个等级。

（4）砌体的检验与评定

烧结普通砖同一厂家，同规格以 3.5 万～15 万块为一批，不足 3.5 万块也按一批用随机抽样法从外观质量和尺寸偏差检验合格的样品中每批抽取 12 块。

空心砖同一厂家，同规格以 3.5 万～15 万块为一批，不足 3.5 万块也按一批。

多孔砖同一厂家 5 万块为一批。

混凝土小型空心砌块每一生产厂家，每 1 万块至少应抽检一组，用于多层以上建筑基础和底层不应于 2 组。

砌墙砖出厂合格证应由材料采购员负责向厂商索取，砌墙砖应以同一厂家、同规格不超过 15 万块为一批（中小型砌块检验批量还应符合相应标准的规定），不足 15 万块也为一批，每批抽样数量为 15～20 块并且外观不能有明显裂纹掉角现象。

抽样见证由建设单位驻工地代表（有监理的工程由监理工程师）在现场随机抽取。出厂合格证和试验报告由工地施工员负责整理保管。

3. 试验记录表（样例）（表 5-32）

复合砂浆抗压强度检测报告（样例）   表 5-32

样品名称	复合砂浆	样品状态	可检	报告编号	LX1111567
委托单位	×××××××股份有限公司	施工单位 ×××××××建筑有限公司		委托单号	11LX1567
工程名称	××××工程	委托人 ____ 委托日期 2021-10-29		任务单编号	LX1111567
监理单位	×××××××建设项目管理咨询有限公司	生产厂家 ××××××材料有限公司		检测类别	见证检测
使用部位	一层柱	代表数量	200m³	质监登记号	
检测日期	2021-10-29	检测依据 《建筑砂浆基本性能试验方法标准》JGJ/T 70—2009			
检测环境	室温	检测设备 钢直尺（112803）、电液式压力试验机（110104）			

试件编号	使用部位	设计强度等级	制作日期	试压日期	龄期（天）	抗压强度（MPa）		备注
						单块值	代表值	
1	南楼一层柱增大截面	M40	2021.10.01	2021.10.29	28	41.9	41.6	——
2						42.5		
3						40.3		

检测报告说明：1. 若对报告有异议，应于收到报告之日起十五日内，以书面形式向本检测单位提出，逾期视为对报告无异议。

    2. 送样检测，仅对来样检测负责；现场检测，仅对所测结构部位负责。

    3. 未加盖本单位检测鲜章，报告无效。

    4. 本报告仅提供检测实测数据，不作检测结论。

签发：王工   审核：苏工   试验：刘工

报告日期：2021 年 10 月 29 日

检测单位：××××建筑科学研究院

（五）钢材试验

钢材是建筑工程主要材料之一，其各项技术指标对工程结构强度会产生直接影响，须通过钢材试验，为工程设计、施工提供依据。

1. 钢筋分类与牌号

热轧钢筋是建筑工程中用量最大的钢材品种之一，主要用于钢筋混凝土结构和预应力钢筋混凝土结构的配筋。

热轧带肋钢筋应在其表面轧上牌号标志，还可依次轧上经注册的厂名（或商标）和公称直径毫米数字。钢筋牌号以阿拉伯数字或阿拉伯数字加英文字母表示，HRB335、HRB400、HRB500分别以3、4、5表示，HRBF335、HRBF400、HRBF500分别以C3、C4、C5表示。厂名以汉语拼音字头表示。公称直径毫米数以阿拉伯数字表示。对公称直径不大于10mm的钢筋，可不轧制标志，可采用挂标牌方法。

热轧光圆钢筋屈服强度特征值分为300级。钢筋牌号的构成及其含义见表5-33。

钢筋牌号的构成及其含义　　　　　　　　　　　　　　表5-33

类别	牌号	牌号构成	英文字母含义
热轧光圆钢筋	HPB300	由HPB+屈服强度特征值构成	HPB—热轧光圆钢筋的英文（Hot rolled Plain Bars）缩写

热轧带肋钢筋按屈服强度特征值分为400、500级。钢筋牌号的构成及其含义见表5-34。

钢筋牌号的构成及其含义　　　　　　　　　　　　　　表5-34

类别	牌号	牌号构成	英文字母含义
普通热轧钢筋	HRB400	由HRB+屈服强度特征值构成	HRB—热轧带肋钢筋的英文（Hot rolled Ribbed Bars）缩写
	HRB500		
细晶类热轧钢筋	HRBF400	由HRBF+屈服强度特征值构成	HRBF—热轧带肋钢筋的英文缩写后加"细"的英文（Fine）首位字母
	HRBF500		

《混凝土结构设计规范》GB 50010—2010（2015年版）推荐的钢筋使用情况见表5-35。

推荐钢筋使用情况　　　　　　　　　　　　　　　　　表5-35

钢筋受力类别	钢筋级别	备注
纵向受力普通钢筋	HRB400、HRB500、HRBF400、HRBF500、HRB335、RRB400、HPB300	可采用
梁、柱纵向受力普通钢筋	HRB400、HRB500、HRBF400、HRBF500	宜采用
箍筋	HRB400、HRBF400、HRB335、HPB300、HRB500、HRBF500	宜采用

《建筑抗震设计规范》GB 50011—2010（2016年版）规定，有较高要求的抗震结构适用的钢筋牌号为：在表2A311031中已有带肋钢筋牌号后加E（如HRB400E、HRBF400E）的

钢筋。

2. 钢材技术要求与试验方法

钢材的主要性能包括力学性能和工艺性能。其中力学性能是钢材最重要的使用性能，包括屈服强度、极限强度、拉伸性能、冲击性能、疲劳性能等。工艺性能表示钢材在各种加工过程中的行为，包括弯曲性能、反向弯曲性能和焊接性能等。

（1）热轧光圆钢筋技术要求

钢筋牌号及化学成分和碳当量（熔炼分析）应符合表 5-36～表 5-38。

钢筋牌号及化学成分和碳当量（熔炼分析）　　　表 5-36

牌号	化学成分（质量分数,%）　不大于				
	C	Si	Mn	P	S
HPB300	0.25	0.55	1.50	0.045	0.050

力学特征值　　　表 5-37

牌号	R_{eL}（MPa）	R_m（MPa）	A（%）	A_{gt}（%）	冷弯试验 180° d——弯芯直径 α——钢筋公称直径
	不小于				
HPB300	300	420	25.0	10.0	$d=\alpha$

试验方法　　　表 5-38

序号	检验项目	取样数量	取样方法	试验方法
1	化学成分（熔炼分析）	1	GB/T 20066	GB/T 223 GB/T 4336
2	拉伸	2	任选两根钢筋切取	GB/T 228、本部分 8.2
3	弯曲	2	任选两根钢筋切取	GB/T 232、本部分 8.2
4	尺寸	逐支（盘）		本部分 8.3
5	表面	逐支（盘）		目视
6	重量偏差			本部分 8.4

注：对化学分析和拉伸试验结果有争议时，仲裁试验分别按 GB/T 223、GB/T 228 进行。

（2）热轧带肋钢筋技术要求

钢筋牌号及化学成分和碳当量（熔炼分析）应符合表 5-39 的规定，其余见表 5-40～表 5-42。

钢筋牌号及化学成分和碳当量（熔炼分析）　　　表 5-39

牌号	化学成分（质量分数）（%），不大于					
	C	Si	Mn	P	S	Ceq
HRB335						0.52
HRBF335						
HRB400	0.25	0.80	1.60	0.045	0.045	0.54
HRBF400						
HRB500						0.55
HRBF500						

力学特征值 表 5-40

牌号	R_{eL}（MPa）	R_m（MPa）	A（%）	A_{gt}（%）
	不小于			
HRB335 HRBF335	335	455	17	7.5
HRB400 HRBF400	400	540	16	
HRB500 HRBF500	500	630	15	

弯曲性能要求 表 5-41

牌号	公称直径 d	弯芯直径
HRB335 HRBF335	6～25	3d
	28～40	4d
	>40～50	5d
HRB400 HRBF400	6～25	4d
	28～40	5d
	>40～50	6d
HRB500 HRBF500	6～25	6d
	28～40	7d
	>40～50	8d

试验方法 表 5-42

序号	检验项目	取样数量	取样方法	试验方法
1	化学成分（熔炼分析）	1	GB/T 20066	GB/T 223 GB/T 4336
2	拉伸	2	任选两根钢筋切取	GB/T 228、本部分 8.2
3	弯曲	2	任选两根钢筋切取	GB/T 232、本部分 8.2
4	反向弯曲	1		YB/T 5126、本部分 8.2
5	疲劳试验		供需双方协议	
6	尺寸	逐支		本部分 8.3
7	表面	逐支		
8	重量偏差		本部分 8.4	本部分 8.4
9	晶粒度	2	任选两根钢筋切取	GB/T 6394

注：对化学分析和拉伸试验结果有争议时，仲裁试验分别按 GB/T 223、GB/T 228 进行。

3. 钢筋的出厂技术要求

（1）热轧光圆钢筋

检验项目及重要程度分类见表 5-43。

光圆钢筋检验项目及重要程度分类　　　　　　　　表 5-43

序号	检验项目		标准	强制性/推荐性	重要程度分类或不合格分类	
					A 类[a]	B 类[b]
1	力学性能	屈服强度	GB/T 1499.1—2017	推荐性	•	
		抗拉强度	GB/T 1499.1—2017	推荐性	•	
		伸长率	GB/T 1499.1—2017	推荐性	•	
2	工艺性能	冷弯	GB/T 1499.1—2017	推荐性	•	
3	化学成分	C	GB/T 1499.1—2017	推荐性	•	
		Si	GB/T 1499.1—2017	推荐性	•	
		Mn	GB/T 1499.1—2017	推荐性	•	
		P	GB/T 1499.1—2017	推荐性	•	
		S	GB/T 1499.1—2017	推荐性	•	
4	重量偏差*	—	GB/T 1499.1—2017	推荐性	•	•
5	尺寸	直径允许偏差	GB/T 1499.1—2017	推荐性	•	•
		不圆度	GB/T 1499.1—2017	推荐性	•	•

注：1. 序号 4 尺寸项目任一尺寸偏差的实测值大于 2.0 倍允许偏差的标准值，为 A 类；任一尺寸偏差的实测值小于或等于 2.0 倍允许偏差的标准值，为 B 类。

2. 序号 5 重量偏差项目实测值大于标准值的 2.0 倍，为 A 类；实测值小于标准值或等于标准值的 2.0 倍，为 B 类。

3. [a] 极重要质量项目，[b] 重要质量项目。极重要质量项目是指直接涉及人体健康、使用安全的指标；重要质量项目是指产品涉及环保、能效、关键性能或特征值的指标。

4. * 仅适用于直条交货的光圆钢筋。

（2）热轧带肋钢筋

检验项目及重要程度分类见表 5-44。

带肋钢筋检验项目及重要程度分类　　　　　　　　表 5-44

序号	检验项目		依据法律法规或标准条款	强制性/推荐性	重要程度或不合格分类	
					A 类[a]	B 类[b]
1	力学性能	屈服强度	GB/T 1499.2—2018	推荐性	•	
		抗拉强度	GB/T 1499.2—2018	推荐性	•	
		伸长率	GB/T 1499.2—2018	推荐性	•	
		强屈比[1]	GB/T 1499.2—2018	推荐性	•	
		屈屈比[1]	GB/T 1499.2—2018	推荐性	•	
		最大力下总伸长率[1]	GB/T 1499.2—2018	推荐性	•	

133

序号	检验项目		依据法律法规 或标准条款	强制性/推荐性	重要程度或不合格分类	
					A 类[a]	B 类[b]
2	工艺性能	弯曲	GB/T 1499.2—2018	推荐性	•	
3	化学成分	C	GB/T 1499.2—2018	推荐性	•	
		Si	GB/T 1499.2—2018	推荐性	•	
		Mn	GB/T 1499.2—2018	推荐性	•	
		P	GB/T 1499.2—2018	推荐性	•	
		S	GB/T 1499.2—2018	推荐性	•	
		C_{eq}	GB/T 1499.2—2018	推荐性	•	
4	尺寸[2]	横肋高	GB/T 1499.2—2018	推荐性	•	•
		肋间距	GB/T 1499.2—2018	推荐性	•	•
5	重量偏差[3]		GB/T 1499.2—2018	推荐性	•	•
6	表面牌号标志		GB/T 1499.2—2018	推荐性	•	

注：1. 序号 1 力学性能中，如抽检样品为抗震带肋钢筋，还应检测强屈比、屈屈比、最大力下总伸长率。

2. 序号 4 尺寸项目任一尺寸偏差的实测值大于 2.0 倍允许偏差的标准值，为 A 类；任一尺寸偏差的实测值小于或等于 2.0 倍允许偏差的标准值，为 B 类。

3. 序号 5 重量偏差项目实测值大于标准值的 2.0 倍，为 A 类；实测值小于标准值或等于标准值的 2.0 倍，为 B 类。

4. [a] 极重要质量项目，[b] 重要质量项目。极重要质量项目是指直接涉及人体健康、使用安全的指标；重要质量项目是指产品涉及环保、能效、关键性能或特征值的指标。

4. 钢筋的抽样

（1）对进厂的钢筋首先进行外观检查，核对钢筋的出厂检验报告（代表数量）、合格证、成捆筋的标牌、钢筋上的标识，同时对钢筋的直径、不圆度、肋高等进行检查，表面质量不得有裂痕、结疤、折叠、凸块和凹陷。外观检查合格后进行见证取样复试。

（2）取样方法

拉伸、弯曲试样，可在每批材料或每盘中任选两根钢筋距端头 500mm 处截取。拉伸试样直径 R6.5－20mm，长度为 300～400mm。弯曲试样长度为 250mm，直径 R25－32mm 的拉伸试样长度为 350～450mm，弯曲试样长度为 300mm。取样在监理工程师见证下取 2 组：1 组送样，1 组封样保存。

（3）批量

同一厂家、同一牌号、同一规格、同一炉罐号同一交货状态每 60t 为一验收批。不大于 60t 为一批在每批材料中任选两根钢筋从中切取。拉伸：两根 40cm；弯曲：两根 15cm＋5d（d 为钢筋直径）。

5. 试验记录表（样例）（表 5-45）

钢筋力学性能试验记录表（样例）

表 5-45

工程名称：××××××××扩建工程　　　　　试验编号：S325-试

任务单号	—	试验环境	温度：22℃ 相对湿度：56%
试验日期		试验设备	万能试验机、游标卡尺等
试验规程	GB/T 228.1—2021 GB/T 232—2010	试验人员	
评定标准	GB/T 1499.2—2018	复核人员	

取样批次　φ32 P906300550 沙钢 40.889t

　　　　　φ32 P906300959 沙钢 6.814t　　　　　取样地点　现场

　　　　　φ28 P063012572 沙钢 25.039t

试样描述　无锈蚀 无破坏

	钢筋牌号	HRB335			HRB335			HRB335		
	试样编号	1	2	—	1	2	—	1	2	—
	公称直径 d（mm）	32			32			28		
	截面积 S_0（mm²）	804.2			804.2			615.8		
	标距 L_0（mm）	160			160			140		
拉伸	拉伸荷载（kN）屈服荷载	297.36	298.45	—	302.46	297.84	—	222.66	223.62	—
	最大力 F_m	462.42	458.96	—	465.4	459.78	—	349.25	350.33	—
	强度（N/mm²）屈服强度 R_e	370	370		375	370		360	365	
	抗拉强度 R_m	575	570		580	570		565	570	
	伸长率 断后标距 L_u（mm）	210.75	220.25		225.25	209.25		190.75	184.25	
	断后伸长率 A（%）	31.5	37.5		41.0	31.0		36.5	31.5	
	断口形式	塑断	塑断	—	塑断	塑断	—	塑断	塑断	—
冷弯	试样编号	3	4	—	3	4	—	3	4	—
	弯心直径 d（mm）	128			128			112		
	弯心角度 α（°）	180			180			180		
	结果	合格	合格	—	合格	合格	—	合格	合格	—

结论：依据《金属材料　拉伸试验　第 1 部分：室温试验方法》GB/T 228.1—2021《金属材料　弯曲试验方法》GB/T 232—2010 检测试样所检项目符合《钢筋混凝土用钢　第 2 部分：热轧带肋钢筋》GB/T 1499.2—2018 标准要求。

（六）钢材连接试验

钢筋进场时，应按规范要求检查产品合格证、出厂检验报告，并按现行国家标准《钢筋混凝土用钢　第 2 部分：热轧带肋钢筋》GB/T 1499.2—2018 的相关规定抽取试件作力学性能检验，合格后方准使用。

1. 钢筋连接方法（图 5-3）

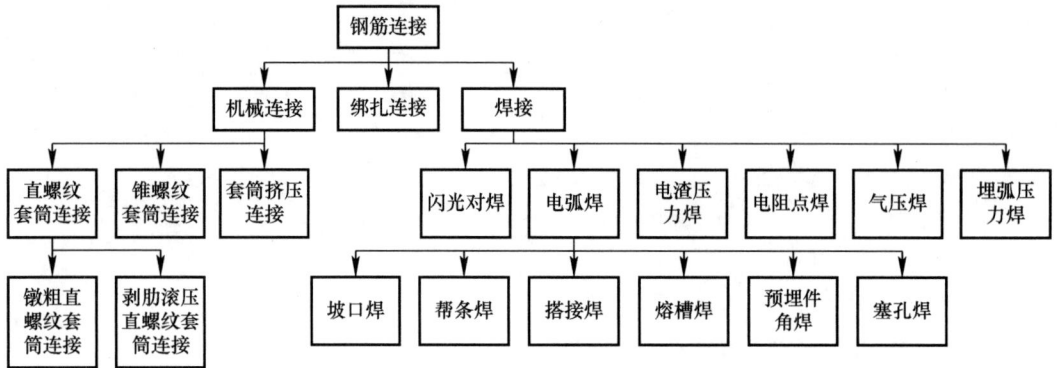

图 5-3 钢筋连接

2. 钢筋连接适用范围

（1）热轧钢筋接头

热轧钢筋接头应符合设计要求。当设计无规定时，应符合下列规定：

1）钢筋接头宜采用焊接接头或机械连接接头。

2）焊接接头应优先选择闪光对焊。焊接接头应符合现行标准《钢筋焊接及验收规程》JGJ 18—2012 的有关规定。

3）机械连接接头适用于 HRB335 和 HRB400 带肋钢筋的连接。机械连接接头应符合现行标准《钢筋机械连接技术规程》JGJ 107—2016 的有关规定。

4）当普通混凝土中钢筋直径等于或小于 22mm 时，在无焊接条件时，可采用绑扎连接，但受拉构件中的主钢筋不得采用绑扎连接。

5）钢筋骨架和钢筋网片的交叉点焊接宜采用电阻点焊。

6）钢筋与钢板的 T 形连接，宜采用埋弧压力焊或电弧焊。

（2）钢筋网片电阻点焊

钢筋网片采用电阻点焊应符合下列规定：

1）当焊接网片的受力钢筋为 HPB300 钢筋时，如焊接网片只有一个方向受力，受力主筋与两端的两根横向钢筋的全部交叉点必须焊接；如焊接网片为两个方向受力，则四周边缘的两根钢筋的全部交叉点必须焊接，其余交叉点可间隔焊接或绑、焊相间。

2）当焊接网片的受力钢筋为冷拔低碳钢丝，而另一方向的钢筋间距小于 100mm 时，除受力主筋与两端的两根横向钢筋的全部交叉点必须焊接外，中间部分的焊点距离可增大至 250mm。

3. 钢筋连接取样

对于框架柱纵向受力钢筋接头采用电渣压力焊做法，要求每一楼层（每一检验批）都要做一次抽样送检，做抗拉、抗弯的力学性能化验，并且按使用的型号、规格分别来做。

对于钢筋的闪光对焊以同一台班、同一焊工完成的 300 个同级别、同直径的钢筋焊接接头作为一批，若不足 300 个接头，则亦按一批。

对于钢筋电弧焊（搭接焊、帮条焊）以同钢筋级别、同接头类型不大于 300 个接头为一批，不足 300 个仍按一批。

对于钢筋机械连接以同一施工条件下采取同一批材料的同形式、同规格不超过 500 个接头为一批，当现场检验连续 10 个验收批抽样合格率为 100%，验收批数量可为 1000 个接头（现场安装同一楼层不足 500 个或 1000 个接头时仍按一批）。

焊接试件的送检，应由建设单位驻工地代表（有监理的工程由监理工程师）随机抽样见证送检测中心试验；钢结构焊接由加工单位配合建设单位驻工地代表（有监理的工程由监理工程师）抽样见证送检或进行超声波检验及射线检验。

试验报告由施工员保存归档。焊条（剂）合格证由钢筋班组负责提供，现场施工员保存归档。

4. 试验记录表（样例）（表 5-46～表 5-49）

机械连接钢筋力学性能试验记录表（样例）　　　　表 5-46

工程名称：＿×××××××扩建工程＿　　合同号：＿S325-V＿　　试验编号：＿S325-V-GH-013＿

任务单号	—	试验环境	温度：21℃ 相对湿度：57%
试验日期		试验设备	万能试验仪、游标卡尺等
试验规程	JGJ 107—2016	试验人员	
评定标准	JGJ 107—2016	复核人员	

取样批次＿φ32　1500 个＿　　　　　　　　　　取样地点＿加工厂＿

试样描述＿无缺陷　无锈蚀＿

	连接方式	滚轧直螺纹套筒			滚轧直螺纹套筒			滚轧直螺纹套筒		
	试样编号	1	2	3	1	2	3	1	2	3
拉伸	公称直径（mm）	32			32			32		
	套筒长度（mm）	75	75	75	75	75	75	75	75	75
	钢筋截面积（mm²）	804.2			804.2			804.2		
	最大力 F_m（kN）	439.31	441.78	442.61	438.57	440.29	443.80	444.07	442.18	443.42
	抗拉强度 R_m（N/mm²）	545	550	550	545	545	550	550	550	550
	断口形式	塑断	塑断	塑断	塑断	塑断	塑断	塑断	塑断	塑断
	断口离套筒口距离（mm）	93	97	92	98	100	95	94	90	96
	母材标准抗拉强度（N/mm²）	455			455			455		
冷弯	试样编号	—			—			—		
	弯心直径 d（mm）	—			—			—		
	弯心角度 α（°）	—			—			—		
	结果	—			—			—		
	备注	—			—			—		

结论：依据《钢筋机械连接技术规程》JGJ 107—2016，检测试样所检项目符合《钢筋机械连接技术规程》JGJ 107—2016 标准要求。

焊接钢筋力学性能试验记录表（样例） **表 5-47**

工程名称：×××××××扩建工程　　　合同号：S325-Ⅴ　　　试验编号：S325-Ⅴ-GH-011

任务单号	—	试验环境	温度：20℃　相对湿度：66%
试验日期		试验设备	万能试验仪、游标卡尺等
试验规程	JGJ/T 27—2014	试验人员	
评定标准	JGJ 18—2012	复核人员	

取样批次　φ14　900个　　　　　　　　　　　　　　　取样地点　加工厂

试样描述　无缺陷 无锈蚀

	连接方式	单面搭接焊			单面搭接焊			单面搭接焊		
拉伸	试样编号	1	2	3	1	2	3	1	2	3
	公称直径（mm）	14			14			14		
	焊缝长度（mm）	148	149	148	148	147	151	147	148	149
	钢筋截面积（mm²）	153.9			153.9			153.9		
	最大力 F_m（kN）	84.23	84.03	84.15	84.76	84.36	84.68	84.24	84.64	84.71
	抗拉强度 R_m（N/mm²）	545	545	545	550	550	550	545	550	550
	断口形式	塑断	塑断	塑断	塑断	塑断	塑断	塑断	塑断	塑断
	断口离焊口距离（mm）	92	96	90	102	89	97	93	103	96
	母材标准抗拉强度（N/mm²）	455			455			455		
冷弯	试样编号	—	—	—	—	—	—	—	—	—
	弯心直径 d（mm）	—	—	—	—	—	—	—	—	—
	弯心角度 α（°）	—	—	—	—	—	—	—	—	—
	结果	—	—	—	—	—	—	—	—	—
	备注	—	—	—	—	—	—	—	—	—

结论：依据《钢筋焊接接头试验方法标准》JGJ/T 27—2014，检测试样所检项目符合《钢筋焊接及验收规程》JGJ 18—2012标准要求。

焊接钢筋力学性能试验记录表（样例） **表 5-48**

工程名称：×××××××扩建工程　　　合同号：S325-Ⅴ　　　试验编号：S325-Ⅴ-GH-010

任务单号	—	试验环境	温度：20℃　相对湿度：66%
试验日期		试验设备	万能试验仪、游标卡尺等
试验规程	JGJ/T 27—2014	试验人员	
评定标准	JGJ 18—2012	复核人员	

取样批次　φ22　900个　　　　　　　　　　　　　　　取样地点　加工厂

试样描述　无缺陷 无锈蚀

	连接方式	双面搭接焊			双面搭接焊			双面搭接焊		
拉伸	试样编号	1	2	3	1	2	3	1	2	3
	公称直径（mm）	22			22			22		
	焊缝长度（mm）	118	117	116	118	116	120	117	115	117
	钢筋截面积（mm²）	380.1			380.1			380.1		

连接方式		双面搭接焊			双面搭接焊			双面搭接焊		
拉伸	最大力 F_m (kN)	214.67	216.34	215.21	214.50	216.48	215.56	214.55	215.68	215.69
	抗拉强度 R_m (N/mm²)	565	570	565	565	570	565	565	565	570
	断口形式	塑断	塑断	塑断	塑断	塑断	塑断	塑断	塑断	塑断
	断口离焊口距离 (mm)	67	56	67	51	66	72	58	64	54
	母材标准抗拉强度 (N/mm²)	455			455			455		
冷弯	试样编号	—	—	—	—	—	—	—	—	—
	弯心直径 d (mm)		—			—			—	
	弯心角度 α (°)		—			—			—	
	结果	—	—	—	—	—	—	—	—	—
	备注									

结论：依据《钢筋焊接接头试验方法标准》JGJ/T 27—2014，检测试样所检项目符合《钢筋焊接及验收规程》JGJ 18—2012 标准要求。

焊接钢筋力学性能试验记录表（样例）　　　表 5-49

工程名称：××××××××扩建工程　　　合同号：S325-V　　　试验编号：S325-V-GH-011

任务单号	—	试验环境	温度：20℃ 相对湿度：66%
试验日期		试验设备	万能试验仪、游标卡尺等
试验规程	JGJ/T 27—2014	试验人员	
评定标准	JGJ 18—2012	复核人员	

取样批次　φ14　900 个　　　　　　　　　　　取样地点　加工厂

试样描述　无缺陷 无锈蚀

连接方式		单面搭接焊			单面搭接焊			单面搭接焊		
拉伸	试样编号	1	2	3	1	2	3	1	2	3
	公称直径 (mm)	14			14			14		
	焊缝长度 (mm)	146	148	147	149	146	148	146	145	147
	钢筋截面积 (mm²)	153.9			153.9			153.9		
	最大力 F_m (kN)	83.68	83.46	84.08	84.61	84.31	85.03	84.23	84.78	84.68
	抗拉强度 R_m (N/mm²)	545	540	545	550	550	555	545	550	550
	断口形式	塑断	塑断	塑断	塑断	塑断	塑断	塑断	塑断	塑断
	断口离焊口距离 (mm)	86	92	94	86	89	93	86	90	91
	母材标准抗拉强度 (N/mm²)	455			455			455		
冷弯	试样编号	—	—	—	—	—	—	—	—	—
	弯心直径 d (mm)		—			—			—	
	弯心角度 α (°)		—			—			—	
	结果	—	—	—	—	—	—	—	—	—
	备注									

结论：依据《钢筋焊接接头试验方法标准》JGJ/T 27—2014，检测试样所检项目符合《钢筋焊接及验收规程》JGJ 18—2012 标准要求。

（七）土工与桩基试验

土工试验可以测定土的基本工程性质，为工程设计和施工提供可靠的参数。基桩检测是检验桩身混凝土的质量以及桩身的完整性。

1. 土工试验

（1）含水率试验

本试验方法适用于粗粒土、细粒土、有机质土和冻土。

本试验所用的主要仪器设备，应符合下列规定：

1）电热烘箱：应能控制温度为 105～110℃（为了加快试验，试验实际操作中可使用微波炉代替电热烘箱。

2）天平：称量 1000g，最小分度值 0.01g。

含水率试验，应按流程图 5-4 进行。试样的含水率，应按下式计算，准确至 0.1%。

$$\omega = (m_w/m_s) \times 100\% = [(m_1 - m_2)/(m_2 - m_0)] \times 100\%$$

式中　ω——含水率（%），计算至 0.1%；

　　　m_0——盒质量（g）；

```
取具有代表性试样15~30g或用环刀中的试样
          ↓
放入称量盒内，盖上盒盖，称盒加湿土质量，准确至0.01g
          ↓
打开盒盖，将盒置于微波炉内，在高火下3~5min烘至恒量
          ↓
将称量盒从烘箱中取出，盖上盒盖
          ↓
称盒加干土质量，准确至0.01g
          ↓
含水率按下式计算，准确至0.1%
          ↓
w = (m_w/m_s)×100% = (m_1-m_2)/(m_2-m_0) ×100%
          ↓
本试验必须对两个试样进行平行测定
          ↓
测定的差值：当含水率小于40%时为1%；当含水率大于等于40%时为2%
          ↓ 是
取两个测值的平均值，以百分数表示
          ↓
整理数据，填写试验表格
```

否

$$w = \frac{m_w}{m_s} \times 100\% = \frac{m_1 - m_2}{m_2 - m_0} \times 100\%$$

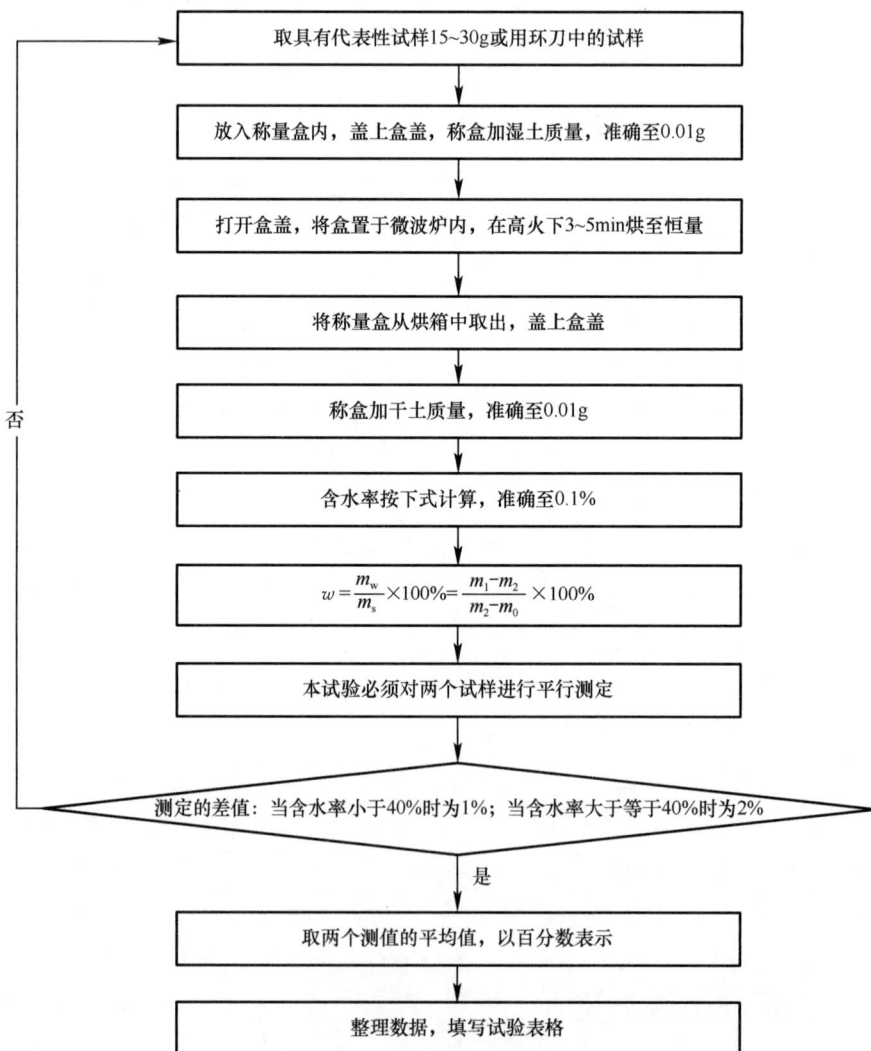

图 5-4　含水率试验流程

m_1——盒＋湿土质量（g）；

m_2——盒＋干土质量（g）；

$m_1 - m_2$——土中水质量（g）；

$m_2 - m_0$——干土质量（g）。

试验记录如表 5-50 所示。

含水率试验记录　　　　　　　　　　　　　　　　　　　　　表 5-50

盒号		1	2	3	4
盒质量（g）	(1)	20	20	20	20
盒＋湿土质量（g）	(2)	38.87	40.54	40.54	40.54
盒＋干土质量（g）	(3)	35.45	36.76	36.16	35.94
水分质量（g）	(4)=(2)-(3)	3.42	3.78	4.49	4.51
干土质量（g）	(5)=(3)-(1)	15.45	16.76	16.16	15.94
含水率（%）	(6)=(4)/(5)	22.1	22.6	27.8	28.3
平均含水率（%）	(7)	22.4		28.1	

（2）密度试验（环刀法）

本试验方法适用于细粒土。本试验所用的主要仪器设备，应符合下列规定：

1）环刀：内径 61.8mm 或 79.8mm，高度 20mm。

2）天平：称量 500g，最小分度值 0.1g；称量 200g，最小分度值 0.01g。

环刀法测定密度，流程按图 5-5 进行。试样的湿密度，应按下式计算：

$$\rho = m/V = (m_1 - m_2)/V$$

式中　ρ——密度（g/cm³），计算至 0.01g/cm；

m——湿土质量（g）；

m_1——环刀加湿土质量（g）；

m_2——环刀质量（g）；

V——环刀体积（cm³）。

试样的干密度，应按下式计算：

$$\rho_d = \rho/(1 + 0.01w)$$

本试验应进行两次平行测定，两次测定差值不得大于 0.03g/cm³，取两次测值的平均值。

密度试验记录（环刀法）如表 5-51 所示。密度试验流程如图 5-5 所示。

密度试验记录（环刀法）　　　　　　　　　　　　　　　表 5-51

土样编号			1		2		3	
环刀号			1	2	3	4	5	6
环刀容积（cm³）	(1)		100	100	100	100	100	100
环刀质量（g）	(2)		100	100	100	100	100	100
土＋环刀质量（g）	(3)		278.6	281.4	293.6	294.8	305.8	307.2
土样质量（g）	(4)	(3)-(2)	178.6	181.4	193.6	194.8	205.8	207.2
湿密度（g/cm³）	(5)	(4)/(1)	1.79	1.81	1.94	1.95	2.06	2.07
含水率（%）	(6)		13.5	14.2	18.2	19.4	20.5	21.2
干密度（g/cm³）	(7)	(5)/[1+0.01(6)]	1.58	1.58	1.64	1.63	1.71	1.71
平均干密度（g/cm³）	(8)		1.58		1.64		1.71	

```
量测环刀：取出环刀，称出环刀的质量
          ↓
切取土样：将环刀的刀口向下放在土样上，然后用切土刀
将土样削成略大于环刀直径的土柱，将环刀垂直压，边压边
削使土样上端伸出环刀为止，然后将环刀两端的余土削平
          ↓
称重时精确至小数点后两位
          ↓
湿密度按下式计算，计算至0.01g/cm
          ↓
```

$$\rho = \frac{m}{V} = \frac{m_1 - m_2}{V}$$

```
          ↓
本试验必须对两个试样进行平行测定
          ↓
其平行差值不得大于0.03g/cm ──否──→
          ↓是
取两个测值的平均值
          ↓
整理数据，填写试验表格
```

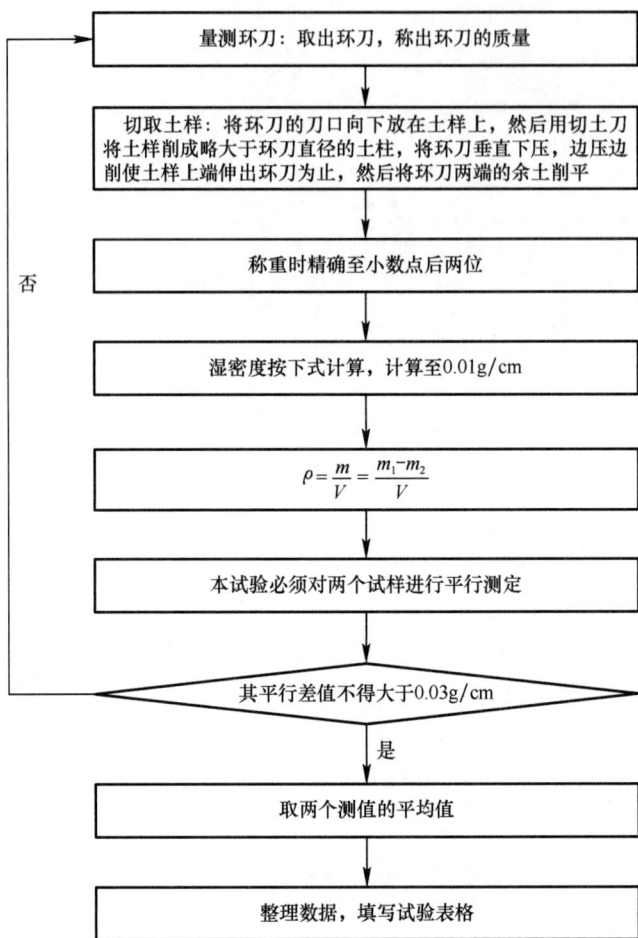

图 5-5　土的密度试验流程

2. 基桩试验

（1）超声波检测法

1）检测目的

基桩是工程结构常用的基础形式之一，属于隐蔽工程，施工技术比较复杂，工艺流程相互衔接紧密，施工时稍有不慎极易出现断桩等多种形态复杂的质量缺陷，影响桩身的完整性和桩的承载能力，从而直接影响上部结构的安全。因此，有必要进行基桩检测，通过对钻孔灌注桩进行埋管非金属超声波检测，检验桩身混凝土的质量以及桩身的完整性。

2）一般规定

① 本方法适用于检测孔径不小于 0.6m，不大于 5.0m 桩孔的孔壁变化情况、孔径垂直度、实测孔深。

② 当检测泥浆护壁的桩孔时，泥浆相对密度应小于1.2。

③ 检测中应采取有效手段，保证检测信号清晰有效。

3）检测原理

声波是压缩波，即介质振动方向与波的传播方向一致。声波的波速取决于介质的性质。越致密，则波速越高。

声波在传输过程中，能量会衰减，遇到"界面"时会折射和反射。声波的衰减主要由于传递介质的吸收，以及介质内散射以及扩散作用引起。由此可知，当声波检测作用于桩身时，桩身材料的特性就影响到声速传播。可归纳为：①材料越密实，波速越高，材料强度越高；反之，则越低。②材料越均匀，传播时能量的衰减少，有空洞或不连续时，波速衰减厉害。

4）检测仪器

超声波法检测仪器设备应符合下列规定：

① 孔径检测精度不低于 $\pm0.2\% F \cdot S$。

② 孔深度检测精度不低于 $\pm0.3\% F \cdot S$。

③ 测量系统为超声波脉冲系统。

④ 超声波工作频率应满足检测精度要求。

⑤ 脉冲重复频率应满足检测精度要求。

⑥ 检测通道应至少二通道。

⑦ 记录方式为模拟式或数字式。

⑧ 具有自校功能。

5）主要检测仪器设备（表 5-52）

ZBL-U520 现场检测仪器　　　　　　表 5-52

仪器名称	仪器型号	检定时间	有效期	备注
超声波混凝土测试仪	ZBL-U520	2015.05	2016.05	完好

6）仪器标定

① 超声波法检测仪器进入现场前应利用自校程序进行标定，每孔测试前应利用护筒直径或导墙的宽度作为标准距离标定仪器系统。标定应至少进行 2 次。

② 标定完成后应及时锁定标定旋钮，在该孔的检测过程中不得变动。

7）检测及评定依据

评定依据：《公路工程基桩检测技术规程》JTG/T 3512—2020。

超声波法桩基完整性检测结果的分类按《公路工程基桩检测技术规程》JTG/T 3512—2020 划分如表 5-53 所示。

桩身完整性类别　　　　　　表 5-53

桩身完整性类别	特征
Ⅰ类桩	各声测剖面每个测点的声速、波幅均大于临界值，波形正常
Ⅱ类桩	某一声测剖面个别测点的声速、波幅略小于临界值，但波形基本正常
Ⅲ类桩	某一声测剖面连续多个测点或某一深度桩截面处的声速、波幅值小于临界值，PSD 值变大，波形畸变
Ⅳ类桩	某一声测剖面连续多个测点或某一深度桩截面处的声速、波幅值明显小于临界值，PSD 值突变，波形严重畸变

本报告仅对可检测范围内的桩身完整性进行判定。对于声测管堵塞等情况，需结合其他方法进行检测判定，但判定类别不得高于Ⅱ类桩。

8）检测方法

检测时 AC、AB、BC 三剖面换能器均由桩底沿桩长同时往上逐点检测，分别进行各剖面同高程声波对测，提升间距为 20cm，各测点发射与接收换能器累计相对高差不大于 2cm，并随时校正，见图 5-6。测试时每两根声测管为一组，通过水的耦合，超声脉冲信号从一根声测管中的换能器中发射出去，在另一根声测管中的换能器接收信号，超声仪测定有关参数，采集记录储存。

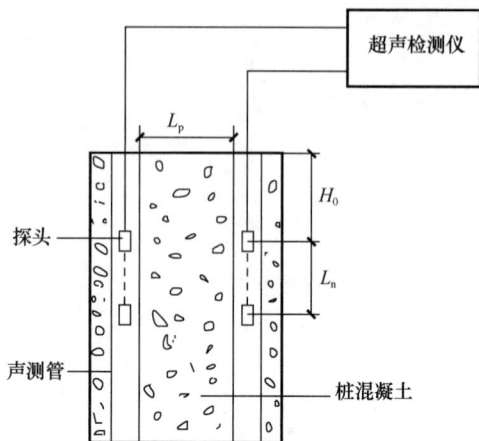

图 5-6 桩检测系统示意图

9）检测实例（表 5-54、表 5-55）

基桩检测结果汇总　　　　　　表 5-54

序号	桩号	施工日期	测试日期	桩径(mm)	实测桩长(m)	剖面可检测深度(m)	剖面编号	图示	平均声速(km/s)	平均波幅(dB)	桩身完整性	类别
1	4-3	2015.11.3	2015.11.30	1200	53.00	53.00	AB	大桩号（西）	4.781	106.16	完整	1
						53.00	AC		5.155	105.81	完整	
						53.00	BC		4.379	104.76	完整	
2	4-4	2015.11.5	2015.11.30	1200	53.00	53.00	AB	大桩号（西）	3.946	104.04	完整	1
						53.00	AC		4.174	105.10	完整	
						53.00	BC		4.209	104.31	完整	
3	1-3	2015.11.12	2015.12.07	1200	54.00	54.00	AB	大桩号（西）	4.756	105.51	完整	1
						54.00	AC		4.995	105.32	完整	
						54.00	BC		4.502	104.62	完整	
4	1-4	2015.11.11	2015.12.07	1200	54.00	54.00	AB	大桩号（西）	4.280	105.41	完整	1
						53.00	AC		4.205	105.41	完整	
						54.00	BC		4.475	105.05	完整	

某根桩检测结果
表 5-55

基桩名称		4-3		测试深度		52.80m		检测日期		2015年11月29日

内定	A-B：800mm		A-C：870mm		B-C：800mm	
	声速 （km/s）	幅度 （dB）	声速 （km/s）	幅度 （dB）	声速 （km/s）	幅度 （dB）
最大值	5.181	107.10	5.612	107.01	4.752	108.92
最小值	3.525	99.73	4.756	99.52	4.269	100.87
平均值	4.781	106.16	5.155	105.81	4.379	104.76
标准差	0.1935	0.631	0.2053	0.790	0.0801	0.949
临界值1	4.264	100.16	4.606	99.81	4.166	98.76

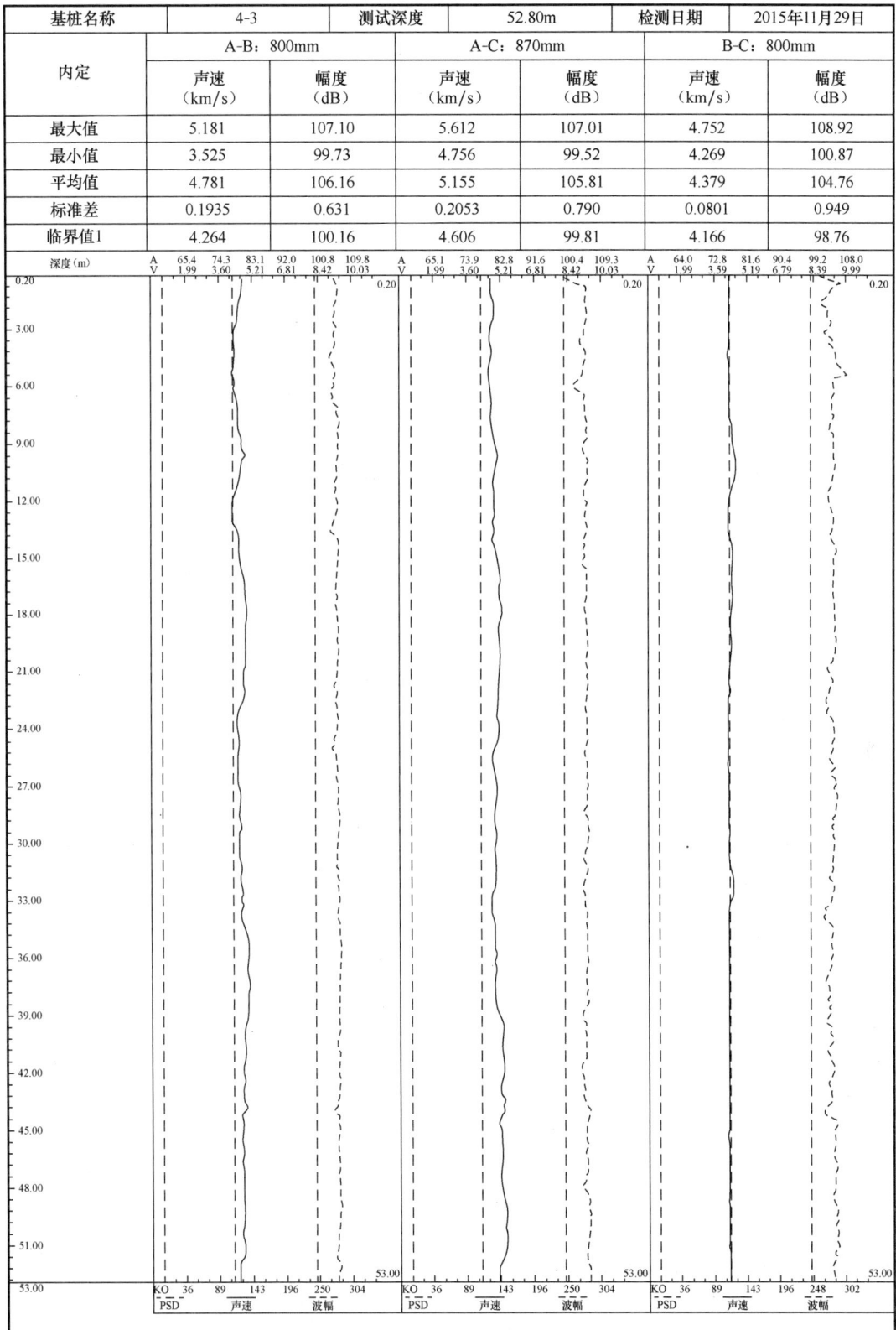

（2）低应变反射波法

1）检测目的

基桩是工程结构常用的基础形式，属于隐蔽工程，施工技术比较复杂，工艺流程相互衔接紧密，施工时稍有不慎极易出现断桩等多种形态复杂的质量缺陷，影响桩身的完整性和桩的承载能力，从而直接影响上部结构的安全。因此，有必要进行基桩检测，通过低应变反射波法检测，检测基桩的桩身完整性。

2）检测原理

首先假设桩为均质的一维杆件。在桩顶施加力的激振信号产生一个激振波，沿桩身向桩底传递，遇到桩底介质变化时，发生反射传回至桩顶。安装桩顶的传感器采集桩顶激振信号和桩底反射信号。

当桩身存有缺陷时，激振波传至缺陷处，产生波的部分折射、部分反射、部分透射。因此，通过采集的激振波传递过程记录曲线，进行桩身完整性判定。桩埋设土层中，桩周边土对桩身激振波的传递产生阻尼作用，使激振波信号逐渐衰减。

3）检测仪器（表5-56）

RSM-PRT（T）现场检测仪器 表 5-56

仪器名称	仪器型号	检定时间	有效期	备注
基桩动测仪	RSM-PRT（T）	2015.05	2016.05	完好

4）桩基完整性分类依据

根据《公路工程基桩检测技术规程》JTG/T 3512—2020 的有关要求，桩身完整性分类应结合缺陷出现的深度、测试信号衰减特征以及设计桩型、成桩工艺、地质条件、施工情况，按表5-57所列实测时域或幅频信号特征进行综合分析判定。

桩身完整性类别划分与判定 表 5-57

桩身完整性类别	特征
Ⅰ类桩	桩端反射较明显，无缺陷反射波，振幅谱线分布正常，混凝土波速处于正常范围； 桩身完整，可正常使用
Ⅱ类桩	桩端反射较明显，但有局部缺陷所产生的反射信号，混凝土波速处于正常范围； 桩身基本完整，有轻度缺陷，不影响正常使用
Ⅲ类桩	桩端反射不明显，可见缺陷二次反射波信号，或有桩端反射但波速明显偏低； 桩身有明显缺陷，对桩身结构承载力有影响
Ⅳ类桩	无桩端反射信号，可见因缺陷引起的多次强反射信号，或按平均波速计算的桩长明显短于设计桩长； 桩身有严重缺陷，对桩身结构承载力有严重影响

5）检测实例（表5-58）

基桩检测结果汇总 表 5-58

序号	桩号	成桩日期	测试日期	截面尺寸（mm）	测点以下桩长	波速（m/s）	桩身完整性描述	类别
1	0-4	2015.11.7	2015.11.29	$\phi1200$	27.5	4066	桩身完整	Ⅰ
2	0-5	2015.11.8	2015.11.29	$\phi1200$	27.5	4079	桩身完整	Ⅰ

续表

序号	桩号	成桩日期	测试日期	截面尺寸 (mm)	测点以下 桩长	波速 (m/s)	桩身完整性 描述	类别
3	0-6	2015.11.9	2015.11.29	ϕ1200	27.5	4157	桩身完整	I
4	5-4	2015.10.28	2015.11.29	ϕ1200	27	4066	桩身完整	I
5	5-5	2015.10.25	2015.11.29	ϕ1200	27	4066	桩身完整	I
6	5-6	2015.10.23	2015.11.29	ϕ1200	27	3992	桩身完整	I

注：低应变反射波法仅对有效检测长度范围内判定。

6）检测结论

检测桩数为 6 根，桩位、桩径、桩长等参数由施工单位提供。检测和分析依据为行业标准《公路工程基桩检测技术规程》JTG/T 3512—2020。根据实测曲线，结合地质资料、桩型、成桩工艺和施工记录等，综合分析说明如下：①桩身波速统计，所检钻孔灌注桩，桩身波速最大值为 4257m/s，最小值为 3992m/s，平均值为 4071m/s。②完整性类别统计，所检钻孔灌注桩，I 类桩 6 根，占 100%。

7）实测波形图（图 5-7）

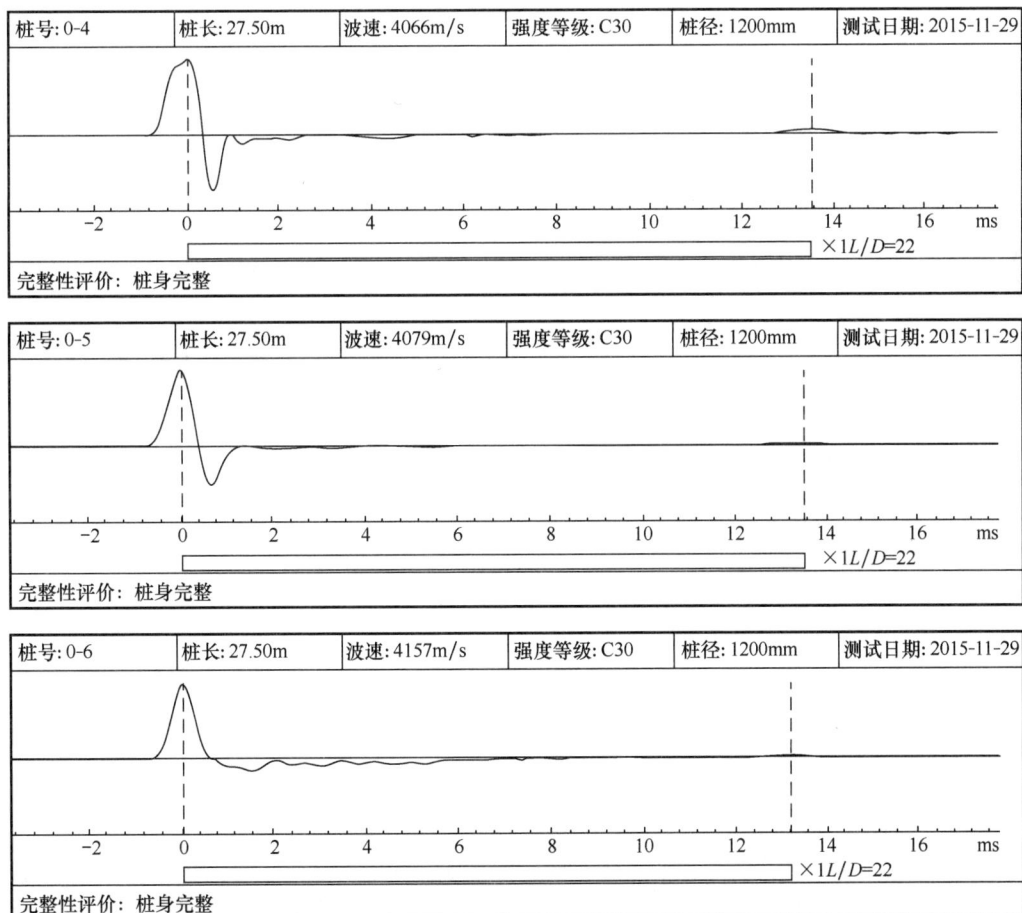

图 5-7　实测波形图

| 桩号: 5-4 | 桩长: 27.00m | 波速: 4066m/s | 强度等级: C30 | 桩径: 1200mm | 测试日期: 2015-11-29 |

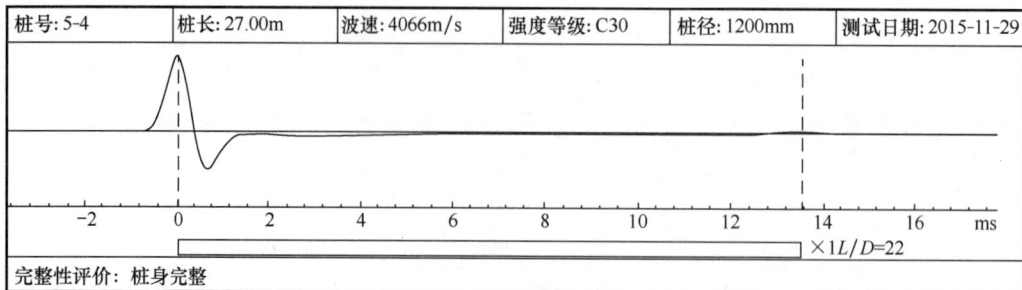

×1L/D=22

完整性评价: 桩身完整

图 5-7　实测波形图（续）

（八）屋面及防水工程施工试验

《屋面工程质量验收规范》GB 50207—2012 规定：

防水层施工前，基层应坚实、平整、干净、干燥。基层处理剂应配比准确，并应搅拌均匀；喷涂或涂刷基层处理剂应均匀一致，待其干燥后应及时进行卷材、涂膜防水层和接缝密封防水施工。

防水层完工并经验收合格后，应及时做好成品保护。

防水与密封工程各分项工程每个检验批的抽检数量，防水层应按屋面面积每 $100m^2$ 抽查一处，每处应为 $10m^2$，且不得少于 3 处；接缝密封防水应按每 $50m^2$ 抽查一处，每处应为 5m，且不得少于 3 处。

1. 屋面防水材料进场检验

屋面防水材料进场检验项目应符合表 5-59 的规定。

屋面防水材料进场检验项目　　　　　　　　表 5-59

序号	防水材料名称	现场抽样数量	外观质量检验	物理性能检验
1	高聚物改性沥青防水卷材	大于 1000 卷抽 5 卷，每 500~1000 卷抽 4 卷，100~499 卷抽 3 卷，100 卷以下抽 2 卷，进行规格尺寸和外观质量检验。在外观质量检验合格的卷材中，任取一卷作物理性能检验	表面平整，边缘整齐，无孔洞、缺边、裂口、胎基未浸透，矿物粒料粒度，每卷卷材的接头	可溶物含量、拉力、最大拉力时延时率、耐热度、低温柔性、不透水性
2	合成高分子防水卷材		表面平整，边缘整齐，无气泡、裂纹、粘结疤痕，每卷卷材的接头	断裂拉伸强度、扯断伸长率、低温柔性、不透水性
3	高聚物改性沥青防水涂料	每 10t 为一批，不足 10t 按一批抽样	水乳型：无色差、凝胶、结块、明显沥青丝；溶剂型：黑色黏稠状，细腻、均匀胶状液体	固体含量、耐热性、低温柔性、不透水性、断裂伸长率或抗裂性
4	合成高分子防水涂料		反应固化型：均匀黏稠状，无凝胶、结块；挥发固化型：经搅拌后无结块，呈均匀乳液	固体含量、拉伸强度、断裂伸长率、低温柔性、不透水性
5	聚合物水泥防水涂料		液体组分：无杂质、无凝胶的均匀乳液；固体组分：无杂质、无结块的粉末	固体含量、拉伸强度、断裂伸长率、低温柔性、不透水性

148

序号	防水材料名称	现场抽样数量	外观质量检验	物理性能检验
6	胎体增强材料	每3000m² 为一批，不足3000m² 按一批抽样	表面平整、边缘整齐、无折痕、无孔洞、无污迹	接力、延伸率
7	沥青基防水卷材用基层处理剂	每5t 产品为一批，不足5t 按一批抽样	均匀液体、无结块、无凝胶	固体含量、耐热性、低温柔性、剥离强度
8	高分子胶粘剂		均匀液体、无杂质、无分散颗粒或凝胶	剥离强度、浸水168h 后的剥离强度保持率
9	改性沥青胶粘剂		均匀液体、无结块、无凝胶	剥离强度
10	合成橡胶胶粘带	每1000m 为一批，不足1000m 按一批抽样	表面平整，无固块、杂物、孔洞、外伤及色差	剥离强度、浸水168h 后的剥离强度保持率
11	改性石油沥青密封材料	每1t 产品为一批，不足1t 按一批抽样	黑色均匀膏状，无结块和未浸透的填料	耐热性、低温柔性、拉伸粘结性、施工度
12	合成高分子密封材料		均匀膏状或黏稠液体，无结皮、凝胶或不易分散的固体	拉伸模量、断裂伸长度、定伸粘结性
13	烧结瓦、混凝土瓦	同一批至少抽一次	边缘整齐，表面光滑，不得有分层、裂纹、露砂	抗渗性、抗冻性、吸水率
14	玻纤胎沥青瓦		边缘整齐，切槽清晰，厚薄均匀，表面无孔洞、硌伤、裂纹、皱折及起泡	可溶物含量、拉力、耐热度、柔度、不透水性、叠层剥离强度
15	彩色涂层钢板及钢带	同牌号、同规格、同镀层重量、同涂层厚度、同涂料种类和颜色为一批	钢板表面不应有气泡、缩孔、漏涂等缺陷	屈服强度、抗拉强度、断后伸长率、镀层重量、涂层厚度

2. 屋面淋水（蓄水）试验

屋面防水工程完工后，应进行观感质量检查和雨后观察或淋水、蓄水试验. 不得有渗漏和积水现象。

检查屋面有无渗漏、积水和排水系统是否通畅，应在雨后或持续淋水 2h 后进行，并应填写淋水试验记录。具备蓄水条件的檐沟、天沟应进行蓄水试验，蓄水时间不得少于 24h，并应填写蓄水试验记录（表5-60）。

屋面蓄水（淋水）试验记录　　　　　　　　　　　　　　表5-60

工程名称		施工单位	
检测部位	屋面	试验方法	蓄水检验
质量要求和检验方法			

质量要求和检验方法：

《屋面工程质量验收规范》GB 50207—2012

　3.0.14 　屋面工程各分项工程宜按屋面面积每 500～1000m² 划分为一个检验批，不足 500m² 应按一个检验批；每个检验批的抽检数量应按本规范第 4～8 章的规定执行。

　6.2.11 　卷材防水层不得有渗漏和积水现象。检验方法：雨后观察或淋水、蓄水试验。

　6.3.5 　涂膜防水层不得有渗漏或积水现象。检验方法：雨后观察或淋水、蓄水试验。

　6.4.5 　复合防水层不得有渗漏或积水现象。检验方法：雨后观察或淋水、蓄水试验。

　7.4.7 　金属板屋面不得有渗漏或积水现象。检验方法：雨后观察或淋水、蓄水试验。

试验过程记录

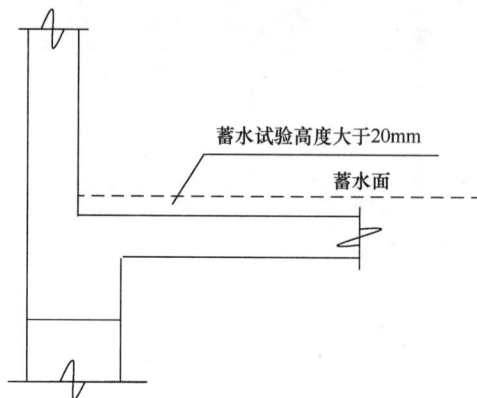

蓄水试验高度大于20mm

蓄水面

说明:

验收结论:	施工单位质量检查员:	监理工程师:

(九) 房屋结构实体检测

根据《混凝土结构工程施工质量验收规范》GB 50204—2015 相关条文规定,应对涉及混凝土结构安全的、有代表性的部位进行结构实体检验。结构实体检验应包括混凝土强度、钢筋保护层厚度、结构位置与尺寸偏差以及合同约定的项目;必要时可检验其他项目。

1. 结构实体混凝土同条件养护试件强度检验

(1) 同条件养护试件的取样和留置应符合下列规定:

1) 同条件养护试件所对应的结构构件或结构部位,应由施工、监理等各方共同选定,且同条件养护试件的取样宜均匀分布于工程施工周期内。

2) 同条件养护试件应在混凝土浇筑入模处见证取样。

3) 同条件养护试件应留置在靠近相应结构构件的适当位置,并应采取相同的养护方法。

4) 同一强度等级的同条件养护试件不宜少于 10 组,且不应少于 3 组。每连续两层楼取样不应少于 1 组;每 2000m³ 取样不得少于一组。

(2) 每组同条件养护试件的强度值应根据强度试验结果按现行国家标准《混凝土物理力学性能试验方法标准》GB/T 50081—2019 的规定确定。

(3) 对同一强度等级的同条件养护试件,其强度值应除以 0.88 后按现行国家标准《混凝土强度检验评定标准》GB/T 50107—2010 的有关规定进行评定,评定结果符合要

求时可判定结构实体混凝土强度合格。

2. 结构实体混凝土回弹-取芯法强度检验

（1）回弹构件的抽取应符合下列规定：

1）同一混凝土强度等级的柱、梁、墙、板，抽取构件最小数量应符合表 5-61 的规定，并应均匀分布。

2）不宜抽取截面高度小于 300mm 的梁和边长小于 300mm 的柱。

回弹构件抽取最小数量　　　　　　表 5-61

构件总数量	最小抽样数量
20 以下	全数
20~150	20
151~280	26
281~500	40
501~1200	64
1201~3200	100

（2）每个构件应按现行行业标准《回弹法检测混凝土抗压强度技术规程》JGJ/T 23—2011 对单个构件检测的有关规定选取不少于 5 个测区进行回弹，楼板构件的回弹应在板底进行。

（3）对同一强度等级的构件，应按每个构件的最小测区平均回弹值进行排序，并选取最低的 3 个测区对应的部位各钻取 1 个芯样试件。芯样应采用带水冷却装置的薄壁空心钻钻取，其直径宜为 100mm，且不宜小于混凝土骨料最大粒径的 3 倍。

（4）芯样试件的端部宜采用环氧胶泥或聚合物水泥砂浆补平，也可采用硫黄胶泥修补。加工后芯样试件的尺寸偏差与外观质量应符合下列规定：

1）芯样试件的高度与直径之比实测值不应小于 0.98，也不应大于 1.02。

2）沿芯样高度的任一直径与其平均值之差不应大于 2mm。

3）芯样试件端面的不平整度在 100mm 长度内不应大于 0.1mm。

4）芯样试件端面与轴线的不垂直度不应大于 1°。

5）芯样不应有裂缝、缺陷及钢筋等其他杂物。

（5）芯样试件尺寸的量测应符合下列规定：

1）应采用游标卡尺在芯样试件中部互相垂直的两个位置测量直径，取其算术平均值作为芯样试件的直径，精确至 0.5mm。

2）应采用钢板尺测量芯样试件的高度，精确至 1mm。

3）垂直度应采用游标量角器测量芯样试件两个端线与轴线的夹角，精确至 0.1°。

4）平整度应采用钢板尺或角尺紧靠在芯样试件端面上，一面转动钢板尺，一面用塞尺测量钢板尺与芯样试件端面之间的缝隙；也可采用其他专用设备测量。

（6）芯样试件应按现行国家标准《混凝土物理力学性能试验方法标准》GB/T 50081—2019 中圆柱体试件的规定进行抗压强度试验。

（7）对同一强度等级的构件，当符合下列规定时，结构实体混凝土强度可判为合格：

1) 三个芯样的抗压强度算术平均值不小于设计要求的混凝土强度等级值的88%。

2) 三个芯样抗压强度的最小值不小于设计要求的混凝土强度等级值的80%。

3. 结构实体钢筋保护层厚度检验

(1) 结构实体钢筋保护层厚度检验构件的选取应均匀分布,并应符合下列规定:

1) 对悬挑构件之外的梁板类构件,应各抽取构件数量的2%且不少于5个构件进行检验。

2) 对悬挑梁,应抽取构件数量的5%且不少于10个构件进行检验;当悬挑梁数量少于10个时,应全数检验。

3) 对悬挑板,应抽取构件数量的10%且不少于20个构件进行检验;当悬挑板数量少于20个时,应全数检验。

(2) 对选定的梁类构件,应对全部纵向受力钢筋的保护层厚度进行检验;对选定的板类构件,应抽取不少于6根纵向受力钢筋的保护层厚度进行检验。对每根钢筋,应选择有代表性的不同部位量测3点取平均值。

(3) 钢筋保护层厚度的检验,可采用非破损或局部破损的方法,也可采用非破损方法并用局部破损方法进行校准。当采用非破损方法检验时,所使用的检测仪器应经过计量检验,检测操作应符合相应规程的规定。

钢筋保护层厚度检验的检测误差不应大于1mm。

(4) 钢筋保护层厚度检验时,纵向受力钢筋保护层厚度的允许偏差应符合表5-62的规定。

结构实体纵向受力钢筋保护层厚度的允许偏差 表5-62

构件类型	允许偏差(mm)
梁	+10,−7
板	+8,−5

(5) 梁类、板类构件纵向受力钢筋的保护层厚度应分别进行验收,并应符合下列规定:

1) 当全部钢筋保护层厚度检验的合格率为90%及以上时,可判为合格。

2) 当全部钢筋保护层厚度检验的合格率小于90%但不小于80%时,可再抽取相同数量的构件进行检验;当按两次抽样总和计算的合格率为90%及以上时,仍可判为合格。

3) 每次抽样检验结果中不合格点的最大偏差均不应大于本节"4. 结构实体位置与尺寸偏差"检验中(4)条规定允许偏差的1.5倍。

4. 结构实体位置与尺寸偏差检验

(1) 结构实体位置与尺寸偏差检验构件的选取应均匀分布,并应符合下列规定:

1) 梁、柱应抽取构件数量的1%,且不应少于3个构件。

2) 墙、板应按有代表性的自然间抽取1%,且不应少于3间。

3) 层高应按有代表性的自然间抽查1%,且不应少于3间。

(2) 对选定的构件,结构实体位置与尺寸偏差检验项目及检验方法应符合表5-63的规定，现浇结构位置、尺寸允许偏差及检验方法应符合表 5-64 的规定，装配式结构构件位置和尺寸允许偏差及检验方法应符合表 5-65 的规定。

结构实体位置与尺寸偏差检验项目及检验方法 表 5-63

项目	检验方法
柱截面尺寸	选取柱的一边量测柱中部、下部及其他部位，取 3 点平均值
柱垂直度	沿两个方向分别量测，取较大值
墙厚	墙身中部量测 3 点，取平均值；测点间距不应小于 1m
梁厚	量测一侧边跨中及两个距离支座 0.1 处，取 3 点平均值，量测值可取腹板高度加上此处楼板的实测厚度
板厚	悬挑板取距离支座 0.1m 处，沿宽度方向取包括中心位置在内的随机 3 点取平均值；其他楼板，在同一对角线上量测中间及距离两端各 0.1m 处，取 3 点平均值
层高	与板厚测点相同，量测板顶至上层楼板板底净高，层高量测值为净高与板厚之和，取 3 点平均值

现浇结构位置、尺寸允许偏差及检验方法 表 5-64

项目			允许偏差（mm）	检验方法
轴线位置	整体基础		15	经纬仪及尺量
	独立基础		10	经纬仪及尺量
	柱、墙、梁		8	尺量
垂直度	柱、墙层高	≤6m	10	经纬仪或吊线、尺量
		>6m	12	经纬仪或吊线、尺量
	全高（H）≤300m		$H/30000+20$	经纬仪、尺量
	全高（H）>300m		$H/10000$ 且≤80	经纬仪、尺量
标高	层高		±10	水准仪或拉线、尺量
	全高		±30	水准仪或拉线、尺量
截面尺寸	基础		+15，−10	尺量
	柱、梁、板、墙		+10，−5	尺量
	楼梯相邻踏步高差		±6	尺量
电梯井洞	中心位置		10	尺量
	长、宽尺寸		+25，0	尺量
表面平整度			8	2m 靠尺和塞尺量测
预埋件中心位置	预埋板		10	尺量
	预埋螺栓		5	尺量
	预埋管		5	尺量
	其他		10	尺量
预留洞、孔中心线位置			15	尺量

注：1. 检查轴线、中心线位置时，沿纵、横两个方向测量，并取其中偏差的较大值。

2. H 为全高，单位为 m。

装配式结构构件位置和尺寸允许偏差及检验方法

表 5-65

项目			允许偏差（mm）	检验方法
构件轴线位置	竖向构件（柱、墙板、桁架）		8	经纬仪及尺量
	水平构件（梁、楼桁）		5	
标高	梁、柱、墙板楼板底面或顶面		±5	水准仪或拉线、尺量
构件垂直度	柱、墙板安装后的高度	≤6m	5	经纬仪或吊线、尺量
		>6m	10	
构件倾斜度	梁、桁架		5	经纬仪或吊线、尺量
相邻构件平整度	梁、楼板底面	外露	5	2m靠尺和塞尺量测
		不外露	3	
	柱、墙板	外露	5	
		不外露	8	
构件搁置长度	梁、板		±10	尺量
支座、支垫中心位置	板、梁、柱、墙板、桁架		10	尺量
墙板接缝宽度			±5	尺量

（3）墙厚、板厚、层高的检验可采用非破损或局部破损的方法，也可采用非破损方法并用局部破损方法进行校准。当采用非破损方法检验时，所使用的检测仪器应经过计量检验，检测操作应符合国家现行相关标准的规定。

（4）结构实体位置与尺寸偏差项目应分别进行验收，并应符合下列规定：

1）当检验项目的合格率为80%及以上时，可判为合格。

2）当检验项目的合格率小于80%但不小于70%时，可再抽取相同数量的构件进行检验；当按两次抽样总和计算的合格率为80%及以上时，仍可判为合格。

六、建筑工程质量问题

（一）工程质量问题的分类、识别

1. 工程质量问题的分类

工程质量问题一般分为工程质量缺陷、工程质量通病、工程质量事故。

（1）工程质量缺陷

工程质量缺陷是指工程达不到技术标准允许的技术指标的现象。

（2）工程质量通病

工程质量通病是指各类影响工程结构、使用功能和外形观感的常见性质量损伤，犹如"多发病"一样，而称为质量通病。

（3）工程质量事故

工程质量事故是指在工程建设过程中或交付使用后，对工程结构安全、使用功能和外形观感影响较大，损失较大的质量损伤。如住宅阳台、雨篷倾覆，桥梁结构坍塌，大体积混凝土强度不足，管道、容器爆裂使气体或液体严重泄漏等。它的特点是：

1）经济损失达到较大的金额。

2）有时造成人员伤亡。

3）后果严重，影响结构安全。

4）无法降级使用，难以修复时，必须推倒重建。

2. 工程质量问题的识别

工程出现质量问题的类别很多，且所处的环境不尽相同，所以识别的方法也不一样，有的方法容易，有的方法复杂。

目前，建筑工程质量问题识别的方法主要有：看、摸、敲、试验、检测等。

（1）看：看是质量问题识别最容易方法。建筑工程中浇筑混凝土后出现的裂缝、抹灰后表面出现的裂缝、地下室不该出现渗水的出现渗漏现象等，这些质量问题一看就能看出来，所以，看也是建筑工程中识别质量问题最常用的方法。

（2）摸：摸是通过手接触工程实体以判定有无质量问题。水泥砂浆楼（地）起砂现象、涂饰表面粗糙等，通过触摸后来识别其质量问题。

（3）敲：敲一般是通过小锤子轻击来判定有无质量问题。抹灰层空鼓、楼（地）面装饰层空鼓等，这类质量问题表面看起来好像没有问题，只有通过轻敲才能识别其质量问题。

（4）试验：有些工程部位完工后，因受时间、环境等因素影响，需要通过试验来确定其有无质量问题，如屋面蓄水试验、窗的淋水试验等。

(5)检测：对一些分部分项工程施工完成后，用简单方法无法识别其质量是否符合要求时，只能通过特定的方法检验测试其质量，如通过混凝土试块抗压测试、混凝土回弹、混凝土取芯来检测混凝土强度，通过低应变法、高应变法、声波透射法来检测桩基质量等。

（二）建筑工程中常见的质量问题（通病）

建筑施工项目中有些质量问题，如"沉、渗、漏、泛、堵、壳、裂、砂、锈"等，由于经常发生，犹如"多发病""常见病"一样，而成为质量通病。最常见的质量通病有：

1. 地基基础工程中的质量通病

（1）地基不均匀下沉。
（2）预应力混凝土管桩桩身断裂。
（3）挖方边坡塌方。
（4）基坑（槽）回填土沉陷。

2. 地下防水工程中的质量通病

（1）防水混凝土结构裂缝、渗水。
（2）卷材防水层空鼓。
（3）施工缝渗漏。

3. 砌体工程中的质量通病

（1）小型空心砌块填充墙裂缝。
（2）砌体砂浆饱满度不符合规范要求。
（3）砌体标高、轴线等几何尺寸偏差。
（4）砖墙与构造柱连接不符合要求。
（5）构造柱混凝土出现蜂窝、孔洞和露筋。
（6）填充墙与梁、板接合处开裂。

4. 混凝土结构工程中的质量通病

（1）混凝土结构裂缝。
（2）钢筋保护层不符合规范要求。
（3）混凝土墙、柱层间边轴线错位。
（4）模板钢管支撑不当导致结构变形。
（5）滚轧直螺纹钢筋接头施工不规范。
（6）混凝土不密实，存在蜂窝、麻面、空洞现象。

5. 楼地面工程中的质量通病

（1）混凝土、水泥楼（地）面收缩、空鼓、裂缝。

（2）楼梯踏步阳角开裂或脱落、尺寸不一致。

（3）卫生间楼地面渗漏水。

（4）底层地面沉陷。

6. 装饰装修工程中的质量通病

（1）外墙饰面砖空鼓、松动脱落、开裂、渗漏。

（2）门窗变形、渗漏、脱落。

（3）栏杆高度不够、间距过大、连接固定不牢、耐久性差。

（4）抹灰表面不平整、立面不垂直、阴阳角不方正。

7. 屋面工程中的质量通病

（1）水泥砂浆找平层开裂。

（2）找平层起砂、起皮。

（3）屋面防水层渗漏。

（4）细部构造渗漏。

（5）涂膜出现粘结不牢、脱皮、裂缝等现象。

8. 建筑节能中的质量通病

（1）外墙隔热保温层开裂。

（2）有保温层的外墙饰面砖空鼓、脱落。

（三）地基基础工程中的质量通病

地基基础工程中的质量通病较多，下面就常见的地基不均匀沉降、预应力混凝土管桩身断裂、挖方边坡塌方、基础（槽）回填土沉降等质量通病进行分析。

1. 地基不均匀沉降（表 6-1）

<table>
<tr><td colspan="2" style="text-align:center">地基不均匀沉降</td><td style="text-align:right">表 6-1</td></tr>
<tr><td>通病现象</td><td colspan="2">地基不均匀沉降往往导致建筑物开裂、塌陷并严重影响使用</td></tr>
<tr><td>规范标准
相关规定</td><td colspan="2">地基基础设计应明确沉降控制值（沉降和差异沉降），对符合《建筑地基基础设计规范》GB 50007—2011 第 3.0.2 条等规定的。必须进行变形验算，变形计算值不应大于相应允许值</td></tr>
<tr><td>原因分析</td><td colspan="2">（1）地质钻探报告真实性，对建筑物的沉降量大小关系很大。地质报告不真实，就会使设计人员产生分析、判断的错误。
（2）在设计方面的原因。建筑物单体太长的；平面图形复杂；地基土的压缩性有显著不同处或在地基处理方法不同的，未在适应部位设置沉降缝。基础刚度或整体刚度不足，不均匀沉降量大，造成下层开裂。设计马虎，计算不认真，有的不作计算，照抄别的建筑物的基础和主体设计。
（3）在施工方面上的原因。施工单位质量保证体系不健全，质量管理不到位，原材料质量低劣，施工质量存在质量缺陷：墙体砌筑时，砂浆强度偏低，灰缝不饱满。砌砖组砌不合理，通缝多，断砖、半砖集中使用；拉结筋不按规定标准设置。墙体留槎违反规范要求，管道漏水、下水道堵塞不畅渗水、污水、雨水不能及时排出浸泡地基等这些都会引起地基的不均匀沉降使建筑物产生裂缝</td></tr>
</table>

预防措施	(1) 从钻探报告入手,确保其真实性和可靠性。地质钻探报告是一门专门的科学,来不得半点虚假。 (2) 从设计入手,采取多种措施(建筑措施、结构措施等),增强多层住宅的基础刚度和整体刚度。 (3) 从施工入手,切实提高施工质量。 　加强多层住宅的沉降检测。施工期间,施工单位必须按设计要求及规范标准埋设专用水准点和沉降观测点。主体结构施工阶段,每结构层沉降观测不少于一次;主体结构封顶后,沉降观测2个月不少于一次。监理单位必须进行检查复测,并将资料列入工程质量评估内容
一般工序	进行地质钻探并编制报告→合理地进行设计→施工前,应编制详细的施工方案→按规范、设计、方案认真组织施工

2. 预应力混凝土管桩桩身断裂（表 6-2)

预应力混凝土管桩桩身断裂
表 6-2

通病现象	施工过程中表现为脆断,检测结果表现为桩身完整性有严重缺陷,属Ⅳ类桩
规范标准 相关规定	《建筑桩基技术规范》JGJ 94—2008 　7.4.7　当遇到贯入度剧变,桩身突然发生倾斜、位移或有严重回弹、桩顶或桩身出现严重裂缝、破碎等情况时,应暂停打桩,并分析原因,采取相应措施。 　7.5.11　压桩过程中应测量桩身的垂直度。当桩身垂直度偏差大于1‰时,应找出原因并设法纠正;当桩尖进入较硬土层后,严禁用移动机架等方法强行纠偏。 《建筑基桩检测技术规范》JGJ 106—2014 　3.2.7　验收检测时,宜先进行工程桩的桩身完整性检测,后进行承载力检测。桩身完整性检测应在基坑开挖至基底标高后进行。承载力检测时,宜在检测前、后,分别对受检桩、锚桩进行桩身完整性检测
原因分析	(1) 桩身混凝土强度低,管壁厚薄不均匀,桩身弯曲超过规定,桩尖偏离桩的纵轴线较大,桩在堆放、吊运过程中产生裂纹或断裂未被发现,沉入过程中桩身发生较大倾斜或弯曲。 (2) 地层软硬变化或含有坚硬障碍物,在锤击或静压作用下把桩尖挤向一侧。 (3) 桩尖进入硬十层后,采用移动桩架等措施强行回扳纠偏。 (4) 桩周边的土方开挖方法不当,一次性开挖深度太深,使桩的一侧承受很大的土压力,使桩身弯曲断裂。 (5) 接桩时,焊缝不饱满,自然冷却时间不够;接桩时两节桩不在同一轴线上,产生偏位。 (6) 压桩时,场地条件较差,造成压桩时机身不平稳
预防措施	(1) 合理安排压桩线路,防止压桩机侧向挤压已完成的管桩。 (2) 对桩身质量进行全面检查,测量管桩的外径、壁厚、桩身弯曲度等有关尺寸,并详细记录,发现桩身弯曲超过规定或桩尖不在桩纵轴线上的不宜使用;桩的堆放、吊运应严格按照有关规定执行。 (3) 施工前应对桩位下的障碍物进行清理,必要时对每个桩位采用钎探查明。 (4) 如发现桩不垂直应及时采用正确的纠偏措施,桩压入一定深度发生严重倾斜时,不宜采用移架方法来校正。 (5) 土方开挖应沿桩周边分层均匀进行,防止土体侧压力导致桩身断裂。 (6) 地质条件复杂的地区如岩溶地区应对桩端持力层进行探明,预先处理。 (7) 保持场地平整坚实,有排水措施,桩机行走或施打过程保持机身稳定
一般工序	平整场地→放线定桩位→清理桩位地下障碍物→预制桩进场→桩机就位→吊桩、对正桩位垂直对中→桩顶与桩帽间放置弹性垫层→管桩就位→复核桩位应垂直对中→打(压)桩→接桩→截桩

3. 挖方边坡塌方（表 6-3）

挖方边坡塌方

表 6-3

通病现象	基坑边坡发生塌方或滑坡
规范标准相关规定	《建筑地基基础工程施工质量验收标准》GB 50202—2018 　9.1.1　在土石方工程开挖施工前，应完成支护结构、地面排水、地下水控制、基坑及周边环境监测、施工条件验收和应急预案准备等工作的验收，合格后方可进行土石方开挖。 　9.1.3　土石方开挖的顺序、方法必须与设计工况和施工方案相一致，并应遵循"开槽支撑，先撑后挖，分层开挖，严禁超挖"的原则
原因分析	（1）基坑开挖边坡的放坡不够，没有根据不同土质的特性设置边坡，致使土体边坡失稳而产生塌方。 （2）在有地下水情况下，未采取有效地降低地下水位的措施，或采取了措施而未能达到规定要求。 （3）没有及时处理好地面水的侵入，使土体湿化、内聚力降低，土体在自身重力作用下，使边坡失稳而引起塌方。 （4）边坡顶部局部堆载过大，或受外力振动影响，引起边坡失稳而塌方。 （5）开挖顺序、方法不当而造成塌方。 （6）局部处土体在开挖时超挖亦会引起塌方和滑坡
预防措施	（1）根据土的种类、物理力学性能指标，设计出基础的边坡，在施工中严格按设计边坡开挖放坡。 （2）当采取降低地下水位的辅助技术措施时，要保证措施的质量，加强使用期的维护、保养，使降低后的水位始终控制在要求的范围内。 （3）做好地面排水，避免在影响边坡稳定的范围内积水，以致降低土体的抗剪强度。 （4）地面弃土须堆载时，堆弃土的坡脚至挖方基坑上边缘的距离，应根据基坑开挖深度、边坡的坡度和土的性质计算确定，并应明确堆土范围、堆载量和堆土高度。 （5）基坑的开挖应自上而下、由内向外、分段分层、依次进行，并边开挖边做成一定的坡势，以利于坑内泄水，禁止先挖坡脚。 （6）在基坑深度不一致时，宜做到先深后浅，尽量减少地基土的扰动。 （7）在施工期间，加强周边环境的边坡的监护、观测，以便发生异常及时采取处理措施。 （8）对边坡暴露时间较长的工程，可采用金属网片加水泥砂浆抹面的护坡措施。 （9）在影响边坡稳定的范围内，禁止其他施工和过大的振动作业
一般工序	编制施工方案→定位放线→土方开挖→基坑降水→边坡修整（或支护）

4. 基坑（槽）回填土沉陷（表 6-4）

基坑（槽）回填土沉陷

表 6-4

通病现象	地面回填土下沉、地面层空鼓、开裂甚至塌陷
规范标准相关规定	《建筑地基基础工程施工质量验收标准》GB 50202—2018 　9.5.1　施工前应检查基底的垃圾、树根等杂物清除情况，测量基底标高、边坡坡率，检查验收基础外墙防水层和保护层等。回填料应符合设计要求，并应确定回填料含水量控制范围、铺土厚度、压实遍数等施工参数。 　9.5.2　施工中应检查排水系统，每层填筑厚度、辗迹重叠程度、含水量控制、回填土有机质含量、压实系数等。回填施工的压实系数应满足设计要求。当采用分层回填时，应在下层的压实系数经试验合格后进行上层施工。填筑厚度及压实遍数应根据土质、压实系数及压实机具确定

原因分析	(1) 基底上的草皮、淤泥、杂物和积水未清除就填方，填方后土体受压缩而产生沉陷。 (2) 填方土料含有大量有机质，或含水量较大，或大的土块未经破碎填筑，造成填土沉陷。 (3) 未按规定厚度分层回填夯实，或底部松填而仅表面夯实，密实度不符合要求。 (4) 局部有软弱土层，或有地坑、土洞、积水坑等地下坑穴，施工时未作处理或未发现，在外荷载作用下，容易出现局部塌陷。 (5) 采用灌水法沉实，含水量大，密实度不符合要求。 (6) 外部大量开采地下水，导致产生不均匀沉降
预防措施	(1) 回填土前，应对原自然软弱基底按设计与规范要求进行认真处理。 (2) 雨期施工应有防雨措施及方案。 (3) 选用符合质量要求的土料回填，土料含水量应在控制范围之内。回填土应由低处开始分层回填、夯实，每层填筑厚度及压实遍数应根据土质、压实系数及所用机具确定（一般情况平辗分层厚度250～300mm，每层压实遍数6～8遍；振动压实机分层厚度250～350mm，每层压实遍数3～4遍；柴油打夯分层厚度200～250mm，每层压实遍数3～4遍；人工打夯分层厚度小于200mm，每层压实遍数3～4遍），抽样检验的密实度应符合设计与规范要求。 (4) 对面积大而使用要求高的填土，采取先用机械对原自然土面碾压密实，然后再按设计与规范要求分层回填。 (5) 当室内首层地面对沉降变形要求高，且地基处理困难时，宜按配筋混凝土地面进行设计
一般工序	先将填土基底积水、淤泥、杂物清理→基底压实处理→由基底低处开始分层回填压实→按规定取样检测，符合要求后再进行上一层土的回填压实

（四）地下防水工程中的质量通病

地下防水工程中主要质量通病有防水混凝土结构裂缝渗水、卷材防水层空鼓、施工缝渗漏等。

1. 防水混凝土结构裂缝、渗水（表6-5）

防水混凝土结构裂缝、渗水 表6-5

通病现象	地下室混凝土结构局部或大面积出现湿渍、渗水、漏水
规范标准 相关规定	《地下防水工程质量验收规范》GB 50208—2011 表3.0.1 地下工程防水等级标准 一级：不允许渗水，结构表面无湿渍。 二级：不允许漏水，结构表面可有少量湿渍。 三级：有少量漏水点，不得有线流和漏泥砂。 四级：有漏水点，不得有线流和漏泥砂
原因分析	(1) 混凝土振捣不密实，出现漏振、蜂窝、麻面等现象。 (2) 浇筑方法与顺序不当，混凝土未连续浇筑而产生施工缝，且未采取有效措施处理。 (3) 浇筑前未做好降水措施，地下水位未低于底板以下500mm。 (4) 底板大体积混凝土出现温差裂缝、收缩裂缝。 (5) 施工缝钢板止水带连接焊缝不严密，施工缝止水带安装不牢固，甚至未设置止水带就浇筑混凝土。 (6) 后浇带处施工缝处理不彻底，造成局部混凝土不密实。 (7) 地下室外防水层质量差，不满足防水要求

预防措施	（1）底板混凝土要一次性浇筑成型，不得中途停止浇筑以免出现冷缝。 （2）混凝土浇筑须连贯，混凝土间搭接必须在初凝前完成，以免产生冷缝。 （3）大体积混凝土在施工及养护过程中，采用适当措施以防止出现温差裂缝。 （4）可采取在后浇带处预留企口槽或采用预埋止水钢板和止水条的方法避免该处渗漏。 （5）地下室侧墙水平施工缝设置在距地下室底板的板面300～500mm之间。 （6）混凝土浇筑前，应将施工缝处杂物、松散混凝土浮浆及钢筋表面的铁锈等清理干净，浇水充分湿润施工缝处的混凝土，一般不宜少于24h，残留在混凝土表面的积水应予清除，确保新旧混凝土接触良好
一般工序	制订合理的施工方案→底板钢筋绑扎、模板安装→底板混凝土浇筑→墙板钢筋绑扎、止水带安装→墙板、顶板模板安装→顶板钢筋绑扎→墙板、顶板混凝土浇筑

2. 卷材防水层空鼓（表6-6）

卷材防水层空鼓　　　　　　表6-6

通病现象	卷材防水层空鼓、气泡、有渗漏水的现象
规范标准相关规定	《地下防水工程质量验收规范》GB 50208—2011 4.3.4　铺贴防水卷材前，清扫应干净、干燥，并应涂刷基层处理剂；当基面较潮湿时，应涂刷湿固化型胶粘剂或潮湿界面隔离剂。 4.3.16　卷材防水层及其转角处、变形缝、穿墙管道等细部做法均须符合设计要求。 4.3.17　卷材防水层的搭接缝应粘贴或焊接牢固，密封严密，不得有扭曲、皱折、翘边和鼓泡等缺陷。 《地下工程防水技术规范》GB 50108—2008 4.3.12　卷材防水层的基面应坚实、平整、清洁，阴阳角处应做圆弧或折角，并应符合所用卷材的施工要求。 4.3.15　防水卷材施工前，基面应干净、干燥，并应涂刷基层处理剂；当基面潮湿时，应涂刷湿固化型胶粘剂或潮湿界面隔离剂。基层处理剂的配制与施工应符合下列要求： 1　基层处理剂应与卷材及其粘结材料的材性相容； 2　基层处理剂喷涂或刷涂应均匀一致，不应露底，表面干燥后方可铺贴卷材
原因分析	（1）由于基层潮湿，造成胶结材料与基层粘接不良。 （2）找平层表面被污染，与基层粘接不良。 （3）立墙卷材铺贴较困难，热作业易造成铺贴不严实
预防措施	（1）为防止由于毛细水上升造成基层潮湿，施工时应将地下水位降至垫层以下不小于300mm。 （2）为创造良好的基层表面，在垫层上应抹1∶2.5水泥砂浆找平层。 （3）必要时在铺贴卷材前采取刷洗、晾干等措施，保持找平层表面干燥、洁净。 （4）在铺贴卷材前一两天，喷或刷1～2道冷底子油，卷材应实铺（涂热沥青胶结材料）。 （5）铺贴卷材时气温不应低于5℃，冬期施工应采取保温措施，雨期施工应有防雨措施或避开雨天。 （6）对空鼓部位，应剪开重新分层粘贴
一般工序	基层处理→基层干燥→涂刷冷底油→复杂部位处理→卷材铺贴→成品保护

161

3. 施工缝渗漏（表 6-7）

施工缝渗漏 表 6-7

通病现象	地下工程施工缝发生渗漏水现象，防水效果受到影响
规范标准相关规定	《地下防水工程质量验收规范》GB 50208—2011 4.1.16 防水混凝土结构的变形缝、施工缝、后浇带、穿墙管、埋设件等设置和构造必须符合设计要求。 5.1.1 施工缝用止水带、遇水膨胀止水条或止水胶、水泥基渗透结晶型防水涂料和预埋注浆管必须符合设计要求。 5.1.3 墙体水平施工缝应留设在高出底板表面不小于 300mm 的墙体上。拱、板与墙结合的水平施工缝，宜留在拱、板和墙交接处以下 150~300mm 处；垂直施工缝应避开地下水和裂隙水较多的地段，并宜与变形缝相结合。 5.1.4 在施工缝处继续浇筑混凝土时，已浇筑的混凝土抗压强度不应小于 1.2MPa。 5.1.5 水平施工缝浇筑混凝土前，应将其表面浮浆和杂物清除，然后铺设净浆、涂刷混凝土界面处理剂或水泥基渗透结晶型防水涂料，再铺 30~50mm 厚的 1:1 水泥砂浆，并及时浇筑混凝土。 5.1.6 垂直施工缝浇筑混凝土前，应将其表面清理干净，再涂刷混凝土界面处理剂或水泥基渗透结晶型防水涂料，并及时浇筑混凝土
原因分析	(1) 防水层留槎混乱，层次不清，甩槎长度不够，无法分层槎接，有的没有按要求留斜坡阶梯形槎而留成直槎，接槎后，由于新槎收缩产生微裂缝而造成渗漏水。 (2) 施工缝的留设离阴阳角不足 200mm，使甩槎、接槎操作困难，形成施工缝渗漏。 (3) 施工缝防水施工不符合规范要求
预防措施	(1) 施工缝的留槎应符合下列规定： 平面留槎采用阶梯坡形磋，接磋要依层次顺序操作，层层搭接紧密。接槎位置一般应留在地面上，亦可留在墙面上，但需离开阴阳角处 200mm。在接槎部位继续施工时，需在阶梯形槎面上均匀涂刷水泥浆或抹素灰一道，使接头密实不漏水。 (2) 施工缝防水施工应符合下列要求： 1) 水平施工缝浇筑混凝土前，应将其表面浮浆和杂物清除，铺水泥砂浆或涂刷混凝土界面处理剂并及时浇筑混凝土。 2) 垂直施工缝浇筑混凝土前，应将其表面清理干净，涂刷混凝土界面处理剂并及时浇筑混凝土。 3) 施工缝采用遇水膨胀橡胶腻子止水条时，应将止水条牢固地安装在缝表面预留槽内。 4) 施工缝采用中埋止水带时，应确保止水带位置准确、固定牢靠
一般工序	按设计要求留置施工缝→施工缝清理→施工缝界面处理→混凝土浇筑

（五）砌体工程中的质量通病

砌体工程中质量通病主要有砌体填充墙裂缝、砂浆饱满度不够、砌体标高轴线偏差、砌墙与构造柱连接不符合要求等。

1. 砌体填充墙裂缝（表 6-8）

砌体填充墙裂缝   表 6-8

通病现象	(1) 门洞上部墙体产生通透性斜裂缝。 (2) 外墙窗上下部墙体产生通透性斜裂缝。 (3) 墙体与混凝土梁（板）或墙（柱）交接处出现裂缝
规范标准 相关规定	国家建筑标准设计图集《砌体填充墙结构构造》12G614—1 说明： 4.2 填充墙砌筑砂浆的强度等级：普通砖砌体砌筑砂浆强度等级不应低于 M5.0；蒸压加气混凝土砌块砂浆强度等级不应低于 Ma5.0；混凝土砌块砌筑砂浆强度等级不应低于 Mb5.0；蒸压普通砖砌筑砂浆强度等级不应低于 Ms5.0。 5.3.4 填充墙与主体结构应可靠拉结。 5.4.1 填充墙应沿框架柱全高每隔 500～600mm 设 2φ6 拉结筋（墙厚大于 240mm 时直设 3φ6 拉结筋），拉结筋伸入墙内的长度，6、7 度时宜沿墙全长贯通，8 度时应全长贯通。 5.4.2 砌体填充墙的墙段长度大于 5m 或墙长大于 2 倍层高时，墙顶宜与梁底或板底拉结，墙体中部应设钢筋混凝土构造柱。 5.4.3 当有门窗洞口的填充墙尽端至门窗洞口边距离小于 240mm 时，宜采用钢筋混凝土门窗框。 5.4.4 当砌体填充墙的墙高超过 4m 时，宜在墙体半高处设置与柱连接且沿墙全长贯通的现浇钢筋混凝土水平系梁，梁截面高度不小于 60mm。填充墙高不宜超过 6m
原因分析	(1) 设计图纸对构造措施要求不明确，图纸会审时也没有及时提出，造成施工中未能采取足够的防裂措施。 (2) 为赶工期，小砌块没到产品龄期就砌筑，由于砌块收缩量过大而引起墙体开裂。 (3) 设计图纸往往只要求砌筑砂浆不低于 M5，施工中没有针对性地配置专用砌筑砂浆。 (4) 梁（板）底挤砖不紧密，灰缝不饱满，砌体与混凝土柱（墙）交接处灰缝不饱满。 (5) 砂浆没按设计配合比进行机械搅拌，拌合的砂浆使用不及时。 (6) 门窗洞口没有按要求设置钢筋混凝土带或过梁；过梁混凝土施工质量不符合要求
预防措施	(1) 设计图纸中对构造措施不明确时，图纸会审时应及时提出。 (2) 小型砌块的产品龄期现场无法测定，宜适当提前进场并留置一段时间再砌筑。 (3) 加强对砌块进场、验收、管理，做到砌块达到龄期后才能使用。 (4) 砌筑砂浆宜用水泥石灰砂浆，并按设计要求做好配合比设计。 (5) 砌筑砂浆搅拌均匀，一般情况下砂浆应在 3～4h 内用完，气温超过 30℃时，必须在 2～3h 内用完，常温条件下日砌筑高度普通混凝土小砌块控制在 1.5m 内，轻骨料混凝土小砌块在 1.8m 内。 (6) 门窗洞口处必须按规定设置配钢筋砖过梁或钢筋混凝土过梁。 (7) 梁（板）底砌筑要求和灰缝做法要求按本书有关部分的规定
一般工序	熟悉规范、图纸→图纸会审及时提出改进措施→编制施工方案→协调好相关工种做好拉结钢筋预埋工作→做好砌体施工交底工作→加强砌体进场质量验收→进行砂浆配合比设计→砌体施工→构造柱、钢筋砖过梁或钢筋混凝土过梁等施工（穿插于砌体施工阶段）

工程实例图片（图 6-1）

图 6-1 墙面挂网可避免饰面基层开裂

2. 砌体砂浆饱满度不符合规范要求（表 6-9）

砌体砂浆饱满度不符合规范要求 表 6-9

通病现象	(1) 砌体水平灰缝砂浆饱满度低于规范规定。 (2) 竖缝砂浆不足或根本无砂浆，砌体出现假缝、瞎缝、透明缝
规范标准相关规定	《砌体结构工程施工质量验收规范》GB 50203—2011 5.1.12 竖向灰缝不得出现透明缝、瞎缝和假缝。 5.2.2 砌体灰缝砂浆应密实饱满，砖墙水平灰缝的砂浆饱满度不得低于80%，砖柱水平灰缝和竖向灰缝饱满度不得低于90%。 6.2.2 砌体水平灰缝的砂浆饱满度，按净面积计算不得低于90%
原因分析	(1) 砂浆和易性不好，砌筑时铺浆和挤浆都较困难，影响灰缝砂浆的饱满度。 (2) 用于砌筑砖墙，砂浆中的水分被砖吸收，使砂浆失水结硬，既影响砂浆粘结性能，也使水平灰缝饱满度达不到规范要求。 (3) 用铺浆法砌筑，有时因铺浆过长，砌筑速度跟不上，砂浆中水分被底砖吸收，使砌上砖层与砂浆失去粘结，砖的水平灰缝砂浆饱满度不符合要求。 (4) 砂浆和易性差、操作者用瓦刀上浆、竖缝上浆困难。 (5) 操作者没有认真进行操作，砌筑后没有进行自检，使竖缝砂浆不饱满未得到及时纠正
预防措施	(1) 改善砂浆和易性是确保灰缝砂浆饱满度的关键。 (2) 当采用铺浆法砌筑时，必须控制铺灰长度，一般气温情况下不得超过750mm，当施工期间气温超过30℃时不得超过500mm。 (3) 砌筑方法，宜推广"三一砌砖法"（即一块砖、一铲灰、一挤揉的砌筑方法）。 (4) 严禁使用干砖砌墙。砌筑前1~2d应将砖浇湿，灰砂砖和粉煤灰砖的含水率达到8%~12%，对烧结普通砖、多孔砖含水率宜为10%~15%，蒸压加气混凝土砌块施工时的含水率宜小于15%（对于粉煤灰加气混凝土制品宜小于20%）一般控制在10%~15%为宜（砌块含水深度以表层8~10mm为宜）；普通混凝土、陶粒混凝土空心砌块含水率以5%~8%为宜，一般不需浇水砌筑。 (5) 砌筑过程中，应任意检查竖向灰缝饱满，不得出现透明缝、瞎缝和假缝
一般工序	(1) 砌筑前1~2d将砖浇湿→摆砖样→立皮数杆→砌筑外墙大角→挂线砌筑。 (2) 砖砌体：水平缝铺浆→待砌砖一头上浆→砌筑时略加力顶压→刮平墙面灰缝。 (3) 砌块砌体：水平缝铺浆→在已砌的砌块和待砌的砌块接缝处两头上浆→砌筑新砌块→凹槽灌缝→刮平墙面灰缝
参考图示	 （1）倒灰　（2）铺灰　（3）顺砖砌筑 （4）丁砖砌筑　（5）挤揉、敲打、刮浆收缝 当采用铺浆法砌筑时，必须控制铺灰长度，一般气温情况下不得超过750mm；当施工期间气温超过30℃时，不得超过500mm

3. 砌体标高、轴线等几何尺寸偏差（表 6-10）

砌体标高、轴线等几何尺寸偏差   表 6-10

通病现象	砌体标高、轴线等几何尺寸偏差，室内尺寸出现偏差					
规范标准相关规定	《砌体结构工程施工质量验收规范》GB 50203—2011 5.3.3 砖砌体的尺寸、位置的允许偏差及检验应符合表 5.3.3 的规定					

砖砌体尺寸、位置的允许偏差及检验   表 5.3.3

项次	项目			允许偏差（mm）	检验方法	抽检数量
1	轴线位移			10	用经纬仪和尺或用其他测量仪器检查	承重墙、柱全数检查
2	基础、墙、柱顶面标高			±15	用水准仪和尺检查	不应少于 5 处
3	墙面垂直度	每层		5	用 2m 托线板检查	不应少于 5 处
		全高	≤10m	10	用经纬仪、吊线和尺或用其他测量仪器检查	外墙全部阳角
			>10m	20		
4	表面平整度	清水墙、柱		5	用 2m 靠尺和楔形塞尺检查	不应少于 5 处
		混水墙、柱		8		
5	水平灰缝平直度	清水墙		7	拉 10m 线尺量检查	不应少于 5 处
		混水墙		10		
6	门窗洞口高、宽（后塞口）			±10	用尺检查	不应少于 5 处
7	外墙上下窗口偏移			20	以底层窗口为准，用经纬仪或吊线检查	不应少于 5 处
8	清水墙游丁走缝			20	以每层第一皮砖为准，用吊线和尺检查	不应少于 5 处

原因分析	(1) 没按工艺流程施工。 (2) 砌体施工时没有设置皮数杆，或皮数杆上标明皮数及竖向构造的变化部位有误。 (3) 未及时弹出标高和轴线控制线。 (4) 装饰施工前，没有认真复核房间的轴线、标高、门窗洞口等几何尺寸
预防措施	(1) 砌体施工时应设置皮数杆，皮数杆上应标明皮数及竖向构造的变化部位。 (2) 砌筑完基础或每一楼层后，应及时弹出标高和轴线控制线，施工人员应认真做好测量记录，并及时报监理验收。 (3) 装饰施工前，应认真复核房间的轴线、标高、门窗洞口等几何尺寸，发现超标时，应及时进行处理。 (4) 室内尺寸允许偏差应符合下列规定： 1) 净高度为：±18mm。 2) 室内方正与垂直线偏差小于 0.3%，且小于 15mm。 3) 楼板水平度：5mm/2mm
一般工序	抄平→放线→摆砖→立皮数杆→挂线→砌砖→勾缝→清理

165

4. 砖墙与构造柱连接不符合要求（表 6-11）

砖墙与构造柱连接不符合要求　　　　　　　　　　　　表 6-11

通病现象	砖墙与构造柱的连接不可靠，在温度收缩、混凝土干缩、地震及其他外力的作用下，二者将脱开，降低或削弱其连接质量，影响墙体的整体性和承载力
规范标准 相关规定	《砌体结构工程施工质量验收规范》GB 50203—2011 8.2.2　构造柱、芯柱、组合砌体构件、配筋砌体剪力墙构件的混凝土及砂浆的强度等级应符合设计要求。 8.2.3　构造柱与墙体的连接应符合下列规定： 1　墙体应砌成马牙槎，马牙槎凹凸尺寸不宜小于 60mm，高度不应超过 300mm，马牙槎应先退后进，对称砌筑；马牙槎尺寸偏差每一构造柱不应超过 9 处； 2　预留拉结钢筋的规格、尺寸、数量及位置应正确，拉结钢筋应沿墙高每隔 500mm 设 2φ6，伸入墙内不宜小于 600mm，钢筋的竖向移位不应超过 100mm，且竖向移位每一构造柱不得超过 2 处
原因分析	(1) 不设置大马牙槎和拉结筋或漏放拉结筋。 (2) 设置拉结筋的位置、长度、间距（根数）及弯钩形状不正确，不符合相关规定
预防措施	(1) 砖墙与构造柱连接处，砖墙应砌成马牙槎。每一马牙槎高度不宜超过 300mm，且应沿墙高每隔 500mm 设置 2φ6 水平拉结钢筋，钢筋每边伸入墙内不宜小于 1.0m。 (2) 构造柱与砖墙连接的马牙槎内的混凝土、砖墙灰缝的砂浆都必须密实饱满。砖墙水平灰缝砂浆饱满度不得低于 80%。构造柱内钢筋的混凝土保护层厚度宜为 20mm，且不小于 15mm
一般工序	砌筑留置马牙槎→放置水平拉结钢筋→构造柱钢筋绑扎→构造柱模板安装→构造柱混凝土浇筑
参考图示	 构造柱与砖墙拉结 一砖半墙与一砖墙T字交接　　墙转角

5. 构造柱混凝土出现蜂窝、孔洞和露筋（表 6-12）

构造柱混凝土出现蜂窝、孔洞和露筋   表 6-12

通病现象	构造柱混凝土出现蜂窝、孔洞和露筋等缺陷，而导致构造柱截面削弱，破坏外表面碱性，加大碳化深度，降低混凝土与钢筋的握裹力和抗震性能，影响柱的承载和外观质量
规范标准相关规定	《砌体结构工程施工质量验收规范》GB 50203—2011 8.2.2 构造柱、芯柱、组合砌体构件、配筋砌体剪力墙构件的混凝土及砂浆的强度等级应符合设计要求。 8.2.3 构造柱与墙体的连接应符合下列规定： 1 墙体应砌成马牙槎，马牙槎凹凸尺寸不宜小于 60mm，高度不应超过 300mm，马牙槎应先退后进，对称砌筑；马牙槎尺寸偏差每一构造柱不应超过 9 处； 2 预留拉结钢筋的规格、尺寸、数量及位置应正确，拉结钢筋应沿墙高每隔 500mm 设 2φ6，伸入墙内不宜小于 600mm，钢筋的竖向移位不应超过 100mm，且竖向移位每一构造柱不得超过 2 处
原因分析	(1) 模板与墙接触面及拼缝不严密，直槎湿润不充分，拉结筋水平净距小。 (2) 混凝土拌合物碎石粒径偏大，砂率偏低，水灰比过大，和易性差。 (3) 投料太高，未分层下料振捣密实，漏振或欠振。 (4) 钢筋保护层垫块受振脱落或位移等
预防措施	(1) 施工前，认真确定混凝土配合比，一般砂率应按 40% 控制，水灰比控制在 0.5 以内；石子应采用粒径为 0.5~20mm 的连续级配，以确保混凝土具有良好的流动性和强度要求。 (2) 墙体砌筑时，按 1.0m 间距砌入 25mm 厚水泥砂浆垫块，以控制钢筋保护层厚度；保证模板拼缝严密，表面应刷长效隔离剂；砌体中伸入柱内的拉结筋弯钩应朝下，其水平净距按 130mm 控制，以避免浇筑混凝土时，发生堵卡现象。 (3) 混凝土浇筑前，应将施工缝处杂物从模板清扫口冲洗干净，并将模板和墙体接槎充分浇透，以减小混凝土拌合物与直槎侧面间产生的摩阻力，防止在该处出现死角、孔洞的露筋。 (4) 混凝土浇筑时，浇筑柱混凝土高度不应超过 2m，否则应设串筒下料。 (5) 对于新老混凝土接合的柱底，应先铺 3~5cm 厚减半石子混凝土，或适量去石子水泥砂浆，再浇筑混凝土。 (6) 混凝土浇筑应采用分层下料，每层高 30~40cm，采用插入式振捣器，随振随投料，防止卡住，应振捣至模板缝开始出浆，混凝土上表面不再下沉，无大量气泡排出和出现砂浆层为准，待混凝土施工缝处稍收水后，再二次振捣一次，以保证混凝土不出现蜂窝、孔洞和露筋，振捣时，振捣器应避免触碰砖墙，严禁通过砖墙传振
一般工序	砌筑留置马牙槎→放置水平拉结钢筋→构造柱钢筋绑扎→构造柱模板安装→构造柱混凝土浇筑

6. 填充墙与梁、板接合处开裂（表 6-13）

填充墙与梁、板接合处开裂   表 6-13

通病现象	填充墙与梁、板接合处水平裂缝
规范标准相关规定	《砌体结构工程施工质量验收规范》GB 50203—2011 9.1.9 填充墙砌体砌筑，应待承重主体结构检验批验收合格后进行。填充墙与承重主体结构间的空（缝）隙部位施工，应在填充墙砌筑 14d 后进行
原因分析	(1) 填充墙砌至接近梁、板底时，没有留一定空隙；墙砌至梁板底前就算留了一定空隙，但没有在停歇 14d 后将空处补砌挤紧。 (2) 顶砖砌筑时未采用斜砖与梁底挤紧，砂浆不饱满，未能及时填塞密实。 (3) 建筑的屋顶层以及受日照较强烈的外墙，在结合处产生伸缩错动裂缝

预防措施	（1）填充墙砌至接近梁、板底时，应预留 3/4 标准砖高度的空隙，待填充墙砌筑完并应至少间隔 14d 后，再将其补砌侧砖（斜约 60°）挤紧。 （2）隔墙和填充墙的顶面与上部结构接触处宜用侧砖或立砖斜砌挤紧。 （3）屋顶保温隔热层应及时施工。 （4）砌块与钢筋混凝土构件的接缝处可用 1：1 水泥砂浆（内掺水重 20％的白乳胶）粘贴耐碱玻璃纤维网格布（或钢丝网），作防止开裂的处理措施。 工程实例图如图 6-2～图 6-4 所示
一般工序	墙砌至接近梁、板底应预留 3/4 砖高度的空隙→间隔 14d 用侧砖或立砖斜砌挤紧
参考图示	 墙砌至接近梁、板底应预留3/4砖高度的空隙隔7d后用侧砖（斜约60°）紧砌

图 6-2　墙与梁板接合部位用侧砖挤浆斜砌，砌体灰缝饱满（一）

图 6-3　墙与梁板接合部位用侧砖挤浆
斜砌，砌体灰缝饱满（二）

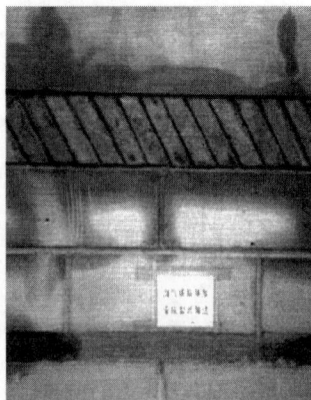

图 6-4　墙与梁板接合部位用侧砖挤浆
斜砌，砌体灰缝饱满（三）

（六）混凝土结构工程中的质量通病

混凝土结构工程中的质量通病主要有混凝土结构裂缝、保护层不符合要求、墙柱层间边轴线错位等。

1. 混凝土结构裂缝（表 6-14）

混凝土结构裂缝   表 6-14

通病现象	钢筋混凝土构件有些裂缝很细，甚至肉眼看不见（缝宽＜0.5mm），允许其存在。有些裂缝不断产生和发展，使钢筋混凝土强度和刚度受到削弱，危害结构的正常使用，必须加以控制
规范标准相关规定	《混凝土结构工程施工质量验收规范》GB 50204—2015 4.1.2 模板及其支架应根据安装、使用和拆除工况进行设计，并应满足承载能力、刚度和整体稳定性要求。 7.2.1 水泥进场时，应对其品种、级别、包装或散装仓号、出厂日期等进行检查，并应对其强度、安定性和凝结时间进行检验；检验结果应符合现行国家标准《通用硅酸盐水泥》GB 175 的相关规定。 7.2.5 普通混凝土所用的粗、细骨料的质量，应符合国家现行标准《普通混凝土用砂、石质量及检验方法标准》JGJ 52—2006 的规定。 7.4.3 混凝土浇筑完毕后应及时进行养护，养护时间以及养护方法应符合施工方案要求。 《混凝土结构工程施工规范》GB 50666—2011 4.5.2 底模及其支架应在混凝土强度达到设计要求后再拆除；当设计无具体要求时，同条件养护的混凝土立方体试件抗压强度应符合表 4.5.2 的规定

底模拆除时的混凝土强度要求   表 4.5.2

构件类型	构件跨度（m）	达到设计混凝土强度等级值的百分率（%）
板	≤2	≥50
	＞2，≤8	≥75
	＞8	≥100
梁、拱、壳	≤8	≥75
	＞8	≥100
悬臂构件	—	≥100

| 原因分析 | （1）塑性沉降裂缝：由于混凝土骨料沉降时受到阻碍（如钢筋、模板）而产生的，这种裂缝大多出现在混凝土浇筑后 0.5～3h，混凝土表面消失水光时立即产生，沿着梁及板上面钢筋的走向出现，主要是混凝土坍落度大、沉陷过高所致。
（2）塑性收缩裂缝：主要原因是混凝土浇筑后，在塑性状态时表面水分蒸发过快造成的。这类裂缝多在表面出现，形状不规则、长短宽窄不一、呈龟裂状，深度一般不超过 50mm。产生的原因主要是混凝土浇筑后 3～4h 表面没有被覆盖。
（3）温度应力裂缝：主要原因是由于混凝土浇筑后，积聚在内部的水泥水化热不易散发，造成混凝土的内部温度升高，而混凝土表面散热较快，这样形成较大的内外温差，使混凝土内部产生压应力，表面产生拉应力。
（4）施工工艺质量引起的裂缝：在钢筋混凝土结构浇注、构件制作、起模、运输、堆放、拼装及吊装过程中，若施工工艺不合理，可能产生各种形式的裂缝，特别是细长薄壁结构更容易出现裂缝。比较典型且常见的如下：①钢筋混凝土保护层过厚；②混凝土振捣不密实、不均匀，出现蜂窝、麻面、空洞；③混凝土浇筑过快；④混凝土搅拌、运输时间过长，水分蒸发过多，引起混凝土坍落度过低；⑤用泵送混凝土施工时，为保证混凝土的流动性，增加水和水泥用量，或因其他原因加大了水灰比；⑥混凝土分层或分段浇筑时，接头部位处理不好；⑦混凝土早期受冻；⑧施工时模板刚度不足；⑨施工时拆模过早，混凝土强度不足。
（5）原材料质量引起的裂缝主要由水泥、砂、骨料、拌合水及外加剂组成，混凝土所采用材料的质量不合格，可能导致结构出现裂缝 |

预防措施	（1）塑性沉降裂缝预防措施：①在满足泵送和施工的前提下尽可能减小混凝土坍落度；②保证混凝土均质性，搅拌运输卸料前先高速运转20～30s，然后反转卸料；③施工过程中应经常观察模板的位移和混凝土浇捣的密实情况，不能漏振、过振使混凝土离析分层；④施工过程中严禁随意加水。 （2）塑性收缩裂缝预防措施：①施工单位在浇筑混凝土后要及时覆盖养护，增加环境湿度；②商品混凝土公司在满足可泵性、和易性的前提下尽量减小出机坍落度、降低砂率、严格控制骨料的含泥量。 （3）温度应力裂缝预防措施：①降低混凝土发热量，选用水化热低、凝结时间长的水泥，以降低混凝土的温度；②降低混凝土浇筑温度；③分层分块浇筑；④表面保温与保湿。要尽量长时间地保温和保持混凝土表面湿润，让其表面慢慢冷却、干燥，使混凝土能够增长强度以抵抗开裂拉应力。主要有蓄水养护和覆盖洒水养护两种方式，养护时间一般不少于14d。 （4）施工方面原因造成的裂缝预防措施：①加强模板施工的过程管理，模板及其支架必须有足够的承载能力、刚度和稳定性；②混凝土的成品保护。对浇筑好的板面，必须在混凝土强度达到1.2N/mm² 后方可上人；③钢筋绑扎施工加强对负弯矩筋的管理；④振捣方式方法必须正确。振捣易快插、慢拔。振捣时间过短，混凝土不均匀；时间过长，易导致严重浮浆。 工程实例图片如图6-5所示
一般工序	编制施工方案→模板、钢筋制作安装→混凝土制备→混凝土运输→混凝土捣实→混凝土养护

图 6-5　混凝土振捣密实、养护到位，结构外观无质量缺陷

2. 钢筋保护层不符合规范要求（表6-15）

钢筋保护层不符合规范要求　　　　　　　　　　　　　　表 6-15

通病现象	钢筋混凝土模板拆除后出现露筋的现象，或实测保护层过大
规范标准相关规定	《混凝土结构工程施工质量验收规范》GB 50204—2015 表5.5.3（摘录）钢筋安装位置的允许偏差 钢筋安装保护层厚度允许偏差： 柱、梁：±5mm　　　　　　　板、墙、壳：±3mm 注：表中梁类、板类构件上部纵向受力钢筋保护层厚度的合格点率应达到90%及以上，且不得有超过表中数值1.5倍的尺寸偏差
原因分析	（1）施工没有设置专用的钢筋保护层塑料垫卡，垫卡位置不正确或绑扎不牢脱落或使用不符合标准的保护层垫卡，施工时随意用碎石块代替垫卡。 （2）保护层垫卡设置过少。 （3）柱梁等构件的箍筋尺寸偏差大
预防措施	（1）钢筋保护层宜优先选用质量合格的塑料垫卡。使用水泥砂浆垫块时，其强度、厚度、尺寸应符合规范的有关要求。 （2）按照方案的要求设置保护层。 （3）箍筋尺寸计算准确，加工偏差应符合规范要求。 工程实例图片如图6-6、图6-7所示

一般工序	钢筋保护层垫卡（块）供应→钢筋安装→垫钢筋保护层垫卡（块）→检查符合要求→浇筑混凝土
参考图示	 图（一）塑料垫卡　　　　　　　　　图（二）砂浆垫块

图 6-6　柱钢筋塑料垫卡设置　　　　　　　图 6-7　墙钢筋塑料垫卡设置

3. 混凝土墙、柱层间边轴线错位（表 6-16）

混凝土墙、柱层间边轴线错位　　　　　　　　　　　表 6-16

通病现象	现浇框架、框剪结构上下层墙、柱轴线错位，尤其是边、角及楼梯间的墙、柱
规范标准相关规定	《混凝土结构工程施工质量验收规范》GB 50204—2015 表 8.3.2（摘录）现浇结构拆模后的尺寸偏差应符合： 轴线位置：墙、柱、梁允许偏差 8mm 垂直度：柱、墙层高≤6m 允许偏差 10mm 　　　　　＞6m 允许偏差 12mm 全高（H）≤300m，允许偏差　$H/30000+20$ 全高（H）＞300m，允许偏差　$H/10000$ 且≤80
原因分析	(1) 墙、柱位置放线不准确，在引测时没有在同一原始轴线基准点开始引测放线，致使墙、柱轴线出现偏差。 (2) 墙、柱模板安装不垂直，柱侧支撑与拉杆较少、模板受到侧向撞击、均易造成柱模上端位移。 (3) 墙、柱钢筋偏位较大，影响墙、柱模板正确就位安装
预防措施	(1) 钢筋混凝土结构楼面墙柱轴线，应在同一原始轴线基准点引测放线。对于较长的建筑物放线时应分段控制。分部间尺寸应从中间控制点上测量，尽量减少测量累积误差。 (2) 柱模板下端应牢靠固定在楼面上。安装模板过程中要随时校正柱模板的垂直度，纵横两个方向用拉杆和斜撑固定，柱上部做好柱间横向拉结。对于边柱、边墙和角柱应采用刚性斜拉支撑将墙柱模板与楼板上预埋拉环拉结，防止模板倾斜。 (3) 混凝土墙柱浇筑完毕即进行复核墙柱垂直度，如超出规范的允许偏差应及时纠正

一般工序	测量基准点布置→楼面墙柱轴线放线→墙柱钢筋安装→墙柱及楼面模板安装→墙柱模板垂直度复核→浇筑墙柱混凝土→墙柱垂直度复核→楼面钢筋安装→校正固定该楼面上的墙柱纵向钢筋位置→浇筑楼面混凝土
参考图示	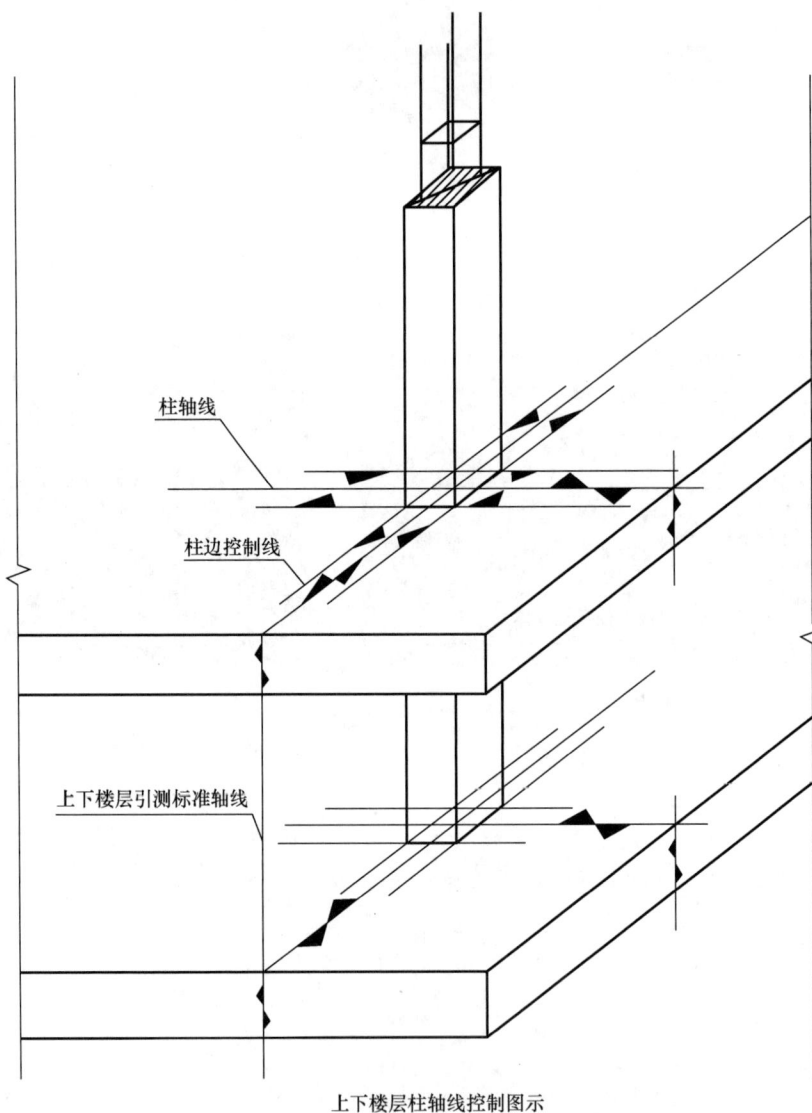

4. 模板钢管支撑不当导致结构变形（表 6-17）

模板钢管支撑不当导致结构变形   表 6-17

通病现象	在现浇混凝土框架结构中，模板钢管立柱支模不当，出现立柱变形，导致梁、板下挠，严重的容易出现倒塌事故

规范标准 相关规定	《混凝土结构工程施工质量验收规范》GB 50204—2015 4.1.2 模板及其支架应根据安装、使用和拆除工况进行设计，并应满足承载能力、刚度和整体稳定性要求。 4.2.2 现浇混凝土结构模板及支架的安装质量，应符合国家现行有关标准的规定和施工方案的要求。 《建筑施工模板安全技术规范》JGJ 162—2008 6.1.2 模板构造与安装应符合下列规定： 模板安装应按设计与施工说明书顺序拼装。木杆、钢管、门架等支架立柱不得混用。 《危险性较大的分部分项工程安全管理规定》（住房和城乡建设部令第 37 号） 第三章 第十条 施工单位应当在危大工程施工前组织工程技术人员编制专项施工方案。 第三章 第十二条 对于超过一定规模的危大工程，施工单位应当组织召开专家论证会对专项施工方案进行论证。实行施工总承包的，由施工总承包单位组织召开专家论证会。专家论证前专项施工方案应当通过施工单位审核和总监理工程师审查。 《住房和城乡建设部办公厅关于实施〈危险性较大的分部分项工程安全管理规定〉有关问题的通知》（建办质〔2018〕31 号） 附件 1 危险性较大的分部分项工程范围 二、模板工程及支撑体系 （二）混凝土模板支撑工程：搭设高度 5m 及以上，或搭设跨度 10m 及以上，或施工总荷载（荷载效应基本组合的设计值，以下简称设计值）10kN/m² 及以上，或集中线荷载（设计值）15kN/m 及以上，或高度大于支撑水平投影宽度且相对独立无联系构件的混凝土模板支撑工程。 附件 2 超过一定规模的危险性较大的分部分项工程范围 二、模板工程及支撑体系 （二）混凝土模板支撑工程：搭设高度 8m 及以上，或搭设跨度 18m 及以上，或施工总荷载（设计值）15kN/m² 及以上，或集中线荷载（设计值）20kN/m 及以上
原因分析	（1）没有按要求进行模板支撑系统方案设计、审批，对超过一定规模危险性较大的模板程及高大模板支撑体系没有按有关规定组织专家论证。 （2）没有严格按照经批准的模板设计方案施工。 （3）使用立管的材料规格不符合相应的要求。 （4）水平拉杆和剪刀撑用材不当或者连接方法不当，与立柱节点连接不牢固，降低了模板支撑体系的整体刚度
预防措施	（1）严格按照经批准的模板支撑系统设计方案进行施工；对危险性较大的模板工程及高大模板支撑体系专项施工方案应按照相关规定组织专家论证。 （2）钢管与扣件应进行第三方检测。 （3）首层支模必须在硬地上施工，如有特殊情况应采取有效措施，防止支撑沉降变形。 （4）在浇筑混凝土之前，应以规范、标准、施工方案为依据，对模板工程进行验收。 （5）模板安装和浇筑混凝土时，应对模板及其支架进行观察和维护，发生异常情况时，应按施工技术方案及时进行处理
一般工序	模板安装前技术交底→模板安装过程技术检查→模板安装质量及安全验收→混凝土浇筑过程的监控与维护

参考图示	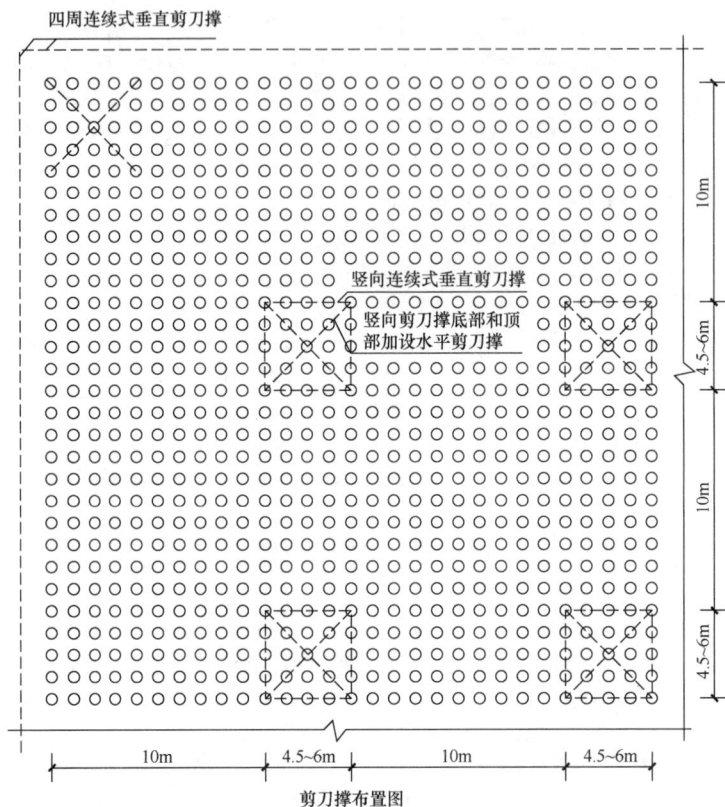

剪刀撑布置图

5. 直螺纹钢筋接头施工不规范（表 6-18）

直螺纹钢筋接头施工不规范　　　　　　　　　　表 6-18

通病现象	（1）钢筋切口不整齐或局部弯曲，影响加工后连接螺纹的有效数量。 （2）螺纹无外露或外露太长
规范标准相关规定	《钢筋机械连接技术规程》JGJ 107—2016 　6.2.1　直螺纹钢筋丝头加工应符合下列规定： 　1　钢筋端部应采用带锯、砂轮锯或带圆弧形刀片的专用钢筋切断机切平； 　2　镦粗头不应有与钢筋轴线相垂直的横向裂纹； 　3　钢筋丝头长度应满足产品设计要求，极限偏差应为 0～2.0p； 　4　钢筋丝头宜满足 6f 级精度要求，应采用专用直螺纹量规检验，通规应能顺利旋入并达到要求的拧入长度，止规旋入不得超过 3p。各规格的自检数量不应少于 10%，检验合格率不应小于 95%。 　6.3.1　直螺纹接头的安装应符合下列规定： 　1　安装接头时可用管钳扳手拧紧，钢筋丝头应在套筒中央位置相互顶紧，标准型、正反丝型、异径型接头安装后的单侧外露螺纹不宜超过 2p；对无法对顶的其他直螺纹接头，应附加锁紧螺母、顶紧凸台等措施紧固。 　2　接头安装后应用扭力扳手校核拧紧扭矩，最小拧紧扭矩值应符合表 6.3.1 的规定 **直螺纹接头安装时最小拧紧扭矩值**　　　　表 6.3.1 <table><tr><td>钢筋直径（mm）</td><td>≤16</td><td>18～20</td><td>22～25</td><td>28～32</td><td>36～40</td><td>50</td></tr><tr><td>拧紧扭矩（N·m）</td><td>100</td><td>200</td><td>260</td><td>320</td><td>360</td><td>460</td></tr></table>

续表

原因分析	（1）机械功率不足或刀具质量差，钢筋不是被切断而是被挤压断，造成钢筋崩口或局部弯曲；同时又没有专人和专门工具修正。 （2）没有严格按规范要求操作
预防措施	（1）钢筋加工前应首先检查机械设备状况，及时更换不合格刀具；指定专人检查并处理不合格的钢筋切口后，再交付滚轧加工。 （2）配备经检测合格的力矩扳手，并做好施工和质量技术交底。 （3）直径 $d \geqslant \phi 30$ 的钢筋宜用切割机切割。 （4）严格验收，不合格品不得使用。 工程实例图如图 6-8、图 6-9 所示
一般工序	加工设备检查调整→钢筋切断→断口检查处理→滚轧加工→质量验收并上保护帽→现场安装→外观检查→按拧紧力矩值检查→取样送检
参考图示	

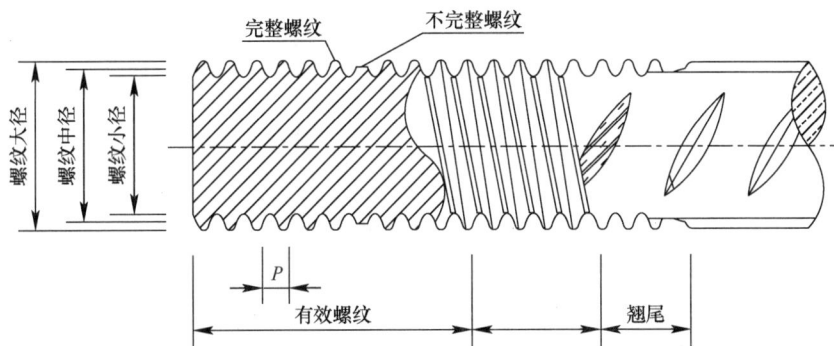

螺纹大径 螺纹中径 螺纹小径

完整螺纹　不完整螺纹

P

有效螺纹　　翘尾

塞通规　　　　　　　　　塞止规

$\leqslant 3P$

(a)

环通规　　　　　　　　　环止规

$\leqslant 3P$

(b)

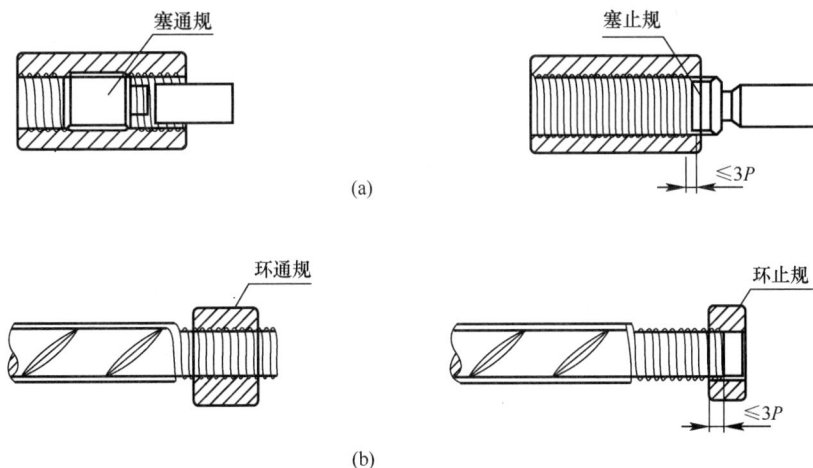

螺纹检验示意图

(a) 塞规使用示意图；(b) 环规使用示意图

图 6-8　滚轧直螺纹钢筋截面切口
平正，质量符合要求

图 6-9　滚轧直螺纹钢筋
连接符合质量要求

6. 混凝土不密实，存在蜂窝、麻面、空洞现象（表 6-19）

混凝土通病　　　　　　　　　　　　　　　　　　　　　　表 6-19

通病现象	混凝土振捣不足或漏振，使混凝土不密实，存在蜂窝、麻面、空洞现象			
规范标准相关规定	《混凝土结构工程施工质量验收规范》GB 50204—2015 8.1.2　现浇结构的外观质量缺陷应由监理单位、施工单位等各方根据其对结构性能和使用功能影响的严重程度按表 8.1.2 确定。 现浇结构外观质量　　　　　　　表 8.1.2			
	名称	现象	严重缺陷	一般缺陷
	蜂窝	混凝土表面缺少水泥浆而形成石子外露	构件主要受力部位有蜂窝	其他部位有少量蜂窝
	外表缺陷	构件表面麻面、掉皮、起砂、沾污等	具有重要装饰效果的清水混凝土构件有外表缺陷	其他混凝土构件有不影响使用功能的外表缺陷
	孔洞	混凝土中孔穴深度和长度均超过保护层厚度	构件主要受力部位有孔洞	其他部位有少量孔洞
	夹渣	混凝土中夹有杂物且深度超过保护层厚度	构件主要受力部位有夹渣	其他部位有少量夹渣
	8.2.2　现浇结构的外观质量不应有一般缺陷，对已经出现的一般缺陷，应由施工单位按技术处理方案进行处理。对经处理的部位应重新验收			
原因分析	(1) 模板接缝不严，板缝处漏浆。 (2) 模板表面未清理干净或模板未满涂隔离剂。 (3) 混凝土振捣不密实、漏振造成蜂窝麻面、不严实。 (4) 混凝土搅拌不均，和易性不好，混凝土入模时自由倾落高度过大，产生离析。 (5) 混凝土搅拌时间短，加水量不准，混凝土和易性差，混凝土浇筑后有的地方砂浆少石子多，形成蜂窝。 (6) 混凝土浇灌没有分层浇灌，下料不当，造成混凝土离析，出现蜂窝麻面等			
预防措施	(1) 混凝土浇捣前应检查模板缝隙严密性，模板应清洗干净并用清水湿润，不留积水，并使模板缝隙膨胀严密。 (2) 混凝土浇筑高度一般不超过 2m，超过 2m 时要采取措施，如用串筒等进行下料。 (3) 混凝土入模后，必须掌握振捣时间，一般每点振捣时间约 20～30s，使混凝土不再显著下沉，不再出现气泡，混凝土表面出浆且呈水平状态，混凝土将模板边角部填满充实			
一般工序	模板检查验收（包括安装牢固、垂直度、板缝密封）→模板湿润→柱、墙底部先浇灌 50～100mm 厚与混凝土内成分相同的水泥砂浆→混凝土浇筑			

（七）楼（地）面工程中的质量通病

楼（地）面工程中的质量通病主要有混凝土（水泥）楼（地）面收缩空鼓裂缝、楼梯踏步阳角开裂或脱落等。

1. 混凝土、水泥楼（地）面收缩、空鼓、裂缝（表 6-20）

混凝土、水泥楼（地）面通病 表 6-20

通病现象	室内楼（地）面出现收缩开裂、空鼓、开裂
规范标准相关规定	《建筑地面工程施工质量验收规范》GB 50209—2010 5.2.6 面层与下一层应结合牢固，且应无空鼓和开裂。当出现空鼓时，空鼓面积不应大于400cm²，且每自然间或标准间不应多于2处。 5.2.7 面层表面应洁净，不应有裂纹、脱皮、麻面、起砂等缺陷
原因分析	（1）混凝土地面、水泥砂浆面层收缩产生不规则裂缝。 （2）大面积水泥混凝土地面、楼面水泥砂浆层完成后没有按要求留设缩缝，或缩缝设置不合理，致使室内楼（地）面层出现收缩裂纹
预防措施	（1）横向缩缝间距按轴线尺寸；纵向缩缝间距≤6m（横向两轴线间总长度均分）。 （2）混凝土地面、水泥砂浆达到设计强度的50%～70%时及时进行锯缝，要求缝线平直，锯缝宽度及深度符合要求。 （3）地下室底板地面建议采用原浆压实抹光工艺。 工程实例图如图6-10所示
一般工序	基层清理干净湿润→楼面、地面施工→锯缝（混凝土、水泥砂浆达到锯缝强度后）→分格缝清理、防水油膏填缝
参考图示	 地面锯缝示意图 楼面锯缝示意图

177

图 6-10　合理分缝避免地面收缩开裂

2. 楼梯踏步阳角开裂或脱落、尺寸不一致（表 6-21）

楼梯踏步通病　　　　　　　　　　　　　表 6-21

通病现象	（1）楼梯踏步阳角开裂、脱落。 （2）楼梯步级高度不均匀。 （3）楼梯栏板两端高度不一致。 （4）楼梯板厚薄不均匀，结构尺寸允许偏差超出规范规定
规范标准相关规定	《建筑地面工程施工质量验收规范》GB 50209—2010 5.2.10　楼梯踏步的宽度、高度应符合设计要求。楼层梯段相邻踏步高度差不应大于 10mm，每踏步两端宽度差不应大于 10mm；旋转楼梯梯段的每踏步两端宽度的允许偏差不应大于 5mm。踏步面层应做防滑处理，齿角应整齐，防滑条应顺直、牢固。 《混凝土结构工程施工质量验收规范》GB 50204—2015 8.3.2　现浇结构的位置、尺寸偏差及检验方法应符合表 8.3.2 的规定
原因分析	（1）踏步抹面（或抹底糙）前，未清理干净，没有充分洒水湿润。 （2）抹砂浆前没有先刷一层素水泥或界面剂。 （3）抹面（或抹底糙）完成后养护不及时。 （4）结构设计标高与实际标高不一致，结构阶段楼梯定位放线时，没有以楼梯装饰完成面作为基准。 （5）楼梯放线时，没有考虑相邻楼板厚度、装饰层厚度不一致等因素产生的影响
预防措施	（1）踏步抹面（或抹底糙）前，应将基层清理干净，并充分洒水湿润。 （2）抹砂浆前应先刷一层素水泥或界面剂，并严格做到随刷随抹。 （3）砂浆稠度应控制在 35mm 左右。抹面工作应分次进行，每次抹砂浆厚度应控制在 10mm 之内。 （4）抹面（或抹底糙）完成后加强养护。养护天数为 7～14d，养护期间应严禁行人上下。正式验收前，宜用木板或角钢置于踏级阳角处，以防被碰撞损坏。 （5）结构梯级底板轮廓控制线：楼梯踏步分级弹线，应以楼梯段两端平台装饰完成面标高及楼梯段两端踏步位置为依据，弹出楼面装饰完成面分级斜线，并作为控制基线，弹出平行于基准线的板底斜线。 （6）楼梯分级：按楼面装饰完成面标高为依据进行楼梯分级。 工程实例图如图 6-11 所示
一般工序	确定连接楼层装饰完成面标高→以装饰完成面标高为依据→弹出级高分级斜线→根据踏步前缘线弹出步级底线→以步级底线为依据按设计楼梯板厚度弹出楼梯板底线

参考图示

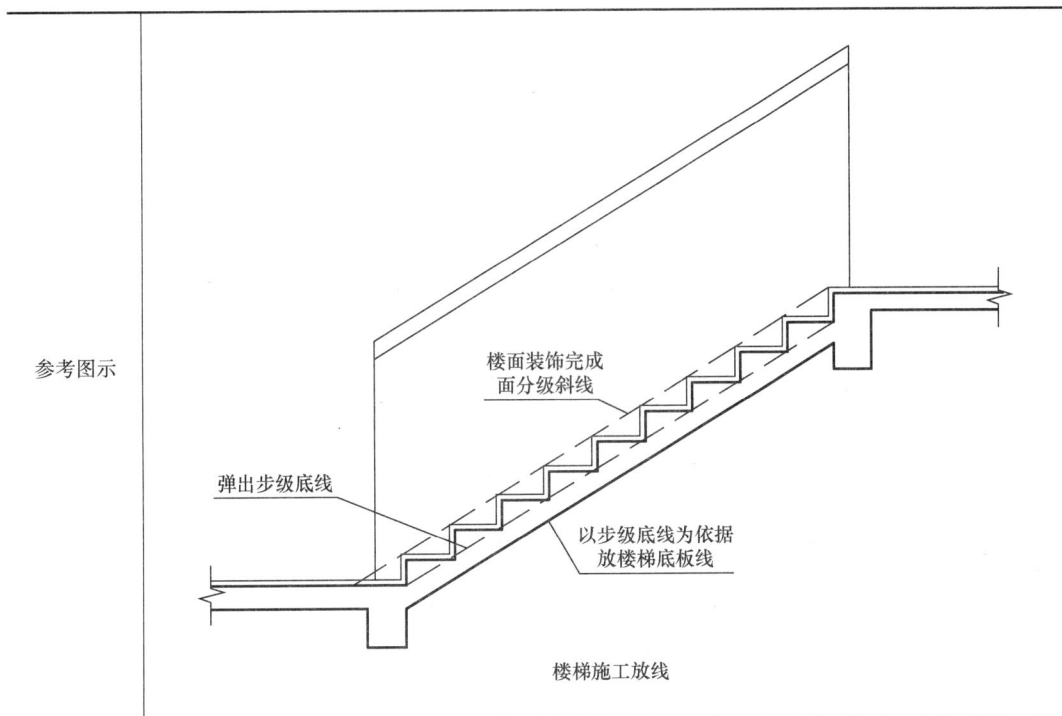

楼面装饰完成
面分级斜线

弹出步级底线

以步级底线为依据
放楼梯底板线

楼梯施工放线

图 6-11　楼梯符合设计要求，步级高度均匀，扶手两端高度一致，楼梯板厚薄均匀

3. 厨、卫间楼（地）面渗漏水（表 6-22）

厨、卫间楼（地）面通病　　　　　　　　　　　　　　　　表 6-22

通病现象	厨、卫间楼（地）面局部或大面积渗漏水
规范标准相关规定	《建筑地面工程施工质量验收规范》GB 50209—2010 3.0.18　厕浴间、厨房和有排水（或其他液体）要求的建筑地面面层与相连接各类面层的标高差应符合设计要求。 4.9.3　有防水要求的建筑地面工程，铺设前必须对立管、套管和地漏与楼板节点之间进行密封处理，并应进行隐蔽验收；排水坡度应符合设计要求

原因分析	(1) 未设防水隔离层。 (2) 预留孔洞填塞不密实。 (3) 节点防水处理马虎。 (4) 周边混凝土翻边未设置或设置不符合要求。 (5) 主管道穿过楼面处未设置金属套管
预防措施	(1) 有防水要求的建筑地面必须设置防水隔离层（防水砂浆、防水混凝土、聚合物防水处理剂、聚氨酯防水涂膜等）。 (2) 节点处理防水地面应比其他地面低 30mm、地面找平层排水坡度为 1%～1.5%、地漏口应比相邻地面低 5mm。 (3) 周边整浇防水翻边，高度不小于 200mm，混凝土强度等级不小于 C20。 (4) 主管道穿过楼面处，应设置金属套管。 (5) 渗水试验 1) 第 1 次洞口填塞（板厚 2/3）待混凝土凝固后做 4h 蓄水试验。 2) 第 2 次洞口填塞完后做 24h 蓄水试验。 3) 地面施工完成后，做蓄水深度为 20～30mm，时间不小于 24h 蓄水试验
一般工序	对立管、套管和地漏与楼板节点之间进行密封处理→防水隔离层施工→面层施工

4. 底层地面沉陷（表 6-23）

底层地面沉陷   表 6-23

通病现象	底层地面沉陷，面层开裂
规范标准相关规定	《建筑地面工程施工质量验收规范》GB 50209—2010 4.2.5 基土不应用淤泥、腐殖土、冻土、耕植土、膨胀土和建筑杂物作为填土，填土土块的粒径不应大于 50mm。 4.2.7 基土应均匀密实，压实系数应符合设计要求，设计无要求时，不应小于 0.90
原因分析	(1) 压实系数不符合设计规范要求。 (2) 软弱基土处理不当。 (3) 地面基土回填未分层夯实，或分层厚度不符合规范要求。 (4) 回填土内含有有机物及腐殖物等
预防措施	(1) 应根据不同的土质确定基土的压实系数，当设计无要求时，压实系数不应小于 0.9。 (2) 软弱基土厚度不大时，宜采用换填土；当软弱土层较厚时，宜采用石灰桩加固或表层上夯实后铺设 200mm 后毛石，再铺碎石。 (3) 软弱基土上的混凝土垫层厚度不宜小于 100mm，并应配置 φ6 及以上双向钢筋网片，钢筋间距不应大于 200mm。 (4) 地面基土回填应分层夯实，分层厚度应符合规范要求。 (5) 回填土内不得含有有机物及腐殖物土。 工程实例图见图 6-12
一般工序	地基土处理→回填土分层夯实→垫层施工→面层施工

图 6-12 底层无沉陷地面

（八）装饰装修工程中的质量通病

装饰装修工程中的质量通病主要有外墙饰面砖空鼓松动脱落开裂渗漏、门窗变形渗漏脱落等。

1. 外墙饰面砖空鼓、松动脱落、开裂、渗漏（表 6-24）

外墙饰面通病   表 6-24

通病现象	外墙饰面砖空鼓、松动脱落、开裂、渗漏
规范标准相关规定	《建筑装饰装修工程质量验收标准》GB 50210—2018 10.2.4 满粘法施工的内墙饰面砖应无裂缝，大面和阳角应无空鼓。 10.3.5 外墙饰面砖工程应无空鼓、裂缝。 《建筑外墙防水工程技术规程》JGJ/T 235—2011 6.2.2 外墙结构表面宜进行找平处理，找平层施工应符合下列规定： 1 外墙基层表面应清理干净后再进行界面处理。 2 界面处理材料的品种和配比应符合设计要求，拌合应均匀一致，无粉团、沉淀等缺陷，涂层应均匀、不露底，并应待表面收水后再进行找平层施工。 3 找平层砂浆的厚度超过 10mm 时，应分层压实、抹平。
原因分析	（1）外墙基层没有清理干净并淋水湿润就进行抹灰，导致抹灰层空鼓、开裂。 （2）外墙找平层一次成活，抹灰过厚，导致抹灰层空鼓、开裂、下坠、砂眼、接槎不严实，成为藏水空隙、渗水通道。 （3）外墙砖粘贴前找平层及饰面砖未经淋水湿润，粘贴砂浆失水过快，影响粘结质量。 （4）饰面砖粘贴时粘贴砂浆没有满铺（仅靠手工挤压上墙），尤其砖块的周边（特别是四个角位）砂浆不饱满，留下渗水空隙和通道。 （5）粘贴（或灌浆）砂浆强度低，干缩量大，粘结力差。 （6）砖缝不能防水，雨水易入侵，砖块背面的粘结层基体发生干湿循环，削弱砂浆的粘结力
预防措施	（1）找平层应具有独立的防水能力，找平层抹灰前可在基面涂刷一层界面剂，以提高界面的粘结力，并按设计要求在外墙面基层里铺挂加强网。 （2）外墙面找平层至少要求两遍成活，并且养护不少于 3d，在粘贴墙砖之前，将基层空鼓、开裂的部位处理好，确保找平层防水质量。 （3）镶贴面砖前，基层、砖必须清理干净，用水充分湿润，待表面阴干至无水迹时，即可涂刷界面处理剂（随刷随贴），粘贴砂浆宜采用聚合物砂浆。 （4）外墙砖接缝宽度宜为 3~8mm，不得采用密缝粘贴。 （5）外墙砖勾缝应饱满、密实，无裂纹，选用具有抗渗性能和收缩率小的材料勾缝，如采用商品水泥基料的外墙砖专用勾缝材料，其稠度小于 50mm，将砖缝填满压实，待砂浆泌水后才进行勾缝，确保勾缝的施工质量。 工程实例图如图 6-13 所示
一般工序	基层、砖块清理干净，湿润→涂刷界面剂—抹底层水泥砂浆→养护（待底层砂浆凝固后）→涂刷界面剂→镶贴面砖→勾缝
参考图示	 勾缝 半圆凹缝　平缝　凹缝　斜缝　平凹缝 外墙面砖色缝形式

图 6-13 外墙平整美观，各种外飘装饰线有设置滴水线，窗台小面排砖接缝顺直，无非整砖现象

2. 门窗变形、渗漏、脱落 (表 6-25)

门窗通病 表 6-25

通病现象	门窗框体变形、门窗体渗漏、门窗框与墙体连接处渗漏、推拉门窗扇脱落
规范标准 相关规定	《建筑装饰装修工程质量验收标准》GB 50210—2018 6.1.3 门窗工程应对下列材料及其性能指标进行复验： 1 人造木板门的甲醛释放量； 2 建筑外窗的气密性能、水密性能和抗风压性能。 6.3.7 金属门窗框与墙体之间的缝隙应填嵌饱满，并应采用密封胶密封。密封胶表面应光滑、顺直、无裂纹
原因分析	(1) 断面尺寸小，材质过薄，节点采用平面拼接，拼缝处缝隙过大。 (2) 框与墙体连接不牢构造措施不得力。 (3) 框与墙体不留缝隙或嵌填材料不符合要求，填缝不密实。 (4) 不留泄水孔或密封胶过厚堵塞了泄水孔，致使窗下框的推拉槽内的雨水不能得到及时排除，造成雨水向室内渗入。 (5) 下框选料过小，截面尺寸不符合标准规定，且不按规定将其抬高，有的甚至将窗框埋进窗台抹灰层中，致使雨水易渗入室内。 (6) 窗口上部不按规定做滴水线或鹰嘴，窗台坡度过小或出现倒泛水，这也是目前窗口渗水的主要原因之一。 (7) 安装玻璃的橡胶密封条或阻水毛刷条不到位或出现脱落。 (8) 门窗安装前，不校正其正侧面垂直度，避免因窗框向内倾斜而渗水。 (9) 推拉门窗扇没有设置限位块，脱落
预防措施	(1) 认真阅读施工图纸，进行详细的技术交底，明确节点构造做法，严格执行三检制，严把工序质量关。 (2) 加强土建各工种的配合工作，洞口尺寸应根据内外装饰工艺的种类预留，保证门窗洞口尺寸符合有关规范的规定。 (3) 严把铝合金型材质量关。 (4) 安装前应先弹出安装位置线，安装时应及时检查其正侧面的垂直度。 (5) 加强门窗框与墙体连接质量的检查。

预防措施	（6）窗台坡度应明显，窗口上部应按要求做滴水线，下框应钻泄水孔，并防止密封胶堵塞，以利雨水及时排除。 （7）打胶应由技术熟练的工人负责，常言道：会打一条线，从而保证打胶质量，避免因打胶断续而造成渗水。 （8）为防止推拉门窗扇脱落，必须设置限位块间距应小于扇宽的1/2
一般工序	检查门窗洞口尺寸→洞口水泥砂浆抹平→门窗框安装连接件→立门窗框→墙上固定连接件→框边填塞嵌缝材料→洞口面层饰面装修→门窗框边缝注密封胶→地面切割，埋入地弹簧→调节门轴→安装门窗扇→安装玻璃→安装嵌缝条、毛刷→安装五金零件→清洁→揭掉保护膜→验收完成

3. 栏杆高度不够、间距过大、连接固定不牢、耐久性差（表6-26）

栏杆通病　　　　　　　　　　　　　　　　　　表6-26

通病现象	（窗台、楼梯、阳台、外廊、室内回廊、内天井）栏杆高度不够、间距过大、连接固定不牢、耐久性差
规范标准相关规定	《民用建筑设计统一标准》GB 50352—2019 6.7.3 阳台、外廊、室内回廊、内天井、上人屋面及室外楼梯等临空处应设置防护栏杆，并应符合下列规定： 1 栏杆应以坚固、耐久的材料制作，并应能承受现行国家标准《建筑结构荷载规范》GB 50009及其他国家现行相关标准规定的水平荷载。 2 当临空高度在24.0m以下时，栏杆高度不应低于1.05m；当临空高度在24.0m及以上时，栏杆高度不应低于1.1m。上人屋面和交通、商业、旅馆、医院、学校等建筑临开敞中庭的栏杆高度不应小于1.2m。 3 栏杆高度应从所在楼地面或屋面至栏杆扶手顶面垂直高度计算，当底面有宽度大于或等于0.22m，且高度低于或等于0.45m的可踏部位时，应从可踏部位顶面起算。 4 公共场所栏杆离地面0.11m高度范围内不宜留空。 6.7.4 住宅、托儿所、幼儿园、中小学及其他少年儿童专用活动场所的栏杆必须采取防止攀爬的构造。当采用垂直杆件做栏杆时，其杆件净间距不应大于0.11m。 6.8.8 室内楼梯扶手高度自踏步前缘线量起不宜小于0.9m。楼梯水平栏杆或栏板长度大于0.5m时，其高度不应小于1.05m
原因分析	（1）装饰施工时护栏、窗台高度只从结构完成面开始，没有考虑到装饰完成面的预留高度。 （2）护栏边存在可踏面的，护栏防护高度没有从可踏面开始计算，在施工时错误地从结构完成面开始计算。 （3）栏杆抗水平荷载低于规范要求。 （4）栏杆材料选择不当，耐候性和耐久性不符合规范要求
预防措施	（1）施工前应进行图纸会审，设计和施工方均应确保护栏高度及防护措施满足《民用建筑设计统一标准》有关规定。 （2）当装饰完成面或可踏面出现变更时应对护栏高度作相应调整。 （3）栏杆抗水平荷载：住宅建筑不应小于500N/m，人流集中的场所不应小于1000N/m。 （4）栏杆材料应选择具有良好耐候性和耐久性的材料，阳台、外走道和屋顶等遭受日晒雨淋的地方，不得选用木材和易老化的复合塑料等。金属型壁厚应符合规范要求
一般工序	测量放线确定地面完成面标高→确定栏杆、扶手、窗台安装高度→安装材料准备→技术交底→安装→验收

4. 抹灰表面不平整、立面不垂直、阴阳角不方正（表 6-27）

抹灰表面通病   表 6-27

通病现象	抹灰表面不平整、垂直度、阴阳角方正达不到要求			

| 规范标准相关规定 | 《建筑装饰装修工程质量验收标准》GB 50210—2018
4.2.10　一般抹灰工程质量的允许偏差和检验方法应符合表 4.2.10 的规定。 | | | |

一般抹灰的允许偏差和检验方法　　　　表 4.2.10

项次	项目	允许偏差（mm）		检验方法
		普通抹灰	高级抹灰	
1	立面垂直度	4	3	用 2m 垂直检测尺检查
2	表面平整度	4	3	用 2m 靠尺和塞尺检查
3	阴阳角方正	4	3	用 200mm 直角检测尺检查
4	分格条（缝）直线度	4	3	拉 5m 线，不足 5m 拉通线，用钢直尺检查
5	墙裙、勒脚上口直线度	4	3	拉 5m 线，不足 5m 拉通线，用钢直尺检查

注：1　普通抹灰，本表第 3 项阴阳角方正可不检查；
　　2　顶棚抹灰，本表第 2 项表面平整度可不检查，但应平顺

原因分析	抹灰前没有按程序进行立垂直线、做灰饼、冲筋、阴阳角找方等控制质量的工序，在无标准控制情况下进行抹面施工，抹灰面的平整度、垂直度或阴阳角方正达不到规范要求

预防措施	（1）基层表面的尘土、污垢、油渍等应清除干净，并洒水湿润，保证基层与底层砂浆层粘结牢固。 （2）做灰饼、冲筋、阴阳角找方，保证抹灰面的平整、垂直、阴阳角方正。 （3）底层分层抹灰，防止抹灰砂浆收缩开裂。 （4）中层找平，保证抹灰墙面平整度。 （5）面层抹灰压光，保证抹灰墙面平整、光滑、整洁、色泽一致

一般工序	基层处理洒水湿润→做灰饼、冲筋、阴阳角找方→底、中层找平抹灰→面层抹灰压光

参考图示	

抹灰操作中的灰饼和冲筋

1—灰饼；2—立垂直线（引线）；3—冲筋灰饼的剖面　　　　　　　灰饼的剖面

（九）屋面工程中的质量通病

屋面工程中的质量通病主要有水泥砂浆找平层开裂、屋面防水层渗漏等。

1. 水泥砂浆找平层开裂（表 6-28）

水泥砂浆找平层通病   表 6-28

通病现象	在水泥砂浆找平层上出现无规则的裂缝，裂缝的宽度一般在 0.2～0.3mm 以下，个别的可达 0.5mm 以上，一般可分为断续状和树枝状两种，多发生在水泥砂浆施工初期至 20d 左右龄期			
规范标准相关规定	《屋面工程技术规范》GB 50345—2012 4.3.2 卷材、涂膜的基层宜设找平层。找平层厚度和技术要求应符合表 4.3.2 的规定。			
	找平层分类	适用的基层	厚度（mm）	技术要求
	水泥砂浆	整体现浇混凝土板	15～20	1：2.5 水泥砂浆
		整体材料保温层	20～25	
	细石混凝土	装配式混凝土板	30～35	C20 混凝土，宜加钢筋网片
		板状材料保温层		C20 混凝土
	《屋面工程质量验收规范》GB 50207—2012 4.2.3 找平层宜采用水泥砂浆或细石混凝土；找平层的抹平工序应在初凝前完成，压光工序应在终凝前完成，终凝后应进行养护。 4.2.4 找平层分格缝纵横间距不宜大于 6m，分格缝的宽度宜为 5～20mm			
原因分析	(1) 在有保温的屋面中，水泥砂浆找平层的抗裂性和刚度不足。 (2) 保温材料与水泥砂浆的线膨胀系数相差较大，并且保温材料易吸水，造成水泥砂浆水分不足。 (3) 找平层施工时，操作未按规范要求执行			
预防措施	(1) 水泥砂浆的制作应符合下列要求： 1) 水泥：强度等级不低于 42.5 级的普通硅酸盐水泥。 2) 砂：宜用中砂，含泥量不大于 3%，不含有机杂质，级配良好。 3) 对于要求较高的屋面，水泥砂浆配制时宜掺加微膨胀剂。 (2) 找平层施工时，应符合下列要求： 1) 为利于基层与找平层结合，找平层施工前，应适当洒水湿润基层表面。 2) 找平层应在板端处设置分格缝。分格缝的纵横间距应符合要求，一般水泥砂浆或细石混凝土找平层不宜大于 6m。 3) 水泥砂浆找平层分格缝的宽度应合宜，一般宜小于 10mm，当兼作排气管道时，宜加宽到 20mm，并应与保温层相连通。 4) 对于设有保温层的屋面，为防止出现裂纹，可在保温材料上设置 35～40 厚的 C20 细石混凝土找平层，并且找平层内还应配置 $\phi4@200×200$ 的钢丝网片			
一般工序	基层清理→基层洒水湿润→设置分格条→砂浆找平层施工→养护			

2. 找平层起砂、起皮（表 6-29）

找平层通病   表 6-29

通病现象	找平层颜色不均，用手一搓，有砂子分层浮起。用手击拍，表面水泥砂浆会成片脱落或有起皮、起鼓现象

185

| 规范标准相关规定 | 《屋面工程技术规范》GB 50345—2012
4.3.2 卷材、涂膜的基层宜设找平层。找平层厚度和技术要求应符合表4.3.2的规定。 | | | |

找平层分类	适用的基层	厚度（mm）	技术要求
水泥砂浆	整体现浇混凝土板	15～20	1：2.5 水泥砂浆
	整体材料保温层	20～25	
细石混凝土	装配式混凝土板	30～35	C20混凝土，宜加钢筋网片
	板状材料保温层		C20 混凝土

<table>
<tr><td>规范标准
相关规定</td><td>《屋面工程质量验收规范》GB 50207—2012
4.2.3 找平层宜采用水泥砂浆或细石混凝土；找平层的抹平工序应在初凝前完成，压光工序应在终凝前完成，终凝后应进行养护。
4.2.4 找平层分格缝纵横间距不宜大于6m，分格缝的宽度宜为5～20mm</td></tr>
<tr><td>原因分析</td><td>(1) 施工前，未能将基层清扫干净，或找平层施工前基层未刷水泥净浆。
(2) 水泥砂浆的配合比不准，砂子含泥量过大。
(3) 水泥砂浆搅拌不均，摊铺压实不当。
(4) 水泥砂浆养护不充分，以致出现水泥水化不完全的倾向</td></tr>
<tr><td>预防措施</td><td>(1) 水泥砂浆施工前，应先将基层清扫干净，并充分湿润，但不得有积水现象。
(2) 水泥砂浆找平层宜采用1：3～1：2.5（水泥：砂）体积配合比，水泥强度等级不低于42.5级，砂子含泥量不应大于5%。
(3) 水泥砂浆宜采用机械搅拌，其水灰比应为0.6～0.65，稠度应为70～80mm。
(4) 做好水泥砂浆的摊铺的压实工作。
(5) 找平层施工完成后，应及时覆盖浇水养护，养护时间宜为7～10d</td></tr>
<tr><td>一般工序</td><td>基层清理→基层洒水湿润→设置分格条→砂浆找平层施工→养护</td></tr>
</table>

3. 屋面防水层渗漏（表6-30）

屋面防水层通病　　　　　　表6-30

<table>
<tr><td>通病现象</td><td>有防水层屋面出现渗漏</td></tr>
<tr><td>规范标准
相关规定</td><td>《屋面工程质量验收规范》GB 50207—2012
3.0.2 施工单位应取得建筑防水和保温工程相应等级的资质证书；作业人员应持证上岗。
3.0.4 屋面工程施工前应通过图纸会审，施工单位应掌握施工图中的细部构造及有关技术要求；施工单位应编制屋面工程专项施工方案，并应经监理单位或建设单位审查确认后执行。
3.0.6 屋面工程所用的防水、保温材料应有产品合格证和性能检测报告，材料的品种、规格、性能等必须符合国家现行产品标准和设计要求。产品质量应该经过省级以上建设行政主管部门对其资质认可和质量技术监督部门对其计量认证的质量检测单位进行检测。
3.0.10 屋面工程施工时，应建立各道工序的自检、交接检和专职人员检查的"三检"制度，并应该有完整的检查记录。每道工序施工完成后，应经监理单位或建设单位检查验收，并应在合格后再进行下道工序的施工。
3.0.12 屋面防水工程完工后，应进行观察质量检查和雨后观察或淋水、蓄水试验，不得有渗漏和积水现象</td></tr>
<tr><td>原因分析</td><td>(1) 原材料的质量与预先设计的要求或者规范、标准不太符合。
(2) 屋面防水层细部构造部分没有设置附加层，出现渗漏现象。
(3) 工程完工并交付使用后，对屋面管理以及保养不合理，比如有的使用单位经常在屋面上安装广告牌或者安装空调等，在固定支架时就直接在屋面上打孔，因而防水层就遭到了破坏，从而引起了渗漏。
(4) 在施工的过程中防水可能没有处理干净、不平整，另外在潮湿的环境下也会可能致使屋面防水层遭到破坏，而产生渗漏。
(5) 在开始设计时，本身的设计构造不合理，从而存在渗漏隐患，这是一定要避免的，因为结构本身有问题，接下来的施工都是根据这行结构来进行施工的，这无论如何都会产生渗漏的隐患。
(6) 施工方案不太科学，最终导致了薄弱环节的形成</td></tr>
</table>

预防措施	（1）整个建筑造的物质就是材料，一旦材料出了问题，那整个工程质量将会大打折扣，所以选择材料时一定要慎重。 （2）屋面现浇板必须去控制好钢筋保护层厚度，防止施工过程中负筋被踩踏。 （3）屋面防水过程必要要由相应资质的专业队伍来进行施工，而且作业人员应该要持有当地建设行政主管部门颁发的上岗证。 （4）在天沟、檐沟、阴阳角、水落口、变形缝等其他易渗部位应该设置防水附加层，柔性防水层与刚性防水层之间应该设置一些隔离层。 （5）检验屋面有无渗漏现象，应该做蓄水试验来检验，而且其蓄水时间不能少于 24h，而且蓄水深度最浅处也不能够少于 10mm，如出现渗漏水应及时返工整改直到其符合原定的要求为止。 （6）防水基层应该保持平整光滑并且不能有裂缝。 （7）在施工之前要注意天气，尽量选择天晴的时候施工，避免在雨雪天气下实施防水工程
一般工序	施工方案→基层清理、洒水湿润→找平层施工→防水层施工

4. 细部构造渗漏（表 6-31）

细部构造通病　　　　　　　　　　　　　　　　　　　　　　　　　表 6-31

通病现象	檐口、天沟、檐沟、水落口、变形缝、伸出屋面的管道等部位，在下雨时出现渗漏现象
规范标准相关规定	《屋面工程质量验收规范》GB 50207—2012 8.2.2　檐口的排水坡度应符合设计要求；檐口部位不得有渗漏和积水现象。 8.2.3　檐口 800mm 范围内的卷材应满粘。 8.2.4　卷材收头应在找平层的凹槽内用金属压条钉压固定，并应用密封材料封严。 8.2.5　涂膜收头应用防水涂料多遍涂刷。 8.2.6　檐口端部应抹聚合物水泥砂浆，其端部应做成鹰嘴和滴水槽。 8.3.4　檐沟防水层应由沟底翻上至外侧顶部，卷材收头应用金属压条钉压固定，并应用密封材料封严；涂膜收头应用防水涂料多遍涂刷。 8.3.5　檐沟外侧顶部及侧面均应抹聚合物水泥砂浆，其下端应做成鹰嘴或滴水槽。 8.5.2　水落口杯上扣应设在沟底的最低处；水落口处不得有渗漏和积水现象。 8.5.3　水落口的数量和位置应符合设计要求；水落口杯应安装牢固。 8.5.4　水落口周围直径 500mm 范围内坡度不应小于 5%，水落口周围的附加层铺设应符合设计要求。 8.5.5　防水层及附加层伸入水落口杯内不应小于 50mm，并应粘结牢固。 8.6.5　等高变形缝顶部宜加扣混凝土或金属盖板。混凝土盖板的接缝应用密封材料封严；金属盖板应铺钉牢固，搭接缝应顺流水方向，并做好防锈处理。 8.6.6　高低跨变形缝在高跨墙面上的防水卷材封盖和金属盖板，应用金属压条钉压固定，并应用密封材料封严。 8.7.4　伸出屋面管道周围的找平层应抹处高度不小于 30mm 的排水坡。 8.7.5　卷材防水层收头应用金属箍固定，并应用密封材料封严；涂膜防水层收头应用防水涂料多遍涂刷
原因分析	（1）由于结构变形和温度应力的影响，细部构造处发生结构位移，或卷材收头密封不严密。 （2）细部构造处，因屋面积水和雨水比较集中，在气温变化及晴雨相间等恶劣环境下，卷材过早老化、腐烂或破损。 （3）屋面找坡不准、施工操作困难或施工时基层潮湿等原因，致使卷材铺贴不牢固
预防措施	（1）施工前，应将基层清扫干净，基层应当干燥、洁净，如有潮气和水分，宜用喷灯进行烘烤。 （2）屋面坡度应符合设计要求，为保证屋面排水顺畅，应注意及时清扫屋面的垃圾、草皮和树叶等杂物。 （3）铺贴泛水卷材时，应采用满粘法施工，确保卷材与基层粘结牢固。 （4）根据"减少约束、防排结合、刚柔相济、多道设防"的原则，改进细部的设计构造，并根据具体情况进行深化与完善
一般工序	技术交底→细部构造基层清扫干净→细部构造防水层施工

5. 涂膜出现粘结不牢、脱皮、裂缝等现象（表 6-32）

涂膜通病 表 6-32

通病现象	屋面涂膜与基层粘结不牢固，有起皮、起灰、裂缝、脱皮和鼓泡等现象
规范标准相关规定	《屋面工程质量验收规范》GB 50207—2012 6.3.1 防水涂料应多遍涂布，并应待前一遍涂布的涂料干燥成膜后，再涂布后一遍涂料，且前后两遍涂料的涂布方向应相互垂直。 6.3.2 铺设胎体增强材料应符合下列规定： 1 胎体增强材料宜采用聚酯无纺布或化纤无纺布。 2 胎体增强材料长边搭接宽度不应小于 50mm，短边搭接宽度不应小于 70mm。 3 上下层胎体增强材料的长边搭接应错开，且不得小于幅宽的 1/3。 4 上下层胎体增强材料不得相互垂直铺设。 6.3.8 涂膜防水层与基层应粘结牢固。表面应平整，涂布应均匀，不得有流淌、褶皱、起泡和露胎体等缺陷
原因分析	（1）施工时，基层表面没有充分干燥，或施工时空气的湿度较大。 （2）基层表面不平整，涂膜厚度不足，胎体增强材料铺贴不平整。 （3）在复合防水施工时，涂料与其他防水材料的相容性差或不相容。 （4）上下工序之间或两道涂层之间没有技术间隔，或间隔时间较短。 （5）涂料施工时温度过高，或 1 次涂过厚，或在前遍涂料未实干前涂刷后续涂料
预防措施	（1）涂膜防水层施工前，应检查基层的质量是否符合设计要求，并清扫干净；如出现质量缺陷，应及时加以修补。 （2）涂刷施工前，应对细部构造进行增强处理，一般涂刷加铺胎体增强材料的涂料进行增强处理。 （3）涂膜防水层施工应按"先高后低，先远后近"的原则进行施工。 （4）在涂膜防水屋面上使用两种或两种以上不同防水材料时，应考虑不同材料之间的相容性。 （5）涂膜和卷材同时使用时，卷材和涂膜的接缝应顺水流方向，搭接宽度不得小于 100mm。 （6）涂膜防水的厚度应符合设计要求。 （7）防水涂料严禁在雨天、雪天和五级风及其以上时施工，以免影响涂料的成膜质量。 （8）在涂膜防水层实干前，不得在其上进行其他施工作业，涂膜防水层上不得直接堆放物品
一般工序	基层表面清理、修理→喷涂基层处理剂→特殊部位附加增强处理→涂布防水涂料及铺贴增强材料→清理与检查修理→保护层施工

（十）建筑节能中的质量通病

建筑节能中的质量通病主要有外墙隔热保温层开裂、外墙面砖空鼓脱落等。

1. 外墙隔热保温层开裂（表 6-33）

外墙隔热保温层通病 表 6-33

通病现象	外墙隔热保温层空鼓、开裂、脱层引起窗口周围、窗角、女儿墙部分、保温板与非保温墙体的结合部出现裂缝
规范标准相关规定	《建筑节能工程施工质量验收标准》GB 50411—2019 4.2.7 墙体节能工程的施工质量，必须符合下列规定： 1 保温隔热材料的厚度不得低于设计要求。 2 保温板材与基层之间及各构造层之间的粘结或连接必须牢固。保温板材与基层的连接方式、拉伸粘结强度和粘结面积比应符合设计要求。保温板材与基层之间的拉伸粘结强度应进行现场拉拔试验，且不得在界面破坏。粘结面积比应进行剥离检验。 3 当采用保温浆料做外保温时，厚度大于 20mm 的保温浆料应分层施工。保温浆料与基层之间及各层之间的粘结必须牢固，不应脱层、空鼓和开裂。

规范标准相关规定	4 当保温层采用锚固件固定时，锚固件数量、位置、锚固深度、胶结材料性能和锚固力应符合设计和施工方案的要求；保温装饰板的锚固件应使其装饰面板可靠固定；锚固力应做现场拉拔试验
原因分析	(1) 采用水泥砂浆做抗裂防护层时，因强度高收缩大、柔韧变形性不够，引起砂浆层开裂。 (2) 抗裂砂浆层过厚，砂浆层收缩大易开裂。 (3) 砂的粒径过细，含泥量过高，砂子的颗粒级配不合理。 (4) 采用密度太低的聚苯板作为墙体保温材料，由于密度低、易变形，抗冲击性差，造成保温墙面开裂。 (5) 聚苯板等有机保温材料没有达到陈化时间（EPS板自然养护条件下，养护不少于42d；蒸汽养护不少于5d；XPS板自然养护条件下养护不少于28d），导致有机材料保温稳定性不够，上墙后产生较大的后期收缩。 (6) 材料粉化：由于工期长或隔年施工等原因，造成聚苯板表面粉化，导致聚苯板粘贴不牢或抹面砂浆粘结不牢，导致保温层脱落，抹面砂浆开裂。 (7) 聚苯板粘贴时局部出现通缝或在窗口四角没有套割。 (8) 所用胶粘剂达不到外保温技术对产品的质量、性能要求或采用预理或后置锚固件。 (9) 加强网使用了不合格玻纤网格布或钢丝网，加强网的镀锌层厚度不足，钢丝锈蚀膨胀。 (10) 门窗洞口周边玻纤布或钢丝网包边不到位，阳角处未用玻纤布或钢丝网包边
预防措施	(1) 保温浆料应分层施工，每层厚度不宜大于10mm。 (2) 采用专用的抗裂砂浆并辅以合理的增强网，在砂浆中加入适量的聚合物和纤维。 (3) 使用质量合格的聚苯板材料及胶粘剂。 (4) 保温板为模塑聚苯板（EPS）和挤塑聚苯板（XPS），在墙体安装时，拼装接缝处应增设不小于200mm宽的加强网，网的搭接每边应大于100mm，加强网不得皱褶、外露。 (5) 采用预埋或后置锚固件固定时，锚固件数量位置、锚固深度和拉拔力应符合设计要求。 (6) 加强对女儿墙内侧的保温处理
一般工序	消除基层表面的尘土、污垢、油渍等，并提前一天洒水湿润→水泥砂浆找平→涂抹界面剂→保温浆料分层施工［或粘贴模塑聚苯板（EPS）和挤塑聚苯板（XPS）］→增设加强网→及时安装锚栓
参考图示	 聚苯板保温外墙构造（涂料面层）

189

2. 有保温层的外墙饰面层空鼓、脱落（表6-34）

有保温层的外墙饰面层通病　　　　　　　　　　　表6-34

通病现象	有保温层的外墙饰面层出现空鼓、脱落
规范标准相关规定	《建筑节能工程施工质量验收标准》GB 50411—2019 4.2.10　墙体节能工程各类饰面层的基层及面层施工，应符合设计且应符合现行国家标准《建筑装饰装修工程质量验收标准》GB 50210 的规定，并应符合下列规定： 1　饰面层施工前应对基层进行隐蔽工程验收。基层应无脱层、空鼓和裂缝，并应平整、洁净，含水率应符合饰面层施工的要求。 2　外墙外保温工程不宜采用粘贴饰面砖作饰面层；当采用时，其安全性与耐久性必须符合设计要求。饰面砖应做粘结强度拉拔试验，试验结果应符合设计和有关标准的规定。 3　外墙外保温工程的饰面层不得渗漏。当外墙外保温工程的饰面层采用饰面板开缝安装时，保温层表面应覆盖具有防水功能的抹面层或采取其他防水措施。 4　外墙外保温层及饰面层与其他部位交接的收口处，应采取防水措施。 《建筑工程饰面砖粘结强度检验标准》JGJ/T 110—2017 6.0.1　带饰面砖的预制构件，当一组试样均符合判定指标要求时，判定其粘结强度合格；当一组试样均不符合判定指标要求时，判定其粘结强度不合格；当一组试样仅符合判定指标的一项要求时，应在该组试样原取样检验批内重新抽取两组试样检验，若检验结果仍有一项不符合判定指标要求时，则判定其粘结强度不合格。判定指标应符合下列规定： 1　每组试样平均粘结强度不应小于 0.6MPa。 2　每组允许有一个试样的粘结强度小于 0.6MPa，但不应小于 0.4MPa
原因分析	1. 材料因素： （1）保温板密度太低，造成局部空鼓、脱落；保温板自身应力大，加之不合理粘贴方式或胀缩等因素，造成局部空鼓或保温板损坏。 （2）保温浆料质量不合格，极易发生粘结不牢或日久失效造成空鼓；胶粉料存放时间过长或受潮初凝使其失效。 2. 施工因素： （1）浆体保温层施工影响因素：基层墙体处理不当，违反操作规程及涂抹方法错误，造成局部空鼓。 （2）粘结保温板材施工因素。 点粘时，粘结面积小于 30% 又无锚栓固定时，易导致空鼓、松动。 条粘时，粘结胶浆沟槽部分尺寸太小，满粘或保温板拼缝用胶浆粘死，形成排水、排汽不畅及胀缩应力造成空鼓。 钉粘结合时，粘结胶浆过稀或粘结后马上安装锚栓，使保温板的锚栓与墙形成无效连接。 3. 其他影响因素：没有做好产品保护
预防措施	（1）在与墙体连接的聚合物水泥砂浆结合层中加设镀锌四角网。 （2）施工宜采用符合要求的饰面层。 （3）面砖勾缝胶粉要有足够的柔韧性，避免饰面层面砖的脱落。勾缝材料应具有防水透气性。 （4）要提高外保温系统的防火等级，以避免火灾等意外事故出现后，产生大面积塌落。 （5）要提高外保温系统的抗震和抗风压能力，以避免偶发事故出现后，对外保温巨大破坏。 （6）饰面砖粘贴宜分板块组合，不大于 1.5m² 板块间留缝用弹性胶填缝，饰面应按粘贴面积，每16～18m² 留不小于 20mm 的伸缩缝。 工程实例图如图 6-14、图 6-15 所示
一般工序	清除干净基层表面的尘土、污垢、油渍等，并提前一天洒水润湿→涂抹界面→砂浆找平→保温浆料分层施工［或粘贴聚苯板（EPS）和挤塑聚苯板（XPS）］→增设加强网→及时安装锚栓

参考图示

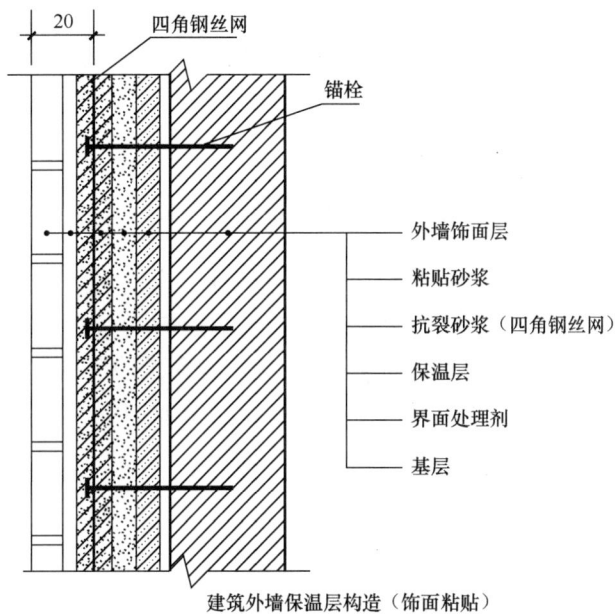

建筑外墙保温层构造（饰面粘贴）

- 20
- 四角钢丝网
- 锚栓
- 外墙饰面层
- 粘贴砂浆
- 抗裂砂浆（四角钢丝网）
- 保温层
- 界面处理剂
- 基层

从外到内分层：
饰面层
粘贴砂浆
抗裂砂浆
螺栓锚固
加强钢丝网
抗裂砂浆层
聚苯颗粒保温砂浆
基层界剂
基层

图 6-14　聚苯板保温外墙面构造实例（面贴外墙饰面层）

图 6-15　聚苯板保温层螺栓紧固

七、建筑工程质量检查、验收、评定

（一）建筑工程施工质量验收统一标准

建筑工程施工质量验收应执行现行国家标准《建筑工程施工质量验收统一标准》GB 50300—2013 及相配套的各专业验收规范，同时还应执行地方标准。《建筑工程施工质量验收统一标准》GB 50300—2013 规定了建筑工程质量验收的划分、合格条件、验收程序和组织。该标准共分 6 章、8 个附录，并有 2 条强制性条文。GB 50300—2013 在 GB 50300—2001 的基础上主要对下列内容进行了修订。

本书中条款号引用原规范的条款号。

1 总则

1.0.1 为了加强建筑工程质量管理，统一建筑工程施工质量的验收，保证工程质量，制定本标准。

1.0.2 本标准适用于建筑工程施工质量的验收，并作为建筑工程各专业验收规范编制的统一准则。

1.0.3 建筑工程施工质量验收，除应符合本标准要求外，尚应符合国家现行有关标准的规定。

2 术语

2.0.1 建筑工程 building engineering

通过对各类房屋建筑及其附属设施的建造和与其配套线路、管道、设备等的安装所形成的工程实体。

2.0.2 检验 inspection

对被检验项目的特征、性能进行量测、检查、试验等，并将结果与标准规定的要求进行比较，以确定项目每项性能是否合格的活动。

2.0.3 进场检验 site inspection

对进入施工现场的建筑材料、构配件、设备及器具，按相关标准的要求进行检验，并对其质量、规格及型号等是否符合要求做出确认的活动。

2.0.4 见证检验 evidential testing

施工单位在工程监理单位或建设单位的见证下，按照有关规定从施工现场随机抽取试样，送至具备相应资质的检测机构进行检验的活动。

2.0.5 复验 repeat testing

建筑材料、设备等进入施工现场后，在外观质量检查和质量证明文件核查符合要求的基础上，按照有关规定从施工现场抽取试样送至试验室进行检验的活动。

2.0.6 检验批 inspection lot

按相同的生产条件或按规定的方式汇总起来供抽样检验用的，由一定数量样本组成的检验体。

2.0.7 验收 acceptance

建筑工程质量在施工单位自行检查合格的基础上，由工程质量验收责任方组织，工程建设相关单位参加，对检验批、分项、分部、单位工程及其隐蔽工程的质量进行抽样检验，对技术文件进行审核，并根据设计文件和相关标准以书面形式对工程质量是否达到合格做出确认。

2.0.8 主控项目 dominant item

建筑工程中对安全、节能、环境保护和主要使用功能起决定性作用的检验项目。

2.0.9 一般项目 general item

除主控项目以外的检验项目。

2.0.10 抽样方案 sampling scheme

根据检验项目的特性所确定的抽样数量和方法。

2.0.11 计数检验 inspection by attributes

通过确定抽样样本中不合格的个体数量，对样本总体质量做出判定的检验方法。

2.0.12 计量检验 inspection by variables

以抽样样本的检测数据计算总体均值、特征值或推定值，并以此判断或评估总体质量的检验方法。

2.0.13 错判概率 probability of commission

合格批被判为不合格批的概率，即合格批被拒收的概率，用 α 表示。

2.0.14 漏判概率 probability of omission

不合格批被判为合格批的概率，即不合格批被误收的概率，用 β 表示。

2.0.15 观感质量 quality of appearance

通过观察和必要的测试所反映的工程外在质量和功能状态。

2.0.16 返修 repair

对施工质量不符合规定的部位采取的整修等措施。

2.0.17 返工 rework

对施工质量不符合规定的部位采取的更换、重新制作、重新施工等措施。

3 基本规定

3.0.1 施工现场应具有健全的质量管理体系、相应的施工技术标准、施工质量检验制度和综合施工质量水平评定考核制度。施工现场质量管理可按本标准附录A（略）的要求进行检查记录。

3.0.2 未实行监理的建筑工程，建设单位相关人员应履行本标准涉及的监理职责。

3.0.3 建筑工程的施工质量控制应符合下列规定：

1 建筑工程采用的主要材料、半成品、成品、建筑构配件、器具和设备应进行进场检验。凡涉及安全、节能、环境保护和主要使用功能的重要材料、产品，应按各专业工程施工规范、验收规范和设计文件等规定进行复验，并应经监理工程师检查认可。

2 各施工工序应按施工技术标准进行质量控制，每道施工工序完成后，经施工单位自检符合规定后，才能进行下道工序施工。各专业工种之间的相关工序应进行交接检验，并应记录。

3 对于监理单位提出检查要求的重要工序，应经监理工程师检查认可，才能进行下道工序施工。

3.0.4 符合下列条件之一时，可按相关专业验收规范的规定适当调整抽样复验、试验数量，调整后的抽样复验、试验方案应由施工单位编制，并报监理单位审核确认。

1 同一项目中由相同施工单位施工的多个单位工程，使用同一生产厂家的同品种、同规格、同批次的材料、构配件、设备。

2 同一施工单位在现场加工的成品、半成品、构配件用于同一项目中的多个单位工程。

3 在同一项目中，针对同一抽样对象已有检验成果可以重复利用。

3.0.5 当专业验收规范对工程中的验收项目未做出相应规定时，应由建设单位组织监理、设计、施工等相关单位制定专项验收要求。涉及安全、节能、环境保护等项目的专项验收要求应由建设单位组织专家论证。

3.0.6 建筑工程施工质量应按下列要求进行验收：

1 工程质量验收均应在施工单位自检合格的基础上进行。

2 参加工程施工质量验收的各方人员应具备相应的资格。

3 检验批的质量应按主控项目和一般项目验收。

4 对涉及结构安全、节能、环境保护和主要使用功能的试块、试件及材料，应在进场时或施工中按规定进行见证检验。

5 隐蔽工程在隐蔽前应由施工单位通知监理单位进行验收，并应形成验收文件，验收合格后方可继续施工。

6 对涉及结构安全、节能、环境保护和使用功能的重要分部工程应在验收前按规定进行抽样检验。

7 工程的观感质量应由验收人员现场检查，并应共同确认。

3.0.7 建筑工程施工质量验收合格应符合下列规定：

1 符合工程勘察、设计文件的要求。

2 符合本标准和相关专业验收规范的规定。

3.0.8 检验批的质量检验，可根据检验项目的特点在下列抽样方案中选取：

1 计量、计数或计量-计数的抽样方案。

2 一次、二次或多次抽样方案。

3 对重要的检验项目，当有简易快速的检验方法时，选用全数检验方案。

4 根据生产连续性和生产控制稳定性情况，采用调整型抽样方案。

5 经实践证明有效的抽样方案。

3.0.9 检验批抽样样本应随机抽取，满足分布均匀、具有代表性的要求，抽样数量应符合有关专业验收规范的规定。

明显不合格的个体可不纳入检验批，但应进行处理，使其满足有关专业验收规范的规定，对处理的情况应予以记录并重新验收。

3.0.10 计量抽样的错判概率 α 和漏判概率 β 可按下列规定采取：

1 主控项目：对应于合格质量水平的 α 和 β 均不宜超过 5%；

2 一般项目：对应于合格质量水平的 α 不宜超过 5%，β 不宜超过 10%。

4 建筑工程质量验收的划分

4.0.1 建筑工程施工质量验收应划分为单位工程、分部工程、分项工程和检验批。

4.0.2 单位工程应按下列原则划分：

1 具备独立施工条件并能形成独立使用功能的建筑物或构筑物为一个单位工程。

2 对于规模较大的单位工程，可将其能形成独立使用功能的部分划分为一个子单位工程。

4.0.3 分部工程应按下列原则划分：

1 可按专业性质、工程部位确定。

2 当分部工程较大或较复杂时，可按材料种类、施工特点、施工程序、专业系统及类别将分部工程划分为若干子分部工程。

4.0.4 分项工程可按主要工种、材料、施工工艺、设备类别进行划分。

4.0.5 检验批可根据施工、质量控制和专业验收的需要，按工程量、楼层、施工段、变形缝进行划分。

4.0.6 建筑工程的分部、分项工程划分宜按本标准附录 B（略）采用。

4.0.7 施工前，应由施工单位制定分项工程和检验批的划分方案，并由监理单位审核。对于附录 B 及相关专业验收规范未涵盖的分项工程和检验批，可由建设单位组织监理、施工等单位协商确定。

4.0.8 室外工程可根据专业类别和工程规模按本标准附录 C（略）的规定划分子单位工程、分部工程、分项工程。

5 建筑工程质量验收

5.0.1 检验批质量验收合格应符合下列规定：

1 主控项目的质量经抽样检验均应合格。

2 一般项目的质量经抽样检验合格。当采用计数抽样时，合格点率应符合有关专业验收规范的规定，且不得存在严重缺陷。

3 具有完整的施工操作依据、质量验收记录。

5.0.2 分项工程质量验收合格应符合下列规定：

1 所含检验批的质量均应验收合格。

2 所含检验批的质量验收记录应完整。

5.0.3 分部工程质量验收合格应符合下列规定：

1 所含分项工程的质量均应验收合格。

2 质量控制资料应完整。

3 有关安全、节能、环境保护和主要使用功能的抽样检验结果应符合相应规定。

4 观感质量应符合要求。

5.0.4 单位工程质量验收合格应符合下列规定：

1 所含分部工程的质量均应验收合格。

2 质量控制资料应完整。

3 所含分部工程中有关安全、节能、环境保护和主要使用功能的检验资料应完整。

4 主要使用功能的抽查结果应符合相关专业验收规范的规定。

5 观感质量应符合要求。

5.0.5 建筑工程施工质量验收记录可按下列规定填写：

1 检验批质量验收记录可根据现场检查原始记录按本标准附录 E（表 7-1）填写，现场检查原始记录应在单位工程竣工验收前保留，并可追溯。

_____检验批质量验收记录　　编号：_____　　　表 7-1

单位（子单位）工程名称		分部（子分部）工程名称		分项工程名称	
施工单位		项目负责人		检验批容量	
分包单位		分包单位项目负责人		检验批部位	
施工依据			验收依据		

	验收项目		设计要求及规范规定	最小/实际抽样数量	检查记录	检查结果
主控项目	1					
	2					
	3					
	…					
一般项目	1					
	2					
	…					

施工单位检查结果	专业工长： 项目专业质量检查员： 年　月　日
监理单位验收结论	专业监理工程师： 年　月　日

注：本表摘自《建筑工程施工质量验收统一标准》GB 50300—2013 附录 E。

2 分项工程质量验收记录可按本标准附录 F（表 7-2）填写。

_____分项工程质量验收记录　　编号：_____　　　表 7-2

单位（子单位）工程名称		分部（子分部）工程名称	
分项工程数量		检验批数量	
施工单位		项目负责人	项目技术负责人

续表

分包单位		分包单位项目负责人		分包内容	
序号	检验批名称	检验批容量	部位/区段	施工单位检查结果	监理单位验收结论
1					
2					
3					
…					

说明:

施工单位检查结果	项目专业技术负责人: 年 月 日
监理单位验收结论	专业监理工程师: 年 月 日

注:本表摘自《建筑工程施工质量验收统一标准》GB 50300—2013 附录 F。

3 分部工程质量验收记录可按本标准附录 G(表 7-3)填写;

_____分部工程质量验收记录　　编号:_____　　表 7-3

单位(子单位)工程名称		子分部工程数量		分项工程数量	
施工单位		项目负责人		技术(质量)负责人	
分包单位		分包单位负责人		分包内容	
序号	子分部工程名称	分项工程名称	检验批数量	施工单位检查结果	监理单位验收结论
1					
2					
3					
…					
质量控制资料					
安全和功能检验结果					
观感质量检验结果					
综合验收结论					

施工单位 项目负责人: 年 月 日	勘察单位 项目负责人: 年 月 日	设计单位 项目负责人: 年 月 日	监理单位 总监理工程师: 年 月 日

注:1. 地基与基础分部工程的验收应由施工、勘察、设计单位项目负责人和总监理工程师参加并签字。
　　2. 主体结构、节能分部工程的验收应由施工、设计单位项目负责人和总监理工程师参加并签字。
　　3. 本表摘自《建筑工程施工质量验收统一标准》GB 50300—2013 附录 G。

197

4 单位工程质量竣工验收记录应按本标准附录 H（表7-4）填写。

单位工程质量竣工验收记录

表 7-4

工程名称		结构类型		层数/建筑面积	
施工单位		技术负责人		开工日期	
项目负责人		项目技术负责人		完工日期	

序号	项目	验收记录	验收结论
1	分部工程验收	共 分部，经查符合设计及标准规定 分部	
2	质量控制资料核查	共 项，经核查符合规定 项	
3	安全和使用功能核查及抽查结果	共核查 项，符合规定 项，共抽查 项，符合规定 项，经返工处理符合规定 项	
4	感官质量验收	共抽查 项，达到"好"和"一般"的 项，经返修处理符合要求的 项	
5	综合验收结论		

参加验收单位	建设单位	监理单位	施工单位	设计单位	勘查单位
	（公章） 项目负责人： 年 月 日	（公章） 总监理工程师： 年 月 日	（公章） 项目负责人： 年 月 日	（公章） 项目负责人： 年 月 日	（公章） 项目负责人： 年 月 日

注：1. 单位工程验收时，验收签字人员应由相应单位的法人代表书面授权。
　　2. 本表摘自《建筑工程施工质量验收统一标准》GB 50300—2013 附录表 H.0.1-1。

5.0.6 当建筑工程施工质量不符合要求时，应按下列规定进行处理：

1 经返工或返修的检验批，应重新进行验收。

2 经有资质的检测机构检测鉴定能够达到设计要求的检验批，应予以验收。

3 经有资质的检测机构检测鉴定达不到设计要求、但经原设计单位核算认可能够满足安全和使用功能的检验批，可予以验收。

4 经返修或加固处理的分项、分部工程，满足安全及使用功能要求时，可按技术处理方案和协商文件的要求予以验收。

5.0.7 工程质量控制资料应齐全完整，当部分资料缺失时，应委托有资质的检测机构按有关标准进行相应的实体检验或抽样试验。

5.0.8 经返修或加固处理仍不能满足安全或重要使用功能的分部工程及单位工程，严禁验收。

6 建筑工程质量验收的程序和组织

6.0.1 检验批应由专业监理工程师组织施工单位项目专业质量检查员、专业工长等进行验收。

6.0.2 分项工程应由专业监理工程师组织施工单位项目专业技术负责人等进行验收。

6.0.3 分部工程应由总监理工程师组织施工单位项目负责人和项目技术负责人等进行验收。

勘察、设计单位项目负责人和施工单位技术、质量部门负责人应参加地基与基础分部工程的验收。

设计单位项目负责人和施工单位技术、质量部门负责人应参加主体结构、节能分部工程的验收。

6.0.4 单位工程中的分包工程完工后，分包单位应对所承包的工程项目进行自检，并应按本标准规定的程序进行验收。验收时，总包单位应派人参加。分包单位应将所分包工程的质量控制资料整理完整，并移交给总包单位。

6.0.5 单位工程完工后，施工单位应组织有关人员进行自检。总监理工程师应组织各专业监理工程师对工程质量进行竣工预验收。存在施工质量问题时，应由施工单位整改。整改完毕后，由施工单位向建设单位提交工程竣工报告，申请工程竣工验收。

6.0.6 **建设单位收到工程竣工报告后，应由建设单位项目负责人组织监理、施工、设计、勘察等单位项目负责人进行单位工程验收。**

（二）建筑地基基础工程施工质量验收

地基与基础工程是建筑物的重要分部，它影响着建筑物的结构安全。本节主要依据《建筑地基基础工程施工质量验收标准》GB 50202—2018 编写。由于它涉及砌体、混凝土、钢结构、地下防水工程以及桩基检测等有关内容，验收时尚应符合相关规范的规定。

本节的条款号按《建筑地基基础工程施工质量验收标准》GB 50202—2018 的条款号编排。

1 总则

1.0.1 为加强建筑地基基础工程施工质量管理，统一建筑地基基础工程施工质量的验收，保证工程施工质量，制定本标准。

1.0.2 本标准适用于建筑地基基础工程施工质量的验收。

1.0.3 建筑地基基础工程施工质量验收除应符合本标准外，尚应符合国家现行有关标准的规定。

2 术语

2.0.1 检验 inspection

对项目的特征、性能进行量测、检查、试验等，并将结果与设计和标准规定的要求进行比较，以确定项目每项性能是否符合要求的活动。

建筑材料、构配件、设备及器具等进入施工现场后，在外观质量检查和质量证明文件核查符合要求的基础上，按照有关规定从施工现场抽取试样送至试验室进行检验的活动。

2.0.2 验收 acceptance

在施工单位自行检查合格的基础上，根据设计文件和相关标准以书面形式对工程质量是否达到合格标准作出确认的活动。

2.0.3 主控项目 dominant item

建筑工程中对质量、安全、节能、环境保护和主要使用功能起决定性作用的检验项目。

2.0.4 一般项目 general item

除主控项目以外的检验项目。

2.0.5 验槽 ground inspecting

基坑或基槽开挖至坑底设计标高后,检验地基是否符合要求的活动。

3 基本规定

3.0.1 地基基础工程施工质量验收应符合下列规定:

1 地基基础工程施工质量应符合验收规定的要求;

2 质量验收的程序应符合验收规定的要求;

3 工程质量的验收应在施工单位自行检查评定合格的基础上进行;

4 质量验收应进行分部、分项工程验收;

5 质量验收应按主控项目和一般项目验收。

3.0.2 地基基础工程验收时应提交下列资料:

1 岩土工程勘察报告;

2 设计文件、图纸会审记录和技术交底资料;

3 工程测量、定位放线记录;

4 施工组织设计及专项施工方案;

5 施工记录及施工单位自查评定报告;

6 监测资料;

7 隐蔽工程验收资料;

8 检测与检验报告;

9 竣工图。

3.0.3 施工前及施工过程中所进行的检验项目应制作表格,并应做相应记录、校审存档。

3.0.4 地基基础工程必须进行验槽,验槽检验要点应符合本标准附录 A 的规定。

3.0.5 主控项目的质量检验结果必须全部符合检验标准,一般项目的验收合格率不得低于 80%。

3.0.6 检查数量应按检验批抽样,当本标准有具体规定时,应按相应条款执行,无规定时应按检验批抽检。检验批的划分和检验批抽检数量可按照现行国家标准《建筑工程施工质量验收统一标准》GB 50300 的规定执行。

3.0.7 地基基础标准试件强度评定不满足要求或对试件的代表性有怀疑时,应对实体进行强度检测,当检测结果符合设计要求时,可按合格验收。

3.0.8 原材料的质量检验应符合下列规定:

1 钢筋、混凝土等原材料的质量检验应符合设计要求和现行国家标准《混凝土结构工程施工质量验收规范》GB 50204 的规定;

2 钢材、焊接材料和连接件等原材料及成品的进场、焊接或连接检测应符合设计要求和现行国家标准《钢结构工程施工质量验收规范》GB 50205 的规定;

3 砂、石子、水泥、石灰、粉煤灰、矿(钢)渣粉等掺合料、外加剂等原材料的质量、检验项目、批量和检验方法,应符合国家现行有关标准的规定。

4 地基工程

4.1 一般规定

4.1.1 地基工程的质量验收宜在施工完成并在间歇期后进行,间歇期应符合国家现行标准的有关规定和设计要求。

4.1.2 平板静载试验采用的压板尺寸应按设计或有关标准确定。素土和灰土地基、砂和砂石地基、土工合成材料地基、粉煤灰地基、注浆地基、预压地基的静载试验的压板面积不宜小于 $1.0m^2$;强夯地基静载试验的压板面积不宜小于 $2.0m^2$。复合地基静载试验的压板尺寸应根据设计置换率计算确定。

4.1.3 地基承载力检验时,静载试验最大加载量不应小于设计要求的承载力特征值的 2 倍。

4.1.4 素土和灰土地基、砂和砂石地基、土工合成材料地基、粉煤灰地基、强夯地基、注浆地基、预压地基的承载力必须达到设计要求。地基承载力的检验数量每 $300m^2$ 不应少于 1 点,超过 $3000m^2$ 部分每 $500m^2$ 不应少于 1 点。每单位工程不应少于 3 点。

4.1.5 砂石桩、高压喷射注浆桩、水泥土搅拌桩、土和灰土挤密桩、水泥粉煤灰碎石桩、夯实水泥土桩等复合地基的承载力必须达到设计要求。复合地基承载力的检验数量不应少于总桩数的 0.5%,且不应少于 3 点。有单桩承载力或桩身强度检验要求时,检验数量不应少于总桩数的 0.5%,且不应少于 3 根。

4.1.6 除本标准第 4.1.4 条和第 4.1.5 条指定的项目外,其他项目可按检验批抽样。复合地基中增强体的检验数量不应少于总数的 20%。

4.1.7 地基处理工程的验收,当采用一种检验方法检测结果存在不确定性时,应结合其他检验方法进行综合判断。

4.2 素土、灰土地基

4.2.1 施工前应检查素土、灰土土料、石灰或水泥等配合比及灰土的拌合均匀性。

4.2.2 施工中应检查分层铺设的厚度、夯实时的加水量、夯压遍数及压实系数。

4.2.3 施工结束后,应进行地基承载力检验。

4.2.4 素土、灰土地基的质量检验标准应符合表 4.2.4(表 7-5)的规定。

素土、灰土地基质量检验标准 表 7-5

项	序	检查项目	允许值或允许偏差		检查方法
			单位	数值	
主控项目	1	地基承载力	不小于设计值		静载试验
	2	配合比	设计值		检查拌和时的体积比
	3	压实系数	不小于设计值		环刀法
一般项目	1	石灰粒径	mm	≤5	筛析法
	2	土料有机质含量	%	≤5	灼烧减量法
	3	土颗粒粒径	mm	≤15	筛析法
	4	含水量	最优含水量±2%		烘干法
	5	分层厚度	mm	±50	水准测量

4.3 砂和砂石地基

4.3.1 施工前应检查砂、石等原材料质量和配合比及砂、石拌和的均匀性。

4.3.2 施工中应检查分层厚度、分段施工时搭接部分的压实情况、加水量、压实遍数、压实系数。

4.3.3 施工结束后,应进行地基承载力检验。

4.3.4 砂和砂石地基的质量检验标准应符合表4.3.4(表7-6)的规定。

砂和砂石地基质量检验标准 表 7-6

项	序	检查项目	允许值或允许偏差		检查方法
			单位	数值	
主控项目	1	地基承载力	不小于设计值		静载试验
	2	配合比	设计值		检查拌和时的体积比或重量比
	3	压实系数	不小于设计值		灌砂法、灌水法
一般项目	1	砂石料有机质含量	%	≤5	灼烧减量法
	2	砂石料含泥量	%	≤5	水洗法
	3	砂石料粒径	mm	≤50	筛析法
	4	分层厚度	mm	±50	水准测量

4.4 土工合成材料地基

4.4.1 施工前应检查土工合成材料的单位面积质量、厚度、比重、强度、延伸率以及土、砂石料质量等。土工合成材料以100m² 为一批,每批应抽查5%。

4.4.2 施工中应检查基槽清底状况、回填料铺设厚度及平整度、土工合成材料的铺设方向、接缝搭接长度或缝接状况、土工合成材料与结构的连接状况等。

4.4.3 施工结束后,应进行地基承载力检验。

4.4.4 土工合成材料地基质量检验标准应符合表4.4.4(表7-7)的规定。

土工合成材料地基质量检验标准 表 7-7

项	序	检查项目	允许值或允许偏差		检查方法
			单位	数值	
主控项目	1	地基承载力	不小于设计值		静载试验
	2	土工合成材料强度	%	≥-5	拉伸试验(结果与设计值相比)
	3	土工合成材料延伸率	%	≥-3	拉伸试验(结果与设计值相比)
一般项目	1	土工合成材料搭接长度	mm	≥300	用钢尺量
	2	土石料有机质含量	%	≤5	灼烧减量法
	3	层面平整度	mm	±20	用2m靠尺
	4	分层厚度	mm	±25	水准测量

5 基础工程

5.1 一般规定

5.1.1 扩展基础、筏形与箱形基础、沉井与沉箱,施工前应对放线尺寸进行复核;桩基工程施工前应对放好的轴线和桩位进行复核。群桩桩位的放样允许偏差应为 20mm，单排桩桩位的放样允许偏差应为 10mm。

5.1.2 预制桩（钢桩）的桩位偏差应符合表 5.1.2（表 7-8）的规定。斜桩倾斜度的偏差应为倾斜角正切值的 15％。

预制桩（钢桩）的桩位允许偏差

表 7-8

序	检查项目		允许偏差（mm）
1	带有基础梁的桩	垂直基础梁的中心线	≤100＋0.01H
		沿基础梁的中心线	≤150＋0.01H
2	承台桩	桩数为 1 根～3 根桩基中的桩	≤100＋0.01H
		桩数大于或等于 4 根桩基中的桩	≤1/2桩径＋0.01H 或 1/2边长＋0.01H

注：H 为桩基施工面至设计桩顶的距离（mm）。

5.1.3 灌注桩混凝土强度检验的试件应在施工现场随机抽取。来自同一搅拌站的混凝土，每浇筑 50m³ 必须至少留置 1 组试件；当混凝土浇筑量不足 50m³ 时，每连续浇筑 12h 必须至少留置 1 组试件。对单柱单桩，每根桩应至少留置 1 组试件。

5.1.4 灌注桩的桩径、垂直度及桩位允许偏差应符合表 5.1.4（表 7-9）的规定。

灌注桩的桩径、垂直度及桩位允许偏差

表 7-9

序	成孔方法		桩径允许偏差（mm）	垂直度允许偏差	桩位允许偏差（mm）
1	泥浆护壁钻孔桩	D<1000mm	≥0	≤1/100	≤70＋0.01H
		D≥1000mm			≤100＋0.01H
2	套管成孔灌注桩	D<500mm	≥0	≤1/100	≤70＋0.01H
		D≥500mm			≤100＋0.01H
3	干成孔灌注桩		≥0	≤1/100	≤70＋0.01H
4	人工挖孔桩		≥0	≤1/200	≤50＋0.005H

注：1　H 为桩基施工面至设计桩顶的距离（mm）；

　　2　D 为设计桩径（mm）。

5.1.5 工程桩应进行承载力和桩身完整性检验。

5.1.6 设计等级为甲级或地质条件复杂时，应采用静载试验的方法对桩基承载力进行检验，检验桩数不应少于总桩数的 1％，且不应少于 3 根，当总桩数少于 50 根时，不应少于 2 根。在有经验和对比资料的地区，设计等级为乙级、丙级的桩基可采用高应变法对桩基进行竖向抗压承载力检测，检测数量不应少于总桩数的 5％，且不应少于 10 根。

5.1.7 工程桩的桩身完整性的抽检数量不应少于总桩数的 20％，且不应少于 10 根。每根柱子承台下的桩抽检数量不应少于 1 根。

5.2　无筋扩展基础

5.2.1 施工前应对放线尺寸进行检验。

5.2.2 施工中应对砌筑质量、砂浆强度、轴线及标高等进行检验。

5.2.3 施工结束后,应对混凝土强度、轴线位置、基础顶面标高等进行检验。

5.2.4 无筋扩展基础质量检验标准应符合表 5.2.4(表 7-10)的规定。

无筋扩展基础质量检验标准　　　　　　　　　　表 7-10

项	序	检查项目		允许偏差			检查方法
			单位	数值			
主控项目	1	轴线位置	砖基础	mm	≤10		经纬仪或用钢尺量
			毛石基础	mm	毛石砌体	料石砌体	
						毛料石 / 粗料石	
					≤20	≤20 / ≤15	
			混凝土基础	mm	≤15		
	2	混凝土强度		不小于设计值			28d 试块强度
	3	砂浆强度		不小于设计值			28d 试块强度
一般项目	1	L(或 B)≤30		mm	±5		用钢尺量
		30<L(或 B)≤60		mm	±10		
		60<L(或 B)≤90		mm	±15		
		L(或 B)>90		mm	±20		
	2	基础顶面标高	砖基础	mm	±15		水准测量
			毛石基础	mm	毛石砌体	料石砌体	
						毛料石 / 粗料石	
					±25	±25 / ±15	
			混凝土基础	mm	±15		
	3	毛石砌体厚度		mm	+30 0	+30 0	+15 0	用钢尺量

注:L 为长度(m);B 为宽度(m)。

5.3　钢筋混凝土扩展基础

5.3.1 施工前应对放线尺寸进行检验。

5.3.2 施工中应对钢筋、模板、混凝土、轴线等进行检验。

5.3.3 施工结束后,应对混凝土强度、轴线位置、基础顶面标高进行检验。

5.3.4 钢筋混凝土扩展基础质量检验标准应符合表 5.3.4(表 7-11)的规定。

钢筋混凝土扩展基础质量检验标准　　　　　　　　　　表 7-11

项	序	检查项目	允许偏差		检查方法
			单位	数值	
主控项目	1	混凝土强度	不小于设计值		28d 试块强度
	2	轴线位置	mm	≤15	经纬仪或用钢尺量

续表

项	序	检查项目	允许偏差		检查方法
			单位	数值	
一般项目	1	L(或 B)≤30	mm	±5	用钢尺量
		30<L(或 B)≤60	mm	±10	
		60<L(或 B)≤90	mm	±15	
	2	L(或 B)>90	mm	±20	
		基础顶面标高	mm	±15	水准测量

注:L 为长度(m);B 为宽度(m)。

5.4 筏形与箱形基础

5.4.1 施工前应对放线尺寸进行检验。

5.4.2 施工中应对轴线、预埋件、预留洞中心线位置、钢筋位置及钢筋保护层厚度进行检验。

5.4.3 施工结束后,应对筏形和箱形基础的混凝土强度、轴线位置、基础顶面标高及平整度进行验收。

5.4.4 筏形和箱形基础质量检验标准应符合表5.4.4(表7-12)的规定。

筏形和箱形基础质量检验标准　　　　　　　　　　表 7-12

项	序	检查项目	允许偏差		检查方法
			单位	数值	
主控项目	1	混凝土强度	不小于设计值		28d 试块强度
	2	轴线位置	mm	≤15	经纬仪或用钢尺量
一般项目	1	基础顶面标高	mm	±15	水准测量
	2	平整度	mm	±10	用2m靠尺
	3	尺寸	mm	+15 −10	用钢尺量
	4	预埋件中心位置	mm	≤10	用钢尺量
	5	预留洞中心线位置	mm	≤15	用钢尺量

5.4.5 大体积混凝土施工过程中应检查混凝土的坍落度、配合比、浇筑的分层厚度、坡度以及测温点的设置,上下两层的浇筑搭接时间不应超过混凝土的初凝时间。养护时混凝土结构构件表面以内 50~100mm 位置处的温度与混凝土结构构件内部的温度差值不宜大于25℃,且与混凝土结构构件表面温度的差值不宜大于25℃。

5.5 钢筋混凝土预制桩

5.5.1 施工前应检验成品桩构造尺寸及外观质量。

5.5.2 施工中应检验接桩质量、锤击及静压的技术指标、垂直度以及桩顶标高等。

5.5.3 施工结束后应对承载力及桩身完整性等进行检验。

5.5.4 钢筋混凝土预制桩质量检验标准应符合表5.5.4-1(表7-13)、表5.5.4-2(表7-14)的规定。

锤击预制桩质量检验标准 表 7-13

项	序	检查项目	允许值或允许偏差		检查方法
			单位	数值	
主控项目	1	承载力	不小于设计值		静载试验、高应变法等
	2	桩身完整性	—		低应变法
一般项目	1	成品桩质量	表面平整,颜色均匀,掉角深度小于10mm,蜂窝面积小于总面积的0.5%		查产品合格证
	2	桩位	本标准表5.1.2		全站仪或用钢尺量
	3	电焊条质量	设计要求		查产品合格证
	4	接桩:焊缝质量	本标准表5.10.4		本标准表5.10.4
		电焊结束后停歇时间	min	≥8(3)	用表计时
		上下节平面偏差	mm	≤10	用钢尺量
		节点弯曲矢高	同桩体弯曲要求		用钢尺量
	5	收锤标准	设计要求		用钢尺量或查沉桩记录
	6	桩顶标高	mm	±50	水准测量
	7	垂直度	≤1/100		经纬仪测量

注:括号中为采用二氧化碳气体保护焊时的数值。

静压预制桩质量检验标准 表 7-14

项	序	检查项目	允许值或允许偏差		检查方法
			单位	数值	
主控项目	1	承载力	不小于设计值		静载试验、高应变法等
	2	桩身完整性	—		低应变法
一般项目	1	成品桩质量	本标准表5.5.4-1		查产品合格证
	2	桩位	本标准表5.1.2		全站仪或用钢尺量
	3	电焊条质量	设计要求		查产品合格证
	4	接桩:焊缝质量	本标准表5.10.4		本标准表5.10.4
		电焊结束后停歇时间	min	≥6(3)	用表计时
		上下节平面偏差	mm	≤10	用钢尺量
		节点弯曲矢高	同桩体弯曲要求		用钢尺量
	5	终压标准	设计要求		现场实测或查沉桩记录
	6	桩顶标高	mm	+50	水准测量
	7	垂直度	≤1/100		经纬仪测量
	8	混凝土灌芯	设计要求		查灌注量

注:电焊结束后停歇时间项括号中为采用二氧化碳气体保护焊时的数值。

5.6 泥浆护壁成孔灌注桩

5.6.1 施工前应检验灌注桩的原材料及桩位处的地下障碍物处理资料。

5.6.2 施工中应对成孔、钢筋笼制作与安装、水下混凝土灌注等各项质量指标进行检查验收；嵌岩桩应对桩端的岩性和入岩深度进行检验。

5.6.3 施工后应对桩身完整性、混凝土强度及承载力进行检验。

5.6.4 泥浆护壁成孔灌注桩质量检验标准应符合表 5.6.4（表 7-15）的规定。

泥浆护壁成孔灌注桩质量检验标准

表 7-15

项目	序	检查项目		允许值或允许偏差		检查方法
				单位	数值	
主控项目	1	承载力		不小于设计值		静载试验
	2	孔深		不小于设计值		用测绳或井径仪测量
	3	桩身完整性		—		钻芯法，低应变法，声波透射法
	4	混凝土强度		不小于设计值		28d试块强度或钻芯法
	5	嵌岩深度		不小于设计值		取岩样或超前钻孔取样
一般项目	1	垂直度		本标准表5.1.4		用超声波或井径仪测量
	2	孔径		本标准表5.1.4		用超声波或井径仪测量
	3	桩位		本标准表5.1.4		全站仪或用钢尺开挖前量护筒，开挖后量桩中心
	4	泥浆指标	比重（黏土或砂性土中）		1.10～1.25	用比重计测，清孔后在距孔底500mm处取样
			含砂率	%	≤8	洗砂瓶
			黏度	S	18～28	黏度计
	5	泥浆面标高（高于地下水位）		m	0.5～1.0	目测法
	6	钢筋笼质量	主筋间距	mm	±10	用钢尺量
			长度	mm	±100	用钢尺量
			钢筋材质检验		设计要求	抽样送检
			箍筋间距	mm	±20	用钢尺量
			笼直径	mm	±10	用钢尺量
	7	沉渣厚度	端承桩	mm	≤50	用沉渣仪或重锤测
			摩擦桩	mm	≤150	
	8	混凝土坍落度		mm	180～220	坍落度仪
	9	钢筋笼安装深度		mm	+100 / 0	用钢尺量
	10	混凝土充盈系数		≥1.0		实际灌注量与计算灌注量的比
	11	桩顶标高		mm	+30 / −50	水准测量，需扣除桩顶浮浆层及劣质桩体
	12	后注浆	注浆终止条件		注浆量不小于设计要求	查看流量表
					注浆量不小于设计要求80%，且注浆压力达到设计值	查看流量表，检查压力表读数
			水胶比		设计值	实际用水量与水泥等胶凝材料的重量比
	13	扩底桩	扩底直径		不小于设计值	井径仪测量
			扩底高度		不小于设计值	

6 特殊土地基基础工程

6.1 一般规定

6.1.1 特殊土地区的建筑施工，应根据设计要求、场地条件和施工季节，针对特殊土的特性编制施工组织设计。

6.1.2 地基基础施工前应完成场地平整、挡土墙、护坡、截洪沟、排水沟、管沟等工程，保持场地排水通畅、边坡稳定。

6.1.3 地基基础施工应合理安排施工程序，防止施工用水和场地雨水流入建（构）筑物地基、基坑或基础周围。

6.1.4 地基基础施工宜采取分段作业，施工过程中基坑（槽）不得暴晒或泡水。地基基础工程宜避开雨天施工，雨季施工时应采取防水措施。

7 基坑支护工程

7.1 一般规定

7.1.1 基坑支护结构施工前应对放线尺寸进行校核，施工过程中应根据施工组织设计复核各项施工参数，施工完成后宜在一定养护期后进行质量验收。

7.1.2 围护结构施工完成后的质量验收应在基坑开挖前进行，支锚结构的质量验收应在对应的分层土方开挖前进行，验收内容应包括质量和强度检验、构件的几何尺寸、位置偏差及平整度等。

7.1.3 基坑开挖过程中，应根据分区分层开挖情况及时对基坑开挖面的围护墙表观质量，支护结构的变形、渗漏水情况以及支撑竖向支承构件的垂直度偏差等项目进行检查。

7.1.4 除强度或承载力等主控项目外，其他项目应按检验批抽取。

7.1.5 基坑支护工程验收应以保证支护结构安全和周围环境安全为前提。

7.2 排桩

7.2.1 灌注桩排桩和截水帷幕施工前，应对原材料进行检验。

7.2.2 灌注桩施工前应进行试成孔，试成孔数量应根据工程规模和场地地层特点确定，且不宜少于2个。

7.2.3 灌注桩排桩施工中应加强过程控制，对成孔、钢筋笼制作与安装、混凝土灌注等各项技术指标进行检查验收。

7.2.4 灌注桩排桩应采用低应变法检测桩身完整性，检测桩数不宜少于总桩数的20%，且不得少于5根。采用桩墙合一时，低应变法检测桩身完整性的检测数量应为总桩数的100%；采用声波透射法检测的灌注桩排桩数量不应低于总桩数的10%，且不应少于3根。当根据低应变法或声波透射法判定的桩身完整性为Ⅲ类、Ⅳ类时，应采用钻芯法进行验证。

7.2.5 灌注桩混凝土强度检验的试件应在施工现场随机抽取。灌注桩每浇筑50m，必须至少留置1组混凝土强度试件，单桩不足50m³的桩，每连续浇筑12h必须至少留置1组混凝土强度试件。有抗渗等级要求的灌注桩尚应留置抗渗等级检测试件，一个级配不宜少于3组。

7.2.6 灌注桩排桩的质量检验应符合表7.2.6（表7-16）的规定。

灌注桩排桩质量检验标准 表7-16

项目	序	检查项目		允许值或允许偏差		检查方法
				单位	数值	
主控项目	1	孔深		不小于设计值		测钻杆长度或用测绳
	2	桩身完整性		设计要求		本标准第7.2.4条
	3	混凝土强度		不小于设计值		28d试块强度或钻芯法
	4	嵌岩深度		不小于设计值		取岩样或超前钻孔取样
	5	钢筋笼主筋间距		mm	±10	用钢尺量
一般项目	1	垂直度		≤1/100(≤1/200)		测钻杆、用超声波或井径仪测量
	2	孔径		不小于设计值		测钻头直径
	3	桩位		mm	≤50	开挖前量护筒,开挖后量桩中心
	4	泥浆指标		本标准第5.6节		泥浆试验
	5	钢筋笼质量	长度	mm	±100	用钢尺量
			钢筋连接质量	设计要求		实验室试验
			箍筋间距	mm	±20	用钢尺量
			笼直径	mm	±10	用钢尺量
	6	沉渣厚度		mm	≤200	用沉渣仪或重锤测
	7	混凝土坍落度		mm	180~220	坍落度仪
	8	钢筋笼安装深度		mm	±100	用钢尺量
	9	混凝土充盈系数		≥1.0		实际灌注量与理论灌注量的比
	10	桩顶标高		mm	±50	水准测量,需扣除桩顶浮浆层及劣质桩体

注:垂直度项括号中数值适用于灌注桩排桩采用桩墙合一设计的情况。

7.2.7 基坑开挖前截水帷幕的强度指标应满足设计要求,强度检测宜采用钻芯法。截水帷幕采用单轴水泥土搅拌桩、双轴水泥土 搅拌桩、三轴水泥土搅拌桩、高压喷射注浆时,取芯数量不宜少于总桩数的1%,且不应少于3根。截水帷幕采用渠式切割水泥土连续墙时,取芯数量宜沿基坑周边每50延米取1个点,且不应少于3个。

7.2.8 截水帷幕采用单轴水泥土搅拌桩或双轴水泥土搅拌桩时,质量检验应符合表7.2.8(表7-17)的规定。

单轴与双轴水泥土搅拌桩截水帷幕质量检验标准 表7-17

项目	序	检查项目	允许值或允许偏差		检查方法
			单位	数值	
主控项目	1	水泥用量	不小于设计值		查看流量表
	2	桩长	不小于设计值		测钻杆长度
	3	导向架垂直度	≤1/150		经纬仪测量
	4	桩径	mm	±20	量搅拌叶回转直径

209

续表

项	序	检查项目	允许值或允许偏差		检查方法
			单位	数值	
一般项目	1	桩身强度	不小于设计值		28d试块强度或钻芯法
	2	水胶比	设计值		实际用水量与水泥等胶凝材料的重量比
	3	提升速度	设计值		测机头上升距离和时间
	4	下沉速度	设计值		测机头下沉距离和时间
	5	桩位	mm	≤20	全站仪或用钢尺量
	6	桩顶标高	mm	±200	水准测量，最上部500mm浮浆层及劣质桩体不计入
	7	施工间歇	h	≤24	检查施工记录

7.2.9 截水帷幕采用三轴水泥土搅拌桩时，质量检验应符合表7.2.9（表7-18）的规定。

三轴水泥土搅拌桩截水帷幕质量检验标准　　　　表7-18

项	序	检查项目	允许值或允许偏差		检查方法
			单位	数值	
主控项目	1	桩身强度	不小于设计值		28d试块强度或钻芯法
	2	水泥用量	不小于设计值		查看流量表
	3	桩长	不小于设计值		测钻杆长度
	4	导向架垂直度	≤1/250		经纬仪测量
	5	桩径	mm	±20	量搅拌叶回转直径
一般项目	1	水胶比	设计值		实际用水量与水泥等胶凝材料的重量比
	2	提升速度	设计值		测机头上升距离和时间
	3	下沉速度	设计值		测机头下沉距离和时间
	4	桩位	mm	≤50	全站仪或用钢尺量
	5	桩顶标高	mm	±200	水准测量
	6	施工间歇	h	≤24	检查施工记录

7.2.10 截水帷幕采用渠式切割水泥土连续墙时，质量检验应符合表7.2.10（表7-19）的规定。

渠式切割水泥土连续墙截水帷幕质量检验标准　　　　表7-19

项	序	检查项目	允许值或允许偏差		检查方法
			单位	数值	
主控项目	1	墙体强度	不小于设计值		28d试块强度或钻芯法
	2	水泥用量	不小于设计值		查看流量表
	3	墙体长度	不小于设计值		测切割链长度
	4	垂直度	≤1/250		用测斜仪量
	5	墙厚	mm	±30	用钢尺量

续表

项	序	检查项目	允许值或允许偏差		检查方法
			单位	数值	
一般项目	1	水胶比	设计值		实际用水量与水泥等胶凝材料的重量比
	2	中心线定位	mm	±25	用钢尺量
	3	墙顶标高	mm	≥-10	水准测量

7.2.11 截水帷幕采用高压喷射注浆时，质量检验应符合表7.2.11（表7-20）的规定。

高压喷射注浆截水帷幕质量检验标准 表7-20

项	序	检查项目	允许值或允许偏差		检查方法
			单位	数值	
主控项目	1	水泥用量	不小于设计值		查看流量表
	2	桩长	不小于设计值		测钻杆长度
	3	钻孔垂直度	≤1/100		经纬仪测量
	4	桩身强度	不小于设计值		钻芯法
一般项目	1	水胶比	设计值		实际用水量与水泥等胶凝材料的重量比
	2	提升速度	设计值		测机头上升距离及时间
	3	旋转速度	设计值		现场实测
	4	桩位	mm	±20	全站仪或用钢尺量
	5	桩顶标高	mm	±200	水准测量，最上部500mm浮浆层及劣质桩体不计入
	6	注浆压力	设计值		检查压力表读数
	7	施工间歇	h	≤24	检查施工记录

7.3 板桩围护墙

7.3.1 板桩围护墙施工前，应对钢板桩或预制钢筋混凝土板桩的成品进行外观检查。

7.3.2 钢板桩围护墙的质量检验应符合表7.3.2（表7-21）的规定。

钢板桩围护墙质量检验标准 表7-21

项	序	检查项目	允许值或允许偏差		检查方法
			单位	数值	
主控项目	1	桩长	不小于设计值		用钢尺量
	2	桩身弯曲度	mm	≤2%l	用钢尺量
	3	桩顶标高	mm	±100	水准测量
一般项目	1	齿槽平直度及光滑度	无电焊渣或毛刺		用1m长的桩段做通过试验
	2	沉桩垂直度	≤1/100		经纬仪测量
	3	轴线位置	mm	±100	经纬仪或用钢尺量
	4	齿槽咬合程度	紧密		目测法

注：l为钢板桩设计桩长（mm）。

7.3.3 预制混凝土板桩围护墙的质量检验标准应符合表 7.3.3（表 7-22）的规定。

预制混凝土板桩围护墙质量检验标准 **表 7-22**

项	序	检查项目	允许值或允许偏差		检查方法
			单位	数值	
主控项目	1	桩长	不小于设计值		用钢尺量
	2	桩身弯曲度	mm	≤0.1%l	用钢尺量
	3	桩身厚度	mm	+10 0	用钢尺量
	4	凹凸槽尺寸	mm	±3	用钢尺量
	5	桩顶标高	mm	±100	水准测量
一般项目	1	保护层厚度	mm	±5	用钢尺量
	2	模截面相对两面之差	mm	≤5	用钢尺量
	3	桩尖对桩轴线的位移	mm	≤10	用钢尺量
	4	沉桩垂直度	≤1/100		经纬仪测量
	5	轴线位置	mm	≤100	用钢尺量
	6	板缝间隙	mm	≤20	用钢尺量

注：l 为预制混凝土板桩设计桩长（mm）。

7.4 咬合桩围护墙

7.4.1 施工前，应对导墙的质量和钢套管顺直度进行检查。

7.4.2 施工过程中应对桩成孔质量、钢筋笼的制作、混凝土的坍落度进行检查。咬合桩围护墙施工中的质量检测要求尚应符合本标准第 7.2 节的规定。

7.5 型钢水泥土搅拌墙

7.5.1 型钢水泥土搅拌墙施工前，应对进场的 H 型钢进行检验。

7.5.2 焊接 H 型钢焊缝质量应符合设计要求和国家现行标准《钢结构焊接规范》GB 50661 和《焊接 H 型钢》YB 3301 的规定。

7.5.3 基坑开挖前应检验水泥土桩（墙）体强度，强度指标应符合设计要求。墙体强度宜采用钻芯法确定，三轴水泥土搅拌桩抽检数量不应少于总桩数的 2% ，且不得少于 3 根；渠式切割水泥土连续墙抽检数量每 50 延米不应少于 1 个取芯点，且不得少于 3 个。

7.6 土钉墙

7.6.1 土钉墙支护工程施工前应对钢筋、水泥、砂石、机械设备性能等进行检验。

7.6.2 土钉墙支护工程施工过程中应对放坡系数，土钉位置，土钉孔直径、深度及角度，土钉杆体长度，注浆配比、注浆压力及注浆量，喷射混凝土面层厚度、强度等进行检验。

7.6.3 土钉应进行抗拔承载力检验，检验数量不宜少于土钉总数的 1%，且同一土层中的土钉检验数量不应小于 3 根。

7.6.4 复合土钉墙的质量检验应符合下列规定：

1 复合土钉墙中的预应力锚杆，应按本标准第 7.11 节的相关规定进行抗拔承载力检验；

 2 复合土钉墙中的水泥土搅拌桩或旋喷桩用作截水帷幕时，应按本标准第7.2节的规定进行质量检验。

7.6.5 土钉墙支护质量检验应符合表7.6.5（表7-23）的规定。

土钉墙支护质量检验标准   表 7-23

项	序	检查项目	允许值或允许偏差		检查方法
			单位	数值	
主控项目	1	抗拔承载力	不小于设计值		土钉抗拔试验
	2	土钉长度	不小于设计值		用钢尺量
	3	分层开挖厚度	mm	±200	水准测量或用钢尺量
一般项目	1	土钉位置	mm	±100	用钢尺量
	2	土钉直径	不小于设计值		用钢尺量
	3	土钉孔倾斜度	°	≤3	测倾角
	4	水胶比	设计值		实际用水量与水泥等胶凝材料的重量比
	5	注浆量	不小于设计值		查看流量表
	6	注浆压力	设计值		检查压力表读数
	7	浆体强度	不小于设计值		试块强度
	8	钢筋网间距	mm	±30	用钢尺量

7.7 地下连续墙

7.7.1 施工前应对导墙的质量进行检查。

7.7.2 施工中应定期对泥浆指标、钢筋笼的制作与安装、混凝土的坍落度、预制地下连续墙墙段安放质量、预制接头、墙底注浆、地下连续墙成槽及墙体质量等进行检验。

7.7.3 兼作永久结构的地下连续墙，其与地下结构底板、梁及楼板之间连接的预埋钢筋接驳器应按原材料检验要求进行抽样复验，取每500套为一个检验批，每批应抽查3件，复验内容为外观、尺寸、抗拉强度等。

7.7.4 混凝土抗压强度和抗渗等级应符合设计要求。墙身混凝土抗压强度试块每100m³混凝土不应少于1组，且每幅槽段不应少于1组，每组为3件；墙身混凝土抗渗试块每5幅槽段不应少于1组，每组为6件。作为永久结构的地下连续墙，其抗渗质量标准可按现行国家标准《地下防水工程质量验收规范》GB 50208的规定执行。

7.7.5 作为永久结构的地下连续墙墙体施工结束后，应采用声波透射法对墙体质量进行检验，同类型槽段的检验数量不应少于10%，且不得少于3幅。

7.8 重力式水泥土墙

7.8.1 水泥土搅拌桩施工前应检查水泥及掺合料的质量、搅拌桩机性能及计量设备完好程度。

7.8.2 水泥土搅拌桩的桩身强度应满足设计要求，强度检测宜采用钻芯法。取芯数量不宜少于总桩数的1%，且不得少于6根。

7.8.3 基坑开挖期间应对开挖面桩身外观质量以及桩身渗漏水等情况进行质量检查。

7.9 土体加固

7.9.1 在基坑工程中设置被动区土体加固、封底加固时，土体加固的施工检验应符合本节规定。

7.9.2 采用水泥土搅拌桩、高压喷射注浆等土体加固的桩身强度应满足设计要求，强度检测宜采用钻芯法。取芯数量不宜少于总桩数的 0.5％，且不得少于 3 根。

7.9.3 注浆法加固结束 28d 后，宜采用静力触探、动力触探、标准贯入等原位测试方法对加固土层进行检验。检验点的位置应根据注浆加固布置和现场条件确定，每 200m² 检测数量不应少于 1 点，且总数量不应少于 5 点。

7.10 内支撑

7.10.1 内支撑施工前，应对放线尺寸、标高进行校核。对混凝土支撑的钢筋和混凝土、钢支撑的产品构件和连接构件以及钢立柱的制作质量等进行检验。

7.10.2 施工中应对混凝土支撑下垫层或模板的平整度和标高进行检验。

7.10.3 施工结束后，对应的下层土方开挖前应对水平支撑的尺寸、位置、标高、支撑与围护结构的连接节点、钢支撑的连接节点和钢立柱的施工质量进行检验。

7.10.4 钢筋混凝土支撑的质量检验应符合表 7.10.4（表 7-24）的规定。

钢筋混凝土支撑质量检验标准 表 7-24

项	序	检查项目	允许值或允许偏差		检查方法
			单位	数值	
主控项目	1	混凝土强度	不小于设计值		28d 试块强度
	2	截面宽度	mm	+20 0	用钢尺量
	3	截面高度	mm	+20 0	用钢尺量
一般项目	1	标高	mm	±20	水准测量
	2	轴线平面位置	mm	≤20	用钢尺量
	3	支撑与垫层或模板的隔离措施	设计要求		目测法

7.10.5 钢支撑的质量检验应符合表 7.10.5（表 7-25）的规定。

钢支撑质量检验标准 表 7-25

项	序	检查项目	允许值或允许偏差		检查方法
			单位	数值	
主控项目	1	外轮廓尺寸	mm	±5	用钢尺量
	2	预加顶力	kN	±10%	应力监测
一般项目	1	轴线平面位置	mm	≤30	用钢尺量
	2	连接质量	设计要求		超声波或射线探伤

7.10.6 立柱桩的质量检验应符合本标准第 5 章的有关规定。钢立柱的质量检验应符合表 7.10.6（表 7-26）的规定。

钢立柱的质量检验标准 表 7-26

项	序	检查项目	允许偏差		检查方法
			单位	数值	
主控项目	1	截面尺寸（立柱）	mm	≤5	用钢尺量
	2	立柱长度	mm	±50	用钢尺量
	3	垂直度	≤1/200		经纬仪测量
一般项目	1	立柱挠度	mm	≤L/500	用钢尺量
	2	截面尺寸（缀板或缀条）	mm	≥−1	用钢尺量
	3	缀板间距	mm	±20	用钢尺量
	4	钢板厚度	mm	≥−1	用钢尺量
	5	立柱顶标高	mm	±20	水准测量
	6	平面位置	mm	≤20	用钢尺量
	7	平面转角	°	≤5	用量角器量

注：L 为型钢长度（mm）。

7.11 锚杆

7.11.1 锚杆施工前应对钢绞线、锚具、水泥、机械设备等进行检验。

7.11.2 锚杆施工中应对锚杆位置，钻孔直径、长度及角度，锚杆杆体长度，注浆配比、注浆压力及注浆量等进行检验。

7.11.3 锚杆应进行抗拔承载力检验，检验数量不宜少于锚杆总数的 5%，且同一土层中的锚杆检验数量不应少于 3 根。

7.11.4 锚杆质量检验应符合表 7.11.4（表 7-27）的规定。

锚杆质量检验标准 表 7-27

项	序	检查项目	允许值或允许偏差		检查方法
			单位	数值	
主控项目	1	抗拔承载力	不小于设计值		锚杆抗拔试验
	2	锚固体强度	不小于设计值		试块强度
	3	预加力	不小于设计值		检查压力表读数
	4	锚杆长度	不小于设计值		用钢尺量
一般项目	1	钻孔孔位	mm	≤100	用钢尺量
	2	锚杆直径	不小于设计值		用钢尺量
	3	钻孔倾斜度	≤3°		测倾角
	4	水胶比（或水泥砂浆配比）	设计值		实际用水量与水泥等胶凝材料的重量比（实际用水、水泥、砂的重量比）
	5	注浆量	不小于设计值		查看流量表
	6	注浆压力	设计值		检查压力表读数
	7	自由段套管长度	mm	±50	用钢尺量

8 地下水控制

8.1 一般规定

8.1.1 降排水运行前，应检验工程场区的排水系统。排水系统最大排水能力不应小于工程所需最大排量的 1.2 倍。

8.1.2 基坑工程开挖前应验收预降排水时间。预降排水时间应根据基坑面积、开挖深度、工程地质与水文地质条件以及降排水工艺综合确定。减压预降水时间应根据设计要求或减压降水验证试验结果确定。

8.1.3 降排水运行中，应检验基坑降排水效果是否满足设计要求。分层、分块开挖的土质基坑，开挖前潜水水位应控制在土层开挖面以下 0.5～1.0m；承压含水层水位控制在安全水位埋深以下。岩质基坑开挖施工前，地下水位应控制在边坡坡脚或坑中的软弱结构面以下。

8.1.4 设有截水帷幕的基坑工程，宜通过预降水过程中的坑内外水位变化情况检验帷幕止水效果。

8.1.5 截水帷幕的施工质量验收应根据选用的帷幕类型，按本标准第 7 章的规定执行。

8.2 降排水

8.2.1 采用集水明排的基坑，应检验排水沟、集水井的尺寸。排水时集水井内水位应低于设计要求水位不小于 0.5m。

8.2.2 降水井施工前，应检验进场材料质量。降水施工材料质量检验标准应符合表 8.2.2（表 7-28）的规定。

降水施工材料质量检验标准　　　　　　　　　　表 7-28

项	序	检查项目	允许值或允许偏差		检查方法
			单位	数值	
主控项目	1	井、滤管材质	设计要求		查产品合格证书或按设计要求参数现场检测
	2	滤管孔隙率	设计值		测算单位长度滤管孔隙面积或与等长标准滤管渗透对比法
	3	滤料粒径	$(6\sim12)d_{50}$		筛析法
	4	滤料不均匀系数	≤3		筛析法
一般项目	1	沉淀管长度	mm	+50 0	用钢尺量
	2	封孔回填土质量	设计要求		现场搓条法检验土性
	3	挡砂网	设计要求		查产品合格证书或现场量测目数

注：d_{50} 为土颗粒的平均粒径。

8.2.3 降水井正式施工时应进行试成井。试成井数量不应少于 2 口（组），并应根据试成井检验成孔工艺、泥浆配比，复核地层情况等。

8.2.4 降水井施工中应检验成孔垂直度。降水井的成孔垂直度偏差为 1/100，井管应居中竖直沉设。

8.2.5 降水井施工完成后应进行试抽水，检验成井质量和降水效果。

8.2.6 降水运行应独立配电。降水运行前，应检验现场用电系统。连续降水的工程项目，尚应检验双路以上独立供电电源或备用发电机的配置情况。

8.2.7 降水运行过程中，应监测和记录降水场区内和周边的地下水位。采用悬挂式帷幕基坑降水的，尚应计量和记录降水井抽水量。

8.2.8 降水运行结束后，应检验降水井封闭的有效性。

8.2.9 轻型井点施工质量验收应符合表8.2.9（表7-29）的规定。

轻型井点施工质量检验标准 表 7-29

项	序	检查项目	允许值或允许偏差		检查方法
			单位	数值	
主控项目	1	出水量	不小于设计值		查看流量表
一般项目	1	成孔孔径	mm	±20	用钢尺量
	2	成孔深度	mm	+1000 −200	测绳测量
	3	滤料回填量	不小于设计计算体积的95%		测算滤料用量且测绳测量回填高度
	4	黏土封孔高度	mm	≥1000	用钢尺量
	5	井点管间距	m	0.8～1.6	用钢尺量

8.2.10 喷射井点施工质量验收应符合表8.2.10（表7-30）的规定。

喷射井点施工质量检验标准 表 7-30

项	序	检查项目	允许值或允许偏差		检查方法
			单位	数值	
主控项目	1	出水量	不小于设计值		查看流量表
一般项目	1	成孔孔径	mm	+50 0	用钢尺量
	2	成孔深度	mm	+1000 −200	测绳测量
	3	滤料回填量	不小于设计计算体积的95%		测算滤料用量且测绳测量回填高度
	4	井点管间距	m	2～3	用钢尺量

8.2.11 管井施工质量检验标准应符合表 8.2.11（表 7-31）的规定。

管井施工质量检验标准 表 7-31

项	序	检查项目		允许值或允许偏差		检查方法
				单位	数值	
主控项目	1	泥浆比重		1.05～1.10		比重计
	2	滤料回填高度		+10% 0		现场搓条法检验土性、测算封填黏土体积、孔口浸水检验密封性
	3	封孔		设计要求		现场检验
	4	出水量		不小于设计值		查看流量表
一般项目	1	成孔孔径		mm	±50	用钢尺量
	2	成孔深度		mm	±20	测绳测量
	3	扶中器		设计要求		测量扶中器高度或厚度、间距，检查数量
	4	活塞洗井	次数	次	≥20	检查施工记录
			时间	h	≥2	检查施工记录
	5	沉淀物高度		≤5‰井深		测锤测量
	6	含砂量（体积比）		≤1/20000		现场目测或用含砂量计测量

8.2.12 轻型井点、喷射井点、真空管井降水运行质量检验标准应符合表 8.2.12（表 7-32）的规定。

轻型井点、喷射井点、真空管井降水运行质量检验标准 表 7-32

项	序	检查项目	允许值或允许偏差		检查方法
			单位	数值	
主控项目	1	降水效果	设计要求		量测水位、观测土体固结或沉降情况
一般项目	1	真空负压	MPa	≥0.065	查看真空表
	2	有效井点数	≥90%		现场目测出水情况

8.2.13 减压降水管井运行质量检验标准应符合表 8.2.13（表 7-33）的规定。

减压降水管井运行质量检验标准 表 7-33

项	序	检查项目	允许值或允许偏差		检查方法
			单位	数值	
主控项目	1	观测井水位	+10% 0		量测水位
一般项目	1	安全操作平台	设计及安全要求		现场检查平台连接稳定性，牢固性、安全防护措施到位率

8.2.14 钢管井封井质量检验标准应符合表 8.2.14（表 7-34）的规定。

管井封井质量检验标准 表 7-34

项	序	检查项目	允许值或允许偏差		检查方法
			单位	数值	
主控项目	1	注浆量	+10% 0		测算注浆量
	2	混凝土强度	不小于设计值		28d 试块强度
	3	内止水钢板焊接质量	满焊，无缝隙		焊缝外观检测、掺水检验
一般项目	1	外止水钢板宽度、厚度、位置	设计要求		现场量测
	2	细石子粒径	mm	5~10	筛析法或目测
	3	细石子回填量	+10% 0		测算滤料用量且测绳测量回填高度
	4	混凝土灌注量	+10% 0		测算混凝土用量
	5	24h 残存水高度	mm	≤500	量测水位
	6	砂浆封孔	设计要求		外观检验

8.2.15 塑料管井、混凝土管井、钢筋笼滤网井封井时，应检验管内止水材料回填的密实度和止水效果。穿越基坑底板时，尚应按设计要求检验其穿越基坑底板构造的防水效果。

9 土石方工程

9.1 一般规定

9.1.1 在土石方工程开挖施工前，应完成支护结构、地面排水、地下水控制、基坑及周边环境监测、施工条件验收和应急预案准备等工作的验收，合格后方可进行土石方开挖。

9.1.2 在土石方工程开挖施工中，应定期测量和校核设计平面位置、边坡坡率和水平标高。平面控制桩和水准控制点应采取可靠措施加以保护，并应定期检查和复测。土石方不应堆在基坑影响范围内。

9.1.3 土石方开挖的顺序、方法必须与设计工况和施工方案相一致，并应遵循"开槽支撑，先撑后挖，分层开挖，严禁超挖"的原则。

9.1.4 平整后的场地表面坡率应符合设计要求，设计无要求时，沿排水沟方向的坡率不应小于 2‰，平整后的场地表面应逐点检查。土石方工程的标高检查点为每 100m² 取 1 点，且不应少于 10 点；土石方工程的平面几何尺寸（长度、宽度等）应全数检查；土石方工程的边坡为每 20m 取 1 点，且每边不应少于 1 点。土石方工程的表面平整度检查点为每 100m² 取 1 点，且不应少于 10 点。

9.2 土方开挖

9.2.1 施工前应检查支护结构质量、定位放线、排水和地下水控制系统，以及对周边影响范围内地下管线和建（构）筑物保护措施的落实，并应合理安排土方运输车辆的行走路线及弃土场。附近有重要保护设施的基坑，应在土方开挖前对围护体的止水性能通过预降水进行检验。

9.2.2 施工中应检查平面位置、水平标高、边坡坡率、压实度、排水系统、地下水控制系统、预留土墩、分层开挖厚度、支护结构的变形，并随时观测周围环境变化。

9.2.3 施工结束后应检查平面几何尺寸、水平标高、边坡坡率、表面平整度和基底土性等。

9.2.4 临时性挖方工程的边坡坡率允许值应符合表 9.2.4（表 7-35）的规定或经设计计算确定。

临时性挖方工程的边坡坡率允许值　　　表 7-35

序	土的类别		边坡坡率（高：宽）
1	砂土	不包括细砂、粉砂	1：1.25～1：1.50
2	黏性土	坚硬	1：0.75～1：1.00
		硬塑、可塑	1：1.00～1：1.25
		软塑	1：1.50 或更缓
3	碎石土	充填坚硬黏土、硬塑黏土	1：0.50～1：1.00
		充填砂土	1：1.00～1：1.50

注：1 本表适用于无支护措施的临时性挖方工程的边坡坡率。
2 设计有要求时，应符合设计标准。
3 本表适用于地下水位以上的土层。采用降水或其他加固措施时，可不受本表限制，但应计算复核。
4 一次开挖深度，软土不应超过 4m，硬土不应超过 8m。

9.2.5 土方开挖工程的质量检验标准应符合表 9.2.5-1（表 7-36）～表 9.2.5-4（表 7-39）的规定。

柱基、基坑、基槽土方开挖工程的质量检验标准　　　表 7-36

项	序	项目	允许值或允许偏差		检查方法
			单位	数值	
主控项目	1	标高	mm	0 −50	水准测量
	2	长度、宽度（由设计中心线向两边量）	mm	+200 −50	全站仪或用钢尺量
	3	坡率	设计值		目测法或用坡度尺检查
一般项目	1	表面平整度	mm	±20	用 2m 靠尺
	2	基底土性	设计要求		目测法或土样分析

挖方场地平整土方开挖工程的质量检验标准　　　表 7-37

项	序	项目	允许值或允许偏差			检查方法
			单位	数值		
主控项目	1	标高	mm	人工	±30	水准测量
				机械	±50	
	2	长度、宽度（由设计中心线向两边量）	mm	人工	+300 −100	全站仪或用钢尺量
				机械	+500 −150	
	3	坡率	设计值			目测法或用坡度尺检查

项	序	项目	允许值或允许偏差		检查方法
			单位	数值	
一般项目	1	表面平整度	mm	人工 ±20	用2m靠尺
				机械 ±50	
	2	基底土性	设计要求		目测法或土样分析

管沟土方开挖工程的质量检验标准 表7-38

项	序	项目	允许值或允许偏差		检查方法
			单位	数值	
主控项目	1	标高	mm	0 −50	水准测量
	2	长度、宽度（由设计中心线向两边量）	mm	+100 0	全站仪或用钢尺量
	3	坡率	设计值		目测法或用坡度尺检查
一般项目	1	表面平整度	mm	±20	用2m靠尺
	2	基底土性	设计要求		目测法或土样分析

地（路）面基层土方开挖工程的质量检验标准 表7-39

项	序	项目	允许值或允许偏差		检查方法
			单位	数值	
主控项目	1	标高	mm	0 −50	水准测量
	2	长度、宽度（由设计中心线向两边量）	设计值		全站仪或用钢尺量
	3	坡率	设计值		目测法或用坡度尺检查
一般项目	1	表面平整度	mm	±20	用2m靠尺
	2	基底土性	设计要求		目测法或土样分析

注：地（路）面基层的偏差只适用于直接在挖、填方上做地（路）面的基层。

9.3 岩质基坑开挖

9.3.1 施工前应检查支护结构质量、定位放线、爆破器材（购置、运输、储存和使用）、排水和地下水控制系统、起爆设备和检测仪表，以及对周边影响范围内地下管线和建（构）筑物保护措施的落实情况，并应合理安排土石方运输车辆的行走路线及弃土场。

9.3.2 施工中应检查平面位置、平面尺寸、水平标高、边坡坡率、分层开挖厚度、排水系统、地下水控制系统、支护结构的变形等，并应随时对周围环境观测和监测。采用爆破施工时，爆前应检查爆破装药和爆破网路等，并应加强环境监测。

9.3.3 施工结束后应检查平面几何尺寸、水平标高、边坡坡率、表面平整度、基底岩

（土）质情况和承载力以及基底处理情况。岩质基坑基底处理无设计规定时，应符合下列规定：

　　1　岩层基底应清除岩面松碎石块、淤泥、苔藓，凿出新鲜岩面，表面应冲洗干净。倾斜岩层应将岩面凿平或凿成台阶，满足施工组织设计要求。

　　易风化的岩层基底，应按基础尺寸凿除已风化的表面岩层。

　　在砌筑基础时应边砌边回填封闭，且应满足施工组织设计要求。

　　2　泉眼可用堵塞或排引的方法处理。

9.3.4　柱基、基坑、基槽、管沟岩质基坑开挖工程的质量检验标准应符合表 9.3.4（表 7-40）的规定。

柱基、基坑、基槽、管沟岩质基坑开挖工程的质量检验标准　　　　　表 7-40

项	序	项目	允许值或允许偏差		检查方法
			单位	数值	
主控项目	1	标高	mm	0 −200	水准测量
	2	长度、宽度（由设计中心线向两边量）	mm	+200 0	全站仪或用钢尺量
	3	坡率	设计值		目测法或用坡度尺检查
一般项目	1	表面平整度	mm	±100	用 2m 靠尺
	2	基底岩（土）质	设计要求		目测法或岩（土）样分析

　　注：柱基、基坑、基槽、管沟应将炸松的石渣清除后检查。

9.3.5　挖方场地平整岩土开挖工程的质量检验标准应符合表 9.3.5（表 7-41）的规定。

挖方场地平整岩土开挖工程的质量检验标准　　　　　表 7-41

项	序	项目	允许值或允许偏差		检查方法
			单位	数值	
主控项目	1	标高	mm	+100 −300	水准测量
	2	长度、宽度（由设计中心线向两边量）	mm	+400 −100	全站仪或用钢尺量
	3	坡率	设计值		目测法或用坡度尺检查
一般项目	1	表面平整度	mm	±100	用 2m 靠尺
	2	基底岩（土）质	设计要求		目测法或岩（土）样分析

　　注：场地平整应在整平完后检查。

9.4　土石方堆放与运输

9.4.1　施工前应对土石方平衡计算进行检查，堆放与运输应满足施工组织设计要求。

9.4.2　施工中应检查安全文明施工、堆放位置、堆放的安全距离、堆土的高度、边坡坡率、排水系统、边坡稳定、防扬尘措施等内容，并应满足设计或施工组织设计要求。

9.4.3　在基坑（槽）、管沟等周边堆土的堆载限值和堆载范围应符合基坑围护设计要求，严禁在基坑（槽）、管沟、地铁及建构（筑）物周边影响范围内堆土。对于临时性堆土，应视挖方边坡处的土质情况、边坡坡率和高度，检查堆放的安全距离，确保边坡稳定。在挖方下侧堆土时应将土堆表面平整，其顶面高程应低于相邻挖方场地设计标高，保持排水畅通，堆土边坡坡率不宜大于 1：1.5。在河岸处堆土时，不得影响河堤的稳定和排水，不得阻塞污染河道。

9.4.4 施工结束后，应检查堆土的平面尺寸、高度、安全距离、边坡坡率、排水、防扬尘措施等内容，并应满足设计或施工组织设计要求。

9.4.5 土石方堆放工程的质量检验标准应符合表 9.4.5（表 7-42）的规定。

土石方堆放工程的质量检验标准　　　　　　　　　　表 7-42

项	序	项目	允许值或允许偏差		检查方法
			单位	数值	
主控项目	1	总高度	不大于设计值		水准测量
	2	长度、宽度	设计值		全站仪或用钢尺量
	3	堆放安全距离	设计值		全站仪或用钢尺量
	4	坡率	设计值		目测法或用坡度尺检查
一般项目	1	防扬尘	满足环境保护要求或施工组织设计要求		目测法

223

9.5　土石方回填

9.5.1 施工前应检查基底的垃圾、树根等杂物清除情况，测量基底标高、边坡坡率，检查验收基础外墙防水层和保护层等。回填料应符合设计要求，并应确定回填料含水量控制范围、铺土厚度、压实遍数等施工参数。

9.5.2 施工中应检查排水系统，每层填筑厚度、辗迹重叠程度、含水量控制、回填土有机质含量、压实系数等。回填施工的压实系数应满足设计要求。当采用分层回填时，应在下层的压实系数经试验合格后进行上层施工。填筑厚度及压实遍数应根据土质、压实系数及压实机具确定。无试验依据时，应符合表 9.5.2（表 7-43）的规定。

填土施工时的分层厚度及压实遍数　　　　　　　　　　表 7-43

压实机具	分层厚度（mm）	每层压实遍数
平辗	250～300	6～8
振动压实机	250～350	3～4
柴油打夯	200～250	3～4
人工打夯	<200	3～4

9.5.3 施工结束后，应进行标高及压实系数检验。

9.5.4 填方工程质量检验标准应符合表 9.5.4-1（表 7-44）、表 9.5.4-2（表 7-45）的规定。

柱基、基坑、基槽、管沟、地（路）面基础层填方工程质量检验标准　　　表 7-44

项	序	项目	允许值或允许偏差		检查方法
			单位	数值	
主控项目	1	标高	mm	0 −50	水准测量
	2	分层压实系数	不小于设计值		环刀法、灌水法、灌砂法
一般项目	1	回填土料	设计要求		取样检查或直接鉴别
	2	分层厚度	设计值		水准测量及抽样检查
	3	含水量	量优含水量±2%		烘干法
	4	表面平整度	mm	±20	用2m靠尺
	5	有机质含量	≤5%		灼烧减量法
	6	辗迹重叠长度	mm	500～1000	用钢尺量

场地平整填方工程质量检验标准　　　表 7-45

项	序	项目	允许值或允许偏差			检查方法
			单位	数值		
主控项目	1	标高	mm	人工	±30	水准测量
				机械	±50	
	2	分层压实系数	不小于设计值			环刀法、灌水法、灌砂法
一般项目	1	回填土料	设计要求			取样检查或直接鉴别
	2	分层厚度	设计值			水准测量及抽样检查
	3	含水量	最优含水量±4%			烘干法
	4	表面平整度	mm	人工	±20	用2m靠尺
				机械	±30	
	5	有机质含量	≤5%			灼烧减量法
	6	辗迹重叠长度	mm	500～1000		用钢尺量

10　边坡工程

10.1　一般规定

10.1.1　锚杆（索）、挡土墙等可根据与施工方式相一致且便于控制施工质量的原则，按支护类型、施工缝或施工段划分若干检验批。

10.1.2　对边坡工程的质量验收，应在钢筋、混凝土、预应力锚杆、挡土墙等验收合格的基础上，进行质量控制资料的检查及感观质量验收，并对涉及结构安全的材料、试件、施工工艺和结构的重要部位进行见证检测或结构实体检验。

10.1.3　边坡工程应进行监控量测。

10.2　喷锚支护

10.2.1　施工前应检验锚杆（索）锚固段注浆（砂浆）所用的水泥、细骨料、矿物、外加剂等主要材料的质量。同时应检验锚杆材质的接头质量，同一截面锚杆的接头面积不应超过锚杆总面积的 25％。

10.2.2 施工中应检验锚杆（索）锚固段注浆（砂浆）配合比、注浆（砂浆）质量、锚杆（索）锚固段长度和强度、喷锚混凝土强度等。

10.2.3 锚杆（索）在下列情况应进行基本试验，试验数量不应少于 3 根，试验方法应按现行国家标准《建筑边坡工程技术规范》GB 50330 的规定执行：

1 当设计有要求时；

2 采用新工艺、新材料或新技术的锚杆（索）；

3 无锚固工程经验的岩土层内的锚杆（索）；

4 一级边坡工程的锚杆（索）。

10.2.4 施工结束后应进行锚杆验收试验，试验的数量应为锚杆总数的 5％，且不应少于 5 根。同时应检验预应力锚杆（索）锚固后的外露长度。预应力锚杆（索）拉张的时间应按照设计要求，当无设计要求时应待注浆固结体强度达到设计强度的 90％后再进行张拉。

10.2.5 边坡喷锚质量检验标准应符合相关的规定。

10.3 挡土墙

10.3.1 施工前，应检验墙背填筑所用填料的重度、强度，同时应检验墙身材料的物理力学指标。

10.3.2 施工中应进行验槽，并检验墙背填筑的分层厚度、压实系数、挡土墙埋置深度、基础宽度、排水系统、泄水孔（沟）、反滤层材料级配及位置。重力式挡土墙的墙身为混凝土时，应检验混凝土的配合比、强度。

10.3.3 施工结束后，应检验重力式挡土墙砌体墙面质量、墙体高度、顶面宽度、砌缝、勾缝质量，结构变形缝的位置、宽度，泄水孔的位置、坡率等。

10.3.4 挡土墙质量检验标准应符合相关的规定。

10.4 边坡开挖

10.4.1 施工前应检查平面位置、标高、边坡坡率、降排水系统。

10.4.2 施工中，应检验开挖的平面尺寸、标高、坡率、水位等。

10.4.3 预裂爆破或光面爆破的岩质边坡的坡面上宜保留炮孔痕迹，残留炮孔痕迹保存率不应小于 50％。

10.4.4 边坡开挖施工应检查监测和监控系统，监测、监控方法应按现行国家标准《建筑边坡工程技术规范》GB 50330 的规定执行。在采用爆破施工时，应加强环境监测。

10.4.5 施工结束后，应检验边坡坡率、坡底标高、坡面平整度等。

10.4.6 边坡开挖质量检验标准应符合相关的规定。

（三）混凝土结构工程施工质量验收

众所周知，混凝土结构在建筑工程中的应用越来越广泛，在所有结构形式中，混凝土结构占有相当的比重，应用较为广泛。

混凝土结构工程的施工质量验收主要依据混凝土结构工程的设计文件和《混凝土结构工程施工质量验收规范》GB 50204—2015 以及相应的技术标准。

本节主要依据《混凝土结构工程施工质量验收规范》GB 50204—2015 编写，条款号按《混凝土结构工程施工质量验收规范》GB 50204—2015 编写。

1 总则

1.0.1 为加强建筑工程质量管理，统一混凝土结构工程施工质量的验收，保证工程施工质量，制定本规范。

1.0.2 本规范适用于建筑工程混凝土结构施工质量的验收。

1.0.3 混凝土结构工程施工质量的验收除应执行本规范外，尚应符合国家现行有关标准的规定。

2 术语

2.0.1 混凝土结构 concrete structure

以混凝土为主制成的结构，包括素混凝土结构、钢筋混凝土结构和预应力混凝土结构，按施工方法可分为现浇混凝土结构和装配式混凝土结构。

2.0.2 现浇混凝土结构 cast-in-situ concrete structure

在现场原位支模并整体浇筑而成的混凝土结构，简称现浇结构。

2.0.3 装配式混凝土结构 Precast concrete structure

由预制混凝土构件或部件装配、连接而成的混凝土结构，简称装配式结构。

2.0.4 缺陷 defect

混凝土结构施工质量中不符合规定要求的检验项或检验点，按其程度可分为严重缺陷和一般缺陷。

2.0.5 严重缺陷 serious defect

对结构构件的受力性能、耐久性能或安装、使用功能有决定性影响的缺陷。

2.0.6 一般缺陷 common defect

对结构构件的受力性能、耐久性能或安装、使用功能无决定性影响的缺陷。

2.0.7 检验 inspection

对被检验项目的特征、性能进行量测、检查、试验等，并将结果与标准规定的要求进行比较，以确定项目每项性能是否合格的活动。

2.0.8 检测批 inspection lot

按相同的生产条件或规定的方式汇总起来供抽样检验用的、由一定数量样本组成的检验体。

2.0.9 进场验收 site acceptance

对进入施工现场的材料、构配件、器具及半成品等，按相关标准的要求进行检验，并对其质量达到合格与否做出确认的过程。主要包括外观检查、质量证明文件抽查、抽样检验等。

2.0.10 结构性能检验 inspection of structural performance

针对结构构件的承载力、挠度、裂缝控制性能等各项指标所进行的检验。

2.0.11 结构实体检验 entitative inspection of structure

在结构实体上抽取试样，在现场进行检验或送至有相应检测资质的检测机构进行的检验。

2.0.12 质量证明文件 quality certificate document

随同进场材料、构配件、器具及半成品等一同提供用于证明其质量状况的有效文件。

3 基本规定

3.0.1 混凝土结构子分部工程可划分为模板、钢筋、预应力、混凝土、现浇结构和装配式结构等分项工程。各分项工程可根据与生产和施工方式相一致且便于控制施工质量的原则，按进场批次、结构缝或施工段划分为若干检验批。

3.0.2 混凝土结构子分部工程的质量验收，应在钢筋、预应力、混凝土、现浇结构和装配式结构等相关分项工程验收合格的基础上，进行质量控制资料检查、观感质量验收及本规范第 10.1 节规定的结构实体检验。

3.0.3 分项工程的质量验收应在所含质量批验收合格的基础上，进行质量验收记录检查。

3.0.4 检验批的质量验收应包括实物检查和资料检查，并应符合下列规定：

1 主控项目的质量经抽样检验应合格；

2 一般项目的质量抽样检验应合格；一般项目当采用计数抽样检验时，除本规范各章有专门规定外，其合格点率应达到 80％及以上，且不得有严重缺陷；

3 应具有完整的质量检验记录，重要工序应具有完整的施工操作记录。

3.0.5 检验批抽样样本应随机抽取，并应满足分布均匀、具有代表性的要求。

3.0.6 不合格检验批的处理应符合下列规定：

1 材料、构配件、器具及半成品检验批不合格时不得使用；

2 混凝土浇筑前施工质量不合格的检验批。应返工、返修，并应重新验收；

3 混凝土浇筑后施工质量不合格的检验批，应按本规范有关规定进行处理。

3.0.7 获得认证的产品或来源稳定且连续三批均一次检验合格的产品，进场验收时检验批的容量可按本规范的有关规定扩大一倍，且检验批容量可扩大一次。扩大检验批后的检验中，出现不合格情况时，应扩大前的检验批容量重新验收，且该产品不得再次扩大检验批容量。

3.0.8 混凝土结构工程采用的材料、构配件、器具及半成品应按进场批次进行检验。属于同一工程项目且同期施工的多个单位工程，对同一厂家生产的同批材料、构配件、器具及半成品，可统一划分检验批进行验收。

3.0.9 检验批、分项工程、混凝土结构子分部工程的质量验收可按本规范附录 A（略）记录。

4 模板分项工程

4.1 一般规定

4.1.1 模板工程应编制施工方案。爬升式模板工程、工具式模板工程及高大模板支架工程的施工方案，应按有关规定进行技术论证。

4.1.2 模板及支架应根据安装、使用和拆除工况进行设计，并应满足承载力、刚度和整体稳固性要求。

4.1.3 模板及支架拆除的顺序及安全措施应符合现行国家标准《混凝土结构工程施工规

227

范》GB 50666 的规定和施工方案的要求。

4.2 模板安装

主控项目

4.2.1 模板及支架用材料的技术指标应符合国家现行有关标准的规定。进场适应抽样检验模板和支架材料的外观、规格和尺寸。

4.2.2 现浇混凝土结构模板及支架的安装质量，应符合国家现行有关标准的规定和施工方案的要求。

4.2.3 后浇带处的模板及支架应独立设置。

4.2.4 支架竖杆和竖向模板安装在土层上时，应符合下列规定：

1 土层应坚实、平整，其承载力或密实度应符合施工方案的要求。

2 应有防水、排水措施；对冻胀性土，应有预防冻融措施。

3 支架竖杆下应有底座或垫板。

一般项目

4.2.5 模板安装质量应符合下列规定：

1 模板的接缝应密实。

2 模板内不应有杂物、积水或冰雪等。

3 模板与混凝土的接触面应平整、清洁。

4 用作模板的地坪、胎膜等应平整、清洁，不应有影响构件质量的下沉、裂缝、起砂或起鼓。

5 对清水混凝土及装饰混凝土构件，应使用能达到设计效果的模板。

4.2.6 隔离剂的品种和涂刷方法应符合施工方案的要求。隔离剂不得影响结构性能及装饰施工；不得沾污钢筋、预应力筋、预埋件和混凝土接槎处；不得对环境造成污染。

4.2.7 模板的起拱应符合现行国家标准《混凝土结构工程施工规范》GB 50666 的规定，并应符合设计及施工方案的要求。

4.2.8 现浇混凝土结构多层连续支模应符合施工方案的规定。上下层木板支架的竖杆应对准。竖杆下垫板的设置应符合施工方案的要求。

4.2.9 固定在模板上的预埋件和预留孔洞不得遗漏，且应安装牢固。有抗渗要求的混凝土结构中的预埋件，应按设计及施工方案的要求采取防渗措施。

预埋件和预留孔洞的位置应满足设计和施工方案的要求。当设计无具体要求时，其位置偏差应符合表 4.2.9（表 7-46）的规定。

预埋件和预留孔洞的安装允许偏差　　　　　　表 7-46

项目		允许偏差（mm）
预埋板中心线位置		3
预埋管、预留孔中心线位置		3
插筋	中心线位置	5
	外露长度	+10.0
预埋螺栓	中心线位置	2
	外露长度	+10.0

项目		允许偏差（mm）
预留洞	中心线位置	10
	尺寸	+10.0

注：1. 检查中心线位置时，沿纵、横两个方面量测，并取其中偏差的较大值。

2. 本表摘自《混凝土结构工程施工质量验收规范》GB 50204—2015。

4.2.10 现浇结构模板安装的尺寸偏差及检验方法应符合表4.2.10（表7-47）的规定。

现浇结构模板安装的尺寸偏差及检验方法   表7-47

项目		允许偏差（mm）	检验方法
轴线位置		5	尺量
底模上表面标高		±5	水准仪或拉线、尺量
模板内部尺寸	基础	±10	尺量
	柱、墙、梁	±5	尺量
	楼梯相邻踏步高差	±5	尺量
垂直度	柱、墙层高≤6m	8	经纬线或吊线、尺量
	柱、墙层高>6m	10	经纬线或吊线、尺量
相邻两块模板表面高差		2	尺量
表面平整度		5	2m靠尺和塞尺两侧

注：1. 检查轴线位置，当有纵横两个方向时，沿纵、横两个方向量测，并取其中偏差的较大值。

2. 本表摘自《混凝土结构工程施工质量验收规范》GB 50204—2015。

4.2.11 预制构件模板安装的偏差及检验方法应符合表4.2.11（表7-48）的规定。

预制构件模板安装的偏差及检验方法   表7-48

项目		允许偏差（mm）	检验方法
长度	梁、板	±4	尺量两侧边，取其中较大值
	薄腹梁、桁架	±8	
	柱	0，−10	
	墙板	0，−5	
宽度	板、墙板	0，5	尺量两端及中部，取其中较大值
	梁、薄腹梁、桁架	+2，−5	
高（厚）度	板	+2，−3	尺量两端及中部，取其中较大值
	墙板	0，−5	
	梁、薄腹梁、桁架、柱	+2，−5	
侧向弯曲	梁、板、柱	$L/1000$ 且≤15	拉线、尺量最大弯曲处
	墙板、薄腹梁、桁架	$L/1500$ 且≤15	
板的表面平整度		3	2m靠尺和塞尺量测
相邻两板表面高低差		1	尺量

229

续表

项目		允许偏差（mm）	检验方法
对角线差	板	7	尽量两对角线
	墙板	5	
翘曲	板、墙板	$L/1500$	水平尺在两端量测
设计起拱	薄腹梁、桁架、梁	±3	拉线、尽量跨中

注：1. L 为构件长度（mm）。

2. 本表摘自《混凝土结构工程施工质量验收规范》GB 50204—2015。

5 钢筋分项工程

5.1 一般规定

5.1.1 浇筑混凝土之前，应进行钢筋隐蔽工程验收。隐蔽工程验收应包括下列主要内容：

1 纵向受力钢筋的牌号、规格、数量、位置。

2 钢筋的连接方式、接头位置、接头质量、接头面积百分率、搭接长度、锚固方式及锚固长度。

3 箍筋、横向钢筋的牌号、规格、数量、间距、位置、箍筋弯钩的弯折角度及平直段长度。

4 预埋件的规格、数量和位置。

5.1.2 钢筋、成型钢筋进厂检验，当满足下列条件之一时，其检验批容量可扩大一倍：

1 获得认证的钢筋、成型钢筋；

2 同一厂家、同一牌号、同一规格的钢筋，连续三批均一次检验合格。

3 同一厂家、同一类型、同一钢筋来源的成型钢筋，连续三批均一次检验合格。

5.2 材料

主控项目

5.2.1 钢筋进场时，应按国家现行标准《钢筋混凝土用钢 第1部分：热轧光圆钢筋》GB 1499.1、《钢筋混凝土用钢 第2部分：热轧带肋钢筋》GB 1499.2、《钢筋混凝土用余热处理钢筋》GB 13014、《钢筋混凝土用钢 第3部分：钢筋焊接网》GB/T 1499.3、《冷轧带肋钢筋》GB 13788、《高延性冷轧带肋钢筋》YB/T 4260、《冷轧扭钢筋》JG 190及《冷轧带肋钢筋混凝土结构技术规程》JGJ 95、《冷轧扭钢筋混凝土构件技术规程》JGJ 115、《冷拔低碳钢丝应用技术规程》JGJ 19抽取试件作屈服强度、抗拉强度、伸长率、弯曲性能和重量偏差检验，检验结果应符合相应标准的规定。

5.2.2 成型钢筋进场时，应抽取试件作屈服强度、抗拉强度、伸长率和重量偏差检验，检验结果应符合国家现行相关标准的规定。

对由热轧钢筋制成的成型钢筋，当有施工单位或监理单位的代表驻厂监督生产过程，并提供原材料钢筋力学性能第三方检验报告时，可仅进行重量偏差检验。

5.2.3 对按一、二、三级抗震等级设计的框架和斜撑构件（含梯段）中的纵向受力普通钢筋应采用 HRB335E、HRB400E、HRB500E、HRBF335E、HRBF400E 或 HRBF500E 钢筋，其强度和最大力下总伸长率和实测值应符合下列规定：

1 抗拉强度实测值与屈服强度实测值的比值不应小于 1.25。

2 屈服强度实测值与屈服强度标准值的比值不应大于 **1.30**。

3 最大力下总伸长率不应小于 **9%**。

一般项目

5.2.4 钢筋应平直、无损伤、表面不得有裂纹、油污、颗粒状或片状老锈。

5.2.5 成型钢筋的外观质量和尺寸偏差应符合国家现行相关标准的规定。

5.2.6 钢筋接卸连接套筒、钢筋锚固板以及预埋件等的外观质量应符合国家现行相关标准的规定。

5.3 钢筋加工
主控项目

5.3.1 钢筋弯折的弯弧内直径应符合下列规定：

1 光圆钢筋，不应小于钢筋直径的 2.5 倍。

2 335MPa 级、400MPa 级带肋钢筋，不应小于钢筋直径的 4 倍。

3 500MPa 级带肋钢筋，当直径为 28mm 以下时不应小于钢筋直径的 6 倍，当直径为 28mm 及以上时不应小于钢筋直径的 7 倍。

4 箍筋弯折处尚不应小于纵向受力钢筋的直径。

5.3.2 纵向受力钢筋的弯折后平直段长度应符合设计要求。光圆钢筋末端作 180°弯钩时，弯钩的平直段长度不应小于钢筋直径的 3 倍。

5.3.3 箍筋、拉筋的末端应按设计要求作弯钩，应符合下列规定：

1 对一般结构构件，箍筋弯钩的弯折角度不应小于 90°，弯折后平直段长度不应小于箍筋直径的 5 倍；对有抗震设防要求或设计有专门要求的结构构件，箍筋弯钩的弯折角度不应小于 135°，弯折后平直段长度不应小于箍筋直径的 10 倍。

2 圆形箍筋的搭接长度不应小于其受拉锚固长度，且两末端弯钩的弯折角度不应小于 135°，弯折后平直段长度对一般结构构件不应小于箍筋直径的 5 倍，对有抗震设防要求的结构构件不应小于箍筋直径的 10 倍。

3 梁、柱复合箍筋中的单肢箍筋两端的弯折角度均不应小于 135°，弯折后平直段长度应符合本条第 1 款对箍筋的有关规定。

5.3.4 盘卷钢筋调直后应进行力学性能和重量偏差检验，其强度应符合国家现行有关标准的规定，其断后伸长率、重量偏差应符合表 5.3.4（表 7-49）的规定。力学性能和重量偏差检验应符合下列规定：

1 应对 3 个试件先进行重量偏差检验，再取其中 2 个试件进行力学性能检验。

2 重量偏差应按下式计算：

$$\Delta = \frac{W_d - W_0}{W_0} \times 100 \tag{7-1}$$

式中 Δ——重量偏差（%）；

W_d——3 个调直钢筋试件的实际重量之和（kg）；

W_0——钢筋理论重量（kg），取每米理论重量（kg/m）与 3 个调直钢筋试件长度之和（m）的乘积。

3 检验重量偏差时，试件切口应平滑并与长度方向垂直，其长度不应小于 500mm；

长度和重量的量测精度分别不应低于 1mm 和 1g。

采用无延伸功能的机械设备调直的钢筋，可不进行本条规定的检验。

盘卷钢筋调直后的断后伸长率、重量偏差要求   表 7-49

钢筋牌号	断后伸长率 A（%）	重量偏差（%）	
HPB300	≥21	直径 6～12mm	直径 14～16mm
HRB335、HRBF335	≥16	≥−10	—
HRB400、HRBF400	≥15	≥−8	≥−6
RRB400	≥13		
HRB500、HRBF500	≥14		

注：1. 断后伸长率 A 的量测标距为 5 倍钢筋直径。
    2. 本表摘自《混凝土结构工程施工质量验收规范》GB 50204—2015。

一般项目

5.3.5 钢筋加工的形状、尺寸应符合设计要求，其偏差应符合表 5.3.5（表 7-50）的规定。

钢筋加工的允许偏差   表 7-50

项目	允许偏差（mm）
受力钢筋沿长度方向的净尺寸	±10
弯起钢筋的弯折位置	±20
箍筋外廓尺寸	±5

注：本表摘自《混凝土结构工程施工质量验收规范》GB 50204—2015。

5.4   钢筋连接
主控项目

5.4.1 钢筋的连接方式应符合设计要求。

5.4.2 钢筋采用机械连接或焊接连接时，钢筋机械连接接头、焊接接头的力学性能、弯曲性能应符合国家现行相关标准的规定，接头试件应从工程实体中截取。

5.4.3 螺纹接头应检验拧紧扭矩值，挤压接头应量测压痕直径，检验结果应符合现行行业标准《钢筋机械连接技术规程》JGJ 107 的相关规定。

一般项目

5.4.4 钢筋接头的位置应符合设计和施工方案要求。有抗震设防要求的结构中，梁端、柱端箍筋加密区范围内不应进行钢筋搭接。接头末端至钢筋弯起点的距离不应小于钢筋直径的 10 倍。

5.4.5 钢筋机械连接接头、焊接接头的外观质量应符合现行行业标准《钢筋机械连接技术规程》JGJ 107 和《钢筋焊接及验收规程》JGJ 18 的规定。

5.4.6 当纵向受力钢筋采用机械连接接头或焊接接头时，同一连接区段内纵向受力钢筋的接头面积百分率应符合设计要求；当设计无具体要求时，应符合下列规定：

    1 受拉接头，不宜大于 50%；受压接头，可不受限制。

    2 直接承受力荷载的结构构件中，不宜采用焊接；当采用机械连接时，不应超过 50%。

注：1 接头连接区段是指长度为 35d 且不小于 500mm 的区段，d 为相互连接两根钢筋的直径较小值。

2 同一连接区段内纵向受力钢筋接头面积百分率为接头中点位于该连接区段内的纵向受力钢筋面积与全部纵向受力钢筋截面面积的比值。

5.4.7 当纵向受力钢筋采用绑扎搭接接头时，接头的设置应符合下列规定：

1 接头的横向净间距不应小于钢筋直径，且不应小于 25mm。

2 同一连接区段内，纵向受拉钢筋的接头面积百分率应符合设计要求；当设计无具体要求时，应符合下列规定：

1）梁类、板类及墙类构件，不宜超过 25%；基础筏板，不宜超过 50%。

2）柱类构件，不宜超过 50%。

3）当工程中确有必要增大接头面积百分率时，对梁类构件，不应大于 50%。

注：1 接头连接区段是指长度为 1.3 倍搭接长度的区段。搭接长度取相互连接两根钢筋中较小直径计算。

2 同一连接区段内纵向受力钢筋接头面积百分率为接头中点位于该连接区段长度内的纵向受力钢筋截面面积与全部纵向受力钢筋截面面积的比值。

5.4.8 梁、柱类构件的纵向受力钢筋搭接长度范围内箍筋的设置应符合设计要求；当设计无具体要求时，应符合下列规定：

1 箍筋直径不应小于搭接钢筋较大直径的 1/4。

2 受拉搭接区段的箍筋间距不应大于搭接钢筋较小直径的 5 倍，且不应大于 100mm。

3 受压搭接区段的箍筋间距不应大于搭接钢筋较小直径的 10 倍，且不应大于 200mm。

4 当柱中纵向受力钢筋直径大于 25mm 时，应在搭接接头两个端面外 100mm 范围内各设置二个箍筋，其间距宜为 50mm。

5.5 钢筋安装

主控项目

5.5.1 钢筋安装时，受力钢筋的牌号、规格和数量必须符合设计要求。

5.5.2 受力钢筋的安装位置、锚固方式应符合设计要求。

一般项目

5.5.3 钢筋安装偏差及检验方法应符合表 5.5.3（表 7-51）的规定。

梁板类构件上部受力钢筋保护层厚度的合格点率应达到 90% 及以上，且不得有超过表中数值 1.5 倍的尺寸偏差。

钢筋安装允许偏差和检验方法　　　　　　　　　　　　　表 7-51

项目		允许偏差（mm）	检验方法
绑扎钢筋网	长、宽	±10	尺量
	网眼尺寸	±20	尺量连续三档，取最大偏差值
绑扎钢筋骨架	长	±10	尺量
	宽、高	±5	尺量
纵向受力钢筋	锚固长度	−20	尺量
	间距	±10	尺量两端、中间各一点，取最大偏差值
	排距	±5	

项目		允许偏差（mm）	检验方法
纵向受力钢筋、箍筋的混凝土保护层厚度	基础	±10	尺量
	柱、梁	±5	尺量
	板、墙、壳	±3	尺量
绑扎箍筋、横向钢筋间距		±20	尺量连续三档，取最大偏差值
钢筋弯起点位置		20	尺量，沿纵、横两个方向量测，并取其中偏差的较大值
预埋件	中心线位置	5	尺量
	水平高差	+3，0	塞尺量测

注：本表摘自《混凝土结构工程施工质量验收规范》GB 50204—2015。

6 预应力分项工程

6.1 一般规定

6.1.1 浇筑混凝土之前，应进行预应力隐蔽工程验收。隐蔽工程验收应包括下列主要内容：

1 预应力筋的品种、规格、级别、数量和位置。

2 成孔管道的规格、数量、位置、形状、连接以及灌浆孔、排气兼泌水孔。

3 局部加强钢筋的牌号、规格、数量和位置。

4 预应力筋锚具和连接器及锚垫板的品种、规格、数量和位置。

6.1.2 预应力筋、锚具、夹具、连接器、成孔管道的进厂检验，当满足下列条件之一时，其检验批容量可扩大一倍：

1 获得认证的产品。

2 同一厂家、同一品种、同一规格的产品，连续三批均一次检验合格。

6.1.3 预应力筋张拉机具及压力表应定期维护和标定。张拉设备和压力表应配套标定和使用，标定期限不应超过半年。

6.2 材料

主控项目

6.2.1 预应力筋进场时，应按国家现行标准《预应力混凝土用钢绞线》GB/T 5224、《预应力混凝土用钢丝》GB/T 5223、《预应力混凝土用螺纹钢筋》GB/T 20065 和《无粘结预应力钢绞线》JG/T 161 抽取试件作抗拉强度、伸长率检验，其检验结果应符合相应标准的规定。

6.2.2 无粘结预应力钢绞线进场时，应进行防腐润滑脂量和护套厚度的检验，检验结果应符合现行行业标准《无粘结预应力钢绞线》JG/T 161 的规定。

经观察认为涂包质量有保证时，无粘结预应力筋可不作有质量和护套厚度的抽样检验。

6.3 制作与安装

主控项目

6.3.1 预应力筋安装时，其品种、规格、级别和数量必须符合设计要求。

6.3.2 预应力筋的安装位置应符合设计要求。

一般项目

6.3.3 预应力筋端部锚具的制作质量应符合下列规定：

1 钢绞线挤压锚具挤压完成后，预应力筋外端露出挤压套筒的长度不应小于 1mm。

2 钢绞线压花锚具的梨形头尺寸和直线锚固段长度不应小于设计值。

3 钢丝镦头不应出现横向裂纹，镦头的强度不得低于钢丝强度标准值的 98%。

6.4 张拉和放张

主控项目

6.4.1 预应力筋张拉或放张前，应对构件混凝土强度进行检验。同条件养护的混凝土立方体试件抗压强度应符合设计要求，当设计无要求时应符合下列规定：

1 应符合配套锚固产品技术要求的混凝土最低强度且不应低于设计混凝土强度等级值的 75%。

2 对采用消除应力钢丝或钢绞线作为预应力筋的先张法构件，不应低于 30MPa。

6.4.2 对后张法预应力结构构件，钢绞线出现断裂或滑脱的数量不应超过同一截面钢绞线总根数的 3%，且每根断裂的钢绞线断丝不得超过一丝；对多跨双向连续板，其同一截面应按每跨计算。

6.4.3 先张法预应力钢筋张拉锚固后，实际建立的预应力值与工程设计规定检验值的相对允许偏差为 ±5%。

一般项目

6.4.4 预应力筋张拉质量应符合下列规定：

1 采用应力控制方法张拉时，张拉力下预应力筋的实测伸长值与计算伸长值的相对允许偏差为 ±6%。

2 最大张拉应力不应大于现行国家标准《混凝土结构工程施工规范》GB 50666 的规定。

6.4.5 先张法预应力构件，应检查预应力筋张拉后的位置偏差，张拉后预应力筋的位置与设计位置的偏差不应大于 5mm，且不应大于构建截面短边边长的 4%。

6.5 灌浆及封锚

主控项目

6.5.1 预留孔道灌浆后，孔道内水泥浆应饱满、密实。

6.5.2 现场搅拌的灌浆用水泥浆的性能应符合下列规定：

1 3h 自由泌水率宜为 0，且不应大于 1%，泌水应在 24h 内全部被水泥浆吸收。

2 水泥浆中氯离子含量不应超过水泥重量的 0.06%。

3 当采用普通灌浆工艺时，24h 自由膨胀率不应大于 6%，当采用真空灌浆工艺时，24h 自由膨胀率不应大于 3%。

6.5.3 现场留置的孔道灌浆料试件的抗压强度不应低于 30MPa。试件抗压强度检验应符合下列规定：

1 每组应留取 6 个边长为 70.7mm 的立方体试件，并应标准养护 28d。

2 试件抗压强度应取 6 个试件的平均值；当一组试件中抗压强度最大值或最小值与平均值相差超过 20% 时，应取中间 4 个试件强度的平均值。

6.5.4 锚具的封闭保护措施应符合设计要求。当设计无要求时，外露锚具和预应力筋的混凝土保护层厚度不应小于:一类环境时 20mm,二 a、二 b 类环境时 50mm,三 a、三 b 类环境时 80mm。

一般项目

6.5.5 后张法预应力筋锚固后的锚具外的外露长度不应小于预应力筋直径的 1.5 倍,且不应小于 30mm。

7 混凝土分项工程

7.1 一般规定

7.1.1 混凝土强度应按现行国家标准《混凝土强度检验评定标准》GB/T 50107 的规定分批检验评定。划入同一检验批的混凝土,其施工持续时间不宜超过 3 个月。

检验评定混凝土强度时,应采用 28d 或设计规定龄期的标准养护试件。

试件成型方法及标准养护条件应符合现行国家标准《普通混凝土力学性能试验方法标准》GB/T 50081 的规定。采用蒸汽养护的构件,其试件应先随构件同条件养护,然后再置入标准养护条件下继续养护至 28d 或设计规定龄期。

7.1.2 当采用非标准尺寸试件时,应将其抗压强度乘以尺寸折算系数,折算成边长为 150mm 的标准尺寸试件抗压强度。尺寸折算系数应按现行国家标准《混凝土强度检验评定标准》GB/T 50107 采用。

7.1.3 当混凝土时间强度评定不合格时,可采用非破损或局部破损的检测方法,并按国家现行有关标准的规定对结构构件中的混凝土强度进行推定,并应按本规范第 10.2.2 条的规定进行处理。

7.1.4 混凝土有耐久性指标要求时,应按现行行业标准《混凝土耐久性检验评定标准》JGJ/T 193 的规定检验评定。

7.1.5 大批量、连续生产的同一配合比混凝土,混凝土生产单位应提供基本性能试验报告。

7.1.6 预拌混凝土的原材料质量、制备等应符合现行国家标准《预拌混凝土》GB/T 14902 的规定。

7.2 原材料
主控项目

7.2.1 水泥进场时,应对其品种、代号、强度等级、包装或散装仓号、出厂日期等进行检查,并应对水泥的强度、安定性和凝结时间进行检验,检验结果应符合现行国家标准《通用硅酸盐水泥》GB 175 的相关规定。

7.2.2 混凝土外加剂进场时,应对其品种、性能、出厂日期等进行检查,并应对外加剂的相关性能指标进行检验,检验结果应符合现行国家标准《混凝土外加剂》GB 8076 和《混凝土外加剂应用技术规范》GB 50119 的规定。

7.2.3 水泥、外加剂进场检验,当满足下列条件之一时,其检验批容量可扩大一倍:
　　1 获得认证的产品。
　　2 同一厂家、同一品种、同一规格的产品,连续三次进场检验均一次检验合格。

一般项目

7.2.4 混凝土用矿物掺合料进场时,应对其品种、性能、出厂日期等进行检查,并应对矿物掺合料的相关性能指标进行检验，检验结果应符合该标准的规定。

7.2.5 混凝土原材料中的粗骨料、细骨料质量应符合现行行业标准《普通混凝土用砂、石质量及检验方法标准》JGJ 52 的规定，使用经过净化处理的海砂应符合现行行业标准《海砂混凝土应用技术规范》JGJ 206 的规定，再生混凝土骨料应符合现行国家标准《混凝土用再生粗骨料》GB/T 25177 和《混凝土和砂浆用再生细骨料》GB/T 25176 的规定。

7.2.6 混凝土拌制及养护用水应符合现行行业标准《混凝土用水标准》JGJ 63 的规定。采用饮用水作为混凝土用水时，可不检验；采用中水、搅拌站清洗水、施工现场循环水等其他水源时，应对其成分进行检验。

7.3 混凝土拌合物

主控项目

7.3.1 预拌混凝土进场时，其质量应符合现行国家标准《预拌混凝土》GB/T 14902 的规定。

7.3.2 混凝土拌合物不应离析。

7.3.3 混凝土中氯离子含量和碱总含量应符合现行国家标准《混凝土结构设计规范》GB 50010 的规定和设计要求。

7.3.4 首次使用的混凝土配合比应进行开盘鉴定，其原材料、强度、凝结时间、稠度等应满足设计配合比的要求。

一般项目

7.3.5 混凝土拌合物稠度应满足施工方案的要求。

7.3.6 混凝土有耐久性指标要求时，应在施工现场随机抽取试件进行耐久性检验，其检验结果应符合国家现行有关标准的规定和设计要求。

7.3.7 混凝土有抗冻要求时，应在施工现场进行混凝土含气量检验，其检验结果应符合国家现行有关标准的规定和设计要求。

7.4 混凝土施工

主控项目

7.4.1 混凝土的强度等级必须符合设计要求。用于检验混凝土强度的试件应在浇筑地点随机抽取。

　　检查数量：对同一配比混凝土，取样与试件留置应符合下列规定：

1 每拌制 100 盘且不超过 100m³，取样不得少于一次。

2 每工作班拌制不足 100 盘时，取样不得少于一次。

3 连续浇筑超过 1000m³ 时，每 200m³ 取样不得少于一次。

4 每一楼层取样不得少于一次。

5 每次取样应至少留置一组试件。

一般项目

7.4.2 后浇带的留设位置应符合设计要求，后浇带和施工缝的留设及处理方法应符合施工方案要求。

7.4.3 混凝土浇筑完毕后应及时进行养护，养护时间以及养护方法应符合施工方案要求。

　　检查数量：全数检查。

8 现浇结构分项工程

8.1 一般规定

8.1.1 现浇结构质量验收应符合下列规定：

1 现浇结构质量验收应在拆模后、混凝土表面未作修整和修饰前进行，并应作出记录。

2 已经隐蔽的不可直接观察和量测的内容，可检查隐蔽工程验收记录。

3 修整或返工的结构构件或部位应有实施前后的文字及图像记录。

8.1.2 现浇结构的外观质量缺陷应由监理单位、施工单位等各方根据其对结构性能和使用功能影响的严重程度按表 8.1.2（表 7-52）确定。

现浇结构外观质量缺陷 表 7-52

名称	现象	严重缺陷	一般缺陷
露筋	构件内钢筋未被混凝土包裹而外露	纵向受力钢筋有露筋	其他钢筋有少量露筋
蜂窝	混凝土表面缺少水泥砂浆而形成石子外露	构件主要受力部位有蜂窝	其他部位有少量蜂窝
孔洞	混凝土中空穴深度和长度均超过保护层厚度	构件主要受力部位有孔洞	其他部位有少量孔洞
夹渣	混凝土中夹有杂物且深度超过保护层厚度	构件主要受力部位有夹渣	其他部位有少量夹渣
疏松	混凝土中局部不密实	构件主要受力部位有疏松	其他部位有少量疏松
裂缝	裂缝从混凝土表面延伸至混凝土内部	构件主要受力部位有影响结构性能或使用功能的裂缝	其他部位有少量不影响结构性能或使用功能的裂缝
连接部位缺陷	构件连接处混凝土有缺陷及连接钢筋、连接件松动	连接部位有影响结构传力性能的缺陷	连接部位有基本不影响结构传力性能的缺陷
外形缺陷	缺棱掉角、棱角不直、翘曲不平、飞边凸肋等	清水混凝土构件有影响使用功能或装饰效果的外形缺陷	其他混凝土构件有不影响使用功能的外表缺陷
外表缺陷	构件表面麻面、掉皮、起砂、沾污等	具有需要装饰效果的清水混凝土构件有外表缺陷	其他混凝土构件有不影响使用功能的外表缺陷

注：本表摘自《混凝土结构工程施工质量验收规范》GB 50204—2015。

8.1.3 装配式结构现浇部分的外观质量、位置偏差、尺寸偏差验收应符合本章要求；预制构件与现浇结构之间的结合面应符合设计要求。

8.2 外观质量

主控项目

8.2.1 现浇结构的外观质量不应有严重缺陷。

对已经出现的严重缺陷，应由施工单位提出技术处理方案，并经监理单位认可后进行处理；对裂缝、连接部位出现的严重缺陷及其他影响结构安全的严重缺陷，技术处理方案尚应经设计单位认可，对经处理的部位应重新验收。

一般项目

8.2.2 现浇结构的外观质量不应有一般缺陷。

对已经出现的一般缺陷，应由施工单位按技术处理方案进行处理。对经处理的部位应重新验收。

8.3 位置和尺寸偏差

主控项目

8.3.1 现浇结构不应有影响结构性能或使用功能的尺寸偏差；混凝土设备基础不应由影响结构性能和设备安装的尺寸偏差。

对超过尺寸允许偏差且影响结构性能和安装、使用功能的部位，应由施工单位提出技术处理方案，经监理、设计单位认可后进行处理。对经处理的部位应重新验收。

一般项目

8.3.2 现浇结构的位置、尺寸偏差及检验方法应符合表8.3.2（表7-53）的规定。

现浇结构位置、尺寸允许偏差及检验方法　　　　　　表 7-53

项目			允许偏差（mm）	检验方法
轴线位置	整体基础		15	经纬仪及尺量
	独立基础		10	经纬仪及尺量
	柱、墙、梁		8	尺量
垂直度	柱、墙层高	≤6m	10	经纬仪或吊线、尺量
		>6m	12	经纬仪或吊线、尺量
	全高（H）≤300m		$H/30000+20$	经纬仪、尺量
	全高（H）>300m		$H/10000$ 且≤80	经纬仪、尺量
标高	层高		±10	水准仪或拉线、尺量
	全高		±30	水准仪或拉线、尺量
截面尺寸	基础		+15，−10	尺量
	柱、梁、板、墙		+10，−5	尺量
	楼梯相邻踏步高差		±6	尺量
电梯井洞	中心位置		10	尺量
	长、宽尺寸		+25，0	尺量
表面平整度			8	2m靠尺和塞尺量测
预埋件中心位置	预埋板		10	尺量
	预埋螺栓		5	尺量
	预埋管		5	尺量
	其他		10	尺量
预留洞、孔中心线位置			15	尺量

注：1. 检查轴线、中心线位置时，沿纵、横两个方向测量，并取其中偏差的较大值。

　　2. H 为全高，单位为 mm。

　　3. 本表摘自《混凝土结构工程施工质量验收规范》GB 50204—2015。

8.3.3 现浇设备基础的位置和尺寸应符合设计和设备安装的要求。其位置和尺寸偏差及检验方法应符合相关的规定。

239

（四）砌体结构工程施工质量验收

砌体结构工程在建筑工程中占有重要的位置，起着分隔、防风、防雨等作用，本节主要依据《砌体结构工程施工质量验收规范》GB 50203—2011 编写，在工程质量验收时除执行 GB 50203 外，尚应执行现行有关标准的规定。

1 总则

1.0.1 为加强建筑工程的质量管理，统一砌体结构工程施工质量的验收，保证工程质量，制定本规范。

1.0.2 本规范适用于建筑工程的砖、石、小砌块等砌体结构工程的施工质量验收。本规范不适用于铁路、公路和水工建筑等砌石工程。

1.0.3 砌体结构工程施工中的技术文件和承包合同对施工质量验收的要求不得低于本规范的规定。

1.0.4 本规范应与现行国家标准《建筑工程施工质量验收统一标准》GB 50300 配套使用。

1.0.5 砌体结构工程施工质量的验收除应执行本规范外，尚应符合国家现有关标准的规定。

2 术语

2.0.1 砌体结构 masonry structure

由块体和砂浆砌筑而成的墙、柱作为建筑物主要受力构件的结构。是砖砌体、砌块砌体和石砌体结构的统称。

2.0.2 配筋砌体 reinforced masonry

由配置钢筋的砌体作为建筑物主要受力构件的结构。是网状配筋砌体柱、水平配筋砌体墙、砖砌体和钢筋混凝土面层或钢筋砂浆面层组合砌体柱（墙）、砖砌体和钢筋混凝土构造柱组合墙和配筋小砌块砌体剪力墙结构的统称。

2.0.3 块体 masonry units

砌体所用各种砖、石、小砌块的总称。

2.0.4 小型砌块 small block

块体主规格的高度大于 115mm 而又小于 380mm 的砌块，包括普通混凝土小型空心砌块、轻骨料混凝土小型空心砌块、蒸压加气混凝土砌块等。简称小砌块。

2.0.5 产品龄期 products age

烧结砖出窑；蒸压砖、蒸压加气混凝土砌块出釜；混凝土砖、混凝土小型空心砌块成型后至某一日期的天数。

2.0.6 蒸压加气混凝土砌块专用砂浆 special mortar for autoclaved aerated concrete block

与蒸压加气混凝土性能相匹配的，能满足蒸压加气混凝土砌块砌体施工要求和砌体性能的砂浆，分为适用于薄灰砌筑法的蒸压加气混凝土砌块粘结砂浆；适用于非薄灰砌筑法的蒸压加气混凝土砌块砌筑砂浆。

2.0.7 预拌砂浆 ready-mixed mortar

由专业生产厂生产的湿拌砂浆或干混砂浆。

2.0.8 施工质量控制等级 category of construction quality control

按质量控制和质量保证若干要素对施工技术水平所作的分级。

2.0.9 瞎缝 blind seam

砌体中相邻块体间无砌筑砂浆，又彼此接触的水平缝或竖向缝。

2.0.10 假缝 suppositious seam

为掩盖砌体灰缝内在质量缺陷，砌筑砌体时仅在靠近砌体表面处抹有砂浆，而内部无砂浆的竖向灰缝。

2.0.11 通缝 continuous seam

砌体中上下皮块体搭接长度小于规定数值的竖向灰缝。

2.0.12 相对含水率 comparatively percentage of moisture

含水率与吸水率的比值。

2.0.13 薄层砂浆砌筑法 the method of thin-layer mortar masonry

采用蒸压加气混凝土砌块粘结砂浆砌筑蒸压加气混凝土砌块墙体的施工方法，水平灰缝厚度和竖向灰缝宽度为 2～4mm。简称薄灰砌筑法。

2.0.14 芯柱 core column

在小砌块墙体的孔洞内浇灌混凝土形成的柱，有素混凝土芯柱和钢筋混凝土芯柱。

2.0.15 实体检测 in-situ inspection

由有检测资质的检测单位采用标准的检验方法，在工程实体上进行原位检测或抽取试样在试验室进行检验的活动。

241

3 基本规定

3.0.1 砌体结构工程所用的材料应有产品合格证书、产品性能型式检验报告，质量应符合国家现行有关标准的要求。块体、水泥、钢筋、外加剂尚应有材料主要性能的进场复验报告，并应符合设计要求。严禁使用国家明令淘汰的材料。

3.0.2 砌体结构工程施工前，应编制砌体结构工程施工方案。

3.0.3 砌体结构的标高、轴线，应引自基准控制点。

3.0.4 砌筑基础前，应校核放线尺寸，允许偏差应符合表 3.0.4（表 7-54）的规定。

放线尺寸的允许偏差   表 7-54

长度 L、宽度 B （m）	允许偏差 （mm）	长度 L、宽度 B （m）	允许偏差 （mm）
L（或 B）≤30	±5	60<L（或 B）≤90	±15
30<L（或 B）≤60	±10	L（或 B）>90	±20

注：本表摘自《砌体结构工程施工质量验收规范》GB 50203—2011。

3.0.5 伸缩缝、沉降缝、防震缝中的模板应拆除干净，不得夹有砂浆、块体及碎渣等杂物。

3.0.6 砌筑顺序应符合下列规定：

1 基底标高不同时，应从低处砌起，并应由高处向低处搭砌。当设计无要求时，搭接长度 L 不应小于基础底的高差 H，搭接长度范围内下层基础应扩大砌筑，如图 3.0.6（图 7-1）所示。

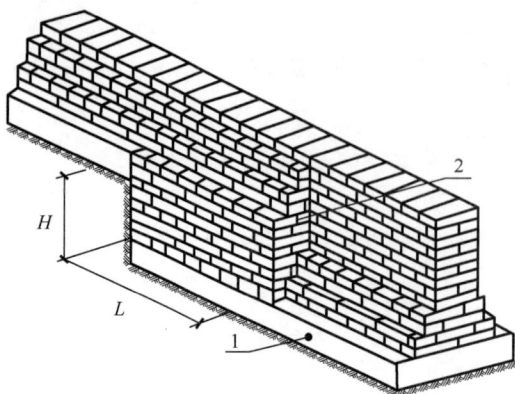

图 7-1 基底标高不同时的搭砌示意图（条形基础）
1—混凝土垫层；2—基础扩大部分

2 砌体的转角处和交接处应同时砌筑，当不能同时砌筑时，应按规定留槎、接槎。

3.0.7 砌筑墙体应设置皮数杆。

3.0.8 在墙上留置临时施工洞口，其侧边离交接处墙面不应小于 500mm，洞口净宽度不应超过 1m。抗震设防烈度为 9 度地区建筑物的临时施工洞口位置，应会同设计单位确定。临时施工洞口应做好补砌。

3.0.9 不得在下列墙体或部位设置脚手眼：

1 120mm 厚墙、清水墙、料石墙、独立柱和附墙柱。

2 过梁上与过梁成 60°角的三角形范围及过梁净跨度 1/2 的高度范围内。

3 宽度小于 1m 的窗间墙。

4 门窗洞口两侧石砌体 300mm，其他砌体 200mm 范围内；转角处石砌体 600mm，其他砌体 450mm 范围内。

5 梁或梁垫下及其左右 500mm 范围内。

6 设计不允许设置脚手眼的部位。

7 轻质墙体。

8 夹心复合墙外叶墙。

3.0.10 脚手眼补砌时，应清除脚手眼内掉落的砂浆、灰尘；脚手眼处砖及填塞用砖应湿润，并应填实砂浆。

3.0.11 设计要求的洞口、沟槽、管道应于砌筑时正确留出或预埋，未经设计同意，不得打凿墙体和在墙体上开凿水平沟槽。宽度超过 300mm 的洞口上部，应设置钢筋混凝土过梁。不应在截面长边小于 500mm 的承重墙体、独立柱内埋设管线。

3.0.12 尚未施工楼面或屋面的墙或柱，其抗风允许自由高度不得超过相关的规定。如超规定限值时，必须采用临时支撑等有效措施。

3.0.13 砌筑完基础或每一楼层后，应校核砌体的轴线和标高。在允许偏差范围内，轴线偏差可在基础顶面或楼面上校正，标高偏差宜通过调整上部砌体灰缝厚度校正。

3.0.14 搁置预制梁、板的砌体顶面应平整，标高一致。

3.0.15 砌体施工质量控制等级分为三级，并应按表 3.0.15（表 7-55）划分。

施工质量控制等级 表 7-55

项目	施工质量控制等级		
	A	B	C
现场质量管理	监督检查制度健全，并严格执行；施工方有在岗专业技术管理人员，人员齐全，并持证上岗	监督检查制度基本健全，并能执行；施工方有在岗专业技术管理人员，人员齐全，并持证上岗	有监督检查制度，施工方有在岗专业技术管理人员

项目	施工质量控制等级		
	A	B	C
砂浆、混凝土强度	试块按规定制作，强度满足验收规定，离散性小	试块按规定制作，强度满足验收规定，离散性较小	试块按规定制作，强度满足验收规定，离散性大
砂浆拌合	机械拌合；配合比计量控制严格	机械拌合；配合比计量控制一般	机械或人工拌合；配合比计量控制较差
砌筑工人	中级工以上，其中，高级工不少于30%	高、中级工不少于70%	初级工以上

注：1. 砂浆、混凝土强度离散性大小根据强度标准差确定。

2. 配筋砌体不得为C级施工。

3. 本表摘自《砌体结构工程施工质量验收规范》GB 50203—2011。

3.0.16 砌体结构中钢筋（包括夹心复合墙内外叶墙间的拉结件或钢筋）的防腐，应符合设计规定。

3.0.17 雨天不宜在露天砌筑墙体，对下雨当日砌筑的墙体应进行遮盖。继续施工时，应复核墙体的垂直度，如果垂直度超过允许偏差，应拆除重新砌筑。

3.0.18 砌体施工时，楼面和屋面堆载不得超过楼板的允许荷载值。当施工层进料口处施工荷载较大时，楼板下宜采取临时支撑措施。

3.0.19 正常施工条件下，砖砌体、小砌块砌体每日砌筑高度宜控制在1.5m或一步脚手架高度内；石砌体不宜超过1.2m。

3.0.20 砌体结构工程检验批的划分应同时符合下列规定：

1 所用材料类型及同类型材料的强度等级相同。

2 不超过250m³的砌体。

3 主体结构砌体一个楼层（基础砌体可按一个楼层计）；填充墙砌体量少时可多个楼层合并。

3.0.21 砌体结构工程检验批验收时，其主控项目应全部符合本规范的规定；一般项目应有80%及以上的抽检处符合本规范的规定；有允许偏差的项目，最大超差值为允许偏差值的1.5倍。

3.0.22 砌体结构分项工程中检验批抽检时，各抽检项目的样本最小容量除有特殊要求外，按不应小于5确定。

3.0.23 在墙体砌筑过程中，当砌筑砂浆初凝后，块体被撞动或需移动时，应将砂浆清除后再铺浆砌筑。

3.0.24 分项工程检验批质量验收可按本规范附录A（略）各相应记录表填写。

4 砌筑砂浆

4.0.1 水泥使用应符合下列规定：

1 水泥进场时应对其品种、等级、包装或散装仓号、出厂日期等进行检查，并应对其强度、安定性进行复验，其质量必须符合现行国家标准《通用硅酸盐水泥》**GB 175**的有关规定。

2 当在使用中对水泥质量有怀疑或水泥出厂超过三个月（快硬硅酸盐水泥超过一个月）时，应复查试验，并按复验结果使用。

3 不同品种的水泥，不得混合使用。

4.0.2 砂浆用砂宜采用过筛中砂，并应满足下列要求：

1 不应混有草根、树叶、树枝、塑料、煤块、炉渣等杂物。

2 砂中含泥量、泥块含量、石粉含量、云母、轻物质、有机物、硫化物、硫酸盐及氯盐含量（配筋砌体砌筑用砂）等应符合现行行业标准《普通混凝土用砂、石质量及检验方法标准》JGJ 52 的有关规定；

3 人工砂、山砂及特细砂，应经试配能满足砌筑砂浆技术条件要求。

4.0.3 拌制水泥混合砂浆的粉煤灰、建筑生石灰、建筑生石灰粉及石灰膏应符合下列规定：

1 粉煤灰、建筑生石灰、建筑生石灰粉的品质指标应符合现行行业标准《粉煤灰在混凝土及砂浆中应用技术规程》JGJ 28、《建筑生石灰》JC/T 479、《建筑生石灰粉》JC/T 480 的有关规定。

2 建筑生石灰、建筑生石灰粉熟化为石灰膏，其熟化时间分别不得少于 7d 和 2d；沉淀池中储存的石灰膏，应防止干燥、冻结和污染，严禁采用脱水硬化的石灰膏；建筑生石灰粉、消石灰粉不得替代石灰膏配制水泥石灰砂浆。

3 石灰膏的用量，应按稠度 120mm±5mm 计量，现场施工中石灰膏不同稠度的换算系数，可按表 4.0.3（表 7-56）确定。

石灰膏不同稠度的换算系数　　　　　　　　　　　　　　　　表 7-56

稠度（mm）	120	110	100	90	80	70	60	50	40	30
换算系数	1.00	0.99	0.97	0.95	0.93	0.92	0.90	0.88	0.87	0.86

注：本表摘自《砌体结构工程施工质量验收规范》GB 50203—2011。

4.0.4 拌制砂浆用水的水质，应符合现行行业标准《混凝土用水标准》JGJ 63 的有关规定。

4.0.5 砌筑砂浆应进行配合比设计。当砌筑砂浆的组成材料有变更时，其配合比应重新确定。砌筑砂浆的稠度宜按表 4.0.5（表 7-57）的规定采用。

砌筑砂浆的稠度　　　　　　　　　　　　　　　　表 7-57

砌体种类	砂浆稠度（mm）
烧结普通砖砌体、蒸压粉煤灰砖砌体	70～90
混凝土实心砖、混凝土多孔砖砌体、普通混凝土小型空心砌块砌体、蒸压灰砂砖砌体	50～70
烧结多孔砖、空心砖砌体、轻骨料小型空心砌块砌体、蒸压加气混凝土砌块砌体	60～80
石砌体	30～50

注：1. 采用薄灰砌筑法砌筑蒸压加气混凝土砌块砌体时，加气混凝土粘结砂浆加水量按照其产品说明书控制。

2. 当砌筑其他块体时，其砌筑砂浆的稠度可根据块体吸水特性及气候条件确定。

3. 本表摘自《砌体结构工程施工质量验收规范》GB 50203—2011。

4.0.6 施工中不应采用强度等级小于 M5 水泥砂浆替代同强度等级水泥混合砂浆，如需替代，应将水泥砂浆提高一个强度等级。

4.0.7 在砂浆中掺入的砌筑砂浆增塑剂、早强剂、缓凝剂、防浆剂、防水剂等砂浆外加剂，其品种和用量应经有资质的检测单位检验和试配确定。所用外加剂的技术性能应符合国家现行有关标准《砌筑砂浆增塑剂》JG/T 164、《混凝土外加剂》GB 8076、《砂浆、混凝土防水剂》JC 474 的质量要求。

4.0.8 配制砌筑砂浆时，各组分材料应采用质量计量，水泥及各种外加剂配料的允许偏差为±2％；砂、粉煤灰、石灰膏等配料的允许偏差为±5％。

4.0.9 砌筑砂浆应采用机械搅拌，搅拌时间自投料完起算应符合下列规定：

1 水泥砂浆和水泥混合砂浆不得少于 120s。

2 水泥粉煤灰砂浆和掺用外加剂的砂浆不得少于 180s。

3 掺增塑剂的砂浆，其搅拌方式、搅拌时间应符合现行行业标准《砌筑砂浆增塑剂》JG/T 164 的有关规定。

4 干混砂浆及加气混凝土砌块专用砂浆宜按掺用外加剂的砂浆确定搅拌时间或按产品说明书采用。

4.0.10 现场拌制的砂浆应随拌随用，拌制的砂浆应在 3h 内使用完毕；当施工期间最高气温超过 30℃时，应在 2h 内使用完毕。预拌砂浆及蒸压加气混凝土砌块专用砂浆的使用时间应按照厂方提供的说明书确定。

4.0.11 砌体结构工程使用的湿拌砂浆，除直接使用外必须储存在不吸水的专用容器内，并根据气候条件采取遮阳、保温、防雨雪等措施，砂浆在储存过程中严禁随意加水。

4.0.12 砌筑砂浆试块强度验收时其强度合格标准应符合下列规定：

1 同一验收批砂浆试块强度平均值应大于或等于设计强度等级值1.10倍。

2 同一验收批砂浆试块抗压强度的最小一组平均值应在大于或等于设计强度等级值的85％。

注：1 砌筑砂浆的验收批，同一类型、强度等级的砂浆试块不应少于 3 组；同一验收批砂浆只有 1 组或 2 组试块时，每组试块抗压强度平均值应大于或等于设计强度等级值的 1.10 倍；对于建筑结构的安全等级为一级或设计使用年限为 50 年及以上的房屋，同一验收批砂浆试块的数量不得少于 3 组。

2 砂浆强度应以标准养护，28d 龄期的试块抗压强度为准。

3 制作砂浆试块的砂浆稠度应与配合比设计一致。

抽检数量：每一检验批且不超过 250m³ 砌体的各类、各强度等级的普通砌筑砂浆，每台搅拌机应至少抽检一次。验收批的预拌砂浆、蒸压加气混凝土砌块专用砂浆，抽检可为3 组。

4.0.13 当施工中或验收时出现下列情况，可采用现场检验方法对砂浆或砌体强度进行实体检测，并判定其强度：

1 砂浆试块缺乏代表性或试块数量不足。

2 对砂浆试块的试验结果有怀疑或有争议。

3 砂浆试块的试验结果，不能满足设计要求。

4 发生工程事故，需要进一步分析事故原因。

5 砖砌体工程

5.1 一般规定

5.1.1 本章适用于烧结普通砖、烧结多孔砖、混凝土多孔砖、混凝土实心砖、蒸压灰砂砖、蒸压粉煤灰砖等砌体工程。

5.1.2 用于清水墙、柱表面的砖,应边角整齐,色泽均匀。

5.1.3 砌体砌筑时,混凝土多孔砖、混凝土实心砖、蒸压灰砂砖、蒸压粉煤灰砖等块体的产品龄期不应小于28d。

5.1.4 有冻胀环境和条件的地区,地面以下或防潮层以下的砌体,不应采用多孔砖。

5.1.5 不同品种的砖不得在同一楼层混砌。

5.1.6 砌筑烧结普通砖、烧结多孔砖、蒸压灰砂浆、蒸压粉煤类砖砌体时,砖应提前1~2d适度湿润,严禁采用干砖或处于吸水饱和状态的砖砌筑,块体湿润程度宜符合下列规定:

    1 烧结类块体的相对含水率60%~70%。

    2 混凝土多孔砖及混凝土实心砖不需浇水湿润,但在气候干燥炎热的情况下,宜在砌筑前对其喷水湿润。其他非烧结类块体的相对含水率40%~50%。

5.1.7 采用铺浆法砌筑砌体,铺浆长度不得超过750mm;当施工期间气温超过30℃时,铺浆长度不得超过500mm。

5.1.8 240mm厚承重墙的每层墙的最上一皮砖,砖砌体的阶台水平面上及挑出层的外皮砖,应整砖丁砌。

5.1.9 弧拱式及平拱式过梁的灰缝应砌成楔形缝,拱底灰缝宽度不宜小于5mm,拱顶灰缝宽度不应大于15mm,拱体的纵向及横向灰缝应填实砂浆;平拱式过梁拱脚下面应伸入墙内不小于20mm;砖砌平拱过梁度应有1%的起拱。

5.1.10 砖过梁底部的模板及其支架拆除时,灰缝砂浆强度不应低于设计强度的75%。

5.1.11 多孔砖的孔洞应垂直于受压面砌筑。半盲孔多孔砖的封底面应朝上砌筑。

5.1.12 竖向灰缝不应出现瞎缝、透明缝和假缝。

5.1.13 砖砌体施工临时间断处补砌时,必须将接槎处表面清理干净,洒水湿润,并填实砂浆,保持灰缝平直。

5.1.14 夹心复合墙的砌筑应符合下列规定:

    1 墙体砌筑时,应采取措施防止空腔内掉落砂浆和杂物。

    2 拉结件设置应符合设计要求,拉结件在叶墙上的搁置长度不应小于叶墙厚度的2/3,并不应小于60mm。

    3 保温材料品种及性能应符合设计要求。保温材料的浇注压力不应对砌体强度、变形及外观质量产生不良影响。

5.2 主控项目

5.2.1 砖和砂浆的强度等级必须符合设计要求。

    抽检数量:每一生产厂家,烧结普通砖、混凝土实心砖每15万块,烧结多孔砖、混凝土多孔砖、蒸压灰砂砖及蒸压粉煤灰砖每10万块各为一验收批,不足上述数量时按1批计,抽检数量为1组。砂浆试块的抽检数量执行本规范第4.0.12条的有关规定。

5.2.2 砌体灰缝砂浆应密实饱满,砖墙水平灰缝的砂浆饱满度不得低于80%;砖柱水平灰缝和竖向灰缝饱满不得低于90%。

5.2.3 砖砌体的转角处和交接处应同时砌筑,严禁无可靠措施的内外墙分砌施工。在抗震设防烈度为8度及8度以上地区,对不能同时砌筑而又必须留置的临时间断处应砌成斜槎，普通砖砌体斜槎水平投影长度不应小于高度的2/3，多孔砖砌体的斜槎长高比不应小于1/2。斜槎高度不得超过一步脚手架的高度。

5.2.4 非抗震设防及抗震设防烈度为6度、7度地区的临时间断处，当不能留斜槎时，除转角处外，可留直槎，但直槎必须做成凸槎，且应加设拉结钢筋，拉结钢筋应符合下列规定：

　　1　每120mm墙厚放置1φ6拉结钢筋（120mm厚墙应放置2φ6拉结钢筋）。

　　2　间距沿墙高不应超过500mm，且竖向间距偏差不应超过100mm。

　　3　埋入长度从留槎处算起每边均不应小于500mm，对抗震设防烈度6度、7度的地区，不应小于1000mm。

　　4　末端应有90°弯钩，如图5.2.4(图7-2)所示。

5.3　一般项目

5.3.1 砖砌体组砌方法应正确，内外搭砌，上、下错缝。清水墙、窗间墙无通缝；混水墙中不得有长度大于300mm的通缝，长度200～300mm的通缝每间不超过3处，且不得位于同一面墙体上。砖柱不得采用包心砌法。

5.3.2 砖砌体的灰缝应横平竖直，厚薄均匀，水平灰缝厚度及竖向灰缝宽度宜为10mm，但不应小于8mm，也不应大于12mm。

图 7-2　直槎处拉结钢筋示意图

5.3.3 砖砌体尺寸、位置的允许偏差及检验应符合表5.3.3（表7-58）的规定。

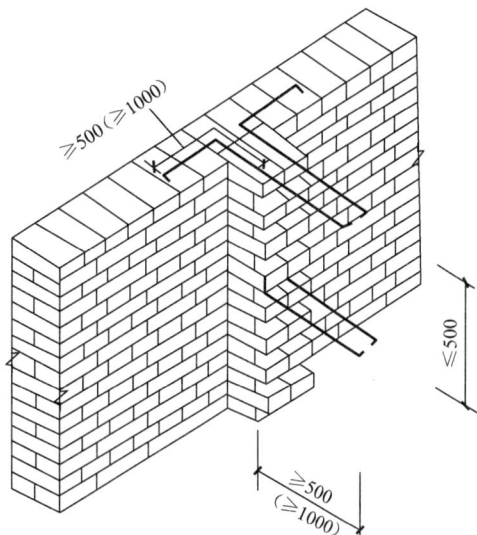

砖砌体尺寸、位置的允许偏差及检验　　　　　表 7-58

项次	项目			允许偏差（mm）	检验方法	抽检数量
1	轴线位移			10	用经纬仪和尺或用其他测量仪器检查	承重墙、柱全数检查
2	基础、墙、柱顶面标高			±15	用水准仪和尺检查	不应少于5处
3	墙面垂直度	每层		5	用2m托线板检查	不应少于5处
		全高	≤10m	10	用经纬仪、吊线和尺或用其他测量仪器检查	外墙全部阳角
			>10m	20		
4	表面平整度	清水墙、柱		5	用2m靠尺和楔形塞尺检查	不应少于5处
		混水墙、柱		8		
5	水平灰缝平直度	清水墙		7	拉5m线和尺检查	不应少于5处
		混水墙		10		
6	门窗洞口高、宽（后塞口）			±10	用尺检查	不应少于5处

247

项次	项目	允许偏差 (mm)	检验方法	抽检数量
7	外墙上下窗口偏移	20	以底层窗口为准,用经纬仪或吊线检查	不应少于 5 处
8	清水墙游丁走缝	20	以每层第一皮砖为准,用吊线和尺检查	不应少于 5 处

注:本表摘自《砌体结构工程施工质量验收规范》GB 50203—2011。

6 混凝土小型空心砌块砌体工程

6.1 一般规定

6.1.1 本章适用于普通混凝土小型空心砌块和轻骨料混凝土小型空心砌块(以下简称小砌块)等砌体工程。

6.1.2 施工前,应按房屋设计图编绘小砌块平、立面排块图,施工中应按排块图施工。

6.1.3 施工采用的小砌块的产品龄期不应小于 28d。

6.1.4 砌筑小砌块时,应清除表面污物,剔除外观质量不合格的小砌块。

6.1.5 砌筑小砌块砌体,宜选用专用小砌块砌筑砂浆。

6.1.6 底层室内地面以下或防潮层以下的砌体,应采用强度等级不低于 C20(Cb20)的混凝土灌实小砌块的孔洞。

6.1.7 砌筑普通混凝土小型空心砌块砌体,不需对小砌块浇水湿润,如遇天气干燥炎热,宜在砌筑前对其喷水湿润;对轻骨料混凝土小砌块,应提前浇水湿润,块体的相对含水率宜为 40%~50%。雨天及小砌块表面有浮水时,不得施工。

6.1.8 承重墙体使用的小砌块应完整、无破损、无裂缝。

6.1.9 小砌块墙体应孔对孔、肋对肋错缝搭砌。单排孔小砌块的搭接长度应为块体长度的 1/2;多排孔小砌块的搭接长度可适当调整,但不宜小于小砌块长度的 1/3,且不应小于 90mm。墙体的个别部位不能满足上述要求时,应在灰缝中设置拉结钢筋或钢筋网片,但竖向通缝仍不得超过两皮小砌块。

6.1.10 小砌块应将生产时的底面朝上反砌于墙上。

6.1.11 小砌块墙体宜逐块坐(铺)浆砌筑。

6.1.12 在散热器、厨房和卫生间等设备的卡具安装处砌筑的小砌块,宜在施工前用强度等级不低于 C20(Cb20)的混凝土将其孔洞灌实。

6.1.13 每步架墙(柱)砌筑完后,应随即刮平墙体灰缝。

6.1.14 芯柱处小砌块墙体砌筑应符合下列规定:

    1 每一楼层芯柱处第一皮砌块应采用开口小砌块;

    2 砌筑时应随砌随清除小砌块孔内的毛边,并将灰缝中挤出的砂浆刮净。

6.1.15 芯柱混凝土宜选用专用小砌块灌孔混凝土。浇筑芯柱混凝土应符合下列规定:

    1 每次连续浇筑的高度宜为半个楼层,但不应大于 1.8m。

    2 浇筑芯柱混凝土时,砌筑砂浆强度应大于 1MPa。

    3 清除孔内掉落的砂浆等杂物,并用水冲淋孔壁。

4 浇筑芯柱混凝土前，应先注入适量与芯柱混凝土成分相同的去石砂浆。

5 每浇筑 400～500mm 高度捣实一次，或边浇筑边捣实。

6.1.16 小砌块复合夹心墙的砌筑应符合本规范第 5.1.14 条的规定。

6.2 主控项目

6.2.1 小砌块和芯柱混凝土、砌筑砂浆的强度等级必须符合设计要求。

6.2.2 砌体水平灰缝和竖向灰缝的砂浆饱满度，按净面积计算不得低于 90％。

6.2.3 墙体转角处和纵横交接处应同时砌筑。临时间断处应砌成斜槎，斜槎水平投影长度不应小于斜槎高度。施工洞口可预留直槎，但在洞口砌筑和补砌时，应在直槎上下搭砌的小砌块孔洞内用强度等级不低于 **C20**（或 **Cb20**）的混凝土灌实。

6.2.4 小砌块砌体的芯柱在楼盖处应贯通，不得削弱芯柱截面尺寸；芯柱混凝土不得漏灌。

6.3 一般项目

6.3.1 砌体的水平灰缝厚度和竖向灰缝宽度宜为 10mm，但不应小于 8mm，也不应大于 12mm。

6.3.2 小砌块砌体尺寸、位置的允许偏差应按本规范第 5.3.3 条的规定执行。

7 石砌体工程

7.1 一般规定

7.1.1 本章适用于毛石、毛料石、粗料石、细料石等砌体工程。

7.1.2 石砌体采用的石材应质地坚实，无裂纹和无明显风化剥落；用于清水墙、柱表面的石材，尚应色泽均匀；石材的放射性应经检验，其安全性应符合现行国家标准《建筑材料放射性核素限量》GB 6566 的有关规定。

7.1.3 石材表面的泥垢、水锈等杂质，砌筑前应清除干净。

7.1.4 砌筑毛石基础的第一皮石块应坐浆，并将大面向下；砌筑料石基础的第一皮石块应用丁砌层坐浆砌筑。

7.1.5 毛石砌体的第一皮及转角处、交接处和洞口处，应用较大的平毛石砌筑。每个楼层（包括基础）砌体的最上一皮，宜选用较大的毛石砌筑。

7.1.6 毛石砌筑时，对石块间存在较大的缝隙，应先向缝内填灌砂浆并捣实，然后再用小石块嵌填，不得先填小石块后填灌砂浆，石块间不得出现无砂浆相互接触现象。

7.1.7 砌筑毛石挡土墙应按分层高度砌筑，并应符合下列规定：

1 每砌 3～4 皮为一个分层高度，每个分层高度应将顶层石块砌平。

2 两个分层高度间分层处的错缝不得小于 80mm。

7.1.8 料石挡土墙，当中间部分用毛石砌筑时，丁砌料石伸入毛石部分的长度不应小于 200mm。

7.1.9 毛石、毛料石、粗料石、细料石砌体灰缝厚度应均匀，灰缝厚度应符合下列规定：

1 毛石砌体外露面的灰缝厚度不宜大于 40mm；

2 毛料石和粗料石的灰缝厚度不宜大于 20mm；

3 细料石的灰缝厚度不宜大于 5mm。

7.1.10 挡土墙的泄水孔当设计无规定时，施工应符合下列规定：

1 泄水孔应均匀设置，在每米高度上间隔 **2m** 左右设置一个泄水孔。

2 泄水孔与土体间铺设长宽各为 **300mm**、厚 **200mm** 的卵石或碎石作疏水层。

7.1.11 挡水墙内侧回填土必须分层夯填，分层松土厚度宜为 300mm。墙顶土面应有适当坡度使流水流向挡土墙外侧面。

7.1.12 在毛石和实心砖的组合墙中，毛石砌体与砖砌体应同时砌筑，并每隔 4～6 皮砖用 2～3 皮丁砖与毛石砌体拉结砌合；两种砌体间的空隙应填实砂浆。

7.1.13 毛石墙和砖墙相接的转角处和交接处应同时砌筑。转角处、交接处应自纵墙（或横墙）每隔 4～6 皮砖高度引出不小于 120mm 与横墙（或纵墙）相接。

7.2 主控项目

7.2.1 石材及砂浆强度等级必须符合设计要求。

7.2.2 砌体灰缝的砂浆饱满度不应小于 80%。

7.3 一般项目

7.3.1 石砌体尺寸、位置的允许偏差及检验方法应符合相关的规定。

7.3.2 石砌体的组砌形式应符合下列规定：

1 内外搭砌，上下错缝，拉结石、丁砌石交错设置。

2 毛石墙拉结石每 $0.7m^2$ 墙面不应少于 1 块。

8 配筋砌体工程

8.1 一般规定

8.1.1 配筋砌体工程除应满足本章要求和规定外，尚应符合本规范第 5 章及第 6 章的要求和规定。

8.1.2 施工配筋小砌块砌体剪力墙，应采用专用的小砌块砌筑砂浆砌筑，专用小砌块灌孔混凝土浇筑芯柱。

8.1.3 设置在灰缝内的钢筋，应居中置于灰缝内，水平灰缝厚度应大于钢筋直径 4mm 以上。

8.2 主控项目

8.2.1 钢筋的品种、规格、数量和设置部位应符合设计要求。

8.2.2 构造柱、芯柱、组合砌体构件、配筋砌体剪力墙构件的混凝土及砂浆的强度等级应符合设计要求。

8.2.3 构造柱与墙体的连接应符合下列规定：

1 墙体应砌成马牙槎，马牙槎凹凸尺寸不宜小于 60mm，高度不应超过 300mm，马牙槎应先退后进，对称砌筑；马牙槎尺寸偏差每一构造柱不应超过 2 处。

2 预留拉结钢筋的规格、尺寸、数量及位置应正确，拉结钢筋应沿墙高每隔 500mm 设 2φ6，伸入墙内不宜小于 600mm，钢筋的竖向移位不应超过 100mm，且竖向移位每一构造柱不得超过 2 处。

3 施工中不得任意弯折拉结钢筋。

8.2.4 配筋砌体中受力钢筋的连接方式及锚固长度、搭接长度应符合设计要求。

8.3 一般项目

8.3.1 构造柱一般尺寸允许偏差及检验方法应符合表 8.3.1（表 7-59）的规定。

构造柱一般尺寸允许偏差及检验方法　　　　　表 7-59

项次	项目		允许偏差（mm）	检验方法
1	中心线位置		10	用经纬仪和尺检查或用其他测量仪器检查
2	层间错位		8	用经纬仪和尺检查或用其他测量仪器检查
3	垂直度	每层	10	用2m托线板检查
		全高 ≤10m	15	用经纬仪、吊线和尺检查或用其他测量仪器检查
		>10m	20	

注：本表摘自《砌体结构工程施工质量验收规范》GB 50203—2011。

8.3.2 设置在砌体灰缝中钢筋的防腐保护应符合本规范第3.0.16条的规定，且钢筋防护层完好，不应有肉眼可见裂纹、剥落和擦痕等缺陷。

8.3.3 网状配筋砖砌体中，钢筋网规格及放置间距应符合设计规定。每一构件钢筋网沿砌体高度位置超过设计规定一皮砖厚不得多于一处。

8.3.4 钢筋安装位置的允许偏差及检验方法应符合表8.3.4（表7-60）的规定。

钢筋安装位置的允许偏差和检验方法　　　　　表 7-60

项目		允许偏差（mm）	检验方法
受力钢筋保护层厚度	网状配筋砌体	±10	检查钢筋网成品，钢筋网放置位置局部剔缝观察，或用探针刺入灰缝内检查，或用钢筋位置测定仪测定
	组合砖砌体	±5	支模前观察与尺量检查
	配筋小砌块砌体	±10	浇筑灌孔混凝土前观察与尺量检查
配筋小砌块砌体墙凹槽中水平钢筋间距		±10	钢尺量连续三档，取最大值

注：本表摘自《砌体结构工程施工质量验收规范》GB 50203—2011。

9 填充墙砌体工程

9.1 一般规定

9.1.1 本章适用于烧结空心砖、蒸压加气混凝土砌块、轻骨料混凝土小型空心砌块等填充墙砌体工程。

9.1.2 砌筑填充墙时，轻骨料混凝土小型空心砌块和蒸压加气混凝土砌块的产品龄期不应小于28d，蒸压加气混凝土砌块的含水率宜小于30％。

9.1.3 烧结空心砖、蒸压加气混凝土砌块、轻骨料混凝土小型空心砌块等的运输、装卸过程中，严禁抛掷和倾倒；进场后应按品种、规格堆放整齐，堆置高度不宜超过2m。蒸压加气混凝土砌块在运输及堆放中应防止雨淋。

9.1.4 吸水率较小的轻骨料混凝土小型空心砌块及采用薄灰砌筑法施工的蒸压加气混凝土砌块，砌筑前不应对其浇（喷）水湿润；在气候干燥炎热的情况下，对吸水率较小的轻骨料混凝土小型空心砌块宜在砌筑前喷水湿润。

9.1.5 采用普通砌筑砂浆砌筑填充墙时，烧结空心砖、吸水率较大的轻骨料混凝土小型空心砌块应提前1～2d浇（喷）水湿润。蒸压加气混凝土砌块采用蒸压加气混凝土砌块砌筑砂浆或普通砌筑砂浆砌筑时，应在砌筑当天对砌块砌筑面喷水湿润。块体湿润程度宜符

251

合下列规定：

    1 烧结空心砖的相对含水率60%～70%；

    2 吸水率较大的轻骨料混凝土小型空心砌块、蒸压加气混凝土砌块的相对含水率40%～50%。

9.1.6 在厨房、卫生间、浴室等处采用轻骨料混凝土小型空心砌块、蒸压加气混凝土砌块砌筑墙体时，墙底部宜现浇混凝土坎台，其高度宜为150mm。

9.1.7 填充墙拉结筋处的下皮小砌块宜采用半盲孔小砌块或用混凝土灌实孔洞的小砌块；薄灰砌筑法施工的蒸压加气混凝土砌块砌体，拉结筋应放置在砌块上表面设置的沟槽内。

9.1.8 蒸压加气混凝土砌块、轻骨料混凝土小型空心砌块不应与其他块体混砌，不同强度等级的同类块体也不得混砌。

    注：窗台处和因安装门窗需要，在门窗洞口处两侧填充墙上、中、下部可采用其他块体局部嵌砌；对与框架柱、梁不脱开方法的填充墙，填塞填充墙顶部与梁之间缝隙可采用其他块体。

9.1.9 填充墙砌体砌筑，应待承重主体结构检验批验收合格后进行。填充墙与承重主体结构间的空（缝）隙部位施工，应在填充墙砌筑14d后进行。

9.2 主控项目

9.2.1 烧结空心砖、小砌块和砌筑砂浆的强度等级应符合设计要求。

9.2.2 填充墙砌体应与主体结构可靠连接，其连接构造应符合设计要求，未经设计同意，不得随意改变连接构造方法。每一填充墙与柱的拉结筋的位置超过一皮块体高度的数量不得多于一处。

9.2.3 填充墙与承重墙、柱、梁的连接钢筋，当采用化学植筋的连接方式时，应进行实体检测。锚固钢筋拉拔试验的轴向受拉非破坏承载力检验值为6.0kN。抽检钢筋在检验值作用下应基材无裂缝、钢筋无滑移宏观裂损现象；持荷2min期间荷载值降低不大于5%。检验批验收可按本规范表B.0.1（略）通过正常检验一次、二次抽样判定。填充墙砌体植筋锚固力检测记录可按本规范表C.0.1（略）填写。

9.3 一般项目

9.3.1 填充墙砌体尺寸、位置的允许偏差及检验方法应符合表9.3.1（表7-61）的规定。

填充墙砌体尺寸、位置的允许偏差及检验方法   表7-61

项次	项目		允许偏差（mm）	检验方法
1	轴线位移		10	用尺检查
2	垂直度（每层）	≤3m	5	用2m托线板或吊线、尺检查
		>3m	10	
3	表面平整度		8	用2m靠尺和楔形尺检查
4	门窗洞口高、宽（后塞口）		±10	用尺检查
5	外墙上、下窗口偏移		20	用经纬仪或吊线检查

    注：本表摘自《砌体结构工程施工质量验收规范》GB 50203—2011。

9.3.2 填充墙砌体的砂浆饱满度及检验方法应符合表9.3.2（表7-62）的规定。

表 7-62

填充墙砌体的砂浆饱满度及检验方法

砌体分类	灰缝	饱满度及要求	检验方法
空心砖砌体	水平	≥80%	采用百格网检查块体底面或侧面砂浆的粘结痕迹面积
	垂直	填满砂浆，不得有透明缝、瞎缝、假缝	
蒸压加气混凝土砌块、轻骨料混凝土小型空心砌块砌体	水平	≥80%	
	垂直	≥80%	

注：本表摘自《砌体结构工程施工质量验收规范》GB 50203—2011。

9.3.3 填充墙留置的拉结钢筋或网片的位置应与块体皮数相符合。拉结钢筋或网片应置于灰缝中，埋置长度应符合设计要求，竖向位置偏差不应超过一皮高度。

9.3.4 砌筑填充墙时应错缝搭砌，蒸压加气混凝土砌块搭砌长度不应小于砌块长度的 1/3；轻骨料混凝土小型空心砌块搭砌长度不应小于 90mm；竖向通缝不应大于 2 皮。

9.3.5 填充墙的水平灰缝厚度和竖向灰缝宽度应正确，烧结空心砖、轻骨料混凝土小型空心砌块体的灰缝应为 8～12mm；蒸压加气混凝土砌块砌体当采用水泥砂浆、水泥混合砂浆或蒸压加气混凝土砌块砌筑砂浆时，水平灰缝厚度和竖向灰缝宽度不应超过 15mm；当蒸压加气混凝土砌块砌体采用蒸压加气混凝土砌块粘结砂浆时，水平灰缝厚度和竖向灰缝宽度宜为 3～4mm。

（五）屋面工程质量验收

屋面工程是建筑工程的十个分部工程之一，其主要内容包括：基层与保护、保温与隔热、防水与密封、瓦面与板面、细部构造 5 个子分部工程的质量验收，验收时各分项工程的主控项目是工程质量中的关键内容，必须全部符合要求。

本节主要按照《屋面工程质量验收规范》GB 50207—2012 和《建筑工程施工质量验收统一标准》GB 50300—2013 编写，屋面工程验收时涉及的有关标准也做了介绍，在屋面工程验收时，按本章要求即可。

1　总则

1.0.1　为了加强建筑屋面工程质量管理，统一屋面工程的质量验收，保证其功能和质量，制定本规范。

1.0.2　本规范适用于房屋建筑屋面工程的质量验收。

1.0.3　屋面工程的设计和施工，应符合现行国家标准《屋面工程技术规范》GB 50345 的有关规定。

1.0.4　屋面工程的施工应遵守国家有关环境保护、建筑节能和防火安全等有关规定。

1.0.5　屋面工程的质量验收除应符合本规范外，尚应符合国家现行有关标准的规定。

2　术语

2.0.1　隔汽层 vapor barrier

阻止室内水蒸气渗透到保温层内的构造层。

2.0.2 保温层 thermal insulation layer

减少屋面热交换作用的构造层。

2.0.3 防水层 waterproof layer

能够隔绝水而不使水向建筑物内部渗透的构造层。

2.0.4 隔离层 isolation layer

消除相邻两种材料之间粘结力、机械咬合力、化学反应等不利影响的构造层。

2.0.5 保护层 protection layer

对防水层或保温层起防护作用的构造层。

2.0.6 隔热层 insulation layer

减少太阳辐射热向室内传递的构造层。

2.0.7 复合防水层 compound waterproof layer

由彼此相容的卷材和涂料组合而成的防水层。

2.0.8 附加层 additional layer

在易渗漏及易破损部位设置的卷材或涂膜加强层。

2.0.9 瓦面 bushing surface

在屋顶最外面铺盖块瓦或沥青瓦,具有防水和装饰功能的构造层。

2.0.10 板面 running surface

在屋顶最外面铺盖金属板或玻璃板,具有防水和装饰功能的构造层。

2.0.11 防水垫层 waterproof leveling layer

设置在瓦材或金属板材下面,起防水、防潮作用的构造层。

2.0.12 持钉层 nail-supporting layer

能握裹固定钉的瓦屋面构造层。

2.0.13 纤维材料 fiber material

将熔融岩石、矿渣、玻璃等原料经高温熔化,采用离心法或气体喷射法制成的板状或毡状纤维制品。

2.0.14 喷涂硬泡聚氨酯 spraying polyurethane foam

以异氰酸酯、多元醇为主要原料加入发泡剂等添加剂,现场使用专用喷涂设备在基层上连续多遍喷涂发泡聚氨酯后,形成无接缝的硬泡体。

2.0.15 现浇泡沫混凝土 cast foam concrete

用物理方法将发泡剂水溶液制备成泡沫,再将泡沫加入到由水泥、集料、掺合料、外加剂和水等制成的料浆中,经混合搅拌、现场浇筑、自然养护而成的轻质多孔混凝土。

2.0.16 玻璃采光顶 glass lighting roof

由玻璃透光面板与支承体系组成的屋顶。

3 基本规定

3.0.1 屋面工程应根据建筑物的性质、重要程度、使用功能要求,按不同屋面防水等级进行设防。屋面防水等级和设防要求应符合现行国家标准《屋面工程技术规范》GB

50345 的有关规定。

3.0.2 施工单位应取得建筑防水和保温工程相应等级的资质证书；作业人员应持证上岗。

3.0.3 施工单位应建立、健全施工质量的检验制度，严格工序管理，作好隐蔽工程的质量检查和记录。

3.0.4 屋面工程施工前应通过图纸会审，施工单位应掌握施工图中的细部构造及有关技术要求；施工单位应编制屋面工程专项施工方案，并应经监理单位或建设单位审查确认后执行。

3.0.5 对屋面工程采用的新技术，应按有关规定经过科技成果鉴定、评估或新产品、新技术鉴定。施工单位应对新的或首次采用的新技术进行工艺评价，并应制定相应技术质量标准。

3.0.6 屋面工程所用的防水、保温材料应有产品合格证书和性能检测报告，材料的品种、规格、性能等必须符合国家现行产品标准和设计要求。产品质量应由经过省级以上建设行政主管部门对其资质认可和质量技术监督部门对其计量认证的质量检测单位进行检测。

3.0.7 防水、保温材料进场验收应符合下列规定：

　　1 应根据设计要求对材料的质量证明文件进行检查，并应经监理工程师或建设单位代表确认，纳入工程技术档案。

　　2 应对材料的品种、规格、包装、外观和尺寸等进行检查验收，并应经监理工程师或建设单位代表确认，形成相应验收记录。

　　3 防水、保温材料进场检验项目及材料标准应符合本规范附录 A（略）和附录 B（略）的规定。材料进场检验应执行见证取样送检制度，并应提出进场检验报告。

　　4 进场检验报告的全部项目指标均达到技术标准规定应为合格；不合格材料不得在工程中使用。

3.0.8 屋面工程使用的材料应符合国家现行有关标准对材料有害物质限量的规定，不得对周围环境造成污染。

3.0.9 屋面工程各构造层的组成材料，应分别与相邻层次的材料相容。

3.0.10 屋面工程施工时，应建立各道工序的自检、交接检和专职人员检查的"三检"制度，并应有完整的检查记录。每道工序施工完成后，应经监理单位或建设单位检查验收，并应在合格后再进行下道工序的施工。

3.0.11 当进行下道工序或相邻工程施工时，应对屋面已完成的部分采取保护措施。伸出屋面的管道、设备或预埋件等，应在保温层和防水层施工前安设完毕。屋面保温层和防水层完工后，不得进行凿孔、打洞或重物冲击等有损屋面的作业。

3.0.12 屋面防水工程完工后，应进行观感质量检查和雨后观察或淋水、蓄水试验，不得有渗漏和积水现象。

3.0.13 屋面工程各子分部工程和分项工程的划分，应符合表 3.0.13（表 7-63）的要求。

255

屋面工程各子分部工程和分项工程的划分　　　　　　　　　　表 7-63

分部工程	子分部工程	分项工程
屋面工程	基层与保护	找坡层，找平层，隔汽层，隔离层，保护层
	保温与隔热	板状材料保温层，纤维材料保湿层，喷涂硬泡聚氨酯保温层，现浇泡沫混凝土保温层，种植隔热层，架空隔热层，蓄水隔热层
	防水与密封	卷材防水层，涂膜防水层，复合防水层，接缝密封防水
	瓦面与板面	烧结瓦和混凝土瓦铺装，沥青瓦铺装，金属板铺装，玻璃采光顶铺装
	细部构造	檐口、檐沟和天沟，女儿墙和山墙，水落口，变形缝，伸出屋面管道，屋面出入口，反梁过水孔，设施基座，屋脊，屋顶窗

注：本表摘自《屋面工程质量验收规范》GB 50207—2012。

3.0.14　屋面工程各分项工程宜按屋面面积每 $500\sim1000\text{m}^2$ 划分为一个检验批，不足 500m^2 应按一个检验批；每个检验批的抽检数量应按本规范第 $4\sim8$ 章的规定执行。

4　基层与保护工程

4.1　一般规定

4.1.1　本章适用于与屋面保温层、防水层相关的找坡层、找平层、隔汽层、隔离层、保护层等分项工程的施工质量验收。

4.1.2　屋面混凝土结构层的施工，应符合现行国家标准《混凝土结构工程施工质量验收规范》GB 50204 的有关规定。

4.1.3　屋面找坡应满足设计排水坡度要求，结构找坡不应小于 3%，材料找坡宜为 2%；檐沟、天沟纵向找坡不应小于 1%，沟底水落差不得超过 200mm。

4.1.4　上人屋面或其他使用功能屋面，其保护及铺面的施工除应符合本章的规定外，尚应符合现行国家标准《建筑地面工程施工质量验收规范》GB 50209 等的有关规定。

4.1.5　基层与保护工程各分项工程每个检验批的抽检数量，应按屋面面积每 100m^2 抽查一处，每处应为 10m^2，且不得少于 3 处。

4.2　找坡层和找平层

4.2.1　装配式钢筋混凝土板的板缝嵌填施工，应符合下列要求：

1　嵌填混凝土时板缝内应清理干净，并应保持湿润。

2　当板缝宽度大于 40mm 或上窄下宽时，板缝内应按设计要求配置钢筋。

3　嵌填细石混凝土的强度等级不应低于 C20，嵌填深度宜低于板面 $10\sim20\text{mm}$，且应振捣密实和浇水养护。

4　板端缝应按设计要求增加防裂的构造措施。

4.2.2　找坡层宜采用轻骨料混凝土；找坡材料应分层铺设和适当压实，表面应平整。

4.2.3　找平层宜采用水泥砂浆或细石混凝土；找平层的抹平工序应在初凝前完成，压光工序应在终凝前完成，终凝后应进行养护。

4.2.4　找平层分格缝纵横间距不宜大于 6m，分格缝的宽度宜为 $5\sim20\text{mm}$。

Ⅰ　主控项目

4.2.5　找坡层和找平层所用材料的质量及配合比，应符合设计要求。

4.2.6 找坡层和找平层的排水坡度，应符合设计要求。

Ⅱ　一般项目

4.2.7 找平层应抹平、压光，不得有酥松、起砂、起皮现象。

4.2.8 卷材防水层的基层与突出屋面结构的交接处，以及基层的转角处，找平层应做成圆弧形，且应整齐平顶。

4.2.9 找平层分格缝的宽度和间距，均应符合设计要求。

4.2.10 找坡层表面平整度的允许偏差为 7mm，找平层表面平整度的允许偏差为 5mm。

4.3　隔汽层

4.3.1 隔汽层的基层应平整、干净、干燥。

4.3.2 隔汽层应设置在结构层与保温层之间；隔汽层应选用气密性、水密性好的材料。

4.3.3 在屋面与墙的连接处，隔汽层应沿墙面向上连续铺设，高出保温层上表面不得小于 150mm。

4.3.4 隔汽层采用卷材时宜空铺，卷材搭接缝应满粘，其搭接宽度不应小于 80mm；隔汽层采用涂料时，应涂刷均匀。

4.3.5 穿过隔汽层的管线周围应封严，转角处应无折损；隔汽层凡有缺陷或破损的部位，均应进行返修。

Ⅰ　主控项目

4.3.6 隔汽层所用材料的质量，应符合设计要求。检验方法：检查出厂合格证、质量检验报告和进场检验报告。

4.3.7 隔汽层不得有破损现象。

Ⅱ　一般项目

4.3.8 卷材隔汽层应铺设平整，卷材搭接缝应粘结牢固，密封应严密，不得有扭曲、皱折和起泡等缺陷。

4.3.9 涂膜隔汽层应粘结牢固，表面平整，涂布均匀，不得有堆积、起泡和露底等缺陷。

4.4　隔离层

4.4.1 块体材料、水泥砂浆或细石混凝土保护层与卷材、涂膜防水层之间，应设置隔离层。

4.4.2 隔离层可采用干铺塑料膜、土工布、卷材或铺抹低强度等级砂浆。

Ⅰ　主控项目

4.4.3 隔离层所用材料的质量及配合比，应符合设计要求。

4.4.4 隔离层不得有破损和漏铺现象。

Ⅱ　一般项目

4.4.5 塑料膜、土工布、卷材应铺设平整，其搭接宽度不应小于 50mm，不得有皱折。

4.4.6 低强度等级砂浆表面应压实、平整，不得有起壳、起砂现象。

4.5　保护层

4.5.1 防水层上的保护层施工，应待卷材铺贴完成或涂料固化成膜，并经检验合格后进行。

4.5.2 用块体材料做保护层时，宜设置分格缝，分格缝纵横间距不应大于 10m，分格缝宽度宜为 20mm。

4.5.3 用水泥砂浆做保护层时，表面应抹平压光，并应设表面分格缝，分格面积宜为 1m²。

4.5.4 用细石混凝土做保护层时，混凝土应振捣密实，表面应抹平压光，分格缝纵横间

257

距不应大于 6m。分格缝的宽度宜为 10～20mm。

4.5.5 块体材料、水泥砂浆或细石混凝土保护层与女儿墙和山墙之间，应预留宽度为 30mm 的缝隙，缝内宜填塞聚苯乙烯泡沫塑料，并应用密封材料嵌填密实。

Ⅰ 主控项目

4.5.6 保护层所用材料的质量及配合比，应符合设计要求。

4.5.7 块体材料、水泥砂浆或细石混凝土保护层的强度等级，应符合设计要求。

4.5.8 保护层的排水坡度，应符合设计要求。

Ⅱ 一般项目

4.5.9 块体材料保护层表面应干净，接缝应平整，周边应顺直，镶嵌应正确，应无空鼓现象。

4.5.10 水泥砂浆、细石混凝土保护层不得有裂纹、脱皮、麻面和起砂等现象。

4.5.11 浅色涂料应与防水层粘结牢固，厚薄应均匀，不得漏涂。

4.5.12 保护层的允许偏差和检验方法应符合表 4.5.12（表 7-64）的规定。

保护层的允许偏差和检验方法   表 7-64

项目	允许偏差（mm）			检验方法
	块体材料	水泥砂浆	细石混凝土	
表面平整度	4.0	4.0	5.0	2m 靠尺和塞尺检查
缝格平直	3.0	3.0	3.0	拉线和尺量检查
接缝高低差	1.5	—	—	直尺和塞尺检查
板块间隙宽度	2.0	—	—	尺量检查
保护层厚度	设计厚度的 10%，且不得大于 5mm			钢针插入和尺量检查

注：本表摘自《屋面工程质量验收规范》GB 50207—2012。

5 保温与隔热工程

5.1 一般规定

5.1.1 本章适用于板状材料、纤维材料、喷涂硬泡聚氨酯、现浇泡沫混凝土保温层和种植、架空、蓄水隔热层分项工程的施工质量验收。

5.1.2 铺设保温层的基层应平整、干燥和干净。

5.1.3 保温材料在施工过程中应采取防潮、防水和防火等措施。

5.1.4 保温与隔热工程的构造及选用材料应符合设计要求。

5.1.5 保温与隔热工程质量验收除应符合本章规定外，尚应符合现行国家标准《建筑节能工程施工质量验收规范》GB 50411 的有关规定。

5.1.6 保温材料使用时的含水率，应相当于该材料在当地自然风干状态下的平衡含水率。

5.1.7 **保温材料的导热系数、表观密度或干密度、抗压强度或压缩强度、燃烧性能，必须符合设计要求。**

5.1.8 种植、架空、蓄水隔热层施工前，防水层均应验收合格。

5.1.9 保温与隔热工程各分项工程每个检验批的抽检数量，应按屋面面积每 100m² 抽查 1 处，每处应为 10m²，且不得少于 3 处。

5.2 板状材料保温层

5.2.1 板状材料保温层采用干铺法施工时，板状保温材料应紧靠在基层表面上，应铺平垫稳，分层铺设的板块上下层接缝应相互错开，板间缝隙应采用同类材料的碎屑嵌填密实。

5.2.2 板状材料保温层采用粘贴法施工时，胶粘剂应与保温材料的材性相容，并应贴严、粘牢；板状材料保温层的平面接缝应挤紧拼严，不得在板块侧面涂抹胶粘剂，超过 2mm 的缝隙应采用相同材料板条或片填塞严实。

5.2.3 板状保温材料采用机械固定法施工时，应选择专用螺钉和垫片；固定件与结构层之间应连接牢固。

Ⅰ 主控项目

5.2.4 板状保温材料的质量，应符合设计要求。

5.2.5 板状材料保温层的厚度应符合设计要求，其正偏差应不限，负偏差应为 5%，且不得大于 4mm。

5.2.6 屋面热桥部位处理应符合设计要求。

Ⅱ 一般项目

5.2.7 板状保温材料铺设应紧贴基层，应铺平垫稳，拼缝应严密，粘贴应牢固。

5.2.8 固定件的规格、数量和位置均应符合设计要求；垫片应与保温层表面齐平。

5.2.9 板状材料保温层表面平整度的允许偏差为 5mm。

5.2.10 板状材料保温层接缝高低差的允许偏差为 2mm。

5.3 纤维材料保温层

5.3.1 纤维材料保温层施工应符合下列规定：

    1 纤维保温材料应紧靠在基层表面上，平面接缝应挤紧拼严，上下层接缝应相互错开。

    2 屋面坡度较大时，宜采用金属或塑料专用固定件将纤维保温材料与基层固定。

    3 纤维材料填充后，不得上人踩踏。

5.3.2 装配式骨架纤维保温材料施工时，应先在基层上铺设保温龙骨或金属龙骨，龙骨之间应填充纤维保温材料，再在龙骨上铺钉水泥纤维板。金属龙骨和固定件应经防锈处理，金属龙骨与基层之间应采取隔热断桥措施。

5.4 喷涂硬泡聚氨酯保温层

5.4.1 保温层施工前应对喷涂设备进行调试，并应制备试样进行硬泡聚氨酯的性能检测。

5.4.2 喷涂硬泡聚氨酯的配比应准确计量，发泡厚度应均匀一致。

5.4.3 喷涂时喷嘴与施工基面的间距应由试验确定。

5.4.4 一个作业面应分遍喷涂完成，每遍厚度不宜大于 15mm；当日的作业面应当日连续地喷涂施工完毕。

5.4.5 硬泡聚氨酯喷涂后 20min 内严禁上人；喷涂硬泡聚氨酯保温层完成后，应及时做保护层。

5.5 现浇泡沫混凝土保温层

5.5.1 在浇筑泡沫混凝土前，应将基层上的杂物和油污清理干净；基层应浇水湿润，但不得有积水。

5.5.2 保温层施工前应对设备进行调试，并应制备试样进行泡沫混凝土的性能检测。

5.5.3 泡沫混凝土的配合比应准确计量，制备好的泡沫加入水泥料浆中应搅拌均匀。

5.5.4 浇筑过程中,应随时检查泡沫混凝土的湿密度。

5.6 种植隔热层

5.6.1 种植隔热层与防水层之间宜设细石混凝土保护层。

5.6.2 种植隔热层的屋面坡度大于20%时,其排水层、种植土层应采取防滑措施。

5.6.3 排水层施工应符合下列要求:

1 陶粒的粒径不应小于25mm,大粒径应在下,小粒径应在上。

2 凹凸形排水板宜采用搭接法施工,网状交织排水板宜采用对接法施工。

3 排水层上应铺设过滤层土工布。

4 挡墙或挡板的下部应设泄水孔,孔周围应放置疏水粗细骨料。

5.6.4 过滤层土工布应沿种植土周边向上铺设至种植土高度,并应与挡墙或挡板粘牢;土工布的搭接宽度不应小于100mm,接缝宜采用粘合或缝合。

5.6.5 种植土的厚度及自重应符合设计要求。种植土表面应低于挡墙高度100mm。

5.7 架空隔热层

5.7.1 架空隔热层的高度应按屋面宽度或坡度大小确定。设计无要求时,架空隔热层的高度宜为180~300mm。

5.7.2 当屋面宽度大于10m时,应在屋面中部设置通风屋脊,通风口处应设置通风算子。

5.7.3 架空隔热制品支座底面的卷材、涂膜防水层,应采取加强措施。

5.7.4 架空隔热制品的质量应符合下列要求:

1 非上人屋面的砌块强度等级不应低于MU7.5;上人屋面的砌块强度等级不应低于MU10。

2 混凝土板的强度等级不应低于C20,板厚及配筋应符合设计要求。

5.8 蓄水隔热层

5.8.1 蓄水隔热层与屋面防水层之间应设隔离层。

5.8.2 蓄水池的所有孔洞应预留,不得后凿;所设置的给水管、排水管和溢水管等,均应在蓄水池混凝土施工前安装完毕。

5.8.3 每个蓄水区的防水混凝土应一次浇筑完毕,不得留施工缝。

5.8.4 防水混凝土应用机械振捣密实,表面应抹平和压光,初凝后应覆盖养护,终凝后浇水养护不得少于14d;蓄水后不得断水。

6 防水与密封工程

6.1 一般规定

6.1.1 本章适用于卷材防水层、涂膜防水层、复合防水层和接缝密封防水等分项工程的施工质量验收。

6.1.2 防水层施工前,基层应坚实、平整、干净、干燥。

6.1.3 基层处理剂应配比准确,并应搅拌均匀;喷涂或涂刷基层处理剂应均匀一致,待其干燥后应及时进行卷材、涂膜防水层和接缝密封防水施工。

6.1.4 防水层完工并经验收合格后,应及时做好成品保护。

6.1.5 防水与密封工程各分项工程每个检验批的抽检数量,防水层应按屋面面积每

$100m^2$ 抽查一处，每处应为 $10m^2$，且不得少于 3 处；接缝密封防水应按每 50m 抽查一处，每处应为 5m，且不得少于 3 处。

6.2 卷材防水层

6.2.1 屋面坡度大于 25％时，卷材应采取满粘和钉压固定措施。

6.2.2 卷材铺贴方向应符合下列规定：

1 卷材宜平行屋脊铺贴。

2 上下层卷材不得相互垂直铺贴。

6.2.3 卷材搭接缝应符合下列规定：

1 平行屋脊的卷材搭接缝应顺流水方向，卷材搭接宽度应符合表 6.2.3（表 7-65）的规定。

2 相邻两幅卷材短边搭接缝应错开，且不得小于 500mm。

3 上下层卷材长边搭接缝应错开，且不得小于幅宽的 1/3。

卷材搭接宽度（mm）　　　　　　　　　　　　　　　　　　　　表 7-65

卷材类别		搭接宽度
合成高分子防水卷材	胶粘剂	80
	胶粘带	50
	单缝焊	60，有效焊接宽度不小于 25
	双缝焊	80，有效焊接宽度 $10×2$＋空腔宽
高聚物改性沥青防水卷材	胶粘剂	100
	自粘	80

注：本表摘自《屋面工程质量验收规范》GB 50207—2012。

6.2.4 冷粘法铺贴卷材应符合下列规定：

1 胶粘剂涂刷应均匀，不应露底，不应堆积。

2 应控制胶粘剂涂刷与卷材铺贴的间隔时间。

3 卷材下面的空气应排尽，并应辊压粘牢固。

4 卷材铺贴应平整顺直，搭接尺寸应准确，不得扭曲、皱折。

5 接缝口应用密封材料封严，宽度不应小于 10mm。

6.2.5 热粘法铺贴卷材应符合下列规定：

1 熔化热熔型改性沥青胶结料时，宜采用专用导热油炉加热，加热温度不应高于 200℃，使用温度不宜低于 180℃。

2 粘贴卷材的热熔型改性沥青胶结料厚度宜为 1.0～1.5mm。

3 采用热熔型改性沥青胶结料粘贴卷材时，应随刮随铺，并应展平压实。

6.2.6 热熔法铺贴卷材应符合下列规定：

1 火焰加热器加热卷材应均匀，不得加热不足或烧穿卷材。

2 卷材表面热熔后应立即滚铺，卷材下面的空气应排尽，并应辊压粘贴牢固。

3 卷材接缝部位应溢出热熔的改性沥青胶，溢出的改性沥青胶宽度宜为 8mm。

4 铺贴的卷材应平整顺直，搭接尺寸应准确，不得扭曲、皱折。

5 厚度小于 3mm 的高聚物改性沥青防水卷材，严禁采用热熔法施工。

6.2.7 自粘法铺贴卷材应符合下列规定:

1 铺贴卷材时,应将自粘胶底面的隔离纸全部撕净。

2 卷材下面的空气应排尽,并应辊压粘贴牢固。

3 铺贴的卷材应平整顺直,搭接尺寸应准确,不得扭曲、皱折。

4 接缝口应用密封材料封严,宽度不应小于10mm。

5 低温施工时,接缝部位宜采用热风加热,并应随即粘贴牢固。

6.2.8 焊接法铺贴卷材应符合下列规定:

1 焊接前卷材应铺设平整、顺直,搭接尺寸应准确,不得扭曲、皱折。

2 卷材焊接缝的结合面应干净、干燥,不得有水滴、油污及附着物。

3 焊接时应先焊长边搭接缝,后焊短边搭接缝。

4 控制加热温度和时间,焊接缝不得有漏焊、跳焊、焊焦或焊接不牢现象。

5 焊接时不得损害非焊接部位的卷材。

6.2.9 机械固定法铺贴卷材应符合下列规定:

1 卷材应采用专用固定件进行机械固定。

2 固定件应设置在卷材搭接缝内,外露固定件应用卷材封严。

3 固定件应垂直钉入结构层有效固定,固定件数量和位置应符合设计要求。

4 卷材搭接缝应粘结或焊接牢固,密封应严密。

5 卷材周边800mm范围内应满粘。

Ⅰ 主控项目

6.2.10 防水卷材及其配套材料的质量,应符合设计要求。

6.2.11 卷材防水层不得有渗漏和积水现象。

6.2.12 卷材防水层在檐口、檐沟、天沟、水落口、泛水、变形缝和伸出屋面管道的防水构造,应符合设计要求。

Ⅱ 一般项目

6.2.13 卷材的搭接缝应粘结或焊接牢固,密封应严密,不得扭曲、皱折和翘边。

6.2.14 卷材防水层的收头应与基层粘结,钉压应牢固,密封严密。

6.2.15 卷材防水层的铺贴方向应正确,卷材搭接宽度的允许偏差为-10mm。

6.2.16 屋面排汽构造的排汽道应纵横贯通,不得堵塞排汽管应安装牢固,位置应正确,封闭应严密。

6.3 涂膜防水层

6.3.1 防水涂料应多遍涂布,并应待前一遍涂布的涂料干燥成膜后,再涂布后一遍涂料,且前后两遍涂料的涂布方向应相互垂直。

6.3.2 铺设胎体增强材料应符合下列规定:

1 胎体增强材料宜采用聚酯无纺布或化纤无纺布。

2 胎体增强材料长边搭接宽度不应小于50mm,短边搭接宽度不应小于70mm。

3 上下层胎体增强材料的长边搭接缝应错开,且不得小于幅宽的1/3。

4 上下层胎体增强材料不得相互垂直铺设。

6.3.3 多组分防水涂料应按配合比准确计量,搅拌应均匀,并应根据有效时间确定每次配制的数量。

Ⅰ 主控项目

6.3.4 防水涂料和胎体增强材料的质量，应符合设计要求。

6.3.5 涂膜防水层不得有渗漏和积水现象。

6.3.6 涂膜防水层在檐口、檐沟、天沟、水落口、泛水、变形缝和伸出屋面管道的防水构造，应符合设计要求。

6.3.7 涂膜防水层的平均厚度应符合设计要求，且最小厚度不得小于设计厚度的80%。

Ⅱ 一般项目

6.3.8 涂膜防水层与基层应粘结牢固，表面应平整，涂布应均匀，不得有流淌、皱折、起泡和露胎体等缺陷。

6.3.9 涂膜防水层的收头应用防水涂料多遍涂刷。

6.3.10 铺贴胎体增强材料应平整顺直，搭接尺寸应准确，应排除气泡，并应与涂料粘结牢固；胎体增强材料搭接宽度的允许偏差为-10mm。

（六）建筑节能工程施工质量验收（土建部分）

面对全球能源环境问题，低能耗建筑、零能建筑和绿色建筑等在我国得到政府的高度重视，国务院发布了《民用建筑节能条例》（国务院530号令），国家出台了多部技术标准，以满足建筑节能工作的要求。本节主要介绍《建筑节能工程施工质量验收标准》GB 50411—2019中的土建部分。

1 总则

1.0.1 为了加强建筑节能工程的施工质量管理，统一建筑节能工程施工质量验收标准，保证建筑工程节能效果，制定本标准。

1.0.2 本标准适用于新建、扩建和改建的民用建筑工程中围护结构、供暖空调、配电照明、监测控制及可再生能源建筑节能工程施工质量的验收。

1.0.3 本标准对建筑节能工程施工质量的要求为基本要求，相关工程技术文件、承包合同文件对节能工程质量的要求不得低于本标准的规定。

1.0.4 建筑节能工程施工质量验收除应符合本标准外，尚应符合国家现行有关标准的规定。

2 术语

2.0.1 保温浆料

由无机胶凝材料、添加剂、填料与轻骨料等混合，使用时按比例加水搅拌制成的浆料，又称保温砂浆。

2.0.2 玻璃遮阳系数

透过窗玻璃的太阳辐射得热与透过标准3mm透明窗玻璃的太阳辐射得热的比值。

2.0.3 透光幕墙

可见光能直接透射入室内的幕墙。

2.0.4 灯具效率

263

在相同的使用条件下，灯具发出的总光通量与灯具内所有光源发出的总光通量的比值。

2.0.5　照明功率密度（LPD）

建筑的房间或场所，单位面积的照明安装功率（含光源、镇流器、变压器的功耗）。单位：W/m^2。

2.0.6　进场验收

对进入施工现场的材料、设备等进行外观质量检查和规格、型号、技术参数及质量证明文件核查并形成相应验收记录的活动。

2.0.7　检验

对被检验项目的特征、性能进行量测、检查、试验等，并将结果与标准或设计规定的要求进行比较，以确定项目每项性能是否合格的活动。

2.0.8　复验

进入施工现场的材料、设备等在进场验收合格的基础上，按照有关规定从施工现场随机抽样，送至具备相应资质的检测机构进行部分或全部性能参数检验的活动。

2.0.9　见证取样检验

施工单位取样人员在监理工程师的见证下，按照有关规定从施工现场随机抽样，送至具备相应资质的检测机构进行检验的活动。

2.0.10　现场实体检验

在监理工程师见证下，对已经完成施工作业的分项或子分部工程，按照有关规定在工程实体上抽取试样，在现场进行检验；当现场不具备检验条件时，送至具有相应资质的检测机构进行检验的活动，简称实体检验。

2.0.11　质量证明文件

随同进场材料、设备等一同提供的能够证明其质量状况的文件。通常包括出厂合格证、中文说明书、型式检验报告及相关性能检测报告等。进口产品应包括出入境商品检验合格证明。适用时，也可包括进场验收、进场复验、见证取样检验和现场实体检验等资料。

2.0.12　核查

对技术资料的检查及资料与实物的核对。包括：对技术资料的完整性、内容的正确性、与其他相关资料的一致性及整理归档情况等的检查，以及将技术资料中的技术参数等与相应的材料、构件、设备或产品实物进行核对、确认。

2.0.13　型式检验

由生产厂家委托具有相应资质的检测机构，对定型产品或成套技术的全部性能指标进行的检验，其检验报告为型式检验报告。通常在产品定型鉴定、正常生产期间规定时间内、出厂检验结果与上次型式检验结果有较大差异、材料及工艺参数改变、停产后恢复生产或有型式检验要求时进行。

3　基本规定

3.1　技术与管理

3.1.1　施工现场应建立相应的质量管理体系及施工质量控制与检验制度。

3.1.2 当工程设计变更时，建筑节能性能不得降低，且不得低于国家现行有关建筑节能设计标准的规定。

3.1.3 建筑节能工程采用的新技术、新工艺、新材料、新设备，应按照有关规定进行评审、鉴定。施工前应对新采用的施工工艺进行评价，并制定专项施工方案。

3.1.4 单位工程施工组织设计应包括建筑节能工程的施工内容。建筑节能工程施工前，施工单位应编制建筑节能工程专项施工方案。施工单位应对从事建筑节能工程施工作业的人员进行技术交底和必要的实际操作培训。

3.1.5 用于建筑节能工程质量验收的各项检测，除本标准第17.1.6条规定外，应由具备相应资质的检测机构承担。

3.2 材料与设备

3.2.1 建筑节能工程使用的材料、构件和设备等，必须符合设计要求及国家现行标准的有关规定，严禁使用国家明令禁止与淘汰的材料和设备。

3.2.2 公共机构建筑和政府出资的建筑工程应选用通过建筑节能产品认证或具有节能标识的产品；其他建筑工程宜选用通过建筑节能产品认证或具有节能标识的产品。

3.2.3 材料、构件和设备进场验收应符合下列规定：

1 应对材料、构件和设备的品种、规格、包装、外观等进行检查验收，并应形成相应的验收记录。

2 应对材料、构件和设备的质量证明文件进行核查，核查记录应纳入工程技术档案。进入施工现场的材料、构件和设备均应具有出厂合格证、中文说明书及相关性能检测报告。

3 涉及安全、节能、环境保护和主要使用功能的材料、构件和设备，应按照本标准附录A和各章的规定在施工现场随机抽样复验，复验应为见证取样检验。当复验的结果不合格时，该材料、构件和设备不得使用。

4 在同一工程项目中，同厂家、同类型、同规格的节能材料、构件和设备，当获得建筑节能产品认证、具有节能标识或连续三次见证取样检验均一次检验合格时，其检验批的容量可扩大一倍，且仅可扩大一倍。扩大检验批后的检验中出现不合格情况时，应按扩大前的检验批重新验收，且该产品不得再次扩大检验批容量。

3.2.4 检验批抽样样本应随机抽取，并应满足分布均匀、具有代表性的要求。

3.2.5 涉及建筑节能效果的定型产品、预制构件，以及采用成套技术现场施工安装的工程，相关单位应提供型式检验报告。当无明确规定时，型式检验报告的有效期不应超过2年。

3.2.6 建筑节能工程使用材料的燃烧性能和防火处理应符合设计要求，并应符合现行国家标准《建筑设计防火规范》GB 50016和《建筑内部装修设计防火规范》GB 50222的规定。

3.2.7 建筑节能工程使用的材料应符合国家现行有关标准对材料有害物质限量的规定，不得对室内外环境造成污染。

3.2.8 现场配制的保温浆料、聚合物砂浆等材料，应按设计要求或试验室给出的配合比配制。当未给出要求时，应按照专项施工方案和产品说明书配制。

3.2.9 节能保温材料在施工使用时的含水率应符合设计、施工工艺及施工方案要求。当无上述要求时，节能保温材料在施工使用时的含水率不应大于正常施工环境湿度下的自然含水率。

3.3 施工与控制

3.3.1 建筑节能工程应按照经审查合格的设计文件和经审查批准的专项施工方案施工，各施工工序应严格执行并按施工技术标准进行质量控制，每道施工工序完成后，经施工单位自检符合要求后，可进行下道工序施工。各专业工种之间的相关工序应进行交接检验，并应记录。

3.3.2 建筑节能工程施工前，对于采用相同建筑节能设计的房间和构造做法，应在现场采用相同材料和工艺制作样板间或样板件，经有关各方确认后方可进行施工。

3.3.3 使用有机类材料的建筑节能工程施工过程中，应采取必要的防火措施，并应制定火灾应急预案。

3.3.4 建筑节能工程的施工作业环境和条件，应符合国家现行相关标准的规定和施工工艺的要求。节能保温材料不宜在雨雪天气中露天施工。

3.4 验收的划分

3.4.1 建筑节能工程为单位工程的一个分部工程。其子分部工程和分项工程的划分，应符合下列规定：

    1 建筑节能子分部工程和分项工程划分宜符合表3.4.1（表7-66）的规定。

    2 建筑节能工程可按照分项工程进行验收。当建筑节能分项工程的工程量较大时，可将分项工程划分为若干个检验批进行验收。

建筑节能子分部工程和分项工程划分   表 7-66

序号	子分部工程	分项工程	主要验收内容
1	围护结构节能工程	墙体节能工程	基层；保温隔热构造；抹面层；饰面层；保温隔热砌体等
2		幕墙节能工程	保温隔热构造；隔气层；幕墙玻璃；单元式幕墙板块；通风换气系统；遮阳设施；凝结水收集排放系统；幕墙与周边墙体和屋面间的接缝等
3		门窗节能工程	门；窗；天窗；玻璃；遮阳设施；通风器；门窗与洞口间隙等
4		屋面节能工程	基层；保温隔热构造；保护层；隔气层；防水层；面层等
5		地面节能工程	基层；保温隔热构造；保护层；面层等

3.4.2 当建筑节能工程验收无法按本标准第3.4.1条的要求划分分项工程或检验批时，可由建设、监理、施工等各方协商划分检验批；其验收项目、验收内容、验收标准和验收记录均应符合本标准的规定。

3.4.3 当按计数方法检验时，抽样数量除本标准另有规定外，检验批最小抽样数量宜符合表3.4.3（表7-67）的规定。

表 7-67

检验批最小抽样数量

检验批的容量	最小抽样数量	检验批的容量	最小抽样数量
2～15	2	151～280	13
16～25	3	281～500	20
26～90	5	501～1200	32
91～150	8	1201～3200	50

3.4.4 当在同一个单位工程项目中，建筑节能分项工程和检验批的验收内容与其他各专业分部工程、分项工程或检验批的验收内容相同且验收结果合格时，可采用其验收结果，不必进行重复检验。建筑节能分部工程验收资料应单独组卷。

4 墙体节能工程

4.1 一般规定

4.1.1 本章适用于建筑外围护结构采用板材、浆料、块材及预制复合墙板等墙体保温材料或构件的建筑墙体节能工程施工质量验收。

4.1.2 主体结构完成后进行施工的墙体节能工程，应在基层质量验收合格后施工，施工过程中应及时进行质量检查、隐蔽工程验收和检验批验收，施工完成后应进行墙体节能分项工程验收。与主体结构同时施工的墙体节能工程，应与主体结构一同验收。

4.1.3 墙体节能工程应对下列部位或内容进行隐蔽工程验收，并应有详细的文字记录和必要的图像资料：

    1 保温层附着的基层及其表面处理；

    2 保温板粘结或固定；

    3 被封闭的保温材料厚度；

    4 锚固件及锚固节点做法；

    5 增强网铺设；

    6 抹面层厚度；

    7 墙体热桥部位处理；

    8 保温装饰板、预置保温板或预制保温墙板的位置、界面处理、板缝、构造节点及固定方式；

    9 现场喷涂或浇注有机类保温材料的界面；

    10 保温隔热砌块墙体；

    11 各种变形缝处的节能施工做法。

4.1.4 墙体节能工程的保温隔热材料在运输、储存和施工过程中应采取防潮、防水、防火等保护措施。

4.1.5 墙体节能工程验收的检验批划分，除本章另有规定外应符合下列规定：

    1 采用相同材料、工艺和施工做法的墙面，扣除门窗洞口后的保温墙面面积每1000m²划分为一个检验批；

    2 检验批的划分也可根据与施工流程相一致且方便施工与验收的原则，由施工单位与监理单位双方协商确定；

267

3 当按计数方法抽样检验时,其抽样数量尚应符合本标准第3.4.3条的规定。

4.2 主控项目

4.2.1 墙体节能工程使用的材料、构件应进行进场验收,验收结果应经监理工程师检查认可,且应形成相应的验收记录。各种材料和构件的质量证明文件与相关技术资料应齐全,并应符合设计要求和国家现行有关标准的规定。

4.2.2 墙体节能工程使用的材料、产品进场时,应对其下列性能进行复验,复验应为见证取样检验:

1 保温隔热材料的导热系数或热阻、密度、压缩强度或抗压强度、垂直于板面方向的抗拉强度、吸水率、燃烧性能(不燃材料除外);

2 复合保温板等墙体节能定型产品的传热系数或热阻、单位面积质量、拉伸粘结强度、燃烧性能(不燃材料除外);

3 保温砌块等墙体节能定型产品的传热系数或热阻、抗压强度、吸水率;

4 反射隔热材料的太阳光反射比,半球发射率;

5 粘结材料的拉伸粘结强度;

6 抹面材料的拉伸粘结强度、压折比;

7 增强网的力学性能、抗腐蚀性能。

4.2.3 外墙外保温工程应采用预制构件、定型产品或成套技术,并应由同一供应商提供配套的组成材料和型式检验报告。型式检验报告中应包括耐候性和抗风压性能检验项目以及配套组成材料的名称、生产单位、规格型号及主要性能参数。

4.2.4 严寒和寒冷地区外保温使用的抹面材料,其冻融试验结果应符合该地区最低气温环境的使用要求。

4.2.5 墙体节能工程施工前应按照设计和专项施工方案的要求对基层进行处理,处理后的基层应符合要求。

4.2.6 墙体节能工程各层构造做法应符合设计要求,并应按照经过审批的专项施工方案施工。

4.2.7 墙体节能工程的施工质量,必须符合下列规定:

1 保温隔热材料的厚度不得低于设计要求。

2 保温板材与基层之间及各构造层之间的粘结或连接必须牢固。保温板材与基层的连接方式、拉伸粘结强度和粘结面积比应符合设计要求。保温板材与基层之间的拉伸粘结强度应进行现场拉拔试验,且不得在界面破坏。粘结面积比应进行剥离检验。

3 当采用保温浆料做外保温时,厚度大于20mm的保温浆料应分层施工。保温浆料与基层之间及各层之间的粘结必须牢固,不应脱层、空鼓和开裂。

4 当保温层采用锚固件固定时,锚固件数量、位置、锚固深度、胶结材料性能和锚固力应符合设计和施工方案的要求;保温装饰板的锚固件应使其装饰面板可靠固定;锚固力应做现场拉拔试验。

4.2.8 外墙采用预置保温板现场浇筑混凝土墙体时,保温板的安装位置应正确,接缝应严密;保温板应固定牢固,在浇筑混凝土过程中不应移位、变形;保温板表面应采取界面处理措施,与混凝土粘结应牢固。

4.2.9 外墙采用保温浆料做保温层时,应在施工中制作同条件试件,检测其导热系数、干密度和抗压强度。保温浆料的试件应见证取样检验。

4.2.10 墙体节能工程各类饰面层的基层及面层施工，应符合设计且应符合现行国家标准《建筑装饰装修工程质量验收标准》GB 50210 的规定，并应符合下列规定：

1 饰面层施工前应对基层进行隐蔽工程验收，基层应无脱层、空鼓和裂缝，并应平整、洁净，含水率应符合饰面层施工的要求。

2 外墙外保温工程不宜采用粘贴饰面砖作饰面层；当采用时，其安全性与耐久性必须符合设计要求。饰面砖应做粘结强度拉拔试验，试验结果应符合设计和有关标准的规定。

3 外墙外保温工程的饰面层不得渗漏。当外墙外保温工程的饰面层采用饰面板开缝安装时，保温层表面应覆盖具有防水功能的抹面层或采取其他防水措施。

4 外墙外保温层及饰面层与其他部位交接的收口处应采取防水措施。

4.2.11 保温砌块砌筑的墙体，应采用配套砂浆砌筑。砂浆的强度等级及导热系数应符合设计要求。砌体灰缝饱满度不应低于 80%。

4.2.12 采用预制保温墙板现场安装的墙体，应符合下列规定：

1 保温墙板的结构性能、热工性能及与主体结构的连接方法应符合设计要求，与主体结构连接必须牢固；

2 保温墙板的板缝处理、构造节点及嵌缝做法应符合设计要求；

3 保温墙板板缝不得渗漏。

4.2.13 外墙采用保温装饰板时，应符合下列规定：

1 保温装饰板的安装构造、与基层墙体的连接方法应符合设计要求，连接必须牢固；

2 保温装饰板的板缝处理、构造节点做法应符合设计要求；

3 保温装饰板板缝不得渗漏；

4 保温装饰板的锚固件应将保温装饰板的装饰面板固定牢固。

4.2.14 采用防火隔离带构造的外墙外保温工程施工前编制的专项施工方案应符合现行行业标准《建筑外墙外保温防火隔离带技术规程》JGJ 289 的规定，并应制作样板墙，其采用的材料和工艺应与专项施工方案相同。

4.2.15 防火隔离带组成材料应与外墙外保温组成材料相配套。防火隔离带宜采用工厂预制的制品现场安装，并应与基层墙体可靠连接，防火隔离带面层材料应与外墙外保温一致。

4.2.16 建筑外墙外保温防火隔离带保温材料的燃烧性能等级应为 A 级，并应符合本标准第 4.2.3 条的规定。

4.2.17 墙体内设置的隔气层，其位置、材料及构造做法应符合设计要求。隔气层应完整、严密，穿透隔气层处应采取密封措施。隔气层凝结水排水构造应符合设计要求。

4.2.18 外墙和毗邻不供暖空间墙体上的门窗洞口四周墙的侧面，墙体上凸窗四周的侧面，应按设计要求采取节能保温措施。

4.2.19 严寒和寒冷地区外墙热桥部位。应按设计要求采取隔断热桥措施。

4.3 一般项目

4.3.1 当节能保温材料与构件进场时，其外观和包装应完整无破损。

4.3.2 当采用增强网作为防止开裂的措施时，增强网的铺贴和搭接应符合设计和专项施工方案的要求。砂浆抹压应密实，不得空鼓，增强网应铺贴平整，不得皱褶、外露。

4.3.3 除本标准第 4.2.19 条规定之外的其他地区，设置集中供暖和空调的房间，其外墙热桥部位应按设计要求采取隔断热桥措施。

4.3.4 施工产生的墙体缺陷，如穿墙套管、脚手架眼、孔洞、外门窗框或附框与洞口之间的间隙等，应按照专项施工方案采取隔断热桥措施，不得影响墙体热工性能。

4.3.5 墙体保温板材的粘贴方法和接缝方法应符合专项施工方案要求，保温板接缝应平整严密。

4.3.6 外墙保温装饰板安装后表面应平整，板缝均匀一致。

4.3.7 墙体采用保温浆料时，保温浆料厚度应均匀、接茬应平顺密实。

4.3.8 墙体上的阳角、门窗洞口及不同材料基体的交接处等部位，其保温层应采取防止开裂和破损的加强措施。

4.3.9 采用现场喷涂或模板浇注的有机类保温材料做外保温时，有机类保温材料应达到陈化时间后方可进行下道工序施工。

5 幕墙节能工程

5.1 一般规定

5.1.1 本章适用于建筑外围护结构的各类透光、非透光建筑幕墙和采光屋面节能工程施工质量验收。

5.1.2 幕墙节能工程的隔气层、保温层应在主体结构工程质量验收合格后进行施工。幕墙施工过程中应及时进行质量检查、隐蔽工程验收和检验批验收，施工完成后应进行幕墙节能分项工程验收。

5.1.3 当幕墙节能工程采用隔热型材时，应提供隔热型材所使用的隔断热桥材料的物理力学性能检测报告。

5.1.4 幕墙节能工程施工中应对下列部位或项目进行隐蔽工程验收，并应有详细的文字记录和必要的图像资料：

    1 保温材料厚度和保温材料的固定；

    2 幕墙周边与墙体、屋面、地面的接缝处保温、密封构造；

    3 构造缝、结构缝处的幕墙构造；

    4 隔气层；

    5 热桥部位、断热节点；

    6 单元式幕墙板块间的接缝构造；

    7 凝结水收集和排放构造；

    8 幕墙的通风换气装置；

    9 遮阳构件的锚固和连接。

5.1.5 幕墙节能工程使用的保温材料在运输、储存和施工过程中应采取防潮、防水、防火等保护措施。

5.1.6 幕墙节能工程验收的检验批划分，除本章另有规定外应符合下列规定：

    1 采用相同材料、工艺和施工做法的幕墙，按照幕墙面积每 1000m² 划分为一个检验批；

2 检验批的划分也可根据与施工流程相一致且方便施工与验收的原则，由施工单位与监理单位双方协商确定；

3 当按计数方法抽样检验时，其抽样数量应符合本标准表 3.4.3 最小抽样数量的规定。

5.2 主控项目

5.2.1 幕墙节能工程使用的材料、构件应进行进场验收，验收结果应经监理工程师检查认可，且应形成相应的验收记录。各种材料和构件的质量证明文件与相关技术资料应齐全，并应符合设计要求和国家现行有关标准的规定。

5.2.2 幕墙（含采光顶）节能工程使用的材料、构件进场时，应对其下列性能进行复验，复验应为见证取样检验：

1 保温隔热材料的导热系数或热阻、密度、吸水率、燃烧性能（不燃材料除外）；

2 幕墙玻璃的可见光透射比、传热系数、遮阳系数，中空玻璃的密封性能；

3 隔热型材的抗拉强度、抗剪强度；

4 透光、半透光遮阳材料的太阳光透射比、太阳光反射比。

5.2.3 幕墙的气密性能应符合设计规定的等级要求。密封条应镶嵌牢固、位置正确、对接严密。单元式幕墙板块之间的密封应符合设计要求。开启部分关闭应严密。

5.2.4 每幅建筑幕墙的传热系数、遮阳系数均应符合设计要求。幕墙工程热桥部位的隔断热桥措施应符合设计要求，隔断热桥节点的连接应牢固。

5.2.5 幕墙节能工程使用的保温材料，其厚度应符合设计要求，安装应牢固，不得松脱。

5.2.6 幕墙遮阳设施安装位置、角度应满足设计要求。遮阳设施安装应牢固，并满足维护检修的荷载要求。外遮阳设施应满足抗风的要求。

5.2.7 幕墙隔气层应完整、严密、位置正确，穿透隔气层处应采取密封措施。

5.2.8 幕墙保温材料应与幕墙面板或基层墙体可靠粘结或锚固，有机保温材料应采用非金属不燃材料作防护层，防护层应将保温材料完全覆盖。

5.2.9 建筑幕墙与基层墙体、窗间墙、窗槛墙及裙墙之间的空间，应在每层楼板处和防火分区隔离部位采用防火封堵材料封堵。

5.2.10 幕墙可开启部分开启后的通风面积应满足设计要求。幕墙通风器的通道应通畅、尺寸满足设计要求，开启装置应能顺畅开启和关闭。

5.2.11 凝结水的收集和排放应通畅，并不得渗漏。

5.2.12 采光屋面的可开启部分应按本标准第 6 章的要求验收。采光屋面的安装应牢固，坡度正确，封闭严密，不得渗漏。

5.3 一般项目

5.3.1 幕墙镀（贴）膜玻璃的安装方向、位置应符合设计要求。采用密封胶密封的中空玻璃应采用双道密封。采用了均压管的中空玻璃，其均压管在安装前应密封处理。

5.3.2 单元式幕墙板块组装应符合下列要求：

1 密封条规格正确，长度无负偏差，接缝的搭接符合设计要求；

2 保温材料固定牢固；

3 隔气层密封完整、严密；

4 凝结水排水系统通畅，管路无渗漏。

5.3.3 幕墙与周边墙体、屋面间的接缝处应按设计要求采用保温措施，并应采用耐候密封胶等密封。建筑伸缩缝、沉降缝、抗震缝处的幕墙保温或密封做法应符合设计要求。严寒、寒冷地区当采用非闭孔保温材料时，应有完整的隔气层。

5.3.4 幕墙活动遮阳设施的调节机构应灵活，并应能调节到位。

6 窗节能工程

6.1 一般规定

6.1.1 本章适用于金属门窗、塑料门窗、木门窗、各种复合门窗、特种门窗及天窗等建筑外门窗节能工程的施工质量验收。

6.1.2 门窗节能工程应优先选用具有国家建筑门窗节能性能标识的产品。当门窗采用隔热型材时，应提供隔热型材所使用的隔断热桥材料的物理力学性能检测报告。

6.1.3 主体结构完成后进行施工的门窗节能工程，应在外墙质量验收合格后对门窗框与墙体接缝处的保温填充做法和门窗附框等进行施工，施工过程中应及时进行质量检查、隐蔽工程验收和检验批验收，隐蔽部位验收应在隐蔽前进行，并应有详细的文字记录和必要的图像资料，施工完成后应进行门窗节能分项工程验收。

6.1.4 门窗节能工程验收的检验批划分，除本章另有规定外应符合下列规定：

1 同一厂家的同材质、类型和型号的门窗每 200 樘划分为一个检验批；

2 同一厂家的同材质、类型和型号的特种门窗每 50 樘划分为一个检验批；

3 异形或有特殊要求的门窗检验批的划分也可根据其特点和数量，由施工单位与监理单位协商确定。

6.2 主控项目

6.2.1 建筑门窗节能工程使用的材料、构件应进行进场验收，验收结果应经监理工程师检查认可，且应形成相应的验收记录。各种材料和构件的质量证明文件和相关技术资料应齐全，并应符合设计要求和国家现行有关标准的规定。

6.2.2 门窗（包括天窗）节能工程使用的材料、构件进场时，应按工程所处的气候区核查质量证明文件、节能性能标识证书、门窗节能性能计算书、复验报告，并应对下列性能进行复验，复验应为见证取样检验：

1 严寒、寒冷地区：门窗的传热系数、气密性能；

2 夏热冬冷地区：门窗的传热系数气密性能，玻璃的遮阳系数、可见光透射比；

3 夏热冬暖地区：门窗的气密性能，玻璃的遮阳系数、可见光透射比；

4 严寒、寒冷、夏热冬冷和夏热冬暖地区：透光、部分透光遮阳材料的太阳光透射比、太阳光反射比，中空玻璃的密封性能。

6.2.3 金属外门窗框的隔断热桥措施应符合设计要求和产品标准的规定，金属附框应按照设计要求采取保温措施。

6.2.4 外门窗框或附框与洞口之间的间隙应采用弹性闭孔材料填充饱满，并进行防水密封，夏热冬暖地区、温和地区当采用防水砂浆填充间隙时，窗框与砂浆间应用密封胶密封；外门窗框与附框之间的缝隙应使用密封胶密封。

6.2.5 严寒和寒冷地区的外门应按照设计要求采取保温、密封等节能措施。

6.2.6 外窗遮阳设施的性能、位置、尺寸应符合设计和产品标准要求；遮阳设施的安装应位置正确、牢固，满足安全和使用功能的要求。

6.2.7 用于外门的特种门的性能应符合设计和产品标准要求；特种门安装中的节能措施，应符合设计要求。

6.2.8 天窗安装的位置、坡向、坡度应正确，封闭严密，不得渗漏。

6.2.9 通风器的尺寸、通风量等性能应符合设计要求；通风器的安装位置应正确，与门窗型材间的密封应严密，开启装置应能顺畅开启和关闭。

6.3 一般项目

6.3.1 门窗扇密封条和玻璃镶嵌的密封条，其物理性能应符合相关标准中的要求。密封条安装位置应正确，镶嵌牢固，不得脱槽。接头处不得开裂。关闭门窗时密封条应接触严密。

6.3.2 门窗镀（贴）膜玻璃的安装方向应符合设计要求，采用密封胶密封的中空玻璃应采用双道密封，采用了均压管的中空玻璃其均压管应进行密封处理。

6.3.3 外门、窗遮阳设施调节应灵活、调节到位。

7 屋面节能工程

7.1 一般规定

7.1.1 本章适用于采用板材、现浇、喷涂等保温隔热做法的建筑屋面节能工程施工质量验收。

7.1.2 屋面节能工程应在基层质量验收合格后进行施工，施工过程中应及时进行质量检查、隐蔽工程验收和检验批验收，施工完成后应进行屋面节能分项工程验收。

7.1.3 屋面节能工程应对下列部位进行隐蔽工程验收，并应有详细的文字记录和必要的图像资料：

    1 基层及其表面处理；

    2 保温材料的种类、厚度、保温层的敷设方式；板材缝隙填充质量；

    3 屋面热桥部位处理；

    4 隔气层。

7.1.4 屋面保温隔热层施工完成后，应及时进行后续施工或加以覆盖。

7.1.5 屋面节能工程施工质量验收的检验批划分，除本章另有规定外应符合下列规定：

    1 采用相同材料、工艺和施工做法的屋面，扣除天窗、采光顶后的屋面面积，每1000m²面积划分为一个检验批；

    2 检验批的划分也可根据与施工流程相一致且方便施工与验收的原则，由施工单位与监理单位协商确定。

7.2 主控项目

7.2.1 屋面节能工程使用的保温隔热材料、构件应进行进场验收，验收结果应经监理工程师检查认可，且应形成相应的验收记录。各种材料和构件的质量证明文件与相关技术资料应齐全，并应符合设计要求和国家现行有关标准的规定。

7.2.2 屋面节能工程使用的材料进场时，应对其下列性能进行复验，复验应为见证取样检验：

    1 保温隔热材料的导热系数或热阻、密度、压缩强度或抗压强度、吸水率、燃烧性能（不燃材料除外）；

2 反射隔热材料的太阳光反射比、半球发射率。

7.2.3 屋面保温隔热层的敷设方式、厚度、缝隙填充质量及屋面热桥部位的保温隔热做法，应符合设计要求和有关标准的规定。

7.2.4 屋面的通风隔热架空层，其架空高度、安装方式、通风口位置及尺寸应符合设计及有关标准要求。架空层内不得有杂物。架空面层应完整，不得有断裂和露筋等缺陷。

7.2.5 屋面隔气层的位置、材料及构造做法应符合设计要求，隔气层应完整、严密，穿透隔气层处应采取密封措施。

7.2.6 坡屋面、架空屋面内保温应采用不燃保温材料，保温层做法应符合设计要求。

7.2.7 当采用带铝箔的空气隔层做隔热保温屋面时，其空气隔层厚度、铝箔位置应符合设计要求。空气隔层内不得有杂物，铝箔应铺设完整。

7.2.8 种植植物的屋面，其构造做法与植物的种类、密度、覆盖面积等应符合设计及相关标准要求，植物的种植与维护不得损害节能效果。

7.2.9 采用有机类保温隔热材料的屋面，防火隔离措施应符合设计和现行国家标准《建筑设计防火规范》GB 50016 的规定。

7.2.10 金属板保温夹芯屋面应铺装牢固、接口严密、表面洁净、坡向正确。

7.3 一般项目

7.3.1 屋面保温隔热层应按专项施工方案施工，并应符合下列规定：

1 板材应粘贴牢固、缝隙严密、平整；

2 现场采用喷涂、浇注、抹灰等工艺施工的保温层，应按配合比准确计量、分层连续施工、表面平整、坡向正确；

7.3.2 反射隔热屋面的颜色应符合设计要求，色泽应均匀一致，没有污迹，无积水现象。

7.3.3 坡屋面、架空屋面当采用内保温时，保温隔热层应设有防潮措施，其表面应有保护层，保护层的做法应符合设计要求。

8 地面节能工程

8.1 一般规定

8.1.1 本章适用于建筑工程中接触土壤或室外空气的地面、毗邻不供暖空间的地面，以及与土壤接触的地下室外墙等节能工程的施工质量验收。

8.1.2 地面节能工程的施工，应在基层质量验收合格后进行。施工过程中应及时进行质量检查、隐蔽工程验收和检验批验收，施工完成后应进行地面节能分项工程验收。

8.1.3 地面节能工程应对下列部位进行隐蔽工程验收，并应有详细的文字记录和必要的图像资料：

1 基层及其表面处理；

2 保温材料种类和厚度；

3 保温材料粘结；

4 地面热桥部位处理。

8.1.4 地面节能分项工程检验批划分，除本章另有规定外应符合下列规定：

1 采用相同材料、工艺和施工做法的地面，每 $1000m^2$ 面积划分为一个检验批。

274

　　2　检验批的划分也可根据与施工流程相一致且方便施工与验收的原则，由施工单位与监理单位协商确定。

8.2　主控项目

8.2.1　用于地面节能工程的保温材料、构件应进行进场验收，验收结果应经监理工程师检查认可，且应形成相应的验收记录。各种材料和构件的质量证明文件与相关技术资料应齐全，并应符合设计要求和国家现行有关标准的规定。

8.2.2　地面节能工程使用的保温材料进场时，应对其导热系数或热阻、密度、压缩强度或抗压强度、吸水率、燃烧性能（不燃材料除外）等性能进行复验，复验应为见证取样检验。

8.2.3　地下室顶板和架空楼板底面的保温隔热材料应符合设计要求，并应粘贴牢固。

8.2.4　地面节能工程施工前，基层处理应符合设计和专项施工方案的有关要求。

8.2.5　地面保温层、隔离层、保护层等各层的设置和构造做法应符合设计要求，并应按专项施工方案施工。

8.2.6　地面节能工程的施工质量应符合下列规定：
　　1　保温板与基层之间、各构造层之间的粘结应牢固，缝隙应严密；
　　2　穿越地面到室外的各种金属管道应按设计要求采取保温隔热措施。

8.2.7　有防水要求的地面，其节能保温做法不得影响地面排水坡度，防护面层不得渗漏。

8.2.8　严寒和寒冷地区，建筑首层直接接触土壤的地面、底面直接接触室外空气的地面、毗邻不供暖空间的地面以及供暖地下室与土壤接触的外墙应按设计要求采取保温措施。

8.2.9　保温层的表面防潮层、保护层应符合设计要求。

8.3　一般项目

8.3.1　采用地面辐射供暖的工程，其地面节能做法应符合设计要求和现行行业标准《辐射供暖供冷技术规程》JGJ 142 的规定。

8.3.2　接触土壤地面的保温层下面的防潮层应符合设计要求。

275

八、建筑工程质量事故处理

（一）建筑工程质量事故的特点和分类

所谓建筑工程质量事故，是指建筑工程质量不符合规定的质量标准或设计要求。由于影响建筑产品质量的因素有很多，在施工过程中稍有不慎，就极易引起系统性因素的质量变异，从而产生质量问题、质量事故、甚至发生严重的工程质量事故，因此，必须采取有效的措施，对常见的质量问题和事故事先加以预防，并对已经出现的建筑工程质量事故及时进行分析和处理。

1. 建筑工程质量事故的特点

一般而言，建筑工程质量事故具有如下特点：

（1）复杂性

建筑工程质量事故的复杂性主要表现在其引发质量问题的因素复杂。建筑工程与一般工业相比具有产品固定，生产过程中人和生产随着产品流动，由于建筑工程结构类型不一而造成产品多样化；并且露天作业多，环境、气候等自然条件复杂多变；建筑工程产品所使用的材料品种、规格多、材料性能也不相同；多工种、多专业交叉施工，相互干扰大，手工操作多；工艺要求也不尽相同，施工方法各异，技术标准不一等特点。因此，影响工程质量的因素繁多，造成质量事故的原因错综复杂，即使是同一类的质量事故，而原因却可能多种多样，截然不同。再者，由于使用功能和建筑地区条件不同，建筑物种类繁多，加上施工中各种因素的影响，造成建筑施工中出现许多复杂的技术问题。如果事故发生在使用阶段，还涉及使用不当等问题。尤其需要注意的是同一形态的事故，往往其产生的原因、性质与危害程度截然不同。在进行事故处理时，更会由于施工场地狭窄，及与完好建筑物间的联系等而产生更大的复杂性，比如车辆、施工机具难于接近施工点，操作不慎会影响相邻建筑物的结构等。

例如墙体开裂质量事故，其产生的原因就可能是：设计计算有误；结构构造不良；地基不均匀沉陷或温度应力、膨胀力、冻胀力的作用或地震作用；也可能是施工质量低劣、偷工减料或材质不良等，所以对质量事故进行分析、判断其性质、原因及发展、确定处理方案与措施等就增加了复杂性和困难。

（2）严重性

建筑工程是一项特殊的产品，不像一般生活用品可以报废，降低使用等级或使用档次。有的工程许多指标均不合格，给工程留下了隐患，成为危房，影响了安全使用甚至不能使用。工程项目一旦出现质量事故，其影响较大。轻则影响施工顺利进行，拖延工期、增加工程费用，重则会留下隐患成为危险的建筑，影响使用功能或者不能使用，更严重的还会引起建筑物的失稳、倒塌，造成人民生命、财产的巨大损失。对于建筑工程质量事故问题不能掉以轻心，必须高度重视，加强对工程建设的监督管理，防患于未然，将事故消灭于萌芽之中，以确保建筑物的安全使用。

（3）可变性

工程许多质量问题，其质量状态并非稳定于发现的初始状态，将随着时间推移不断还在发展变化。例如，钢筋混凝土结构出现的裂缝，将随着环境温度、湿度的变化而变化，或随着荷载的大小和持载时间而变化；混合结构墙体的裂缝也会随着温度应力和地基的沉降量而变化。因此，在初始阶段并不严重的质量问题，如不能及时处理和纠正，也有可能发展成严重的质量事故，例如，开始时细微的裂缝有可能发展导致结构断裂或倒塌事故；土坝的渗漏有可能发展为溃坝。所以，在分析、处理工程质量事故时，一定要注意质量事故的可变性，应及时采取可靠的措施，防止事故进一步恶化，或加强观测与试验，取得数据，预测未来发展的趋向。

（4）多发性

由于建筑工程产品中，受手工操作和原材料多变等影响，建筑工程中有些质量问题，在各项工程中经常发生，降低了建筑标准，影响了使用功能，甚至危及了使用安全，而成为多发性的质量通病，如回填土不密实，砖砌体砂浆饱满度小于80%，墙拉结筋放置不规范，框架结构填充墙砌筑不规范，混凝土构件表面观感质量差，厨、厕渗漏，上、下水管道穿越板处渗漏，地坪、地漏倒返水，不按规定要求做滴水线，水泥楼板地面起砂、空鼓，卫生器具安装跑、冒、滴、漏，电器具安装不符合规范要求等。因此，总结经验、吸取教训、分析原因，采取有效措施预防是十分必要。

2. 建筑工程质量事故的分类

为了准确把脉建筑工程质量事故的症结所在，精确分析其产生原因，总结规律，我们要了解和掌握质量事故的分类方法。

建设工程质量事故的分类方法有许多，既可以按造成损失严重程度划分，也可以按其产生的原因和部位划分，也可以按其造成的后果或事故责任来划分等。

（1）按事故损失的严重程度划分

2007年，建设部为认真贯彻落实《生产安全事故报告和调查处理条例》（国务院令第493号），规范房屋建筑和市政工程生产安全事故报告和调查处理工作，按生产安全事故（以下简称事故）造成的人员伤亡或者直接经济损失，对其事故等级作如下划分：

1）特别重大事故，是指造成30人以上死亡，或者100人以上重伤，或者1亿元以上直接经济损失的事故；

2）重大事故，是指造成10人以上30人以下死亡，或者50人以上100人以下重伤，或者5000万元以上1亿元以下直接经济损失的事故；

3）较大事故，是指造成3人以上10人以下死亡，或者10人以上50人以下重伤，或者1000万元以上5000万元以下直接经济损失的事故；

4）一般事故，是指造成3人以下死亡，或者10人以下重伤，或者1000万元以下100万元以上直接经济损失的事故。

以上等级划分所称的"以上"包括本数，所称的"以下"不包括本数。

（2）按事故产生的原因划分

1）管理原因引发的质量事故

主要指管理上的不完善或失误引发的质量事故。例如，施工单位或监理方的质量体系不完善；检验制度不严密；质量控制不严格；质量管理措施落实不力；检测仪器设备管理不善或失准，进场材料检验不严格等原因引起的质量事故。

2）技术原因引发的质量事故

是指在工程项目实施过程中由于设计、施工技术等方面上的失误而造成的事故。例如，结构方案不正确，计算简图与实际受力不符，荷载取值过小，内力分析有误等；地质情况估计错误；采用了不适宜的施工方法或施工工艺，采用没有得到实践检验充分证实可靠的新技术等。这都是诱发质量事故的隐患。

3）社会、经济原因引发的质量事故

主要指由于社会、经济原因等引起建设中的错误行为，而导致出现质量事故。例如，某些施工企业一味追求利润而忽视工程质量，在建筑市场上随意压价投标，中标后则依靠违法手段或修改方案追加工程价款，或偷工减料，或层层转包，这些因素常常是导致重大工程质量事故的主要原因，应当给予足够的重视。近年来，不少重大建筑工程质量事故的确与社会原因、经济原因有着很大的关系。

（3）按事故发生的部位和现象分类

1）地基事故。地基不均匀下沉、边坡失稳塌方、填方地坪下沉等。

2）基础事故。基础错位、变形过大、基础上浮、桩基偏移、桩身断裂等。

3）错位事故。建筑物方位不准，结构体几何尺寸偏差，预埋件、预留洞（槽）位移等。

4）开裂事故。砌体结构、混凝土结构开裂等。

5）变形事故。结构件受力倾斜、扭曲等。

6）倒塌事故。建筑物整体或局部倒塌等。

（4）按事故造成的后果分类

1）未遂事故。

及时发现质量问题，及时采取措施，未造成经济损失、延误工期或其他不良后果者，均属未遂事故。

2）已遂事故。

凡出现不符合标准或设计要求，造成经济损失、延误工期或其他不良后果者，均构成已遂事故。

（5）按事故责任分类

1）指导责任事故。

由于工程实施指导或领导失误而造成的质量事故。例如，由于工程负责人片面追求施工进度，放松或不按质量标准进行控制和检验，人为降低施工质量标准等。

2）操作责任事故。

在施工过程中，由于实施操作者不按规程或标准实施操作，而造成的质量事故。例如，浇筑混凝土时随意加水；混凝土拌合料产生了离析现象仍然浇筑入模；压实土方含水量及压实遍数未按要求控制操作等。

【案例 8-1】

2012 年 3 月 12 日晚，某市一在建大桥出现部分桥面坍塌事故。记者了解到，事故没有造成人员伤亡。据大桥业主单位某城投集团介绍，出现坍塌的部位为涟水河三大桥第十跨桥面，主要表现为桥面出现了较明显的下塌断裂。3 月 12 日 21 时 40 分左右事故发生时，施工方在进行钢管拱施工。

该市有关部门初步调查认为，事故发生原因为施工单位违章作业，擅自拆除桥底部分支撑支架，导致桥面施工时荷载过重所致。

（二）建筑工程质量事故处理的依据和程序

1. 建筑工程质量事故处理的依据

建筑工程质量事故发生后，事故的处理的基本要求是：查明原因，落实措施，妥善处理，消除隐患，界定责任，其中核心及关键是查明原因。

建筑工程质量事故发生的原因是多方面的，引发事故的原因不同，事故责任的界定与承担也不同，事故处理的措施也不同。总之，对于所发生的质量事故，无论是分析原因、界定责任，还是做出处理决定，都需要以切实可靠的客观依据为基础。

概括起来，工程质量事故处理的依据进行工程质量事故处理的主要依据有四个方面：质量事故的实况资料；具有法律效力的，得到有关当事各方认可等合同文件；有关的技术文件、档案和相关的建设法规。

现将这四方面依据详述如下：

（1）质量事故的实况资料

要搞清质量事故的原因和确定处理对策，首要的是要掌握质量事故的实际情况。有关质量事故实况的资料主要可来自以下几个方面：

1）施工单位的质量事故调查报告。质量事故发生后，施工单位有责任就所发生的质量事故进行周密的调查、研究掌握情况，并在此基础上写出调查报告，提交监理工程师和业主。在调查报告中首先就与质量事故有关的实际情况做详尽的说明，其内容应包括：质量事故发生的时间、地点；质量事故状况的描述；质量事故发展变化的情况；有关质量事故的观测记录、事故现场状态的照片或录像。

2）监理单位调查研究所获得的第一手资料。其内容大致与施工单位调查报告中有关内容相似，可用来与施工单位所提供的情况对照、核实。

（2）有关合同及合同文件：

1）所涉及的合同文件可以是：工程承包合同；设计委托合同；设备与器材购销合同；监理合同等。

2）有关合同和合同文件在处理质量事故中的作用是：确定在施工过程中有关各方是否按照合同有关条款实施其活动，借以探寻产生事故的可能原因。

（3）有关的技术文件和档案

1）有关的设计文件如施工图纸和技术说明等。它是施工的重要依据。在处理质量事故中，其作用一方面是可以对照设计文件，核查施工质量是否完全符合设计的规定和要求；另一方面是可以根据所发生的质量事故情况，核查设计中是否存在问题或缺陷，成为导致质量事故的一方面原因。

2）与施工有关的技术文件、档案和资料。属于这类文件、档案有：施工组织设计或施工方案、施工计划；施工记录、施工日志等；有关建筑材料的质量证明资料；现场制备材料的质量证明资料；质量事故发生后，对事故状况的观测记录、试验记录或试验报告等。

上述各类技术资料对于分析质量事故原因，判断其发展变化趋势，推断事故影响及严重程度，考虑处理措施等都是不可缺少的，起着重要的作用。

(4) 相关的建设法规

《中华人民共和国建筑法》(以下简称《建筑法》)颁布实施，对加强建筑活动的监督管理，维护市场秩序，保证建设工程质量提供了法律保障。与工程质量及质量事故处理有关的有以下五类。

1）勘察、设计、施工、监理等单位资质管理方面的法规

这类法规主要内容涉及：勘察、设计、施工和监理等单位的等级划分；明确各级企业应具备的条件；确定各级企业所能承担的任务范围；以及其等级评定的申请、审查、批准、升降管理等方面。

2）从业者资格管理方面的法规

这类法规主要涉及建筑活动的从业者应具有相应的执业资格；注册等级划分；考试和注册办法；执业范围；权利、义务及管理等。

3）建筑市场方面的法规

这类法律、法规主要涉及工程发包、承包活动，以及国家对建筑市场的管理活动。如《中华人民共和国民法通则》和《中华人民共和国招标投标法》是国家对建筑市场管理的两个基本法律。

4）建筑施工方面的法规

以《建筑法》为基础，国务院于 2000 年颁布了《建筑工程勘察设计管理条例》和《建设工程质量管理条例》。住房和城乡建设部陆续发布了《房屋建筑工程质量保修办法》以及《关于建设工程质量监督机构深化改革的指导意见》《建设工程质量监督机构监督工作指南》和《建设工程监理规范》等法规和文件。主要涉及施工技术管理、建设工程监理、建筑安全生产管理、施工机械设备管理和建设工程质量监督管理。它们与现场施工密切相关，因而与工程施工质量有密切关系或直接关系。

这类法律、法规文件涉及的内容十分广泛，其特点是大多与现场施工有直接关系。例如《建设工程监理规范》明确了现场监理工作的内容、深度、范围、程序、行为规范和工作制度。特别是国务院颁布的《建设工程质量管理条例》，以《建筑法》为基础，全面系统地对与建设工程有关的质量责任和管理问题，做了明确的规定，可操作性强。它不但对建设工程的质量管理具有指导作用，而且是全面保证工程质量和处理工程质量事故的重要依据。

5）关于标准化管理的法规

这类法规主要涉及技术标准（勘察、设计、施工、安装、验收等）、经济标准和管理标准（如建设程序、设计文件深度、企业生产组织和生产能力标准、质量管理与质量保证

标准等）。

2000 年建设部发布的《实施工程建设强制性标准监督规定》及 2002 年修订的《工程建设标准强制性条文》是典型的标准化管理类法规，它们的实施为《建设工程质量管理条例》提供了技术法规支持，是参与建设活动各方执行工程建设强制性标准和政府实施监督的依据，同时也是保证建设工程质量的必要条件，是分析处理工程质量事故，判定责任方的重要依据。

2. 建筑工程质量事故处理的程序

建筑工程质量事故发生后，必须要进行调查、处理。对于事故处理，因为涉及单位信誉、经济赔偿及法律责任，为各方所关注。事故有关单位或个人常常企图影响调查人员，甚至干扰调查工作。所以，参加事故调查分析，一定要排除各种干扰。以规范、规程为准绳。以事实为依据，按正确、公正的原则进行。

一般而言，建筑工程质量事故处理的程序是：事故调查——事故原因分析——结构可靠性鉴定——事故调查报告——确定处理方案——事故处理设计——处理施工——检查验收——得出结论。

（1）事故调查

事故调查内容包括勘察、设计、施工、使用及环境条件等方面的调查，一般可以分为初步调查、详细调查和补充调查。

1）初步调查

初步调查的内容包括以下 4 项：

① 工程情况。建筑物所在场地的特征，如邻近建筑物情况、有无腐蚀性环境条件等，建筑结构主要特征，事故发生时工程的现场情况或工程使用情况等。

② 事故情况。发现事故的时间和经过，事故现状和实测数据，从发现到调查时的事故发展变化情况，人员伤亡和经济损失，事故的严重性（是否危及结构安全）和迫切性（不及时处理是否会出现严重后果）以及是否对事故进行过处理等。

③ 设计资料。工程设计图纸（建筑、结构、水电、设备）和说明书，工程地质和水文地质勘测报告等。

④ 其他资料。建筑材料及成品等的合格证和检验报告；施工原始记录；已交工的工程应调查其用途、使用荷载等有关情况。

2）详细调查

详细调查包括如下 7 项内容：

① 设计情况。设计单位资质，图纸是否齐全，设计构造是否合理，结构计算简图和计算方法及结果正确与否。

② 地基基础情况。地基实际状况，基础构造尺寸和勘察报告，设计要求是否一致。必要时应开挖检查。

③ 结构实际状况。结构布置、构造连接方法、构件状况等。

④ 结构上各种作用的调查。主要调查结构上的作用及其效应，以及作用效应组合的分析。必要时可以进行实测统计。

⑤ 施工情况。施工方法、施工规范执行情况，施工进度、施工荷载的统计分析。

⑥ 建筑物变形观测。沉降观测记录，结构或构件变形观测记录等。

⑦ 裂缝观测。裂缝形状与分布特征，裂缝宽度、长度、深度及裂缝的发展变化规律等。

3）补充调查

补充调查往往需要补做某些试验、检验和测试工作，通常包括以下 5 个方面的工作：

① 对有怀疑的地基进行补充勘测。如持力层以下的地质情况；原勘测孔之间的地质情况等。

② 测定所用材料的实际性能。如取钢材、水泥进行物理试验、化学分析；在结构上取试样，检验混凝土或砖砌体的实际强度；用回弹仪、超声波和射线进行非破坏性检验。

③ 建筑物内部缺陷的检查。如用锤击结构表面，检查有无起壳和空洞；凿开可疑部位的表层，检查内部质量；用超声波探伤仪测定结构内部的孔洞、裂缝和其他缺陷等。

④ 荷载试验。根据设计和使用要求，对结构或构件进行荷载试验，检查其实际承载能力、抗裂性能与变形情况等。

⑤ 较长时期的观测。对建筑物已出现的缺陷进行较长时间的观测检查，以确定缺陷是否已经稳定，还是在继续发展，并进一步寻找其发展变化的规律等。

实践表明，许多事故要依据补充调查的资料才可以进行分析与处理，所以补充调查的重要作用不可忽视。但是补充调查项目既费事又费钱，只在已调查资料还不能满足分析、处理事故要求时，才做一些必要的补充调查。

（2）事故原因分析

事故原因的分析应建立在事故调查的基础上，其主要目的是分清事故的性质、类别及其危害程度为事故处理提供必要的依据。因此，原因分析是事故处理工作程序中的一项关键工作。在进行原因分析时，应着重弄清以下 3 个事项：

① 确定事故原点

事故原点是事故发生的初始点，如房屋倒塌开始于某根柱的某个部位等。事故原点的状况往往反映出事故的直接原因。因此，在事故分析中，寻找与分析事故原点非常重要。找到事故原点后就可围绕它对现场上各种现象进行分析。把事故的发生和发展全部揭示出来，从中找出事故的直接原因和间接原因。

② 正确区别同类型事故的不同原因

同类型的事故，其原因会不同，有时差别很大。要根据调查的情况对事故进行认真、全面的分析，找出事故的根本原因。

③ 注意事故原因的综合性

不少事故，尤其是重大事故的原因往往涉及设计、施工、材料产品质量和使用等几个方面。在事故原因分析中，要全面估计各种因素对事故的影响，以便采取综合治理措施。

（3）结构可靠性鉴定

结构可靠性是指结构在规定的时间内、规定的条件下完成预定功能的能力，包括安全性、适用性和耐久性。结构可靠性鉴定，就是根据事故调查取得的资料，对结构的安全性、适用性和耐久性进行科学的评定，为事故的处理决策确定方向。

可靠性鉴定是在实测数据的基础上，按照国家现行标准的规定，对结构进行验算，最后做出结构可靠程度的评价。

结构可靠性鉴定结论一般由专门从事建筑物鉴定的机构做出。

（4）事故调查报告

为满足事故处理的要求，事故调查报告应包括下述主要内容：工程概况，重点介绍与事故有关部分的工程情况；事故概况，主要包括事故发生或发现时间、事故现状和发展变化情况；事故是否已进行过处理，包括对缺陷部分进行的封堵、为防止事故恶化而设置的临时支护措施；如已进行过处理，但未达到预期效果，也应予以注明；事故调查中的实测数据和各种试验数据；事故原因分析；结构可靠性鉴定结论；事故处理的建议等。

（5）确定处理方案

质量事故处理方案应根据事故调查报告、实地勘察结果和确认的事故性质以及用户的要求确定。同类型和同一性质的事故可选用不同的处理方案。如结构或构件承载力不足，可采用结构卸载，或通过改变结构受力体系以减小结构内力，或用结构补强等方案处理。在选用处理方案时，应遵循前面提到的原则，尤其应该重视工程实际条件，以确保处理工作顺利进行和处理效果的可靠。

（6）事故处理设计

事故处理设计应注意以下3个事项：

① 应按照有关设计规范的规定进行

设计应按照有关设计规范的规定进行，对各种作用（包括处理施工中的作用）的影响均要考虑全面，不得遗漏。

② 考虑施工的可行性

事故处理设计除了选用合理的构造措施和按照结构上的实际作用，进行承载力、正常使用功能等方面的设计计算外，还应考虑施工方法和施工方案的可行性，以确保处理质量和安全。

③ 重视结构环境的不良影响

事故处理设计时，对高温、腐蚀、冻融、振动等环境原因造成的结构损坏，气温变化引起的结构裂缝和渗漏等，均应提出相应的处理对策，防止事故再次发生。

（7）事故处理施工

事故处理施工应严格按照设计要求和有关标准、规范的规定进行，并应注意以下5个事项：

① 把好材料质量关

事故处理所用材料的质量应符合有关材料标准的规定。选用的复合材料，如树脂混凝土、微膨胀混凝土、喷射混凝土、化学灌浆材料、胶粘剂等均应在施工前进行试配，并检验其物理力学性能，确保处理质量和工程施工的顺利进行。

② 认真复查事故实际状况

事故处理施工中，如发现事故情况与调查报告中所述内容差异较大，应停止施工，会同设计等单位采取适当措施后再施工。施工中若发现原结构的隐蔽工程有严重缺陷，可能危及结构安全时，也应立即采取适当的支护措施，必要时疏散现场人员。

③ 做好施工组织设计

事故处理前，要认真编制施工方案或施工组织设计，对施工工艺、质量、安全等提出

283

具体措施,并进行技术交底。

④ 加强施工检查

要根据有关规范的规定,认真检查原材料、半成品的质量,混凝土和砂浆强度以及施工质量等。要着重检查节点质量和新旧混凝土连接的质量。质量检查应从施工准备开始,直至竣工验收,要及时办理隐蔽工程和必要的中间验收记录。

⑤ 确保施工安全

事故现场中不安全因素多,另外还有处理时必须做的局部拆除或剔凿等新增加的危险因素,处理所用材料多数有毒或有腐蚀性等,因此事故处理前必须制定可靠的安全技术和劳动保护措施,并在施工中严格贯彻执行。

(8) 工程验收和处理效果检验

事故处理工作完成后,应根据规范规定和设计要求进行检查验收,并办理交工验收文件。

为确保处理效果,凡涉及结构承载力等使用安全和其他重要性的处理工作,常需做必要的试验、检验工作。常见的检验工作有:混凝土钻芯取样,用于检查密实性和裂缝修补效果或检测实际强度;结构荷载试验;超声波检测焊接或内部质量等。

(9) 事故处理结论

工程质量事故经过处理后,都应有明确的书面结论。若对后续工程施工有特定的要求,或对建筑物使用有一定的限制条件,也应在结论中提出。

质量事故的处理是否达到预期的目的,是否依然存在隐患,应当通过检查鉴定和验收做出确认。事故处理的质量检查鉴定,应严格按施工验收规范和相关的质量标准的规定进行,必要时还应通过实际测量、试验和仪器检测等方法获取必要的数据,以便准确地对事故处理的结果做出鉴定。事故处理后,必须尽快提交完整的事故处理报告,其内容一般包括:事故调查的原始资料、测试的数据;事故原因分析、论证;事故处理的依据;事故处理的方案及技术措施;实施质量处理中有关的数据、记录、资料;检查验收记录;事故处理的结论等。

(三) 建筑工程质量事故处理的方法与验收

1. 建筑工程质量事故处理的方法

对施工中出现的建筑工程质量事故,一般有如下 6 种处理方法:

(1) 修补处理

这种方法适用于通过修补可以不影响工程的外观和正常使用的质量事故,它是利用修补的方法对工程质量事故予以补救,这类工程事故在工程施工中是经常发生的。

(2) 加固处理

主要是针对危及承载力缺陷质量事故的处理。通过对缺陷的加固处理,使建筑结构恢复或提高承载力,重新满足结构安全性、可靠性的要求,使结构能继续使用或改作其他用途。

(3) 返工处理

对于严重未达到规范或标准的质量事故，影响到工程正常使用的安全，而且又无法通过修补的方法予以纠正时，必须采取返工重做的措施。

（4）限制使用

当工程质量缺陷按修补方法处理后仍无法保证达到规定的使用要求和安全要求，而又无法返工处理的情况下，不得已时可做出诸如结构卸荷或减荷以及限制使用的决定。

（5）不作处理

工程质量缺陷虽已超出标准规范的规定而构成事故，但是可以针对工程的具体情况，通过分析论证，从而做出不需要专门处理的结论。常见的有以下几种情况：

1）不影响结构安全和正常使用：例如有的建筑物错位事故，如要纠正，困难很大或将造成重大损失，经过全面分析论证，只要不影响生产工艺和正常使用，可以不作处理。

2）施工质量检验存在问题：例如有的混凝土结构检验强度不足，往往因为试块制作、养护、管理不善，其试验结果并不能真实地反映结构混凝土质量，在采用非破损检验等方法测定其实际强度已达到设计要求时，可不作处理。

3）不影响后续工程施工和结构安全：例如后张法预应力屋架下弦产生少量细裂缝、小孔洞等局部缺陷，只要经过分析验算证明，施工中不会发生问题，就可继续施工。因为一般情况下，下弦混凝土截面中的施工应力大于正常的使用应力，只要通过施工的实际考验，使用时不会发生问题，因此不需要专门处理，仅需作表面修补。

4）利用后期强度：有的混凝土强度虽未达到设计要求，但相差不多，同时短期内不会满荷载（包括施工荷载），此时可考虑利用混凝土后期强度，只要使用前达到设计强度，也可不作处理，但应严格控制施工荷载。

5）通过对原设计进行验算可以满足使用要求：基础或结构构件截面尺寸不足，或材料力学性能达不到设计要求，而影响结构承载能力，可以根据实测的数据，结合设计的要求进行验算，如仍能满足使用要求，并经设计单位同意后，可不作处理。但应指出：这是在挖设计潜力，因此需要特别慎重。

最后要强调指出：不论哪种情况，事故虽然可以不处理，但仍然需要征得设计等有关单位的同意，并备好必要的书面文件，经有关单位签证后，供交工和使用参考。

（6）报废处理

通过分析或实践，采用上述处理方法后仍不能满足规定要求或标准的，必须予以报废处置。

2. 建筑工程质量事故处理的验收

建筑工程质量事故的处理是否达到了预期目的，消除了工程质量不合格和工程质量问题，是否仍留有隐患。工程师应通过组织检查和必要的鉴定，进行验收并予以最终确认。

（1）检查验收

工程质量事故处理完成后，工程师在施工单位自检合格报验的基础上，应严格按施工验收标准及有关规范的规定进行，结合监理人员的旁站、巡视和平行检验结果，依据质量事故技术处理方案设计要求，通过实际量测，检查各种资料数据进行验收，并应办理交工验收文件，组织各有关单位会签。

（2）必要的鉴定

为确保工程质量事故的处理效果，凡涉及结构承载力等使用安全和其他重要性能的处理工作，或质量事故处理施工过程中建筑材料及构配件保证资料严重缺乏，或对检查验收结果各参与单位有争议时，常需做必要的试验和检验鉴定工作。常见的检验工作有：混凝土钻芯取样，用于检查密实性和裂缝修补效果，或检测实际强度；结构荷载试验，确定其实际承载力；超声波检测焊接或结构内部质量；池、罐、箱柜工程的渗漏检验等。检测鉴定必须委托政府批准的有资质的法定检测单位进行。

（3）验收结论

对所有质量事故无论经过技术处理，通过检查鉴定验收还是不需专门处理的，均应有明确的书面结论。若对后续工程施工有特定要求，或对建筑物使用有一定限制条件，应在结论中提出。

验收结论通常有以下几种：

1）事故已排除，可以继续施工。

2）隐患已消除，结构安全有保证。

3）经修补处理后，完全能够满足使用要求。

4）基本上满足使用要求，但使用时应有附加限制条件，例如限制荷载等。

5）对耐久性的结论。

6）对建筑物外观影响的结论。

对短期内难以做出结论的，可提出进一步观测检验意见。

对于处理后符合《建筑工程施工质量验收统一标准》规定的，工程师应予以验收、确认，并应注明责任方主要承担的经济责任。对经加固补强或返工处理仍不能满足安全使用要求的分部工程、单位（子单位）工程，应拒绝验收。

（四）建筑工程质量事故处理的资料

1. 建筑工程质量事故处理所需的资料

处理工程质量事故，必须分析原因，做出正确的处理决策，这就要以充分的、准确的有关资料作为决策的基础和依据，一般质量事故处理，必须具备以下资料：

（1）与工程质量事故有关的施工图。

（2）与工程施工有关的资料、记录。

例如，建筑材料的试验报告，各种中间产品的检验记录和试验报告（如沥青拌合料温度量测记录、混凝土试块强度试验报告等）以及施工记录等。

（3）事故调查分析报告。

一般应包括以下内容：

1）质量事故的情况。包括发生质量事故的时间、地点、事故情况，有关的观测记录，事故的发展变化趋势，是否已趋稳定等。

2）事故性质。应区分是结构性问题还是一般性问题；是内在的实质性的问题，还是表面性的问题；是否需要及时处理，是否需要采取保护性措施。

3）事故原因。阐明造成质量事故的主要原因，例如，对混凝土结构裂缝是由于地基不均匀沉降导致，还是由于温度应力所致，或是由于施工拆模前受冲击、振动的结果，还是由于结构本身承载力不足等。对此应附有说服力的资料、数据说明。

4）事故评估。应阐明该质量事故对于建筑物功能、使用要求、结构承受力性能及施工安全有何影响，并应附有实测、验算数据和试验资料。

5）事故涉及人员与主要责任者的情况等。

（4）设计单位、施工单位、监理单位和建设单位对事故处理的意见和要求。

2. 建筑工程质量事故处理后的资料

建筑工程质量事故处理后，应由工程师提出事故处理报告，其内容包括以下方面：

（1）质量事故调查报告。

（2）质量事故原因分析。

（3）质量事故处理依据。

（4）质量事故处理方案、方法及技术措施。

（5）质量事故处理施工过程的各种原始记录资料。

（6）质量事故检查验收记录。

（7）质量事故结论等。

九、建筑工程质量资料

建筑工程质量资料是建筑工程技术资料的重要组成部分，资料的填写主要依据《建筑工程施工质量验收统一标准》GB 50300—2013 执行。

建筑工程的分部工程、分项工程划分见表 9-1：

建筑工程的分部工程、分项工程划分　　　　　　　　　　　　表 9-1

序号	分部工程	子分部工程	分项工程
1	地基与基础	地基	素土、灰土地基，砂和砂石地基，土工合成材料地基，粉煤灰地基，强夯地基，注浆地基，预压地基，砂石桩复合地基，高压旋喷注浆地基，水泥土搅拌桩地基，土和灰土挤密桩复合地基，水泥粉煤灰碎石桩复合地基，夯实水泥土桩复合地基
		基础	无筋扩展基础，钢筋混凝土扩展基础，筏形与箱形基础，钢结构基础，钢管混凝土结构基础，型钢混凝土结构基础，钢筋混凝土预制桩基础，泥浆护壁成孔灌注桩基础，干作业成孔桩基础，长螺旋钻孔压灌桩基础，沉管灌注桩基础，钢桩基础，锚杆静压桩基础，岩石锚杆基础，沉井与沉箱基础
		基坑支护	灌注桩排桩围护墙，板桩围护墙，咬合桩围护墙，型钢水泥土搅拌墙，土钉墙，地下连续墙，水泥土重力式挡墙，内支撑，锚杆，与主体结构相结合的基坑支护
		地下水控制	降水与排水，回灌
		土方	土方开挖，土方回填，场地平整
		边坡	喷锚支护，挡土墙，边坡开挖
		地下防水	主体结构防水，细部构造防水，特殊施工法结构防水，排水，注浆
2	主体结构	混凝土结构	模板，钢筋，混凝土，预应力，现浇结构，装配式结构
		砌体结构	砖砌体，混凝土小型空心砌块砌体，石砌体，配筋砌体，填充墙砌体
		钢结构	钢结构焊接，紧固件连接，钢零部件加工，钢构件组装及预拼装，单层钢结构安装，多层及高层钢结构安装，钢管结构安装，预应力钢索和膜结构，压型金属板，防腐涂料涂装，防火涂料涂装
		钢管混凝土结构	构件现场拼装，构件安装，钢管焊接，构件连接，钢管内钢筋骨架，混凝土
		型钢混凝土结构	型钢焊接，紧固件连接，型钢与钢筋连接，型钢构件组装及预拼装，型钢安装，模板，混凝土
		铝合金结构	铝合金焊接，紧固件连接，铝合金零部件加工，铝合金构件组装，铝合金构件预拼装，铝合金框架结构安装，铝合金空间网格结构安装，铝合金面板，铝合金幕墙结构安装，防腐处理
		木结构	方木与原木结构，胶合木结构，轻型木结构，木结构的防护

序号	分部工程	子分部工程	分项工程
3	建筑装饰装修	建筑地面	基层铺设，整体面层铺设，板块面层铺设，木、竹面层铺设
		抹灰	一般抹灰，保温层薄抹灰，装饰抹灰，清水砌体勾缝
		外墙防水	外墙砂浆防水，涂膜防水，透气膜防水
		门窗	木门窗安装，金属门窗安装，塑料门窗安装，特种门安装，门窗玻璃安装
		吊顶	整体面层吊顶，板块面层吊顶，格栅吊顶
		轻质隔墙	板材隔墙，骨架隔墙，活动隔墙，玻璃隔墙
		饰面板	石板安装，陶瓷板安装，木板安装，金属板安装，塑料板安装
		饰面砖	外墙饰面砖粘贴，内墙饰面砖粘贴
		幕墙	玻璃幕墙安装，金属幕墙安装，石材幕墙安装，陶板幕墙安装
		涂饰	水性涂料涂饰，溶剂型涂料涂饰，美术涂饰
		裱糊与软包	裱糊，软包
		细部	橱柜制作与安装，窗帘盒和窗台板制作与安装，门窗套制作与安装，护栏和扶手制作与安装，花饰制作与安装
4	屋面	基层与保护	找坡层和找平层，隔汽层，隔离层，保护层
		保温与隔热	板状材料保温层，纤维材料保温层，喷涂硬泡聚氨酯保温层，现浇泡沫混凝土保温层，种植隔热层，架空隔热层，蓄水隔热层
		防水与密封	卷材防水层，涂膜防水层，复合防水层，接缝密封防水
		瓦面与板面	烧结瓦和混凝土瓦铺装，沥青瓦铺装，金属板铺装，玻璃采光顶铺装
		细部构造	檐口，檐沟和天沟，女儿墙和山墙，水落口，变形缝，伸出屋面管道，屋面出入口，反梁过水孔，设施基座，屋脊，屋顶窗
5	建筑给水排水及供暖	室内给水系统	给水管道及配件安装，给水设备安装，室内消火栓系统安装，消防喷淋系统安装，防腐，绝热，管道冲洗、消毒，试验与调试
		室内排水系统	排水管道及配件安装，雨水管道及配件安装，防腐，试验与调试
		室内热水系统	管道及配件安装，辅助设备安装，防腐，绝热，试验与调试
		卫生器具	卫生器具安装，卫生器具给水配件安装，卫生器具排水管道安装，试验与调试
		室内供暖系统	管道及配件安装，辅助设备安装，散热器安装，低温热水地板辐射供暖系统安装，电加热供暖系统安装，燃气红外辐射供暖系统安装，热风供暖系统安装，热计量及调控装置安装，试验与调试，防腐，绝热
		室外给水管网	给水管道安装，室外消火栓系统安装，试验与调试
		室外排水管网	排水管道安装，排水管沟与井池，试验与调试
		室外供热管网	管道及配件安装，系统水压试验，土建结构，防腐，绝热，试验与调试
		建筑饮用水供应系统	管道及配件安装，水处理设备及控制设施安装，防腐，绝热，试验与调试
		建筑中水系统及雨水利用系统	建筑中水系统、雨水利用系统管道及配件安装，水处理设备及控制设施安装，防腐，绝热，试验与调试

序号	分部工程	子分部工程	分项工程
5	建筑给水排水及供暖	游泳池及公共浴池水系统	管道及配件系统安装,水处理设备及控制设施安装,防腐,绝热,试验与调试
		水景喷泉系统	管道系统及配件安装,防腐,绝热,试验与调试
		热源及辅助设备	锅炉安装,辅助设备及管道安装,安全附件安装,换热站安装,防腐,绝热,试验与调试
		监测与控制仪表	检测仪器及仪表安装,试验与调试
6	通风与空调	送风系统	风管与配件制作,部件制作,风管系统安装,风机与空气处理设备安装,风管与设备防腐,旋流风口、岗位送风口、织物(布)风管安装,系统调试
		排风系统	风管与配件制作,部件制作,风管系统安装,风机与空气处理设备安装,风管与设备防腐,吸风罩及其他空气处理设备安装,厨房、卫生间排风系统安装,系统调试
		防排烟系统	风管与配件制作,部件制作,风管系统安装,风机与空气处理设备安装,风管与设备防腐,排烟风阀(口)、常闭正压风口、防火风管安装,系统调试
		除尘系统	风管与配件制作,部件制作,风管系统安装,风机与空气处理设备安装,风管与设备防腐,除尘器与排污设备安装,吸尘罩安装,高温风管绝热,系统调试
		舒适性空调系统	风管与配件制作,部件制作,风管系统安装,风机与空气处理设备安装,风管与设备防腐,组合式空调机组安装,消声器、静电除尘器、换热器、紫外线灭菌器等设备安装,风机盘管、变风量与定风量送风装置、射流喷口等末端设备安装,风管与设备绝热,系统调试
		恒温恒湿空调系统	风管与配件制作,部件制作,风管系统安装,风机与空气处理设备安装,风管与设备防腐,组合式空调机组安装,电加热器、加湿器等设备安装,精密空调机组安装,风管与设备绝热,系统调试
		净化空调系统	风管与配件制作,部件制作,风管系统安装,风机与空气处理设备安装,风管与设备防腐,净化空调机组安装,消声器、静电除尘器、换热器、紫外线灭菌器等设备安装,中、高效过滤器及风机过滤器单元等末端设备清洗与安装,洁净度测试,风管与设备绝热,系统调试
		地下人防通风系统	风管与配件制作,部件制作,风管系统安装,风机与空气处理设备安装,风管与设备防腐,过滤吸收器、防爆波活门、防爆超压排气活门等专用设备安装,系统调试
		真空吸尘系统	风管与配件制作,部件制作,风管系统安装,风机与空气处理设备安装,风管与设备防腐,管道安装,快速接口安装,风机与滤尘设备安装,系统压力试验及调试
		冷凝水系统	管道系统及部件安装,水泵及附属设备安装,管道冲洗,管道、设备防腐,板式热交换器,辐射板及辐射供热、供冷地埋管,热泵机组设备安装,管道、设备绝热,系统压力试验及调试
		空调(冷、热)水系统	管道系统及部件安装,水泵及附属设备安装,管道冲洗,管道、设备防腐,冷却塔与水处理设备安装,防冻伴热设备安装,管道、设备绝热,系统压力试验及调试

序号	分部工程	子分部工程	分项工程
6	通风与空调	冷却水系统	管道系统及部件安装，水泵及附属设备安装，管道冲洗，管道、设备防腐，系统灌水渗漏及排放试验，管道、设备绝热
		土壤源热泵换热系统	管道系统及部件安装，水泵及附属设备安装，管道冲洗，管道、设备防腐，埋地换热系统与管网安装，管道、设备绝热，系统压力试验及调试
		水源热泵换热系统	管道系统及部件安装，水泵及附属设备安装，管道冲洗，管道、设备防腐，地表水源换热管及管网安装，除垢设备安装，管道、设备绝热，系统压力试验及调试
		蓄能系统	管道系统及部件安装，水泵及附属设备安装，管道冲洗，管道、设备防腐，蓄水罐与蓄冰槽、罐安装，管道、设备绝热，系统压力试验及调试
		压缩式制冷（热）设备系统	制冷机组及附属设备安装，管道、设备防腐，制冷剂管道及部件安装，制冷剂灌注，管道、设备绝热，系统压力试验及调试
		吸收式制冷设备系统	制冷机组及附属设备安装，管道、设备防腐，系统真空试验，溴化锂溶液加灌，蒸汽管道系统安装，燃气或燃油设备安装，管道、设备绝热，试验及调试
		多联机（热泵）空调系统	室外机组安装，室内机组安装，制冷剂管路连接及控制开关安装，风管安装，冷凝水管道安装，制冷剂灌注，系统压力试验及调试
		太阳能供暖空调系统	太阳能集热器安装，其他辅助能源、换热设备安装，蓄能水箱、管道及配件安装，防腐，绝热，低温热水地板辐射采暖系统安装，系统压力试验及调试
		设备自控系统	温度、压力与流量传感器安装，执行机构安装调试，防排烟系统功能测试，自动控制及系统智能控制软件调试
7	建筑电气	室外电气	变压器、箱式变电所安装，成套配电柜、控制柜（屏、台）和动力、照明配电箱（盘）及控制柜安装，梯架、支架、托盘和槽盒安装，导管敷设，电缆敷设，管内穿线和槽盒内敷线，电缆头制作、导线连接和线路绝缘测试，普通灯具安装，专用灯具安装，建筑照明通电试运行，接地装置安装
		变配电室	变压器、箱式变电所安装，成套配电柜、控制柜（屏、台）和动力、照明配电箱（盘）安装，母线槽安装，梯架、支架、托盘和槽盒安装，电缆敷设，电缆头制作、导线连接和线路绝缘测试，接地装置安装，接地干线敷设
		供电干线	电气设备试验和试运行，母线槽安装，梯架、支架、托盘和槽盒安装，导管敷设，电缆敷设，管内穿线和槽盒内敷线，电缆头制作、导线连接和线路绝缘测试，接地干线敷设
		电气动力	成套配电柜、控制柜（屏、台）和动力配电箱（盘）安装，电动机、电加热器及电动执行机构检查接线，电气设备试验和试运行，梯架、支架、托盘和槽盒安装，导管敷设，电缆敷设，管内穿线和槽盒内敷线，电缆头制作、导线连接和线路绝缘测试
		电气照明	成套配电柜、控制柜（屏、台）和照明配电箱（盘）安装，梯架、支架、托盘和槽盒安装，导管敷设，管内穿线和槽盒内敷线，塑料护套线直敷布线，钢索配线，电缆头制作、导线连接和线路绝缘测试，普通灯具安装，专用灯具安装，开关、插座、风扇安装，建筑照明通电试运行

序号	分部工程	子分部工程	分项工程
7	建筑电气	备用和不间断电源	成套配电柜、控制柜（屏、台）和动力、照明配电箱（盘）安装，柴油发电机组安装，不间断电源装置及应急电源装置安装，母线槽安装，导管敷设，电缆敷设，管内穿线和槽盒内敷线，电缆头制作、导线连接和线路绝缘测试，接地装置安装
		防雷及接地	接地装置安装，防雷引下线及接闪器安装，建筑物等电位连接，浪涌保护器安装
8	智能建筑	智能化集成系统	设备安装，软件安装，接口及系统调试，试运行
		信息接入系统	安装场地检查
		用户电话交换系统	线缆敷设，设备安装，软件安装，接口及系统调试，试运行
		信息网络系统	计算机网络设备安装，计算机网络软件安装，网络安全设备安装，网络安全软件安装，系统调试，试运行
		综合布线系统	梯架、托盘、槽盒和导管安装，线缆敷设，机柜、机架、配线架安装，信息插座安装，链路或信道测试，软件安装，系统调试，试运行
		移动通信室内信号覆盖系统	安装场地检查
		卫星通信系统	安装场地检查
		有线电视及卫星电视接收系统	梯架、托盘、槽盒和导管安装，线缆敷设，设备安装，软件安装，系统调试，试运行
		公共广播系统	梯架、托盘、槽盒和导管安装，线缆敷设，设备安装，软件安装，系统调试，试运行
		会议系统	梯架、托盘、槽盒和导管安装，线缆敷设，设备安装，软件安装，系统调试，试运行
		信息导引及发布系统	梯架、托盘、槽盒和导管安装，线缆敷设，显示设备安装，机房设备安装，软件安装，系统调试，试运行
		时钟系统	梯架、托盘、槽盒和导管安装，线缆敷设，设备安装，软件安装，系统调试，试运行
		信息化应用系统	梯架、托盘、槽盒和导管安装，线缆敷设，设备安装，软件安装，系统调试，试运行
		建筑设备监控系统	梯架、托盘、槽盒和导管安装，线缆敷设，传感器安装，执行器安装，控制器、箱安装，中央管理工作站和操作分站设备安装，软件安装，系统调试，试运行
		火灾自动报警系统	梯架、托盘、槽盒和导管安装，线缆敷设，探测器类设备安装，控制器类设备安装，其他设备安装，软件安装，系统调试，试运行
		安全技术防范系统	梯架、托盘、槽盒和导管安装，线缆敷设，设备安装，软件安装，系统调试，试运行

序号	分部工程	子分部工程	分项工程
8	智能建筑	应急响应系统	设备安装，软件安装，系统调试，试运行
		机房	供配电系统，防雷与接地系统，空气调节系统，给水排水系统，综合布线系统，监控与安全防范系统，消防系统，室内装饰装修，电磁屏蔽，系统调试，试运行
		防雷与接地	接地装置，接地线，等电位联接，屏蔽设施，电涌保护器，线缆敷设，系统调试，试运行
9	建筑节能	围护系统节能	墙体节能，幕墙节能，门窗节能，屋面节能，地面节能
		供暖空调设备及管网节能	供暖节能，通风与空调设备节能，空调与供暖系统冷热源节能，空调与供暖系统管网节能
		电气动力节能	配电节能，照明节能
		监控系统节能	监测系统节能，控制系统节能
		可再生能源	地源热泵系统节能，太阳能光热系统节能，太阳能光伏节能
10	电梯	电力驱动的曳引式或强制式电梯	设备进场验收，土建交接检验，驱动主机，导轨，门系统，轿厢，对重，安全部件，悬挂装置，随行电缆，补偿装置，电气装置，整机安装验收
		液压电梯	设备进场验收，土建交接检验，液压系统，导轨，门系统，轿厢，对重，安全部件，悬挂装置，随行电缆，电气装置，整机安装验收
		自动扶梯、自动人行道	设备进场验收，土建交接检验，整机安装验收

（一）隐蔽工程的质量验收单

建筑工程施工过程中需进行隐蔽工程的质量验收，并填写相应验收表。

建筑工程主要隐检项目及内容如下：

1. 地基基础工程与主体结构工程隐检

（1）土方工程：基槽、房心回填前检查基底清理、基底标高情况等。

（2）支护工程：检查锚杆、土钉的品种、规格、数量、位置、插入长度、钻孔直径、深度和角度等。检查地下连续墙的成槽宽度、深度、垂直度、钢筋笼规格、位置、槽底清理、沉渣厚度等。

（3）桩基工程：检查钢筋笼规格、尺寸、沉渣厚度、清孔情况等。

（4）地下防水工程：检查混凝土变形缝、施工缝、后浇带、穿墙套管、埋设件等设置的形式和构造。人防出口止水做法。防水层基层、防水材料规格、厚度、铺设方式、阴阳角处理、搭接密封处理等。

（5）结构工程（基础、主体）：检查用于绑扎的钢筋品种、规格、数量、位置、锚固和接头位置、搭接长度、保护层厚度和除锈、除污情况、钢筋代用变更及胡子筋处理等。检查钢筋连接形式、连接种类、接头位置、数量及焊条、焊剂、焊口形式、焊缝长度、厚度及表面清渣和连接质量等。

(6) 预应力工程：检查预留孔道的规格、数量、位置、形状、端部预埋垫板；预应力筋下料长度、切断方法、竖向位置偏差、固定、护套的完整性；锚具、夹具、连接点组装等。

(7) 钢结构工程：检查地脚螺栓规格、数量、位置、埋设方法、紧固等。

(8) 外墙内、外保温构造节点做法。

2. 建筑装饰装修工程隐检

(1) 地面工程：检查各基层（垫层、找平层、隔离层、防水层、填充层、地龙骨）材料品种、规格、铺设厚度、方式、坡度、标高、表面情况、密封处理、粘结情况等。

(2) 抹灰工程：具有加强措施的抹灰应检查其加强构造的材料规格、铺设、固定、搭接等。

(3) 门窗工程：检查预埋件和锚固件、螺栓等的规格、数量、位置、间距、埋设方式、与框的连接方式、防腐处理、缝隙的嵌填、密封材料的粘结等。

(4) 吊顶工程：检查吊顶龙骨及吊件材质、规格、间距、连接方式、固定方法、表面防火、防腐处理、外观情况、接缝和边缝情况、填充和吸声材料的品种、规格、铺设、固定情况等。

(5) 轻质隔墙工程：检查预埋件、连接件、拉结筋的规格、位置、数量、连接方式、与周边墙体及顶棚的连接、龙骨连接、间距、防火、防腐处理、填充材料设置等。

(6) 饰面板（砖）工程：检查预埋件、后置埋件、连接件规格、数量、位置、连接方式、防腐处理等。有防水构造的部位应检查找平层、防水层的构造做法，同地面工程检查。

(7) 幕墙工程：检查构件之间以及构件与主体结构的连接节点的安装及防腐处理；幕墙四周、幕墙与主体结构之间间隙节点的处理、封口的安装；幕墙伸缩缝、沉降缝、防震缝及墙面转角节点的安装；幕墙防雷接地节点的安装等。

(8) 细部工程：检查预埋件、后置埋件和连接件的规格、数量、位置、连接方式、防腐处理等。

3. 建筑屋面工程隐检

检查基层、找平层、保温层、防水层、隔离层材料的品种、规格、厚度、铺贴方式、搭接宽度、接缝处理、粘结情况；附加层、天沟、檐沟、泛水和变形缝细部做法、隔离层设置、密封处理部位等。

4. 建筑给水、排水及供暖工程隐检

(1) 直埋于地下或结构中，暗敷设于沟槽、管井、不进人吊顶内的给水、排水、雨水、供暖、消防管道和相关设备，以及有防水要求的套管：检查管材、管件、阀门、设备的材质与型号、安装位置、标高、坡度；防水套管的定位及尺寸；管道连接做法及质量；附件使用，支架固定，以及是否已按照设计要求及施工规范规定完成强度严密性、冲洗等试验。

（2）有绝热、防腐要求的给水、排水、供暖、消防、喷淋管道和相关设备：检查绝热方式、绝热材料的材质与规格、绝热管道与支吊架之间的防结露措施、防腐处理材料及做法等。

（3）埋地的供暖、热水管道，在保温层、保护层完成后，所在部位进行回填之前，应进行隐检：检查安装位置、标高、坡度；支架做法；保温层、保护层设置等。

5. 建筑电气工程隐检

（1）埋于结构内的各种电线导管：检查导管的品种、规格、位置、弯扁度、弯曲半径、连接、跨接地线、防腐、管盒固定、管口处理、敷设情况、保护层、需焊接部位的焊接质量等。

（2）利用结构钢筋做的避雷引下线：检查轴线位置、钢筋数量、规格、搭接长度、焊接质量、与接地极、避雷网、均压环等连接点的焊接情况等。

（3）等电位及均压环暗埋：检查使用材料的品种、规格、安装位置、连接方法、连接质量、保护层厚度等。

（4）接地极装置埋设：检查接地极的位置、间距、数量、材质、埋深、接地极的连接方法、连接质量、防腐情况等。

（5）金属门窗、幕墙与避雷引下线的连接：检查连接材料的品种、规格、连接的位置和数量、连接方法和质量等。

（6）不进人吊顶内的电线导管：检查导管的品种、规格、位置、弯扁度、弯曲半径、连接、跨接地线、防腐、需焊接部位的焊接质量、管盒固定、管口处理、固定方法、固定间距等。

（7）不进人吊顶内的线槽：检查材料品种、规格、位置、连接、接地、防腐、固定方法、固定间距及与其他管线的位置关系等。

（8）直埋电缆：检查电缆的品种、规格、埋设方法、埋深、弯曲半径、标桩埋设情况等。

（9）不进人电缆沟敷设的电缆：检查电缆的品种、规格、弯曲半径、固定方法、固定间距、标识情况等。

6. 通风与空调工程隐检

（1）敷设于竖井内、不进人吊顶内的风道（包括各类附件、部件、设备等）：检查风道的标高、材质，接头、接口严密性，附件、部件安装位置，支、吊、托架安装、固定，活动部件是否灵活可靠、方向正确，风道分支、变径处理是否符合要求，是否已按照设计要求及施工规范规定完成风管的漏光、漏风检测、空调水管道的强度严密性、冲洗等试验。

（2）有绝热、防腐要求的风管、空调水管及设备：检查绝热形式与做法、绝热材料的材质和规格、防腐处理材料及做法。绝热管道与支吊架之间应垫以绝热衬垫或经防腐处理的木衬垫，其厚度应与绝热层厚度相同，表面平整，衬垫接合面的空隙应填实。

7. 电梯工程隐检

检查电梯承重梁、起重吊环埋设；电梯钢丝绳头灌注；电梯井道内导轨、层门的支架、螺栓埋设等。

8. 智能建筑工程隐检

(1) 埋在结构内的各种电线导管：检查导管的品种、规格、位置、弯扁度、弯曲半径、连接、跨接地线、防腐、需焊接部位的焊接质量、管盒固定、管口处理、敷设、保护层等。

(2) 不能进人吊顶内的电线导管：检查导管的品种、规格、位置、弯扁度、弯曲半径、连接、跨接地线、防腐、需焊接部位的焊接质量、管盒固定、管口处理、固定方法、固定间距等。

(3) 不能进人吊顶内的线槽：检查其品种、规格、位置、连接、接地、防腐、固定方法、固定间距等。

(4) 直埋电缆：检查电缆的品种、规格、埋设方法、埋深、弯曲半径、标桩埋设等。

(5) 不进人的电缆沟敷设电缆：检查电缆的品种、规格、弯曲半径、固定方法、固定间距、标识等。

隐蔽工程质量验收记录表见表 9-2。

××××隐蔽工程验收记录　　　　　　　　　表 9-2

工程名称	××大剧场	项目经理	×××
分项工程名称	钢筋分项工程	专业工长	×××
隐蔽工程项目	钢筋工程隐蔽项目	施工单位	××建筑安装工程有限公司
施工标准名称及代号	GB 50300—2013	施工图名称及编号	
隐蔽工程部位	质量要求	施工单位自查记录	监理（建设）单位验收记录
1～6 轴三层结平	钢筋的原材料、钢筋加工、钢筋连接、钢筋安装符合设计及规范要求	合格	
施工单位 自查结论	合格 施工单位项目技术负责人：　　　　　　　　　　　　年　　月　　日		
监理（建设） 单位验收结论	监理工程师（建设单位项目负责人）：　　　　　　　　　年　　月　　日		

隐蔽工程检查记录表见表 9-3。

隐蔽工程检查记录表　　　　　　　　　表 9-3

工程名称		隐蔽日期	年　　月　　日

我方已完成_____（层）_____（轴线或房间）_____（高程）_____（部位）的（　　　）工程，经我方检验，符合设计、规范要求，特申请进行隐蔽验收。

依据：施工图纸（施工图纸编号_____），
设计变更/洽商（_____）和有关规范、规程。
材质：主要材料_____
　　　规格/型号_____

申报人：

审核意见：

  □同意隐蔽 □修改后自行隐蔽 □不同意，修改后重新报验

质量问题：

参加人员签字	建设（监理）单位	施工单位	××市建筑工程总公司××分公司	
		技术负责人	质检员	工长

本表由施工单位填写，城建档案馆、建设单位、监理单位、施工单位各存一份。

（二）分项工程、检验批的验收检查记录

  建筑工程施工过程中，分项工程、检验批需进行验收检查，并填写相关记录表。

  检验批的质量验收记录由施工项目专业质量检查员填写，监理工程师（建设单位项目专业技术负责人）组织项目专业质量检查员等进行验收，并按表9-4记录。

细石混凝土防水层分项工程检验批质量验收记录 表9-4

工程名称		××大剧场	检验批部位	1～6轴屋面	施工执行标准名称及编号		GB 50207—2012
施工单位		×建筑安装工程有限公司	项目经理	×××	专业工长		×××
分包单位			分包项目经理		施工班组长		×××
序号		GB 50207—2012 的规定	施工单位检查评定记录				监理（建设）单位验收记录
主控项目	1	细石混凝土的原材料及配合比必须符合设计要求	符合设计要求				
	2	细石混凝土防水层不得有渗漏或积水现象	符合要求				
	3	细石混凝土防水层在天沟、檐沟、檐口、水落口、泛水、变形缝和伸出屋面管道的防水构造，必须符合设计要求	符合设计要求				
	4	天沟、檐沟的排水坡度，必须符合设计要求	符合设计要求				
一般项目	1	细石混凝土防水层应表面平整，压实抹光，不得有裂缝、起壳、起砂缺陷	符合要求				
	2	细石混凝土防水层的厚度和钢筋位置应符合设计要求	符合设计要求				
	3	细石混凝土分格缝的位置和间距应符合设计要求	设计				
	4	细石混凝土防水层表面平整度的允许偏差为5mm	4 2 3 5 2 3 6 4. 2 3				
施工单位检查评定结果		项目专业质量检查员： 年 月 日					
监理（建设）单位验收结论		监理工程师（建设单位项目专业技术负责人）： 年 月 日					

分项工程质量应由监理工程师（建设单位项目专业技术负责人）组织项目专业技术负责人等进行验收，并按表 9-5 记录。

×××分项工程质量验收记录　　　　　　　　　表 9-5

工程名称	××大剧场		结构类型	框剪	检验批数	31
施工单位	××建筑安装工程有限公司		项目经理	×××	项目技术负责人	×××
分包单位			分包单位负责人		分包项目经理	
序号	检验批部位、区段		施工单位评定结果		监理（建设）单位验收结论	
1	1～6 轴一层柱、厕所柱		合格			
2	1～6 轴观众看台及二层结平、厕所顶		合格			
3	1～6 轴二层柱		合格			
4	1～6 轴三层结平		合格			
5	1～6 轴三层柱		合格			
6	1～6 轴标高 17.7m 柱、梁		合格			
7	6～11 轴/A～T 轴一层结平、剪力墙、柱		合格			
8	6～11 轴一层柱		合格			
9	6～11 轴二层结平		合格			
10	6～11 轴二层柱		合格			
11	6～11 轴三层结平		合格			
12	6～11 轴三层柱		合格			
13	6～9 轴顶标高 17.7m 柱、梁；顶标高 23.5m 柱		合格			
检查结论	项目专业技术负责人： 　　　　　年　　月　　日		验收结论	监理工程师： （建设单位项目专业技术负责人） 　　　　　年　　月　　日		

（三）原材料的质量证明文件、复试报告

建筑原材料进场应有质量证明文件，且主要材料需进行复试。

原材料的质量证明文件、复试报告见表 9-6～表 9-8。

水泥出厂合格证、复试报告汇总表　　　　　　　表 9-6

序号	水泥品种及等级	合格证编号	生产厂家	进场数量	进场日期	复试报告编号	报告日期	主要使用部位及有关说明
1	P.C42.5	N036	××水泥有限公司	180t	2021.5.4	D01510110950087	2021.6.2	基础、主体
2	P.C42.5	N086	××水泥有限公司	90t	2021.8.19	D01510110950323	2021.9.18	基础、主体
3	P.C42.5	N119	××水泥有限公司	120t	2021.10.18	D01510110950456	2021.11.20	主体
4	P.C42.5	HX.24	××化工建材有限公司	5t	2021.10.18	LX2090310	2021.11.5	主体墙

技术负责人：　　　　　　　　　　质量检查员：

混凝土试块强度统计、评定记录　　　　表 9-7

工程名称				强度等级		
填报单位				养护方法		
统计期	年 月 日至　　年 月 日			结构部位		
试块组数 n	强度标准值 $f_{cu.k}$（MPa）	平均值 M_{fcu}（MPa）	标准差 S_{fcu}（MPa）	最小值 $f_{cu.min}$（MPa）	合格判定系数	
					λ_1	λ_2
每组强度值 MPa						
评定结果	□统计方法			□非统计方法		
	$0.9f_{cu.k}$	$M_{fcu}-\lambda_1\times S_{fcu}$	$\lambda_2\times f_{cu.k}$	$1.15f_{cu.k}$	$0.95f_{cu.k}$	
判定式	$M_{fcu}-\lambda_1\times S_{fcu}\geqslant 0.9f_{cu.k}$	$f_{cu.min}\geqslant\lambda_2\times f_{cu.k}$		$M_{fcu}\geqslant 1.15f_{cu.k}$	$f_{cu.min}\geqslant 0.95f_{cu.k}$	
结果						
结论：	符合《混凝土强度检验评定标准》GB/T 50107—2010 要求，合格。					
技术负责人		审核		计算	制表	
报告日期		年　　　　月　　　　日				
监理（建设）单位	项目监理工程师：（建设单位项目技术负责人）　　　　　　　　　　　年 月 日					

本表由施工单位填写，城建档案馆、建设单位、监理单位、施工单位各存一份。

砌筑砂浆试块强度统计、评定记录　　　　表 9-8

工程名称			强度等级	
填报单位			养护方法	
统计期	年 月 日至　　年 月 日		结构部位	
试块组数 n	强度标准值 f_k（MPa）	平均值 $f_{k.m}$（MPa）	最小值 $f_{k.min}$（MPa）	$0.75f_k$（MPa）
每组强度值 MPa				

续表

判定式	$f_{k.m} \geqslant f_k$	$f_{k.min} \geqslant 0.75 f_k$
结果		

结论：

符合规范《砌体结构工程施工质量验收规范》GB 50203—2011 第 4.0.12 条要求，评定为合格。

技术负责人	审核	计算	制表
报告日期	年	月	日
监理（建设）单位	项目监理工程师： （建设单位项目技术负责人） 年 月 日		

本表由施工单位填写，城建档案馆、建设单位、监理单位、施工单位各存一份。

（四）结构安全、功能性检测报告

建筑工程结构安全、功能及观感需进行检测，并填写检测记录。

单位（子单位）工程安全和功能检验资料核查及主要功能抽查记录应按表 9-9 记录。

单位（子单位）工程安全和功能检验资料核查及主要功能抽查记录 表 9-9

工程名称		××小区 15 号楼		施工单位	××建设集团		
序号	项目	安全和功能检查项目	份数	核查意见	抽查结果	核查（抽查）人	
1	建筑与结构	屋面淋水试验记录	1	齐全 有效			
2		地下室防水效果检查记录		齐全 有效			
3		有防水要求的地面蓄水试验记录	1	齐全 有效			
4		建筑物垂直度、标高、全高测量记录	1	齐全 有效			
5		烟气（风）道工程检查验收记录		齐全 有效			
6		幕墙及外窗气密性、水密性、耐风压检测报告		齐全 有效			
7		建筑物沉降观测测量记录	1	齐全 有效			
8		节能、保温测试记录					
9		室内环境检测报告					
1	给水排水与供暖	给水管道通水试验记录	1	齐全 有效			
2		暖气管道、散热器压力试验记录					
3		卫生器具满水试验记录	1	齐全 有效			
4		消防管道、燃气管道压力试验记录					
5		排水干管通球试验记录	1	齐全 有效			
1	电气	照明全负荷试验记录	1	齐全 有效			
2		大型灯具牢固性试验记录					
3		避雷接地电阻测试记录	1	齐全 有效			
4		线路、插座、开关接地检验记录	1	齐全 有效			

工程名称		××小区 15 号楼		施工单位		××建设集团		
序号	项目	安全和功能检查项目		份数	核查意见	抽查结果	核查（抽查）人	
1	通风与空调	通风、空调系统试运行记录						
2		风量、温度测试记录						
3		洁净室洁净度测试记录						
4		制冷机组试运行调试记录						
1	电梯	电梯运行记录						
2		电梯安全装置检测报告						
1	智能建筑	系统试运行记录						
2		系统电源及接地检测报告						

结论：

总监理工程师：

施工单位项目经理：　　　年 月 日　　（建设单位项目负责人）　　　年 月 日

注：工程竣工验收前，监理单位应对相应的资料进行核查，核查人填写核查意见并签字，对资料齐全、结果符合
要求的，结论中填写"资料完整"，施工、监理签章；工程竣工验收时，验收组协商确定抽查项目，并在相
应项目中填写抽查结果和签字。

单位（子单位）工程观感质量检查记录应按表 9-10 记录。

单位（子单位）工程观感质量检查记录　　　　　　　　　　表 9-10

工程名称		××小区工程 A2-5-6、B-2-3 幢工程				施工单位				××建设集团有限公司第三建设公司					
序号	项目	项目	抽查质量状况										质量评价		
												好	一般	差
1	建筑工程	室外墙面	√	√	√	√	√	√	√	○	√	√	√		
2		变形缝													
3		水落管、屋面	√	√	√	√	√	√	√	√	√	○	√		
4		室内墙面	√	√	√	√	√	√	√	√	√	√	√		
5		室内顶棚	○	√	√	√	√	√	√	√	√	√	√		
6		室内地面	√	○	√	√	√	√	√	√	○	√	√		
7		楼梯、踏步、护栏	√	√	√	√	√	√	√	√	√	√	√		
8		门窗	○	√	√	√	√	√	√	√	√	√			√
1	给水排水与供暖	管道接口、坡度、支架	√	√	√	√	√	√	√	√	√	√	√		
2		卫生器具、支架、阀门	○	√	√	√	√	○	√	√	√	√	√		
3		检查口、扫除口、地漏	√	√	√	√	√	○	√	○	√	√		√	
4		散热器、支架													
1	建筑电气	配电箱、盘、板、接线盒	√	√	√	√	√	√	√	√	√	√	√		
2		设备器具、开关、插座	○	√	√	√	√	√	√	√	○	√	√		
3		防雷、接地	√	√	○	√	√	√	√	√	√	○	√		

工程名称		××小区工程 A2-5-6、B-2-3幢工程					施工单位		××建设集团有限公司第三建设公司			

序号	项目	项目	抽查质量状况							质量评价		
										好	一般	差
1	通风空调	风管、支架										
2		风口、风阀										
3		风机、空调设备										
4		阀门、支架										
5		水泵、冷却塔										
6		绝热										
1	电梯	运行、平层、开关门										
2		层门、信号系统										
3		机房										
1	智能建筑	机房设备安装及布局										
2		现场设备安装										
1	燃气	燃气表、阀门、调压器										
2		管道连接、平直度、防腐、支架										
3		阀门井和凝水器										
4		管道标识、管沟回填与恢复										
观感质量综合评价			好									
检查结论		施工单位项目经理: 年 月 日 总监理工程师: 年 月 日 （建设单位项目负责人）										

（五）分部工程、单位工程的验收记录

分部（子分部）工程、单位工程完工应组织验收。

分部（子分部）工程质量应由总监理工程师（建设单位项目专业负责人）组织施工项目经理和有关勘察、设计单位项目负责人进行验收，并按表9-11记录。

×××××分部工程质量验收记录　　　　　表9-11

工程名称	××大剧场		结构类型	框剪	层数	三层～六层
施工单位	××建筑安装工程有限公司		项目经理	×××	项目技术负责人	×××
分包单位	/		分包单位负责人	/	分包项目经理	/
序号	子分部工程名称	分项项数	施工单位评定结果	验收意见		
1	土方子分部工程	2	合格			
2	混凝土子分部工程	4	合格			
3	砌体基础子分部	1	合格			
4	地下防水子分部	2	合格			
质量控制资料		8	完整			
安全和功能检验（检测）报告		1	合格			
观感质量验收			好			

九、建筑工程质量资料

验收单位	分包单位	项目经理	年　月　日
	施工单位	项目经理	年　月　日
	勘察单位	项目负责人	年　月　日
	设计单位	项目负责人	年　月　日
	监理单位（建设单位）	总监理工程师 （建设单位项目专业负责人）	年　月　日

　　单位（子单位）工程质量应由建设单位组织施工单位、勘察单位、设计单位及监理单位等进行验收。

　　单位（子单位）工程质量验收应按表 9-12 记录。表 9-13 为单位（子单位）工程质量控制资料核查记录。

　　表 9-12 验收记录由施工单位填写，验收结论由监理（建设）单位填写。综合验收结论由参加验收各方共同商定，建设单位填写，应对工程质量是否符合设计和规范要求及总体质量水平做出评价。

单位（子单位）工程质量竣工验收记录表　　　　表 9-12

工程名称		结构类型		层数/建筑面积	
施工单位		技术负责人		开工日期	
项目经理		项目技术负责人		竣工日期	

序号	项目	验收记录	验收结论
1	分部工程	共　　分部，经查　　分部 符合标准及设计要求　　分部	
2	质量控制资料核查	共　　项，经审查符合要求　　项， 经核定符合规范要求　　项	
3	安全和主要使用功能核查及抽查结果	共核查　　项，符合要求　　项， 共抽查　　项，符合要求　　项， 经返工处理符合要求　　项	
4	观感质量验收	共抽查　　项，符合要求　　项 不符合要求　　项	
5	综合验收结论		

参加验收单位	建设单位	监理单位	施工单位	设计单位
	（公章）	（公章）	（公章）	（公章）
	单位（项目）负责人 年　月　日	总监理工程师 年　月　日	单位负责人 年　月　日	单位（项目）负责人 年　月　日

单位（子单位）工程质量控制资料核查记录　　　　表 9-13

工程名称			施工单位			
序号	项目	资料名称		份数	核查意见	核查人
1	建筑与结构	图纸会审、设计变更、洽商记录				
2		工程定位测量、放线记录				
3		原材料出厂合格证书及进场检（试）验报告				
4		施工试验报告及见证检测报告				
5		隐蔽工程验收记录				
6		施工记录				
7		预制构件、预拌混凝土合格证				
8		地基基础、主体结构检验及抽样检测资料				
9		分项、分部工程质量验收记录				
10		工程质量事故及事故调查处理资料				
11		新材料、新工艺施工记录				
1	给水排水与供暖	图纸会审、设计变更、洽商记录				
2		材料、配件出厂合格证书及进场检（试）验报告				
3		管道、设备强度试验、严密性试验记录				
4		隐蔽工程验收记录				
5		系统清洗、灌水、通水、通球试验记录				
6		施工记录				
7		分项、分部工程质量验收记录				
1	建筑电气	图纸会审、设计变更、洽商记录				
2		材料、设备出厂合格证书及进场检（试）验报告				
3		设备调试记录				
4		接地、绝缘电阻测试记录				
5		隐蔽工程验收记录				
6		施工记录				
7		分项、分部工程质量验收记录				
1	通风与空调	图纸会审、设计变更、洽商记录				
2		材料、设备出厂合格证书及进场检（试）验报告				
3		制冷、空调、水管道强度试验、严密性试验记录				
4		隐蔽工程验收记录				
5		制冷设备运行调试记录				
6		制冷、空调系统调试记录				
7		施工记录				
8		分项、分部质量验收记录				
1	电梯	土建布置图纸会审、设计变更、洽商记录				
2		设备出厂合格证书及开箱检验记录				
3		隐蔽工程验收记录				
4		施工记录				
5		接地、绝缘电阻测试记录				
6		负荷试验、安全装置检查记录				
7		分项、分部工程质量验收记录				

序号	项目	资料名称	份数	核查意见	核查人
1	智能建筑	图纸会审、设计变更、洽商记录、竣工图及设计说明			
2		材料、设备出厂合格证及技术文件及进场检（试）验报告			
3		隐蔽工程验收记录			
4		系统功能测定及设备调试记录			
5		系统技术、操作和维护手册			
6		系统管理、操作人员培训记录			
7		系统检测报告			
8		分项、分部工程质量验收报告			

结论：

总监理工程师

施工单位项目经理　　　年　月　日　　　（建设单位项目负责人）　　年　月　日

十、建筑结构施工图识读

建筑工程图纸按专业分工不同，可分为：建筑施工图（简称建施）、结构施工图（简称结施）、设备施工图（简称设施）、装饰施工图（简称装施）。其中设备施工图又包括电气施工图（简称电施）、给水排水施工图（简称水施）、供暖通风与空气调节（简称暖施或空施）。

作为一个建筑从业者掌握识读房屋施工图的方法是十分必要的，一栋建筑物的全套房屋施工图少则几张多则十几张几百张，只有学会识读建筑施工图的方法后才能繁而不乱，避免在建筑活动中犯错。

房屋施工图的识读方法可归纳为：先总体后单体、先初读后细读、先按顺序识读后前后对照、重点细节仔细研究读。

对于建筑施工图部分一般先看图纸目录、总平面图和设计说明，了解工程概括，如工程设计单位、建设单位、新建房屋的位置、高程、朝向、周围环境等。对照目录检查图纸是否齐全，采用了哪些标准图集并备齐这些标准图然后看各层平面图了解建筑物的功能布局、建筑物的长度、宽度、轴线尺寸等。再看建筑的立面图了解建筑物的层高、总高、立面造型和各部位的大致做法，了解立面材料、色彩。平、立、剖面图看懂后，要大致想象出建筑物的立体形象和空间组合。最后就要看节点大样了解各部位的详细尺寸、所用材料、具体做法，引用标准图集的应找到相应的节点详图阅读，进一步加深对建筑物的了解。

房屋的结构施工图是根据房屋建筑中的承重构件进行结构设计后画出的图样。结构设计时要根据建筑要求选择结构类型，并进行合理布置，再通过力学计算确定构件的断面形状、大小、材料及构造等。结构施工图必须与建筑施工图密切配合，它们之间不能产生矛盾。

结构施工图与建筑施工图一样，是施工的依据，主要用于放灰线、挖基槽、基础施工、支承模板、配钢筋、浇筑混凝土等施工过程，也是计算工程量、编制预算和施工进度计划的依据。

结构施工图的识读与建筑施工图类似，通过阅读结构设计说明了解结构形式、抗震设防烈度以及主要结构构件所采用的材料等有关规定后，依次从基础结构平面布置图开始，逐项阅读楼面、屋面结构平面布置图和结构构件详图。了解基础形式，埋置深度，墙、柱、梁、板等的位置、标高和构造等。

（一）砌体结构建筑施工图识读

1. 砌体结构建筑构造的基本知识

（1）何谓砌体结构

砌体结构是以砌体为主制作的结构。它包括砖结构、石结构和其他材料的砌块结构。有无筋砌体结构和配筋砌体结构。

（2）砌体结构建筑的基本体系

砌体结构建筑一般由地下结构和地上结构两大部分组成，其中地下部分包括有基础垫层、基础和基础梁等；地上部分包括有外墙、内墙、构造柱、地面、楼梯、楼盖、屋盖、门、窗等结构构件及水、煤、电、暖、卫生设备等建筑配件和相应设施。

2. 识读砌体结构建筑施工图

（1）建筑施工图的制图标准及图例

1）制图标准：充分掌握规定制图标准是识读建筑施工图的基础。房屋建筑图一般都遵守下列制图标准：《房屋建筑制图统一标准》GB 50001—2017、《总图制图标准》GB/T 50103—2010 和《建筑制图标准》GB/T 50104—2010。

2）图例：各种专业对其图例都有明确的规定，看懂图例是看懂施工图纸的先决条件。

（2）建筑施工图的图纸内容及识读

一般砌体建筑施工图是由：建筑施工设计说明、建筑总平面图、建筑平面图、建筑立面图、建筑剖面图、建筑详图等组成。

1）识读建筑施工总说明

设计说明主要介绍设计依据、工程概况、设计标高、墙体工程、地下室防水工程、屋面工程、门窗工程、幕墙工程、外装修工程、内装修工程、油漆涂料工程、室外工程、对采用新技术新材料的做法及对特殊建筑选型和必要的建筑构造说明以及其他施工中注意事项等描述、主要工程做法及施工图未用图形表达的内容等，如图 10-1 所示。

2）识读建筑总平面施工图

总平面图用来表明一个工程所在位置的总体布置，总平面图主要包括以下几方面的内容，即：

① 用地红线：用地红线是规划主管部门批准的各类工程项目的用地界限。图 10-2 总平面图中所标明的粗点画线（双方点化线）即为建筑红线。

② 建筑控制线：建筑控制线是建筑物基底退后用地红线、道路的红线、绿线、蓝线、紫线、黄线一定距离的控制线，退让的距离各地方规划部门根据城市规划要求确定。图 10-2 总平面图中所标明的中粗点画线即为建筑控制线。

③ 建筑物的定位：新建建筑物的定位一般采用两种方法，一是按原有建筑物或原有道路定位；二是按坐标定位，采用坐标定位又分为采用测量坐标定位（X、Y 表示）和建筑坐标定位（A、B 表示）两种。图 10-2 总平面图中 3 号楼的建筑定位采用的是测量坐标定位系统。

④ 标高：总图上的标高有场地标高和建筑物标高两种，一般场地标高采用的绝对标高，用▼表示，建筑标高采用的是相对坐标，用 $\underline{\pm0.000}$ 表示，图 10-2 总平面图中 3 号楼人行入口处的场地绝对标高为 4.3m，3 号楼首层平面图的绝对标高为 4.6m，表明室内外高差为 0.3m。

⑤ 尺寸标注：总平面图上一般会标明建筑的总长总宽，以及与相邻建构筑物距离，道路的宽度等。

⑥ 道路：总平面图上的道路一般包括道路的坡度、变坡点的高程、道路宽度以及道路的转弯半径、道路详图中还会有道路的构造做法图。

图10-1 建筑施工设计总说明

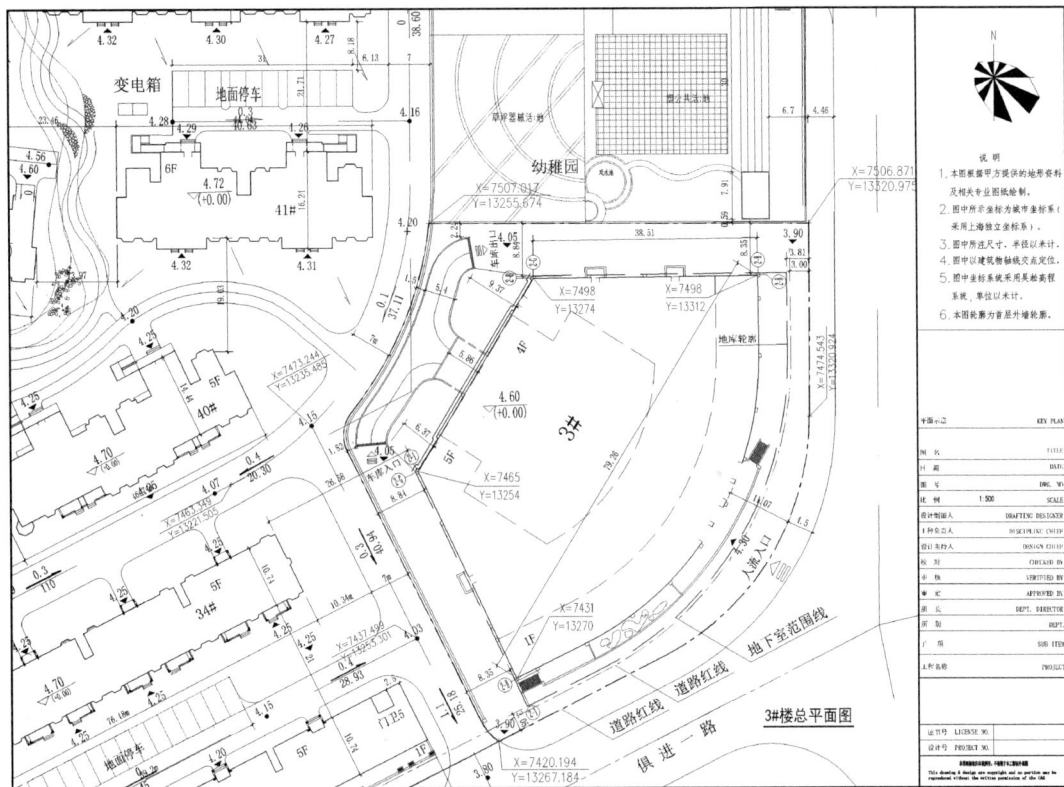

图 10-2　某小区总平面图（局部）

⑦ 其他：总平面图除了表示以上的内容外，一般还有挡土墙、围墙、绿化等与工程有关的内容。读图时可结合《总图制图标准》GB/T 50103—2010进行阅读。

3）识读建筑平面施工图

建筑平面图是假想用以水平剖面切平面沿房屋门窗洞口位置将房屋剖开，画出一个按照国家标准规定图例表示的房屋水平投影全剖图，平面图主要包括以下几方面的内容，即：

① 图纸名称及比例：一套建筑施工图的平面图部分一般有地下室平面图（有时有多层地下室平面图）、首层平面图，二层或标准层平面图，顶层平面图等，根据建筑具体情况而定。一般平面图会采用1:100比例，特殊情况下也可采用其他比例。

② 平面功能布置：平面功能布置是平面图的主要内容，着重表达各种用途房间与走道、楼梯、卫生间、设备用房等的相互关系，以及不同楼层功能与垂直交通的联系。如图 10-3 所示，该建筑的主要功能布置为客厅、餐厅、厨房、卫生间、车库、阳台、入口以及室外台阶、散水、落水管等，设了一部楼梯作为垂直交通。

③ 定位轴线：平面图中的墙体是由定位轴线和定位尺寸来定位的，图 10-3 中横向定位轴线是由①轴～⑩轴组成，纵向定位轴线由 A 轴～L 轴线组成，轴线位于承重外墙、承重内墙的中心。

④ 尺寸、标高标注：平面图的外部尺寸标注一般有三道：第一道为总体尺寸，第二道为轴线间尺寸，第三道为门窗等细部尺寸。图中的内部尺寸，一般用一道尺寸线表示，主要表示墙厚尺寸、墙与轴线的关系；柱与轴线的关系以及内墙门、窗与轴线的关系。

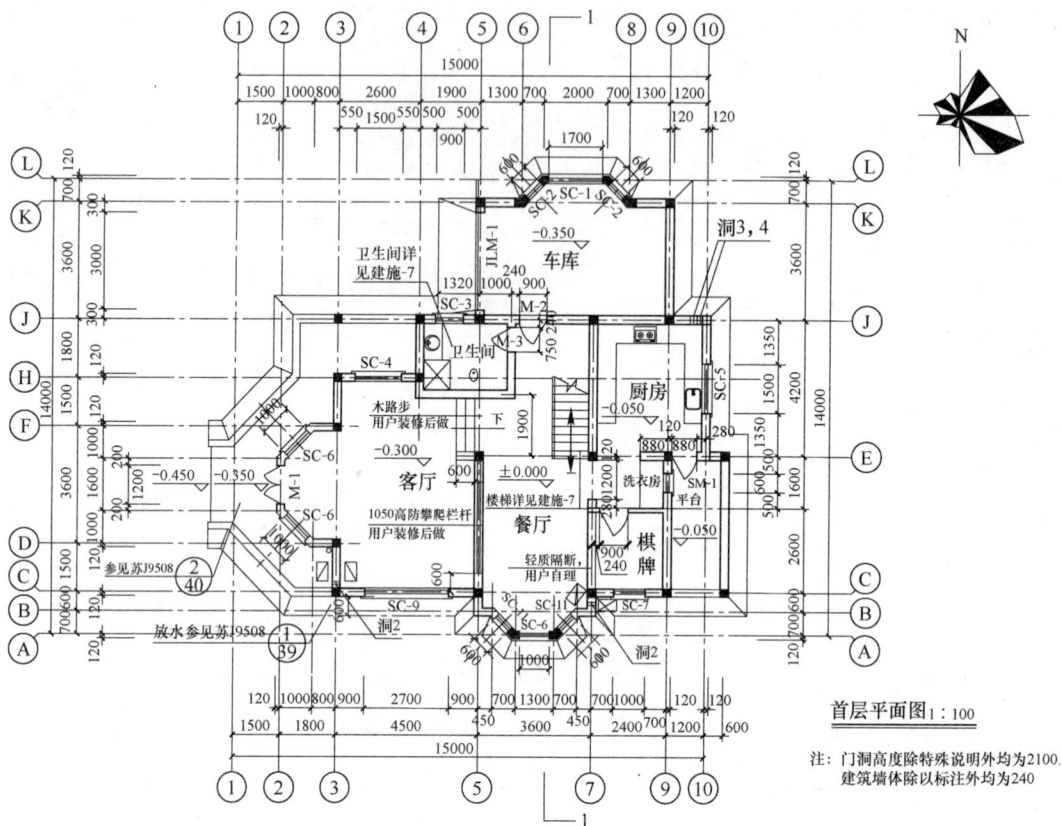

图 10-3 某别墅首层平面图

图 10-3 中建筑的总长、总宽为 14m×15m，轴线间距和室内外门窗尺寸均有标注。标高的标注能区别平面图中不同功能房间的高差变化，图 10-3 中室外标高−0.450m，客厅标高−0.300m，车库、餐厅、卫生间标高值均不同。

⑤ 门窗：平面图中标明了室内外门、窗洞口的位置、代号、门的开启方向及尺寸。根据门、窗代号并联系门窗数量表可以了解到各种门、窗的具体规格、尺寸、数量以及对某些门、窗的特殊要求，如图 10-3 中窗 SC-1、SC-2 等，门 M-1、M-2、JLM-1 等。

⑥ 垂直交通：建筑的垂直交通构件是楼梯和电梯，有的建筑还设有自动扶梯，是建筑的一个重要的组成部分，应结合电梯大样图了解楼梯宽度、高度、栏杆扶手、踏步的高宽以及防滑措施、无障碍措施等。

⑦ 屋面：屋面的排水方向、排水坡度及排水分区，结合有关详图阅读，弄清分格缝、女儿墙及高出屋面部分的防水、泛水做法。

⑧ 索引符号：弄清索引符号表达的含义，可以参考相关制图标准。

4）识读建筑立面施工图

建筑立面图主要有以下内容：

① 外观：立面图反映建筑物外部形状，主要有门窗及开启方向、台阶、雨篷、阳台、烟囱、雨水管等的位置。

② 标高及尺寸：用标高表示出各主要部位的相对高度，如室内外地面标高、各层楼

面标高及檐口标高。立面图中的尺寸是表示建筑物高度方向的尺寸，主要标注建筑物的总高、层高及门窗洞口的高度。

③ 材料、色彩：立面图中要标注出立面装修材料和色彩，如图 10-4 所示。

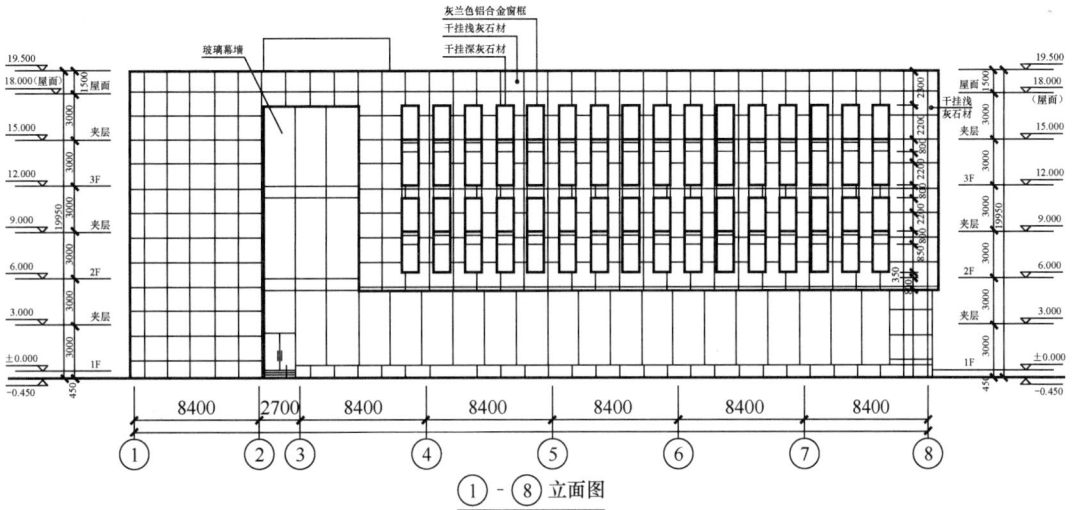

图 10-4　某建筑立面图

5）识读建筑剖面施工图

建筑剖面图是用一个假想的竖直剖切平面，垂直于外墙将房屋剖开，做出的正投影图，以表示房屋内部的楼层分层、垂直方向高度、简要的结构形式、构造及材料情况。建筑剖面图主要有以下内容（图 10-5）：

① 房间名称：剖面图中剖切的房间均标注了房间名称。

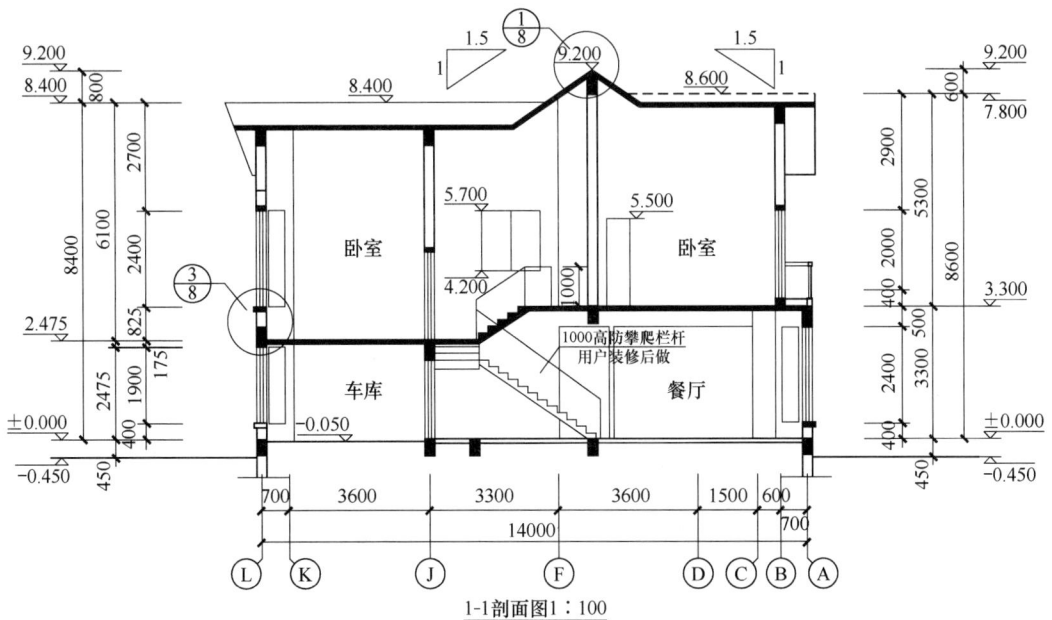

1-1剖面图1:100

图 10-5　某建筑剖面图

311

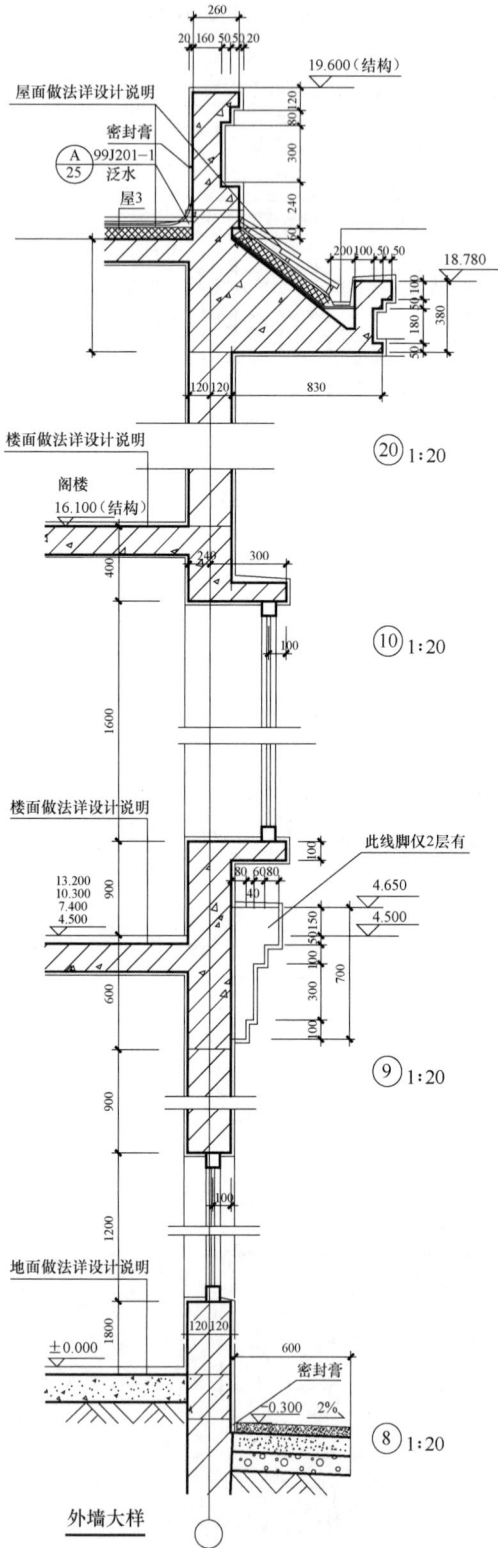

图 10-6　外墙大样

② 尺寸：外部尺寸：门、窗、洞口高度、层间高度、室内外高差、女儿墙高度、阳台栏杆高度、总高度；内部尺寸：地坑（沟）深度、隔断、内窗、洞口、平台、吊顶等；

③ 标高：主要结构和建筑构造部件的标高，如室内地面、楼面（含地下室）、平台、雨篷、吊顶、屋面板、屋面檐口、女儿墙顶、高出屋面的建筑物、构筑物及其他屋面特殊构件等的标高，室外地面标高；

④ 索引符号：剖面图中标示不清的部位通过节点构造详图索引来标示。

6）识读建筑施工图节点详图

建筑平、立、剖面图一般以小比例绘制，许多细部难以表达清楚。因此在建筑图中常用较大比例绘制若干局部性的详图，以满足施工的要求。这种图样称为建筑详图或大样图。阅读详图时，首先应该找到图所表示的建筑部位，与平面图、剖面图及立面图对照来看。看图时应该由下到上或由上而下逐个节点阅读。了解各部位的详细做法和构造尺寸，并应与总说明中的材料做法表核对。大样图识读方法如下：

① 看大样名称、比例、各部位尺寸，如图 10-6 为外墙大样图，比例 1：20，它表达的细部尺寸有散水宽度坡度、窗下墙的高度、窗的高度、凸窗的外挑尺寸、屋面檐口的细部尺寸、墙体厚度、屋面泛水做法等。

② 看构造做法所用材料、规格。有的详图的构造做法可直接标注在大样图上，有的索引施工总说明。图 10-6 的详图构造做法就需要同施工总说明对照起来看。

③ 看大样图中的索引，有些建筑细部尺寸过小无法表达清楚或参照的是标准图集，需要用索引符号表达清楚，如图 10-6 中的泛水索引就是标示泛水做法按 99J201－1 图集中第 25 页图 A 施工。

（二）多层混凝土结构施工图识读

1. 混凝土结构的基本概念

混凝土结构是以混凝土为主要材料制成的结构，包括：素混凝土结构、钢筋混凝土结构、预应力混凝土结构、纤维混凝土结构、型钢混凝土结构。

2. 混凝土强度等级和钢筋混凝土构件的组成

钢筋混凝土构件由钢筋和混凝土两种材料组合而成。混凝土由水、水泥、黄砂、石子按一定比例拌合硬化而成。混凝土抗压强度高，混凝土的强度等级分为 C15、C20、C25、C30、C35、C40、C45、C50、C55、C60、C65、C70、C75、C80 十四个等级，数字越大，表示混凝土抗压强度越高。混凝土的抗拉强度比抗压强度低得多，一般仅为抗压强度的 1/20～1/10，而钢筋不但具有良好的抗拉强度，而且与混凝土有良好的粘合力，其热膨胀系数与混凝土相近，因此，两者常结合组成钢筋混凝土构件。常见的钢筋混凝土构件有梁、板、柱、基础、楼梯等。为了提高构件的抗裂性，还可制成预应力钢筋混凝土构件。没有钢筋的混凝土构件称为混凝土构件或素混凝土构件。钢筋混凝土构件有现浇和预制两种。现浇指在建筑工地现场浇制，预制指在预制品工厂先浇制好，然后运到工地进行吊装，有的预制构件（如厂房的柱或梁）也可在工地上预制，然后吊装。

3. 钢筋的分类与作用

（1）钢筋按其所起的作用分类

1）受力筋：承受拉力或压力的钢筋，在梁、板、柱等各种钢筋混凝土构件中都有配置。

2）架立筋：一般只在梁中使用，与受力筋、箍筋一起形成钢筋骨架，用以固定箍筋位置。

3）箍筋：一般都用于梁和柱内，用以固定受力筋位置，并承受部分斜拉应力。

4）分布筋：一般用于板内，与受力筋垂直，用以固定受力筋的位置，与受力筋一起构成钢筋网，使力均匀分布给受力筋，并抵抗热胀冷缩所引起的温度变形。

5）构造筋：因构件在构造上的要求或施工安装需要而配置的钢筋。

（2）钢筋的种类与符号

热轧钢筋是建筑工程中用量最大的钢筋，主要用于钢筋混凝土和预应力混凝土配筋。钢筋有光圆钢筋和带肋钢筋之分，热轧光圆钢筋的牌号为 HPB300；常用带肋钢筋的牌号有 HRB335、HRB400 和 RRB400 几种。其强度、代号、规格有：

HPB300——（一级钢）热轧光圆钢筋强度级别 300MPa；

HRB335——（二级钢）热轧带肋钢筋强度级别 335MPa；

HRBF335——（二级钢）细晶粒热轧带肋钢筋强度级别 335MPa；

HRB400——（三级钢）热轧带肋钢筋强度级别 400MPa；

HRBF400——（三级钢）细晶粒热轧带肋钢筋强度级别 400MPa；

RRB400——（三级钢）余热处理带肋钢筋强度级别 400MPa；

HRB400E——（三级钢）有较高抗震性能的普通热轧带肋钢筋强度级别 400MPa；

HRB500——（四级钢）普通热轧带肋钢筋强度级别 500MPa；

HRBF500——（四级钢）细晶粒热轧带肋钢筋强度级别 500MPa。

H、P、R、B、F、E 分别为热轧（Hotrolled）、光圆（Plain）、带肋（Ribbed）、钢筋（Bars）、细粒（Fine）、地震（Earthquake）5 个词的英文首位字母，后面的数代表屈服强度。

为了突出表示钢筋的配置状况，在构件的立面图和断面图上，轮廓线用中或细实线画出，图内不画材料图例，而用粗实线（在立面图）和黑圆点（在断面图）表示钢筋。并要对钢筋加以说明标注。

1）钢筋的一般标示法，见表 10-1。

钢筋的标示法　　　　　　　　　表 10-1

名称	图例	说明
钢筋横断面	●	
无弯钩的钢筋端部		下图表示长短钢筋投影重叠时，可在短钢筋的端部都用 45°短划线表示
预应力钢筋横断面	+	
预应力钢筋或钢绞线		用粗双点画线
无弯钩的钢筋搭接		
带半圆形弯钩的钢筋端部		
带半圆形弯钩的钢筋搭接		
带直弯钩的钢筋端部		
带直弯钩的钢筋搭接		
带丝扣的钢筋端部		

2）钢筋（或钢丝束）的标注应包括钢筋的编号、数量或间距、代号、直径及所在位置，通常应沿钢筋的长度标注或标注在有关钢筋的引出线上梁、柱的箍筋和板的分布筋，一般应注出间距，不注数量。对于简单的构件，钢筋可不编号。

3）当构件纵横向尺寸相差悬殊时，可在同一详图中纵横向选用不同比例。

4）结构图中的构件标高，一般标注出构件底面的结构标高。

5）构件配筋较简单时，可在其模板图的一角用局部剖面的方式，绘出其钢筋布置。构件对称时，在同一图中可以一半表示模板，一半表示配筋。

4. 钢筋混凝土结构施工图的识读

（1）结构施工图的内容

结构设计总说明，基础平面图及基础详图，楼层结构平面图，屋面结构平面图，结构构件（如梁、板、柱、楼梯、屋架等）详图。

1）结构设计说明

包括：抗震设计与防火要求，地基与基础、地下室，钢筋混凝土各种构件，砖砌体，后浇带与施工缝等部分选用的材料类型、规格、强度等级，施工注意事项等。

2）基础图

① 基础平面图的产生和作用

假设用一水平剖切面，沿建筑物底层室内地面把整栋建筑物剖开，移去截面以上的建筑物取回填土后，作水平投影，就得到基础平面图。

基础平面图主要表示基础的平面布置以及墙、柱与轴线的关系，为施工放线、开挖基槽或基坑和砌筑基础提供依据。

② 基础平面图的特点

A. 在基础平面图中，只画出基础墙（或柱）及基础底面的轮廓线，其他细部轮廓线都省略，这些细部的形状和尺寸在基础详图中表示。

B. 由于基础平面图实际上是水平剖面图，故剖到的基础墙、柱的边线用粗实线画出；基础底部宽度用细实线画出；在基础内留有孔、洞及管沟位置用细虚线画出。

C. 凡基础截面形状、尺寸不同时，即基础宽度、墙体厚度、大放脚、基底标高及管沟做法不同，均标有不同编号的断面剖切符号，表示画有不同的基础详图。根据断面剖切符号的编号可以查阅基础详图。

D. 不同类型的基础、柱分别用代号 J1，J2…和 Z1，Z2…表示。

③ 基础平面图的内容

基础平面图主要表示基础墙、柱、留洞及构件布置等平面位置关系。包括以下内容：

A. 图名和比例。基础平面图的比例应与建筑平面图相同。常用比例为 1：100、1：200。

B. 基础平面图应标出与建筑平面图相一致的定位轴线及其编号和轴线之间的尺寸。

C. 基础的平面布置。基础平面图应反映基础墙、柱、基础底面的形状、大小及基础与轴线的尺寸关系。

D. 基础梁的布置与代号。不同形式的基础梁用代号 JL1、JL2 表示。

E. 基础的编号、基础断面的剖切位置和编号。

F. 施工说明。用文字说明地基承载力及材料强度等级等。

④ 基础详图的特点与内容

A. 不同构造的基础应分别画出其详图，当基础构造相同，而仅部分尺寸不同时，也可用一个详图表示，但需标出不同部分的尺寸。基础断面图的边线一般用粗实线画出，断面内应画材料图例；若是钢筋混凝土基础，则只画出配筋情况，不画出材料图例。

B. 图名与比例。

C. 轴线及其编号。

D. 基础的详细尺寸，基础墙的厚度，基础的宽、高，垫层的厚度等。

E. 室内外地面标高及基础底面标高。

F. 基础及垫层的材料、强度等级、配筋规格及布置。

G. 防潮层、圈梁的做法和位置。

H. 施工说明等。

I. 读图示例

图 10-7 为某宿舍楼的基础平面图和基础配筋图，本实例为钢筋混凝土柱下独立基础。

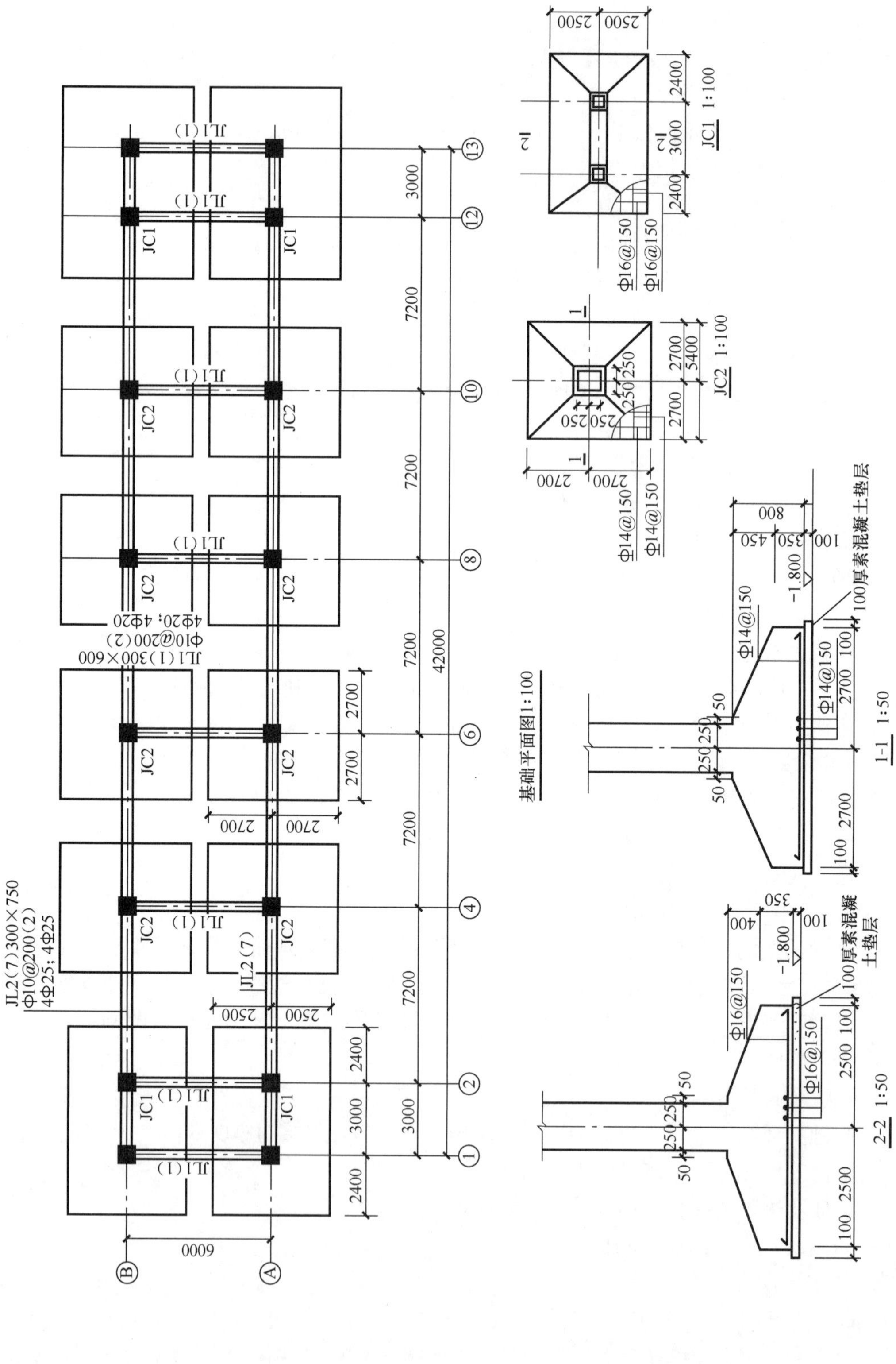

316

基础平面图1:100

JL1(Ⅰ)300×600
Φ10@200(2)
4Φ20, 4Φ20

JL2(7)300×750
Φ10@200(2)
4Φ25; 4Φ25

JC1 1:100
Φ16@150
Φ16@150

JC2 1:100
Φ14@150
Φ14@150

1-1 1:50
Φ14@150
Φ14@150
100厚素混凝土垫层
-1.800

2-2 1:50
Φ16@150
Φ16@150
100厚素混凝土垫层
-1.800

图10-7 基础平面图及基础详图

基础沿 A，B 轴布置，1、2 轴和 12、13 轴的左右两柱各共用一个基础，为 JC1，共四个，其他为 JC2，共 8 个。

基础 JC1、JC2 有详图表示其各部分尺寸、配筋和标高等。基础用基础梁连系，横向基础梁为 JL1，共 8 根，纵向基础梁为 JL2，共 2 根。基础梁 JL1 采用集中标注方法，标注含义：JL1 为梁编号；（1）为跨数；300mm×600mm 为梁截面尺寸；Φ10@200 为箍筋；（2）为双肢箍；4Φ20 为下部钢筋；4Φ20 为上部钢筋。基础梁 JL2（7）表示梁从 1～13 轴共 7 跨；截面尺寸为 300mm×750mm，Φ10@200 为箍筋；双肢箍；4Φ25 为下部钢筋；4Φ25 为上部钢筋。

3）结构平面图

① 结构平面图包括：

A. 基础平面图，工业建筑还有设备基础布置图。

B. 楼层结构平面布置图，工业建筑还包括柱网、吊车梁、柱间支撑、连系梁布置等。

C. 屋面结构平面图包括屋面板、天沟板、屋架、天窗架及支撑布置等。

D. 构件详图包括：

a. 梁、板、柱及基础结构详图；

b. 楼梯结构详图；

c. 屋架结构详图；

d. 其他详图，如支撑详图等。

（2）结构平面图的形成与用途

结构平面图是假想沿着楼板面（只有结构层，尚未做楼面面层）将建筑物水平剖开所作的水平剖面图。表示各层梁、板、柱、墙、过梁和圈梁等的平面布置情况，以及现浇楼板、梁的构造与配筋情况及构件之间的结构关系。

结构平面图为施工中安装梁、板、柱等各种构件提供依据，同时为现浇构件立模板、绑扎钢筋、浇筑混凝土提供依据。

（3）结构平面图的内容

1）预制楼板的表达方式

对于预制楼板，用粗实线表示楼层平面轮廓，用细实线表示预制板的铺设，习惯上把楼板下不可见墙体的实线改画为虚线。预制板的布置有两种表达形式：

① 在结构单元范围内，按实际投影分块画出楼板，并注写数量及型号。对于预制板的铺设方式相同的单元，用相同的编号，如甲、乙等表示，而不一一画出每个单元楼板的布置（图 10-8、图 10-9）。

② 在结构单元范围内，画一条对角线，并沿着对角线方向注明预制板数量及型号（图 10-9）。

2）现浇楼板的表达方式

对于现浇楼板，用粗实线画出板中的钢筋，每一种钢筋只画一根，同时画出一个重合断面，表示板的形状、板厚及板的标高（图 10-10）。楼梯间的结构布置一般不在楼层结构平面图中表示，只用双对角线表示楼梯间。这部分内容在楼梯详图中表示。结构平面图的定位轴线必须与建筑平面图一致。对于承重构件布置相同的楼层，只画一个结构平面布置图，称为标准层结构平面布置图。

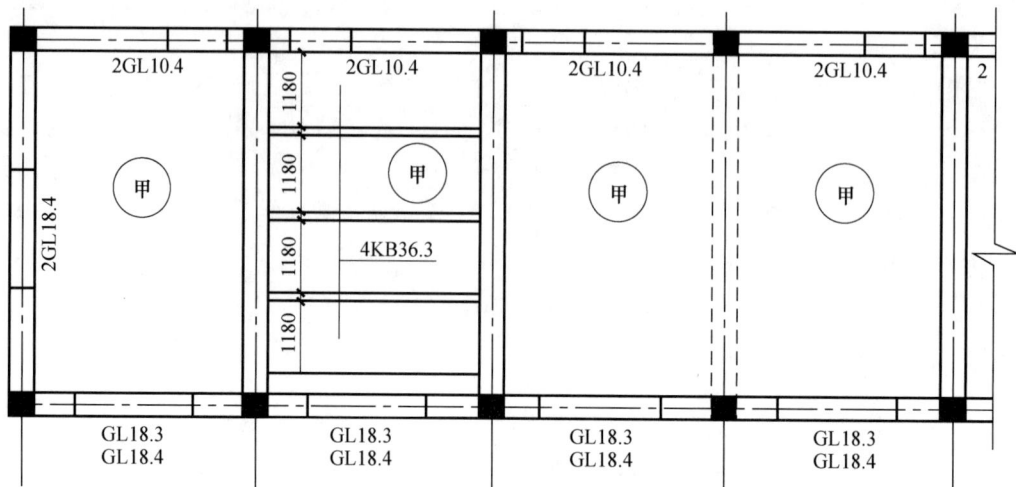

图 10-8　预制板表达形式一

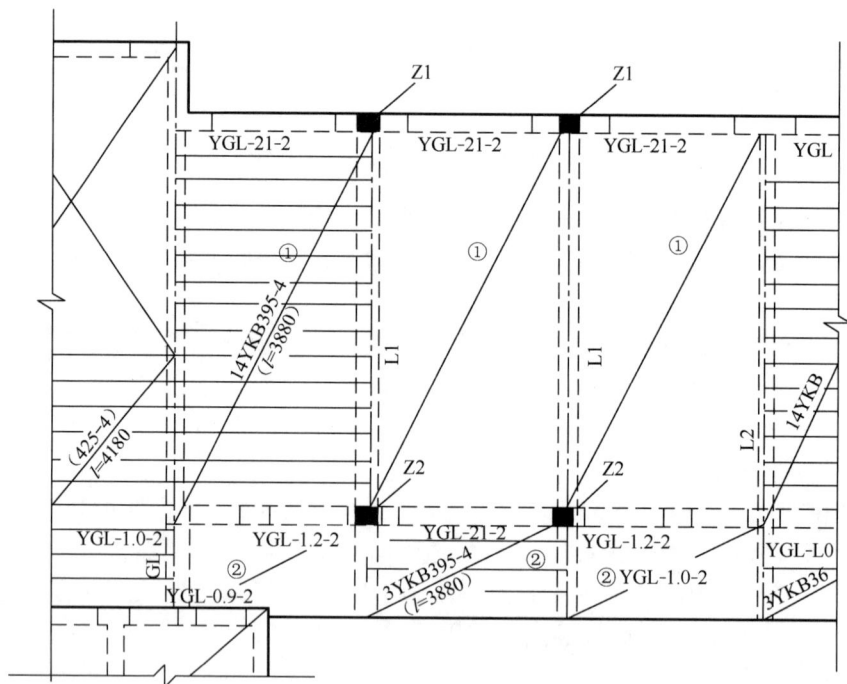

图 10-9　预制板表达形式二

3）平面整体表示法的制图规则

《混凝土结构施工图平面整体表示方法制图规则和构造详图》22G101 图集，是国家建筑标准设计图集，在全国推广使用。平面整体表示法简称平法，所谓"平法"的表达方式，是将结构构件的尺寸和配筋，按照平面整体表示法的制图规则，直接表示在各类构件的结构平面布置图上，再与标准构造详图相配合，即构成一套完整的结构施工图。它改变了传统的将构件从结构平面图中索引出来，再逐个绘制配筋详图的烦琐表示方法。

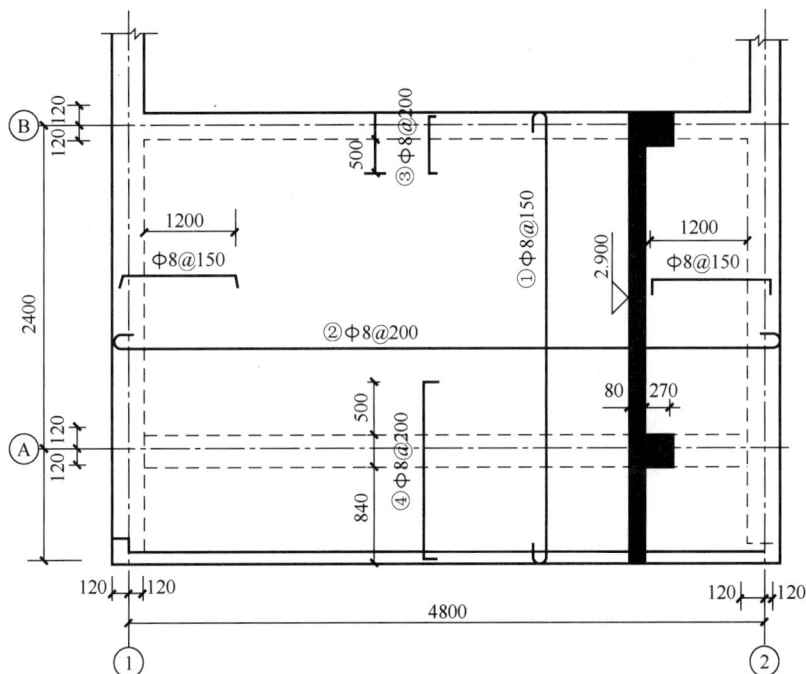

图 10-10　现浇板的图示方式

4）梁的平法施工图识读

梁的平法标注是在梁平面布置图上采用平面注写方式或截面注写方式表达梁的截面尺寸和配筋（图 10-14、图 10-15）。梁的平面注写方式包括集中标注和原位标注。

① 集中标注。集中标注表示梁的通用数值，可以从梁的任何一跨引出。集中标注的部分内容有五项必注值和一项选注值，

A. 梁编号，该项为必注值。由梁类型代号、序号、跨数及有无悬挑代号组成。如 KL2（3A）：表示框架梁第 2 号，3 跨，一端有悬挑。KL2（3B）：表示框架梁第 2 号，3 跨，两端有悬挑。

B. 梁截面尺寸，该项为必注值。

当为等截面梁时，用 $b \times h$ 表示。如 300×650 表示梁截面宽度为 300mm，截面高度为 650mm。当为加腋梁时，用 $b \times h Y C_1 \times C_2$ 表示，其中 C_1 为腋长，C_2 为腋高（图 10-11）。

C. 梁箍筋包括钢筋级别、直径、加密区与非加密区间距及肢数，该项为必注值。箍筋加密区与非加密区的不同间距及肢数需用斜线分隔；箍筋肢数应写在括号内。

D. 梁上部通长筋或架立筋配置，该项为必注值。

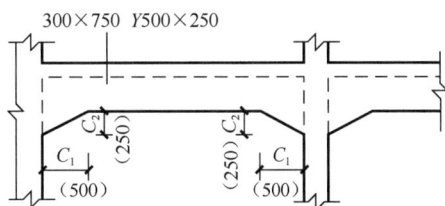

图 10-11　加腋梁的尺寸图示

当梁的上部和下部纵筋均为通长筋，且各跨配筋相同时，此项可加注下部纵筋的配筋值，用分号"；"将上部与下部纵筋的配筋值分隔开来，少数跨不同者，可取原位标注。

如：3Φ22；4Φ20 表示梁的上部配置 3Φ22 的通长筋，梁的下部配置 4Φ20 的通长筋。

　　E. 梁侧面纵向构造钢筋或受扭钢筋配置，该项为必注值。

当梁腹板高度 $h_w \geq 450mm$ 时，需配置纵向构造钢筋，所注规格与根数应符合规范规定。此项注写值以大写字母 G 开头，注写设置在梁两个侧面的总配筋值，且对称配置。

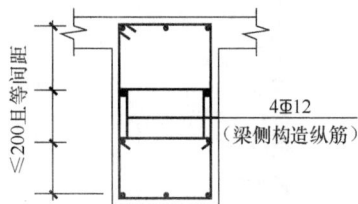

图 10-12　纵向构造钢筋的尺寸图示

　　如：G4Φ12，表示梁的两个侧面共配置 4Φ12 的纵向构造钢筋，每侧各 2Φ12（图 10-12）。

　　F. 梁顶面标高高差，该项为选注值。

　　梁顶面标高高差是指相对于该结构层楼面标高的高差值，有高差时，须将其写入括号内（当梁顶比板顶低时，注写成"负标高高差"；当梁顶比板顶低时，注写成"正标高高差"），无高差时不注。

　　② 原位标注。原位标注表示梁的特殊值。

当集中标注中的某项数值不适用于梁的某部位时，则将该项数值原位标注，施工时原位标注取值优先。原位标注的部分规定如下：

　　A. 梁支座上部纵筋，应包含通长筋在内的所有纵筋：

　　a. 当上部纵筋多于一排时，用斜线"/"将各排纵筋自上而下分开。

　　如：梁支座上部纵筋注写为 6Φ25　4/2 时，表示上一排纵筋为 4Φ25，下一排纵筋为 2Φ25。

　　b. 当同排纵筋有两种直径时，用加号"＋"将两种直径的纵筋相连，注写时将角部纵筋在前。

　　如：梁支座上部有四根纵筋，2Φ25 放在角部，2Φ22 放在中部，在梁支座上部应注写为 2Φ25＋2Φ22。

　　c. 当梁中间支座两边的上部纵筋不同时，须在支座两边分别标注；当梁中间支座两边的上部纵筋相同时，可仅在支座的一边标注配筋值，另一边省去不注。

　　B. 梁下部纵筋：

　　a. 当下部纵筋多于一排时，用斜线"/"将各排纵筋自上而下分开。

　　如：梁下部纵筋注写为 6Φ25　2/4，则表示上一排纵筋为 2Φ25，下一排纵筋为 4Φ25，全部伸入支座。

　　b. 当同排纵筋有两种直径时，用加号"＋"将两种直径的纵筋相连，注写时角筋写在前面。

　　如：梁下部纵筋注写为 2Φ25＋2Φ22，表示 2Φ25 放在角部，2Φ22 放在中部。

　　c. 当梁下部纵筋不全部伸入支座时，将梁支座下部纵筋减少的数量写在括号内。

　　如：下部纵筋注写为 6Φ25　2（－2）/4 表示上一排纵筋为 2Φ25，且不伸入支座；下一排纵筋为 4Φ25，全部伸入支座。

　　C. 附加箍筋或吊筋：

　　直接画在平面图中的主梁上，用线引注总配筋值（附加箍筋的肢数注在括号内）（图 10-13）。

　　D. 其他：

当在梁上集中标注的内容如：截面尺寸、箍筋、通长筋、架立筋、梁侧构造筋、受扭

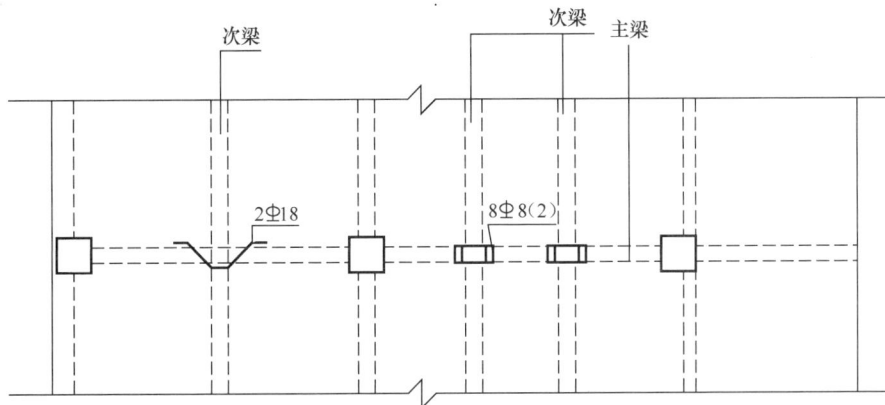

图 10-13　附加箍筋或吊筋的表示

筋或梁顶面高差等，不适用某跨或某悬挑部分时，则将其不同数值原位标注在该跨或该悬挑部位，施工时应按原位标注数值取用。

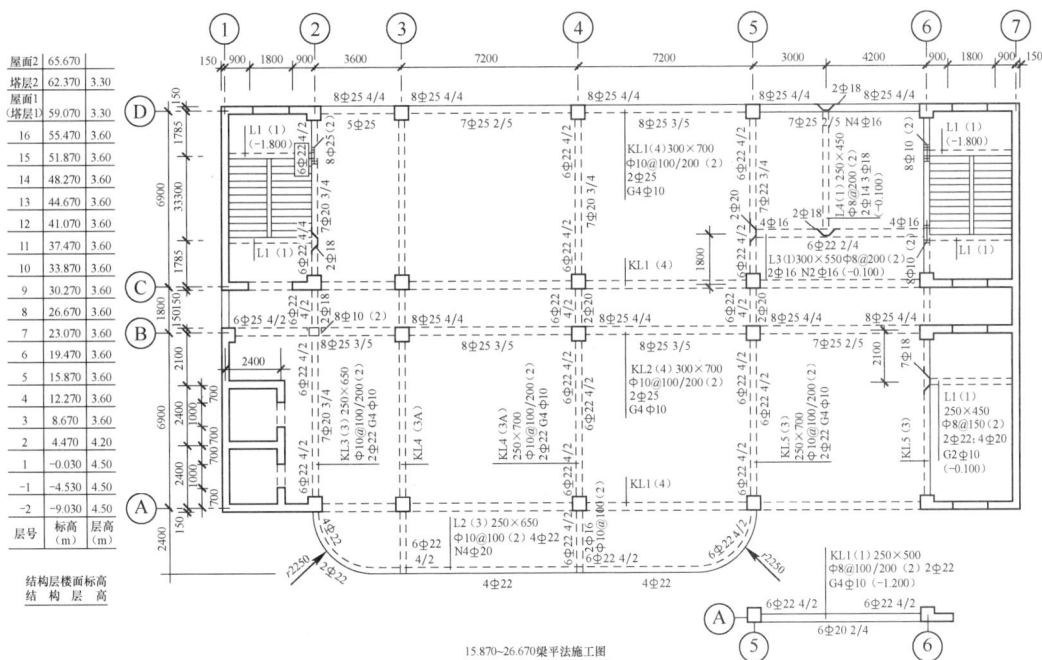

图 10-14　梁平法施工图平面注写方式示例

梁的截面注写方式

截面注写方式——在非标准层绘制的梁平面布置图上，分别在不同编号的梁中各选一根梁用截面号引出配筋图，并在其上注写截面尺寸和配筋具体数值的方式来表达梁平法施工图。

5）柱的平法施工图识读

柱平法施工图是在柱平面布置图上采用列表注写方式或截面注写方式表达柱构件的截面形状、几何尺寸、配筋等设计内容，并用表格或其他方式注明包括地下和地上各层的结

层号	标高(m)	层高(m)
屋面2	65.670	
塔层2	62.370	3.30
屋面1(塔层1)	59.070	3.30
16	55.470	3.60
15	51.870	3.60
14	48.270	3.60
13	44.670	3.60
12	41.070	3.60
11	37.470	3.60
10	33.870	3.60
9	30.270	3.60
8	26.670	3.60
7	23.070	3.60
6	19.470	3.60
5	15.870	3.60
4	12.270	3.60
3	8.670	3.60
2	4.470	4.20
1	-0.030	4.50
-1	-4.530	4.50
-2	-9.030	4.50

结构层楼面标高
结构层高

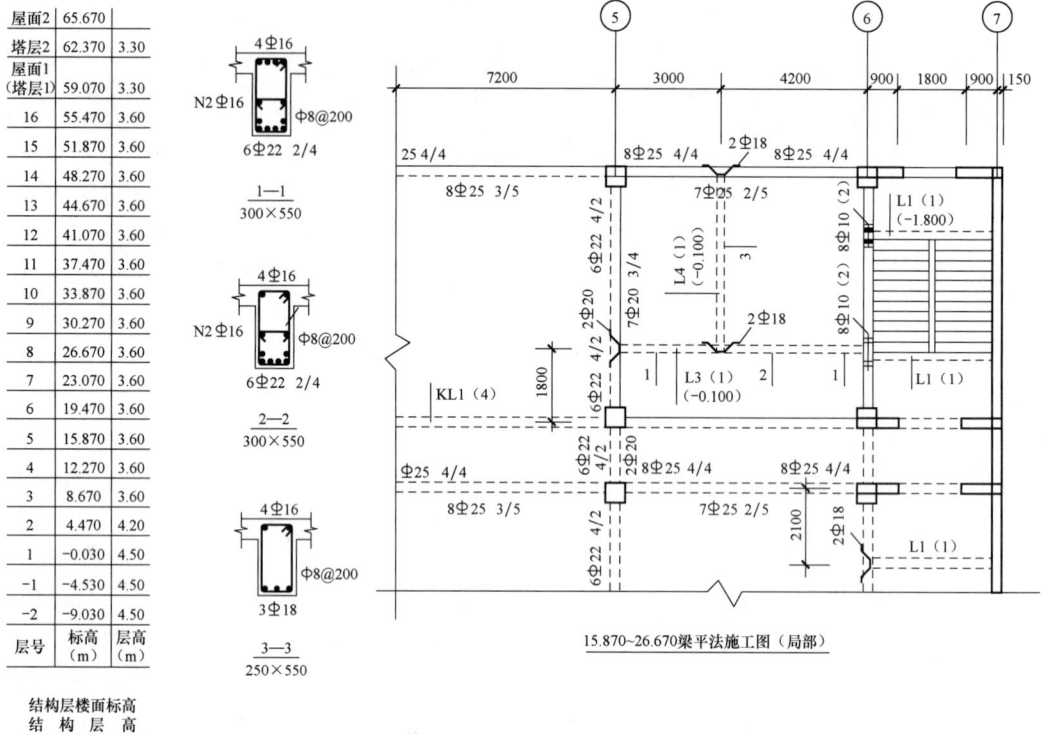

图 10-15 梁平法施工图截面注写方式示例

构层楼(地)面标高、结构层高及相应的结构层号(图 10-16)。

① 列表注写方式

列表注写方式——在柱平面布置图上,分别在不同编号的柱中各选择一个或几个截面,标注柱的几何参数代号;另在柱表中注写柱号、柱段起止标高、几何尺寸与配筋具体数值;同时配以各种柱截面形状及其箍筋类型图的方式,来表达柱平法施工图。

A. 结构层楼面标高、结构层高及相应结构层号

此项内容可以用表格或其他方法注明,用来表达所有柱沿高度方向的数据,方便设计和施工人员查找、修改。如:层号为 3 的楼层,其结构层楼面标高为 8.670m,层高为 3.6m。

B. 柱平面布置图

在柱平面布置图上,分别在不同编号的柱中各选择一个或几个截面,标注柱的几何参数代号:b_1、b_2、h_1、h_2,用以表示柱截面形状及与轴线关系

C. 柱表

a. 柱编号:由柱类型代号(如:KZ、XZ、LZ、QZ…)和序号(如:1、2、3…)组成。

b. 各段柱的起止标高:自柱根部往上,以变截面位置或截面未变但配筋改变处为界分段注写。

c. 柱截面尺寸 $b \times h$ 及与轴线关系的几何参数代号:b_1、b_2 和 h_1、h_2 的具体数值,须

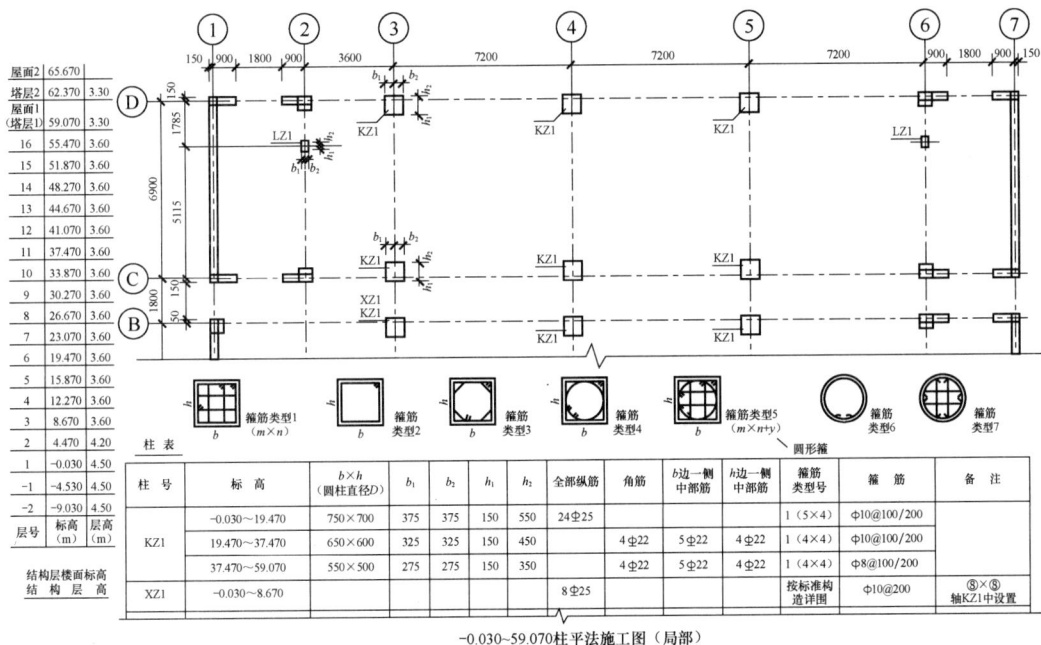

结构层楼面标高
结构层高

层号	标高(m)	层高(m)
屋面2	65.670	
塔层2	62.370	3.30
屋面1(塔层1)	59.070	3.30
16	55.470	3.60
15	51.870	3.60
14	48.270	3.60
13	44.670	3.60
12	41.070	3.60
11	37.470	3.60
10	33.870	3.60
9	30.270	3.60
8	26.670	3.60
7	23.070	3.60
6	19.470	3.60
5	15.870	3.60
4	12.270	3.60
3	8.670	3.60
2	4.470	4.20
1	-0.030	4.50
-1	-4.530	4.50
-2	-9.030	4.50

柱 表

柱 号	标 高	b×h(圆柱直径D)	b_1	b_2	h_1	h_2	全部纵筋	角筋	b边一侧中部筋	h边一侧中部筋	箍筋类型号	箍 筋	备 注
KZ1	-0.030~19.470	750×700	375	375	150	550	24Φ25				1(5×4)	Φ10@100/200	
	19.470~37.470	650×600	325	325	150	450		4Φ22	5Φ22	4Φ22	1(4×4)	Φ10@100/200	
	37.470~59.070	550×500	275	275	150	350		4Φ22	5Φ22	4Φ22	1(4×4)	Φ8@100/200	
XZ1	-0.030~8.670						8Φ25				按标准构造详图	Φ10@200	⑤×⑧轴KZ1中设置

-0.030~59.070柱平法施工图（局部）

柱平法施工图列表注写方式示例

注：① 如何用非对称配筋，需在柱表中增加相应栏目分别表示各边的中部筋。
② 抗震设计箍筋对纵筋至少隔一拉一。
③ 类型1的箍筋肢数可有多种组合，右图为5×4的组合，其余类型为固定形式，在表中只注类型号即可。

箍筋类型1（5×4）

单位：mm

图 10-16 柱平法施工图示例

对应各段柱分别注写。其中 $b=b_1+b_2$，$h=h_1+h_2$。

d. 柱纵筋：分角筋、截面 b 边中部筋和 h 边中部筋三项。当柱纵筋直径相同，各边根数也相同时，可将纵筋写在"全部纵筋"一栏中。

e. 箍筋种类型号及箍筋肢数，在箍筋类型栏内注写。具体工程所设计的箍筋类型图及箍筋复合的具体方式，须画在表的上部或图中的适当位置，并在其上标注与表中相对应的 b、h 和类型号。

f. 柱箍筋：包括钢筋级别、直径与间距。当为抗震设计时，用斜线"/"区分柱端箍筋加密区与柱身非加密区长度范围内箍筋的不同间距。

② 截面注写方式

截面注写方式——在分层绘制的柱平面布置图的柱截面上，分别在同一编号的柱中选择一个截面，以直接注写截面尺寸和配筋具体数值的方式，来表达柱平法施工图。一般先对所有柱截面进行编号，从相同编号的柱中选择一个截面，按另一种比例在原位放大绘制柱截面配筋值。

截面注写方式绘制的柱平法施工图图纸数量一般与标准层数相同。但对不同标准层的不同截面和配筋，也可根据具体情况在同一柱平面布置图上用加括号"（）"的方式来区分和表达不同标准层的注写数值。

323

（三）单层钢结构施工图识读

1. 钢结构的基本概念

钢结构主要指由钢板、热轧型钢、薄壁型钢、钢管等构件组合而成的结构。

2. 钢结构施工图基本知识

在建筑钢结构工程设计中，通常将结构施工图的设计分为设计图设计和施工详图设计两个阶段。设计图设计是由设计单位编制完成，施工详图设计是以设计图为依据，由钢结构加工厂深化编制完成，并将其作为钢结构加工与安装的依据。

设计图内容一般包括：设计总说明、结构布置图、构件图、节点图和钢材订货表等。施工详图是根据设计图编制的工厂施工和安装详图，也包含少量的连接和构造计算，它一般由制造厂或施工单位编制完成，它图纸表示详细，数量多。内容包括：构件安装布置图、构件详图等。本节介绍钢结构设计图的识读（表 10-2）。

常用构件代号 表 10-2

序号	名称	代号	序号	名称	代号	序号	名称	代号
1	板	B	15	基础梁	JL	29	连系梁	LL
2	屋面板	WB	16	楼梯梁	TL	30	柱间支撑	ZC
3	楼梯板	TH	17	框架梁	KL	31	垂直支撑	CC
4	盖板或沟盖板	GB	18	框支梁	KZL	32	水平支撑	SC
5	挡雨板或檐口板	YB	19	屋面框架梁	WKL	33	预埋件	M
6	吊车安全走道板	DB	20	檩条	LT	34	梯	T
7	墙板	QB	21	屋架	WJ	35	雨篷	YP
8	天沟板	TGB	22	托架	TJ	36	阳台	YT
9	梁	L	23	天窗架	CJ	37	梁垫	LD
10	屋面梁	WL	24	框架	KJ	38	地沟	DG
11	吊车梁	DL	25	刚架	GJ	39	承台	CT
12	单轨吊车梁	DDL	26	支架	ZJ	40	设备基础	SJ
13	轨道连接	DGL	27	柱	Z	41	桩	ZH
14	车挡	CD	28	框架柱	KZ	42	基础	J

3. 钢结构节点详图识读

图 10-17 为三角形屋架支座节点详图。在此详图中，上弦杆采用两不等边角钢 2L125×80×10 组成，下弦杆采用两不等边角钢 2L110×70×10 组成，均与厚为 12mm 的节点板用两条角焊缝连接，上弦杆肢背与节点板塞焊连接，肢尖与节点板用角焊缝连接，焊脚为 10mm，焊缝长度为满焊，下弦杆用两条角焊缝与节点板连接，焊脚为 10mm，焊缝长度为 180mm，节点板用在两侧设置加劲肋，底板长为 250mm、宽为 250mm、厚为 160mm，锚栓安装后再加垫片用焊脚 8mm 的角焊缝四面围焊。

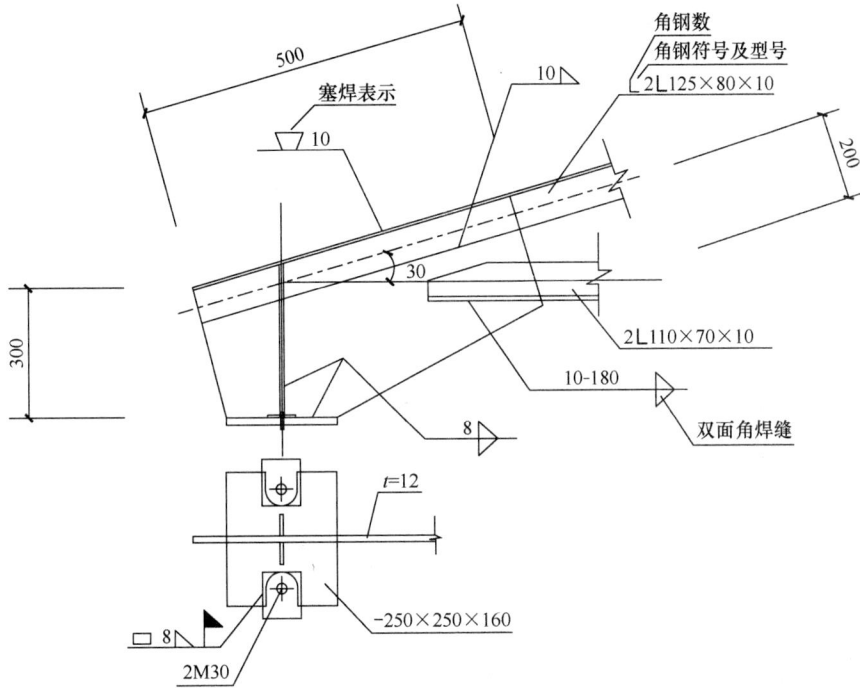

图 10-17　三角形屋架支座节点详图

参　考　文　献

[1]　中华人民共和国住房和城乡建设部. 建筑工程施工质量验收统一标准：GB 50300—2013 [S]. 北京：中国建筑工业出版社，2014.

[2]　中华人民共和国住房和城乡建设部. 建筑地基基础工程施工质量验收标准：GB 50202—2018 [S]. 北京：中国计划出版社，2018.

[3]　中华人民共和国住房和城乡建设部. 地下防水工程质量验收规范：GB 50208—2011 [S]. 北京：中国计划出版社，2012.

[4]　中华人民共和国住房和城乡建设部. 混凝土结构工程施工质量验收规范：GB 50204—2015 [S]. 北京：中国建筑工业出版社，2015.

[5]　中华人民共和国住房和城乡建设部. 砌体结构工程施工质量验收规范：GB 50203—2011 [S]. 北京：中国建筑工业出版社，2012.

[6]　中华人民共和国住房和城乡建设部. 建筑装饰装修工程质量验收标准：GB 50210—2018 [S]. 北京：中国建筑工业出版社，2018.

[7]　中华人民共和国住房和城乡建设部. 建筑地面工程施工质量验收规范：GB 50209—2010 [S]. 北京：中国计划出版社，2010.

[8]　中华人民共和国住房和城乡建设部. 屋面工程质量验收规范：GB 50207—2012 [S]. 北京：中国建筑工业出版社，2012.

[9]　中华人民共和国住房和城乡建设部，国家市场监督管理总局. 建筑节能工程施工质量验收标准：GB 50411—2019 [S]. 北京：中国建筑工业出版社，2019.

[10]　中华人民共和国住房和城乡建设部. 装配式混凝土建筑技术标准：GB/T 51231—2016 [S]. 北京：中国建筑工业出版社，2017.

[11]　江苏省建设教育协会. 质量员专业管理实务（土建施工）（第二版）[M]. 北京：中国建筑工业出版社，2016.